Aufgaben und Lösungen zur Mathematik für den Studienstart

Andreas Keller

Aufgaben und Lösungen zur Mathematik für den Studienstart

Brückenkurs, Analysis und Lineare Algebra für Hochschulen

Springer Spektrum

Andreas Keller
HAW Würzburg-Schweinfurt
Fakultät Angewandte Natur- und Geisteswissenschaften
Würzburg, Deutschland

ISBN 978-3-662-63627-5   ISBN 978-3-662-63628-2   (eBook)
https://doi.org/10.1007/978-3-662-63628-2

Die Deutsche Nationalbibliothek verzeichnet diese Publikation in der Deutschen Nationalbibliografie; detaillierte bibliografische Daten sind im Internet über http://dnb.d-nb.de abrufbar.

Planung/Lektorat: Andreas Rüdinger
Springer Spektrum ist ein Imprint der eingetragenen Gesellschaft Springer-Verlag GmbH, DE und ist ein Teil von Springer Nature.
Die Anschrift der Gesellschaft ist: Heidelberger Platz 3, 14197 Berlin, Germany

Vorwort

Meiner Erfahrung nach haben viele Studienanfänger oft große Schwierigkeiten damit, den Mathematikvorlesungen aus dem Grundstudium zu folgen und selbstständig Aufgaben zu lösen.

Hinzu kommt vor allem gerade noch an den Hochschulen für angewandte Wissenschaften (Fachhochschulen) die Heterogenität der mathematischen Vorkenntnisse und Fertigkeiten der Studierenden.

Unabhängig von den Vorkenntnissen müssen sich aber alle im Studium an die ungewohnt hohe Geschwindigkeit und die formalere Darbietung des Stoffs gewöhnen, so dass man sich in kurzer Zeit sehr viel Neues aneignen muss und dabei schnell ins Straucheln kommen kann.

Um zumindest den Effekt der mangelnden Vorkenntnisse und Fertigkeiten ein wenig abzumildern, gibt es an vielen Hochschulen und Universitäten oft Brücken- und Vorkurse, in denen einige Rechentechniken aus der Schule wiederholt werden.

Mit diesem Buch möchte ich Ihnen nun ein Werkzeug an die Hand geben, um die anfänglichen Schwierigkeiten in der Mathematik und beim Lösen von Übungsaufgaben zu überwinden. Ein Werkzeug, das Ihnen ein tieferes Wissen vermitteln kann und das Sie dabei gleichzeitig auch für die Prüfungsaufgaben bei Klausuren fit macht.

Insgeheim hoffe ich natürlich, dass Sie mit zunehmendem Verständnis auch ein wenig von der Schönheit der Mathematik fasziniert werden und sie Ihnen sogar ein wenig Freude bereiten kann.

Unabhängig von dem eigentlichen Nutzen der Mathematik als essentielle (Hilfs-)Wissenschaft und Beschreibungssprache für technische, wirtschaftliche und naturwissenschaftliche Phänomene in Ihrem gewählten Studienfach besitzt sie etwas *Geheimnisvolles*, was nur schwer in Worte zu fassen ist.

Beide Aspekte werden z.B. in der Dokumentation *Die Magie der Mathematik*[1] berücksichtigt, die ich Ihnen zum Einstieg und zur Motivation ans Herz legen möchte sich anzusehen.

---

[1] https://www.3sat.de/wissen/wissenschaftsdoku/die-magie-der-mathematik-100. html, dort verfügbar bis 12.01.2025

Wie das aber so ist: Das beste Werkzeug nützt einem nichts, wenn man nicht selbst Hand anlegt. Und hart arbeitet. Denn auch für Mathematiker ist Erkenntnisgewinn meist eins: harte Arbeit. Hören Sie sich z.B. diesbezüglich auch an, was die Jazzmusikerin Esperanza Spalding in *Die Magie der Mathematik* (ca. 09.00 min – 10:05 min) dazu zu sagen hat.

Und natürlich wird es auch Fehlschläge geben und Selbstzweifel. Das passiert jedem, auch die besten Wissenschaftler haben ihre unlösbaren Probleme oder mussten Niederlagen einstecken. Lassen Sie sich davon also nicht entmutigen. Bleiben Sie dran und arbeiten Sie hart. Ich bin mir sicher, dass Sie dann auch Erfolg haben werden. Und ganz nebenbei lehrt uns die Mathematik hierbei auch noch generelle Tugenden wie eine gesunde Demut, Frustrationstoleranz sowie Hartnäckigkeit und Ausdauer beim Lösen von Problemen.

Zum Inhalt und Gebrauch des Buchs

Das Buch besteht vornehmlich aus Aufgaben und durchgerechneten Lösungen zu typischen Themengebieten aus den Anfängervorlesungen in Mathematik, welche im Rahmen eines Informatikstudiengangs (neben der Informatik auch Data Science, Maschinelles Lernen, etc.) oder eines ingenieurwissenschaftlichen Studiengangs (inkl. Physikingenieurwesen, Technische Physik, Technomathematik etc.) an einer Hochschule für angewandte Wissenschaften angeboten werden.

Aber auch Studierende aus Studiengängen wie Wirtschaftsinformatik, Wirtschaftsingenieurwesen, E-Commerce etc., bei denen ein gewisser Anteil an Mathematik zu absolvieren ist, werden hier passende Aufgaben finden. Natürlich überschneiden sich auch einige Inhalte mit Stoff, welcher an Universitäten in entsprechenden Studiengängen vermittelt wird. Das Buch sollte somit auch für Studierende an Universitäten zur Auffrischung von Schulinhalten und mit Startschwierigkeiten in der Hochschulmathematik geeignet sein.

Neben den Aufgaben, die auf den Kenntnissen der Anfängervorlesungen aufbauen, befinden sich in diesem Buch auch zahlreiche Aufgaben zum Auffrischen und Vertiefen von Schulkenntnissen, die z.B. begleitend für einen Vor- oder Brückenkurs für das Selbststudium vor Studienbeginn geeignet sind.

Der Löwenanteil des Buchs besteht aus Rechenaufgaben, die man meistens mit gängigen Rezepten oder mit Hilfe der Anwendung einer Formel lösen kann und die auch meistens bei Klausuren in ähnlicher Form abgeprüft werden. Daneben habe ich auch, meist gegen Ende eines Kapitels, immer wieder ⋆-Aufgaben eingestreut. Diese haben i.d.R. einen höheren Schwierigkeitsgrad, oder man braucht zur Durchführung etwas Kreativität und Ausdauer. Zwei davon sind auch als kleines Computerpraktikum ausgelegt, in denen Sie sich mit mathematischer Software vertraut machen können.

Bei den von mir vorgeschlagenen Lösungen könnte man sicherlich einiges eleganter formulieren. Ich habe mich aber zu Gunsten der Klarheit bemüht, die Lösungen möglichst kleinschrittig anzugeben.

Als Ergänzung habe ich zu manchen Themengebieten „Checklisten" angefügt. Hier werden in knapper Form wesentliche Inhalte der zugrunde liegenden Theorie sowie typische Formeln zusammengefasst oder kleine Herleitungen und weitere Beispiele gebracht.

Auch in den eigentlichen Aufgaben finden Sie häufig „Checkboxen" (eingerahmte Abschnitte) mit weiteren Erklärungen, alternativen Lösungen etc.

Wie arbeiten Sie nun am besten mit dem Buch?

Ich bin der Überzeugung, dass der Lerneffekt in Mathematik am größten ist, wenn man versucht, Aufgaben selbständig zu lösen, und eine Lösung erst danach zum Vergleich heranzieht. Aber natürlich sind auch andere Vorgehensweisen zielführend, z.B., dass man sich bei Startschwierigkeiten zunächst einige Aufgaben mit Hilfe der angegebenen Lösungen durchrechnet und, wenn man an Sicherheit gewonnen hat, es im Anschluss mit der zuerst vorgeschlagenen Strategie versucht.

Über dieses Buch

Diese Aufgabensammlung ist vom Aufbau her eng mit dem mittlerweile dreibändigen Werk *Aufgaben und Lösungen zur Höheren Mathematik* von Klaus Höllig und Jörg Hörner verwandt [27, 28, 29], bei dem ich in Band 2 ein paar Aufgaben beigesteuert habe. Diese Bände decken das gesamte Themenspektrum der zum Teil viersemestrigen Höheren Mathematik für Natur- und Ingenieurwissenschaften an Universitäten ab.

Es kam die Idee auf, auch etwas Ähnliches für Studienanfänger zur Auffrischung von Schulwissen und insbesondere auch für die Mathematikveranstaltungen der ersten beiden Semester an den Hochschulen für angewandte Wissenschaften in informatiknahen sowie den natur- und ingenieurwissenschaftlichen Studiengängen zu erstellen. Woraus dann diese Aufgabensammlung entstanden ist.

Eine Aufgabensammlung anzufertigen, ist natürlich keine neue Erfindung, und zu den hier behandelten Themengebieten gibt es eine Vielzahl an Lehrbüchern, die zum Teil auch Aufgaben mit Lösungen anbieten (in der Literaturliste habe ich eine Auswahl an klassischen Lehrbüchern, Aufgabensammlungen und Formelsammlungen mit aufgenommen). Die Lösungen fallen aber vielleicht oft etwas knapp für Studierende aus, die Schwierigkeiten mit der Mathematik haben. Mein Ziel war somit auch bei Standardaufgaben, die man in fast jeder Aufgabensammlung und in fast identischer Form (nur mit anderen Zahlen) findet, ausführliche Lösungen mit vielen Zwischenschritten/Erläuterungen zu erstellen. Bei der Konzeption der Aufgaben habe ich daneben auch indirekt viele der typischen Fragen und Unklarheiten von Studierenden, die sich bei bestimmten Aufgabentypen in den Vorlesungen und Übungsstunden immer wieder auftaten, gezielt einfließen lassen. Diese Sammlung sollte Ihnen somit im Idealfall neben dem typischen Training zur Klausurvorbereitung auch zum besseren Verständnis der behandelten Themen beitragen.

Dank

An dieser Stelle möchte ich mich bei allen bedanken, die zum Gelingen des Buchs beigetragen haben. Einigen Kollegen von der Hochschule Würzburg bin ich sehr zu Dank verpflichtet: Insbesondere danke ich Herrn Prof. Dr. Hans Latz und Herrn Dr. Reinhold Küstner für die Bereitstellung ein paar schöner originaler Aufgabenstellungen, welche ich verwenden durfte. Herrn Prof. Dr. Walter Schneller bin ich sehr dankbar dafür, seine Vorlesungsunterlagen sowie einige seiner Ideen zur Zahlentheorie nutzen zu dürfen (z.B. bei der IBAN-Prüfziffern-Berechnung, Aufg. 3.10), wovon insbesondere Kapitel 3 über die elementare Zahlentheorie sehr profitiert hat. Meiner Kollegin Frau Prof. Dr. Dietlind Gnuschke-Hauschild danke ich vielmals für die kompetente Beantwortung aller meiner Fragen zur Finanzmathematik. Des Weiteren bedanke ich mich vielmals bei Herrn Dipl.-Math. Jörg Hörner von der Universität Stuttgart für die technische Hilfe, insbesondere für die Bereitstellung der von ihm erweiterten (und bereits bewährten) LaTeX-Vorlage des Springer-Verlags. Besonderer Dank gilt Herrn Prof. Dr. Klaus Höllig von der Universität Stuttgart und Herrn Dr. Andreas Rüdinger vom Springer-Verlag für ihre Initiative, dieses Buch zu erstellen, und für ihre exzellente Unterstützung. Daneben danke ich Herrn Dr. Andreas Rüdiger sowie seinen Mitarbeiterinnen beim Springer-Verlag, Frau Janina Krieger und Frau Anja Groth, sehr herzlich für die ausgezeichnete Betreuung während der Erstellung des Buchs und nicht zuletzt für ihre Geduld.

Würzburg im Februar 2021

Andreas Keller

Inhaltsverzeichnis

Teil I

Auffrischung und Grundlagen

1 Etwas elementare Aussagenlogik

Übersicht

© Springer-Verlag GmbH Deutschland, ein Teil von Springer Nature 2021
A. Keller, *Aufgaben und Lösungen zur Mathematik für den Studienstart*,
https://doi.org/10.1007/978-3-662-63628-2_1

1.1 Aussagen der formalen Logik

Welche der folgenden Sätze sind wahre/falsche Aussagen im Sinne der Aussagenlogik?

a) Der Jungfernflug des *Kitty Hawk Flyers* war am 17.12.1903.

b) Christian, mach erstmal das Radio aus!

c) Nachts ist es kälter als draußen.

d) $1 + 1 = 2$ und Würzburg liegt in Bayern.

e) Aus $x^2 - 1 = 0$ folgt $x = 1$.

f) Übermorgen scheint die Sonne.

g) Jede ungerade Zahl ist eine Primzahl.

h) Wer anderen eine Grube gräbt, fällt nicht weit vom Stamm.

Lösungsskizze

a) Aussage, welche auch wahr ist. ✓

b) Imperativ, keine Aussage.

c) Ist ein grammatikalisch korrekt gebildeter deutscher Satz, der aber keinen Sinn ergibt. Folglich kann kein Wahrheitswert zugeordnet werden, ist somit keine Aussage. Ähnlich viel Sinn hat z.B. ein Ausdruck der Art „ycxnv,%&$!}nykjrbgbs".

d) Eine Aussage, die aus den beiden wahren Aussagen „$1 + 1 = 2$" und „Würzburg liegt in Bayern" mit „und" verknüpft ist, ergibt eine wahre Aussage (bei der Aussagenlogik ist es nur entscheidend, ob Aussagen war oder falsch sind, egal, ob eventuelle Teilaussagen „inhaltlich" zusammenpassen). ✓

e) Falsche Aussage. ✓ Wegen $(1)^2 - 1 = 1 - 1 = 0$ folgt zwar tatsächlich aus $x^2 - 1 = 0$, dass $x = 1$ ist. Die Aussage ist dennoch falsch, da auch $(-1)^2 - 1 = 1 - 1 = 0$ ist, d.h., aus $x^2 - 1 = 0$ folgt auch $x = -1$. In diesem Zusammenhang spricht man davon, dass $x = 1$ eine *notwendige Bedingung* für die Gültigkeit der Gleichung $x^2 - 1 = 0$ ist, welche aber nicht *hinreichend* ist.

f) Ist eine Aussage im Sinn der Aussagenlogik, da prinzipiell ein Wahrheitswert zugeordnet werden kann. Welcher ist aber im Moment nicht entscheidbar.

g) Ist eine falsche Aussage. ✓ Zum Beispiel ist 15 ungerade, aber nicht prim.

h) Kann je nach Standpunkt (unabhängig davon, dass hier wohl zwei Sprichwörter vermischt wurden) als logischer Aussagesatz interpretiert werden oder auch nicht*.

---

* Solche Fragestellungen spielen aber in der Mathematik keine Rolle (dort hat man es nur mit wahren oder falschen Aussagen zu tun) und sind eher der Philosophie zuzuordnen.

Interpretieren wir z.B. „Wer jemanden anderen mit Absicht schadet, dem passiert selbst ein Schaden", so ist dies prinzipiell wahr oder falsch, also eine Aussage. **Alternativ:** Kein Aussagesatz, da man den Wahrheitsgehalt aufgrund des tatsächlich Geschriebenen nicht genau bestimmen kann, ohne der literarischen Vorlage eigene Annahmen hinzuzufügen. Was soll z.B. „nicht weit vom Stamm" bedeuten? Dass man z.B., falls man eine Grube gegraben hat und danach auf einen Baums gestiegen ist, innerhalb eines Radius von 3 m neben dem Stamm herabfällt?

1.2 Aufstellen einer Wahrheitstafel

Bestimmen Sie für folgende aussagenlogische Formeln eine Wahrheitstafel:

a) $(a \wedge \neg b) \vee (\neg a \wedge b)$ b) $\neg(a \wedge b) \leftrightarrow \neg a \vee \neg b$ c) $\neg(a \leftrightarrow (\neg b \vee c)) \wedge ((a \wedge \neg c) \to \neg b)$

Lösungsskizze

a) Setze $A := \neg a \wedge$ und $B := \neg a \wedge b$:

a	b	$\neg a$	$\neg b$	$a \wedge \neg b$	$\neg a \wedge b$	$C = A \vee B$
0	0	1	1	0	0	0
0	1	1	0	0	1	1
1	0	0	1	1	0	1
1	1	0	0	0	0	0

b) Setze $A := \neg(a \wedge b)$ und $B := \neg a \vee \neg b$:

a	b	$\neg a$	$\neg b$	$\neg(a \wedge b)$	$\neg a \vee \neg b$	$C = A \leftrightarrow B$
0	0	1	1	1	1	1
0	1	1	0	1	1	1
1	0	0	1	1	1	1
1	1	0	0	0	0	1

⤳ C ist eine *Tautologie*, also eine aussagenlogische Formel, die bei jeder Belegung mit Wahrheitswerten wahr ist. Gilt für zwei aussagenlogische Formeln A und B, dass $A \leftrightarrow B$ eine Tautologie ist, dann sind A und B aussagenlogisch gleich, d.h. $A = B$. Somit haben wir gerade eben eines der *de Morgan'schen Gesetze* nachgeprüft: $\neg(a \wedge b) = \neg a \vee \neg b$. ✓

c) Setze $A := a \leftrightarrow (\neg b \vee c)$ und $B := (a \wedge \neg c) \to b$:

a	b	c	$\neg b$	$\neg b \vee c$	A	$\neg c$	$(a \wedge \neg c)$	B	$C = \neg A \wedge C$
0	0	0	1	1	0	1	0	1	1
0	0	1	1	1	0	0	0	1	1
0	1	0	0	0	1	1	0	1	0
0	1	1	0	1	0	0	0	1	1
1	0	0	1	1	1	1	1	0	0
1	0	1	1	1	1	0	0	1	0
1	1	0	0	0	0	1	1	1	1
1	1	1	0	1	1	0	0	1	0

1.3   Überprüfung logischer Aussagen auf Äquivalenz

Untersuchen Sie, welche der folgenden Aussageformen zur *logischen Implikation*
$A := a \to b$ logisch äquivalent sind:

$$\text{a) } (a \to b) \wedge (b \to \neg a) \qquad \text{b) } \neg a \vee b \qquad \text{c) } \neg b \to \neg a$$

Lösungsskizze
Die logische Äquivalenz überprüft man zweckmäßig via Wahrheitstafel:

a) Setze $B := b \to \neg a$:

a	b	$\neg a$	$B = b \to \neg a$	$A = a \to b$	$A \wedge B$
0	0	1	1	1	1
0	1	1	1	1	1
1	0	0	1	0	0
1	1	0	0	1	0

Bei Belegung von $a = b = 1 (\hat{=} \text{wahr})$ stimmen die Wahrheitswerte von A und
$A \wedge B$ nicht überein, somit sind die Formeln *nicht* äquivalent.

b) + c) untersuchen wir mit einer Tabelle. Setze dazu $B := \neg a \vee b$ und $C :=$
$\neg b \to \neg a$:

a	b	$\neg a$	$\neg b$	$B = \neg a \vee b$	$C = \neg a \to \neg b$	$A = a \to b$	$A \leftrightarrow B$	$A \leftrightarrow C$
0	0	1	1	1	1	1	1	1
0	1	1	0	1	1	1	1	1
1	0	0	1	0	0	0	1	1
1	1	0	0	1	1	1	1	1

Da $A \leftrightarrow B$, $A \leftrightarrow C$ (und $B \leftrightarrow C$) Tautologien sind, gilt: $a \to b = \neg a \vee b = \neg b \to \neg a$.

Bemerkung: Aus $\neg a \vee b$ wird mit Blick auf die Wahrheitstafel noch einmal besonders
deutlich, dass man aus etwas Falschem sowohl Wahres als auch Falsches schließen kann.

Die Tautologie $(a \to b) \leftrightarrow (\neg a \to \neg b)$ zeigt ein weiteres grundlegendes Prinzip: In der Mathematik möchte man z.B. von einer bekannten wahren Aussage A („Annahme") durch logische
Schlussfolgerungen zu einer neuen wahren Aussage B kommen (sprich: eine neue Erkenntnis
erlangen). Gelingt dies, d.h. ist $A \to B$ wahr, so hat man die Aussage B „bewiesen" oder
„gezeigt" und man schreibt dafür $A \implies B$ („A impliziert B" oder „aus A folgt B"). Nach
unserer Tabelle ist aber dazu auch $\neg B \to \neg A$ gleichwertig, d.h., man kann auch von $\neg B$
ausgehen und $\neg A$ zeigen. Damit hat man dann *indirekt* $A \implies B$ gezeigt. Eine weitere
Möglichkeit ist noch die spezielle Belegung $A = 1 \,(\text{wahr}), B = 0 \,(\text{falsch})$ anzunehmen (für
diese ist $A \to B$ ja gerade falsch). Kommt man damit zu einem Widerspruch, d.h., kann
diese Belegung auf keinen Fall möglich sein, so hat man damit auch $A \implies B$ gezeigt und
nennt dies dann einen *Beweis durch Widerspruch*. Gilt zu $A \implies B$ auch die Rückrichtung
$B \implies A$, so sind A und B äquivalent: $A \Longleftrightarrow B$.

1.4 Vereinfachung von logischen Ausdrücken

Vereinfachen Sie mit den Rechengesetzen der Booleschen Algebra die folgenden Ausdrücke so weit wie möglich:

a) $f(a,b) = \neg(\neg a \wedge (b \vee \neg c)) \vee (b \wedge (b \vee \neg d))$

b) $g(a,b) = (a \rightarrow \neg b) \leftrightarrow (a \wedge \neg(\neg c \rightarrow \neg b))$

Lösungsskizze

Für das Rechnen mit Logikausdrücken bietet sich folgende Notation an: $\neg x = \overline{x}$.

Alternativ wird manchmal auch noch in Anlehnung an das Rechnen mit reellen Zahlen „$\wedge = +$"; „$\vee = \cdot$" gesetzt. Das Malpunkt-Zeichen wird hierbei meistens unterdrückt. Beachte: „$\wedge$" bindet stärker als „$\vee$" („Punkt vor Strich").

Die beiden booleschen Ausdrücke nehmen somit die folgende Gestalt an:

$$f(a,\,b) = \overline{(\overline{a} \wedge (b \vee \overline{c}))} \vee (b \wedge (b \vee \overline{d})) \quad \text{und} \quad g(a,\,b) = (a \rightarrow \overline{b}) \leftrightarrow (a \wedge \overline{(\overline{c} \rightarrow \overline{b})})$$

a) Wende zweimal de Morgan in der linken Klammer an:

$$\overline{(\overline{a} \wedge (b \vee \overline{c}))} \vee (b \wedge (b \vee \overline{d}) = (a \vee \overline{(b \vee \overline{c})}) \vee (\underbrace{b \wedge b}_{=b} \vee b \wedge \overline{d})$$

$$= a \vee \overline{b} \wedge c \vee \underbrace{(1 \vee \overline{d}) \wedge b}_{=1 \wedge b = b} = a \vee \overline{b} \wedge c \vee b$$

$$= a \vee c \wedge \overline{b} \vee b \overset{*}{=} a \vee (c \vee b) \wedge \underbrace{(b \vee \overline{b})}_{=1}$$

$$= a \vee \underbrace{(c \vee b)}_{=c \vee b = b \vee c} \wedge 1 = a \vee b \vee c$$

b) Wandle zuerst die beiden „$\rightarrow$" via $x \rightarrow y = \overline{x} \vee y$ und anschließend „$\leftrightarrow$" via $x \leftrightarrow y = (x \vee y) \wedge (\overline{x} \vee \overline{y})$ um:

$$(a \rightarrow \overline{b}) \leftrightarrow (a \wedge \overline{(\overline{c} \rightarrow \overline{b})}) = \overline{a} \vee \overline{b} \leftrightarrow a \wedge \overline{(c \vee \overline{b})} \mid \text{de Morgan}$$

$$= \overline{a} \vee \overline{b} \leftrightarrow a \wedge (\overline{c} \wedge b)$$

$$= \overline{a} \vee \overline{b} \leftrightarrow a \wedge b \wedge \overline{c}$$

$$= (\overline{a} \vee \overline{b}) \wedge \overline{(a \wedge b \wedge \overline{c})} \vee \overline{(\overline{a} \vee \overline{b})} \wedge \overline{(a \wedge b \wedge \overline{c})} \mid \text{de Morgan}$$

$$= (\underbrace{\overline{a} \wedge a \wedge b \wedge \overline{c}}_{=0}) \vee (\underbrace{a \wedge \overline{b} \wedge b \wedge \overline{c}}_{=0}) \vee (a \wedge b) \wedge (\overline{a} \vee \overline{b} \vee c)$$

$$\overset{**}{=} \underbrace{0 \vee 0}_{=0} \vee (a \wedge b \wedge c) \vee (\underbrace{a \wedge \overline{a} \wedge b}_{=0}) \vee (\underbrace{a \wedge b \wedge \overline{b}}_{=0})$$

$$\overset{**}{=} 0 \vee (a \wedge b \wedge c) \vee 0 = a \wedge b \wedge c$$

$*$ Anwendung des Distributivgesetzes bzgl. „$\vee$": $x \vee (y \wedge z) = (x \vee y) \wedge (x \vee z)$

$**$ Hier haben wir die booleschen Regeln $x \wedge \overline{x} = 0$ und $x \vee 0 = x$ benutzt.

1.5   Normalformen logischer Ausdrücke

Bestimmen Sie von dem logischen Ausdruck

$$f(a,\, b,\, c) = a \vee \overline{b} \leftrightarrow \overline{c} \to (b \to \overline{a})$$

eine Darstellung in vollständiger disjunktiver Normalform (DNF) und konjunktiver Normalform (KNF).

Lösungsskizze

Erstelle Wahrheitstafel von f:

a	b	c	$\neg b$	$A = a \vee \overline{b}$	$\neg a$	$B = b \to \overline{a}$	$\neg c$	$C = \overline{c} \to B$	$f(a,b,c) = A \leftrightarrow C$
0	0	0	1	1	1	1	1	1	1
0	0	1	1	1	1	1	0	1	1
0	1	0	0	0	1	1	1	1	0
0	1	1	0	0	1	1	0	1	0
1	0	0	1	1	0	1	1	1	1
1	0	1	1	1	0	1	0	1	1
1	1	0	0	1	0	0	1	0	0
1	1	1	0	1	0	0	0	1	1

- Vollständige disjunktive Normalform von f:

  $f(0,0,0) = f(0,0,1) = f(1,0,0) = f(1,0,1) = f(1,1,1) = 1$, Variablen mit Wahrheitswert 0 werden negiert $\leadsto$ Minterme:

  $m_1 = \overline{a} \wedge \overline{b} \wedge \overline{c}$; $m_2 = \overline{a} \wedge \overline{b} \wedge c$; $m_3 = a \wedge \overline{b} \wedge \overline{c}$; $m_4 = a \wedge \overline{b} \wedge c$; $m_5 = a \wedge b \wedge c$

  $\vee$-Verknüpfung aller Minterme liefert DNF:

  $$\begin{aligned} f(a,b,c) &= m_1 \vee m_2 \vee m_3 \vee m_4 \vee m_5 \\ &= (\overline{a} \wedge \overline{b} \wedge \overline{c}) \vee (\overline{a} \wedge \overline{b} \wedge c) \vee (a \wedge \overline{b} \wedge \overline{c}) \vee (a \wedge \overline{b} \wedge c) \vee (a \wedge b \wedge c) \end{aligned}$$

- Vollständige konjunktive Normalform von f:

  $f(0,1,0) = f(0,1,1) = f(1,1,0) = 0$, Variablen mit Wahrheitswert 1 werden negiert $\leadsto$ Maxterme:

  $$M_1 = a \vee \overline{b} \vee c; \quad M_2 = a \vee \overline{b} \vee \overline{c}; \quad M_3 = \overline{a} \vee \overline{b} \vee c$$

  $\wedge$-Verknüpfung aller Maxterme liefert KNF:

  $$\begin{aligned} f(a,b,c) &= M_1 \wedge M_2 \wedge M_3 \\ &= (a \vee \overline{b} \vee c) \wedge (a \vee \overline{b} \vee \overline{c}) \wedge (\overline{a} \vee \overline{b} \vee c) \end{aligned}$$

Wer den Ergebnissen nicht traut, kann sich z.B. über eine Wahrheitstafel von deren Korrektheit überzeugen.

2 Mengen, Zahlen, Beträge

Übersicht

A. Keller, *Aufgaben und Lösungen zur Mathematik für den Studienstart*,
https://doi.org/10.1007/978-3-662-63628-2_2

2.1   Rechnen mit Mengen

Es seien die Teilmengen $A = \{2,4,6,8\}$, $B = \{0,1,2,3,4,5\}$, $C = \{6,7,8\}$ von $X = \{0,1,2,3,4,5,6,7,8,9,10\}$ sowie $Y = \{\spadesuit, \heartsuit, \diamondsuit, \clubsuit\}$ gegeben.

Bestimmen Sie:

a) $(A \cup C) \cap B$ b) $(X \setminus A) \cap (B \setminus A) \cup (B \setminus C)$

c) $(A \times Y) \cap (C \times Y)$ d) $\overline{(A \cup C)} \setminus (\overline{A} \cap \overline{C})$

Lösungsskizze

a) $A \cup C = \{2, 4, 6, 8\} \cup \{6, 7, 8\} = \{2, 4, 6, 7, 8\}$

$\rightsquigarrow (A \cup C) \cap B = \{2, 4, 6, 7, 8\} \cap \{0, 1, 2, 3, 4, 5\} = \{2, 4\}$

b)

$X \setminus A = \{0, 1, 2, 3, 4, 5, 6, 7, 8, 9, 10\} \setminus \{2, 4, 6, 8\} = \{0, 1, 3, 5, 7, 9, 10\}$

$B \setminus A = \{0, 1, 2, 3, 4, 5\} \setminus \{2, 4, 6, 8\} = \{0, 1, 5\}$

$C \setminus A = \{6, 7, 8\} \setminus \{2, 4, 6, 8\} = \{7\}$

$\rightsquigarrow (X \setminus A) \cap (B \setminus A) \cup (B \setminus C) = \{0, 1, 3, 5, 7, 9, 10\} \cap \{0, 1, 5\} \cup \{7\}$

$\qquad\qquad = \{0, 1, 5\} \cup \{7\} = \{0, 1, 5, 7\}$

c)

$A \times Y = \{(2, \spadesuit), (2, \heartsuit), (2, \diamondsuit), (2, \clubsuit), (4, \spadesuit), (4, \heartsuit), (4, \diamondsuit), (4, \clubsuit),$

$\qquad\quad (6, \spadesuit), (6, \heartsuit), (6, \diamondsuit), (6, \clubsuit), (8, \spadesuit), (8, \heartsuit), (8, \diamondsuit), (8, \clubsuit)\}$

$C \times Y = \{(6, \spadesuit), (6, \heartsuit), (6, \diamondsuit), (6, \clubsuit), (7, \spadesuit), (7, \heartsuit), (7, \diamondsuit), (7, \clubsuit),$

$\qquad\quad (8, \spadesuit), (8, \heartsuit), (8, \diamondsuit), (8, \clubsuit)\}$

$\rightsquigarrow (A \times Y) \cap (C \times Y) = \{(6, \spadesuit), (6, \heartsuit), (6, \diamondsuit), (6, \clubsuit), (8, \spadesuit), (8, \heartsuit), (8, \diamondsuit), (8, \clubsuit)\}$

d) $\overline{A \cup C} = X \setminus (A \cup C) = X \setminus \{2, 4, 6, 7, 8\} = \{0, 1, 3, 5, 9, 10\}$

$\overline{A} \cap \overline{C} = (X \setminus A) \cap (X \setminus C) = \{0, 1, 3, 5, 7, 9, 10\} \cap \{0, 1, 2, 3, 4, 5, 8, 9, 10\}$

$\qquad\quad = \{0, 1, 3, 5, 9, 10\}$

$\rightsquigarrow \overline{A \cup C} \setminus \overline{A} \cap \overline{C} = \{0, 1, 3, 5, 9, 10\} \setminus \{0, 1, 3, 5, 9, 10\} = \{\} = \emptyset$

2.2 Vereinfachung von Bruchtermen

Vereinfachen Sie die folgenden Ausdrücke so weit wie möglich:

a) $\dfrac{2x(x-1)^3 - (x^2-1)(x-1)^2}{(x-1)^6}$

b) $\dfrac{\left(\dfrac{a^2 b^{-1}}{c^4}\right)^2}{\left(\dfrac{c^{-3}}{a^{-1}b}\right)^3}$

c) $\dfrac{u+v}{u^2-v^2} + \dfrac{u-v}{(u-v)^3} - \dfrac{1}{(u-v)^2}$

d) $1 + \dfrac{c}{1 - \dfrac{c}{1 + \dfrac{c}{1-c}}}$

Lösungsskizze

a) $\dfrac{2x(x-1)^3 - (x^2-1)(x-1)^2}{(x-1)^6} = \dfrac{(x-1)^2 \cdot \left(2x(x-1) - (x^2-1)\right)}{(x-1)^6}$

$\overset{\text{bin. Formel}}{=} \dfrac{\left(2x(x-1) - (x-1)(x+1)\right)}{(x-1)^4}$

$= \dfrac{(x-1)\,(2x - x - 1)}{(x-1)^4} = \dfrac{(x-1)^2}{(x-1)^4}$

$= \dfrac{1}{(x-1)^2}$

b) $\dfrac{\left(\dfrac{a^2 b^{-1}}{c^4}\right)^2}{\left(\dfrac{c^{-3}}{a^{-1}b}\right)^3} = \dfrac{a^4 b^{-2}}{c^8} \cdot \dfrac{a^{-3}b^3}{c^{-9}} = \dfrac{a^4 b^3 c^9}{a^3 b^2 c^8} = a^{4-3}b^{3-2}c^{9-8} = abc$

c) Binomische Formel $\leadsto u^2 - v^2 = (u-v)(u+v),\ (u-v)^3 = (u-v)(u-v)^2 \leadsto$

$\dfrac{u+v}{u^2-v^2} + \dfrac{u-v}{(u-v)^3} - \dfrac{1}{(u-v)^2} = \dfrac{u+v}{(u-v)(u+v)} + \dfrac{u-v}{(u-v)(u-v)^2} - \dfrac{1}{(u-v)^2}$

$= \dfrac{1}{u-v} + \dfrac{1}{(u-v)^2} - \dfrac{1}{(u-v)^2}$

$= \dfrac{1}{u-v}$

d) Bringe Summanden von „unten nach oben" jeweils auf einen Bruchstrich:

$1 + \dfrac{c}{1 - \dfrac{c}{1 + \dfrac{c}{1-c}}} = 1 + \dfrac{c}{1 - \dfrac{c}{\dfrac{1}{1-c}}} = 1 + \dfrac{c}{1 - c(1-c)}$

$= 1 + \dfrac{c}{c^2 - c + 1} = \dfrac{c^2+1}{c^2 - c + 1}$

2.3   Elementare Bruchgleichungen

Bestimmen Sie die Lösung der folgenden Gleichungen:

a) $\dfrac{2}{3x} - \dfrac{6}{2x} = \dfrac{7}{x-2}$ b) $\dfrac{1}{x-3} + \dfrac{2}{x+3} = \dfrac{3}{x^2-9}$ c) $\dfrac{1}{x+1} - \dfrac{1}{1-x^2} = \dfrac{1}{x}$

Lösungsskizze

a) Brüche für $x \notin \{0, 2\}$ durch Erweitern auf den Hauptnenner $3 \cdot 2 \cdot (x-2) = 6x(x-2)$ gleichnamig machen:

$$\frac{2}{3x} - \frac{6}{2x} = \frac{7}{x-2} \iff \frac{2}{3x} \cdot \frac{2}{2} - \frac{6}{2x} \cdot \frac{3}{3} = \frac{6x \cdot 7}{6x(x-2)}$$

$$\iff \frac{4}{6x} \cdot \frac{x-2}{x-2} - \frac{18}{6x} \cdot \frac{x-2}{x-2} = \frac{42x}{6x(x-2)}$$

$$\iff \frac{4(x-2) - 18(x-2)}{6x(x-2)} = \frac{42x}{6x(x-2)}$$

Gleichung mit Hauptnenner $6x(x-2)$ multiplizieren $\rightsquigarrow$

$$4(x-2) - 18(x-2) = 42x \iff 4x - 8 - 18x + 36 = 42x$$

$$\iff 56x = 28 \implies x = \frac{28}{56} = \frac{1}{2}$$

b) Nach der zweiten binomischen Formel ist $(x-3)(x+3) = x^2 - 3^2 = x^2 - 9$, somit ist $x^2 - 9$ der Hauptnenner. Für $x \neq \pm 3$ folgt:

$$\frac{1}{x-3} + \frac{2}{x+3} = \frac{3}{x^2-9} \iff \frac{1}{x-3} \cdot \frac{x+3}{x+3} + \frac{2}{x+3} \cdot \frac{x-1}{x-1} = \frac{3}{x^2-9}$$

$$\iff \frac{x+3}{x^2-9} + \frac{2x-6}{x^2-9} = \frac{3}{x^2-9} \Big| \cdot x^2 - 9$$

$$\iff x + 3 + 2x - 6 = 3$$

$$\iff 3x = 6 \implies x = 2$$

c) Analog zu a) und b): Brüche für $x \notin \{0, \pm 1\}$ auf Hauptnenner $x(x+1)(1-x^2)$ erweitern und danach die Gleichung mit dem Hauptnenner multiplizieren $\rightsquigarrow$

$$\frac{x(1-x^2)}{x(x+1)(1-x^2)} - \frac{x(x+1)}{x(x+1)(1-x^2)} = \frac{(x+1)(1-x^2)}{x(x+1)(1-x^2)}$$

$$\iff x(x - 1 + 1 - x^2) = x(x+1)(1-x^2) \,|\, : x$$

$$\iff x - x^2 = (x+1)(1-x^2)$$

$$\iff x - x^2 = x - x^3 + 1 - x^2$$

$$\iff x^3 = 1 \implies x = 1$$

Da die Gleichung aber für $x = \pm 1$ oder $x = 0$ nicht erfüllbar ist, da ansonsten durch 0 geteilt wird, gibt es keine Lösung.

2.4 Rechnen mit Potenzen

Berechnen bzw. vereinfachen Sie die folgenden Ausdrücke so weit wie möglich:

a) $\left(\dfrac{1}{3}\right)^{-2} + \left(-\dfrac{1}{2}\right)^{3} + 2^{-3}\left(\dfrac{1}{17}\right)^{0}$ 　　b) $(p^4 \cdot q^{-n+3})^{-2} \cdot p^{n+8} q^{6-n}$

c) $(2^3 + 8^2)(2^{-3} + 3^{-2})$

d) $\dfrac{5^{12} \cdot 10^{-4^2}}{2^{-12} \cdot 10^{-2^2}}$

e) $\dfrac{a \cdot x^{m-1} - b \cdot x^{m-2}}{c \cdot x^{m-3} - d \cdot x^{m-4}}$

f) $\dfrac{x^{-11} \cdot 1010}{x^{-4}y} \cdot \dfrac{x}{\frac{1}{2}x^3} \cdot y \cdot x^9$

Lösungsskizze

a) $(1/3)^{-2} + (-1/3)^3 + 2^{-3}\underbrace{(1/17)^0}_{=1} = 3^2 - 1/2^3 + 1/2^3 = 9$

b) $(p^4 \cdot q^{-n+3})^{-2} \cdot p^{n+8} \cdot q^{6-n} = p^{-8} \cdot q^{2n-6} \cdot p^{n+8} \cdot q^{6-n}$

$= p^{n+8-8} \cdot q^{2n-n+6-6}$

$= p^n \cdot q^n = (pq)^n$

c) $(2^3 + 8^2)(2^{-3} + 3^{-2}) = 2^{3-3} + 2^3 \cdot 3^{-2} + 8^2 \cdot 2^{-3} + 8^2 \cdot 3^{-2}$

$= 2^0 + \dfrac{8}{3^2} + \overbrace{(2^3)^2}^{=2^6} \cdot 2^{-3} + \dfrac{8^2}{3^2} = 1 + \dfrac{8}{9} + \overbrace{2^{6-3}}^{=2^3=8} + \dfrac{64}{9}$

$= 1 + \dfrac{8+64}{9} + 8 = 1 + 8 + 8 = 17$

d) $\dfrac{5^{12} \cdot 10^{-4^2}}{2^{-12} \cdot 10^{-2^2}} = 5^{12} \cdot 2^{12} \cdot (2 \cdot 5)^4 \cdot (2 \cdot 5)^{-16} = 5^{12+4} \cdot 2^{12+4} \cdot 2^{-16} \cdot 5^{-16}$

$= 5^{16-16} \cdot 2^{16-16} = 5^0 \cdot 2^0 = 1$

e) $\dfrac{ax^{m-1} - bx^{m-2}}{cx^{m-3} - dx^{m-4}} = \dfrac{x^m\left(ax^{-1} - bx^{-2}\right)}{x^m\left(cx^{-3} - dx^{-4}\right)} = \dfrac{ax^{-1} - bx^{-2}}{cx^{-3} - dx^{-4}}$

$= \dfrac{ax^{-1} - bx^{-2}}{cx^{-3} - dx^{-4}} \cdot \dfrac{x^4}{x^4} = \dfrac{\left(ax^{-1+2} - bx^{-2+2}\right)x^2}{cx^{-3+4} - dx^{-4+4}}$

$= x^2 \cdot \dfrac{ax - b}{cx - d}$

f) $\dfrac{x^{-11} \cdot 1010}{x^{-4}y} \cdot \dfrac{x}{\frac{1}{2}x^3} \cdot y \cdot x^9 = 1010 \cdot x^{-11}x^4x \cdot 2 \cdot x^{-3}x^9 \cdot y^{-1}y$

$= 2 \cdot 1010 \cdot x^{-11+4+1-3+9} \cdot y^{-1+1}$

$= 2020x^0y^0 = 2020$

2.5 Heuschreckenplage

Der Osten Afrikas sowie der Mittlere Osten werden häufig von Heuschreckenplagen heimgesucht. Wüstenheuschrecken sind ca. $7\,\text{cm} \times 1\,\text{cm} \times 1\,\text{cm}$ groß, wiegen ca. $2\,\text{g}$ und fressen täglich auch ca. $2\,\text{g}$.

Unter günstigen Umweltbedingungen dauert es ein Vierteljahr von einer Generation bis zur nächsten Generation, wobei pro Generation die Anzahl der Tiere um das 20-fache zunimmt. Die geschätzte Dichte von Wüstenheuschreckenschwärmen beträgt $50\ \text{Tiere/m}^2$, d.h. $5 \cdot 10^7\ \text{Tiere/km}^2$.

a) Wie viele Nachkommen kann eine Wüstenheuschrecke unter günstigen Umweltbedingungen nach zwei Jahren haben, und wie viele Tonnen wiegen diese Nachkommen? Wie viele Tonnen fressen diese täglich?

Welche Kantenlänge hat ein Würfel, der alle diese Nachkommen enthält, und welche Fläche hat ein von diesen Nachkommen gebildeter Schwarm?

b) Laut Medienberichten war im Frühjahr 2021 in Kenia ein $2\,400\,\text{km}^2$ großer Schwarm unterwegs. Aus wie vielen Wüstenheuschrecken besteht dieser Schwarm? Wie viele Tonnen wiegen diese Heuschrecken? Wie viele Tonnen fressen diese täglich?

Welche Kantenlänge hat ein Würfel, der alle diese Heuschrecken enthält?

Lösungsskizze

a) Nachkommen nach 2 Jahren: $20^8 = 2^8 \cdot 10^8 = 256 \cdot 10^8 = 25.6\,\text{Mrd.}$

Gewicht nach 2 Jahren: $256 \cdot 10^8\,\text{g} = 256 \cdot 10^2 \cdot 2\,\text{t} = 51\,200\,\text{t} \rightsquigarrow$ die Nachkommen fressen täglich ca. $51\,200\,\text{t}$.

Bestimmung der Würfelkantenlänge $(=: a)$ via Würfelvolumen $(= a^3)$, welches wir über den angegebenen Quader, in den eine Heuschrecke passt, ermitteln können:

$$a^3 = 256 \cdot 10^8 \cdot 7\,\text{cm}^3 = 256 \cdot 7 \cdot 10^{-6}\,\text{m}^3 = 179\,200\,\text{m}^3$$

$$\implies a = \sqrt[3]{179\,200\,\text{m}^3} \approx 56.38\,\text{m}$$

Schwarmfläche: $256 \cdot 10^8 \div (5 \cdot 10^7\ \text{Tiere/km}^2) = 512\ \text{km}^2$

b) Anzahl Heuschrecken im Schwarm:

$2\,400\,\text{km}^2 \cdot 5 \cdot 10^7/\text{km}^2 = 120 \cdot 10^9 = 120\,\text{Mrd.}$

Gewicht des Schwarms: $120 \cdot 10^9 \cdot 2\,\text{g} = 120 \cdot 10^3 \cdot 2\,\text{t} = 240\,000\,\text{t}$

Die Würfelkantenlänge a ermitteln wir analog zu a) über das Würfelvolumen:

$$a^3 = 120 \cdot 10^9 \cdot 7\,\text{cm}^3 = 120 \cdot 10^9 \cdot 7 \cdot 10^{-6}\,\text{m}^3 = 840\,000\,\text{m}^3$$

$$\implies a = \sqrt[3]{840\,000\,\text{m}^3} \approx 94.35\,\text{m}$$

2.6 Beträge auflösen

Schreiben Sie die folgenden Ausdrücke ohne Beträge:

$$\text{a)}\ |2x-1| \qquad\qquad \text{b)}\ |(x-1)(x-2)|$$

$$\text{c)}\ |x-1|+|x+2| \qquad \text{d)}\ \frac{|x|}{x}+\frac{\sqrt{x^2}}{|x|}$$

Lösungsskizze

a) $|2x-1| = \begin{cases} 2x-1 & \text{für } 2x-1\geq 0 \\ -(2x-1) & \text{für } 2x-1 < 0 \end{cases} = \begin{cases} 2x-1 & \text{für } x\geq 1/2 \\ 1-2x & \text{für } x < 1/2 \end{cases}$

b) $(x-1)(x-2) = x^2-3x+2$ beschreibt eine nach oben geöffnete Normalparabel mit Nullstellen $x_1 = 1;\ x_2 = 2 \implies x^2-3x+2 < 0 \Longleftrightarrow 1 < x < 2$ und $x^2-3x+2\geq 0 \Longleftrightarrow x\leq 1 \lor x\geq 2$. Mit $-(x-1)(x-2) = (1-x)(x-2)$ folgt:

$$|(x-1)(x-2)| = \begin{cases} (x-1)(x-2) & \text{für } x\leq 1 \\ (1-x)(x-2) & \text{für } 1 < x < 2 \\ (x-1)(x-2) & \text{für } x\geq 2 \end{cases}$$

c) Der Ausdruck lässt sich durch drei Fallunterscheidungen ohne Beträge schreiben: Es gilt $x-1\geq 0 \Longleftrightarrow x\geq 1$ und $x+2\geq 0 \Longleftrightarrow x\geq -2 \rightsquigarrow$

$$|x-1|+|x+2| = x-1+x+2 = 2x+1 \quad \text{für } x\geq 1$$

$$\text{und } |x-1|+|x+2| = -x+1-x+2 = 3 \qquad \text{für } -2\leq x < 1.$$

Für $x < -2$ ist somit $|x-1|+|x+2| = 1-x-x-2 = -2x-1 \rightsquigarrow$

$$|x-1|+|x+2| = \begin{cases} -2x-1 & \text{für } x < -2 \\ 3 & \text{für } -2\leq x < 1. \\ 2x+1 & \text{für } x\geq 1 \end{cases}$$

d) $\dfrac{|x|}{x}+\dfrac{\sqrt{x^2}}{|x|} = \begin{cases} \dfrac{\cancel{x}}{\cancel{x}} & \text{für } x>0 \\ \dfrac{-\cancel{x}}{\cancel{x}} & \text{für } x<0 \end{cases} + \dfrac{\cancel{|x|}}{\cancel{|x|}} = \begin{cases} 1 & \text{für } x>0 \\ -1 & \text{für } x<0 \end{cases} + 1$

$\qquad = \begin{cases} 2 & \text{für } x>0 \\ 0 & \text{für } x<0 \end{cases}$

2.7   Gleichungen und Ungleichungen mit Beträgen

Bestimmen Sie die Lösungen:

a) $|3x - 2| < 1$ b) $|x^2 - 2| \geq 2$ c) $|4 - x| + |5 - x| = 3$

Lösungsskizze

a) $|3x - 2| = 3x - 2$ für $x \geq 2/3$ und $|3x - 2| = 2 - 3x$ für $x < 2/3$:

Fall $x \geq 2/3$ ⤳	Fall $x < 2/3$ ⤳
$3x - 2 < 1 \iff 3x < 3$	$2 - 3x < 1 \iff -3x \geq -1$
$\iff x < 1$	$\iff x > 1/3$
$\implies 2/3 \leq x < 1$	$\implies 1/3 < x < 2/3$

⤳ Ungleichung für $x \in (1/3,\, 1)$ erfüllt*

b) $|x^2 - 2| = x^2 - 2$ für $x \geq \sqrt{2} \vee x \leq -\sqrt{2}$ und $|x^2 - 2| = 2 - x^2$ für $-\sqrt{2} < x < \sqrt{2}$, da $x^2 - 2$ Normalparabel mit Nullstellen $x_{1,2} = \pm\sqrt{2}$.

Fall $x \geq \sqrt{2} \vee x \leq -\sqrt{2}$ ⤳	Fall $-\sqrt{2} < x < \sqrt{2}$ ⤳
$x^2 - 2 \geq 2 \iff x^2 \geq 4$	$2 - x^2 \geq 2 \iff x^2 \leq 0$
$\iff x \geq 2 \vee x \leq -2$	$\iff x = 0$
$\implies x \leq -2 \vee x \geq 2$	$\implies x = 0$

⤳ Ungleichung für $x \in (-\infty,\, -2] \cup \{0\} \cup [2,\, \infty)$ erfüllt

c) Es gilt $4 - x \geq 0 \iff x \leq 4$ und $5 - x \geq 0 \iff x \leq 5$ ⤳

$$|4 - x| + |5 - x| = 4 - x + 5 - x = -2x + 9 \quad \text{für } x \leq 4$$
$$|4 - x| + |5 - x| = x - 4 + 5 - x = 1 \quad \text{für } 4 < x \leq 5.$$

Für $x > 5$ ist somit $|4 - x| + |5 - x| = x - 4 + x - 5 = 2x - 9$ ⤳

$$|4 - x| + |5 - x| = \begin{cases} -2x + 9 & \text{für } x \leq 4 \\ 1 & \text{für } 4 < x \leq 5 \\ 2x - 9 & \text{für } x > 5 \end{cases}$$

⤳ $|4 - x| + |5 - x| = 3 \iff -2x + 9 = 3 \vee 2x - 9 = 3 \iff x_1 = 3,\ x_2 = 6$.

---

* Alternative: Allgemein gilt für $x, a, b \in \mathbb{R}$: $|x - a| < b \iff a - b < x < a + b$ ⤳

$$|3x - 2| < 1 \iff 2 - 1 < 3x < 2 + 1 \iff 1/3 < x < 1$$

2.8 Zahlen der Größe nach anordnen

Ordnen Sie die Zahlen ohne elektronische Hilfsmittel der Größe nach an:

a) $\dfrac{7}{8}, \dfrac{3}{4}, \dfrac{27}{32}, \dfrac{5}{16}$

b) $\dfrac{5}{3}, \dfrac{2}{5}, \dfrac{3}{8}, 0.\overline{981}$

c) $2^0, 2, 2^{-1}, \sqrt{2}, \sqrt{\dfrac{1}{2}}, \left(\dfrac{1}{2}\right)^2$

d) $\dfrac{73}{22}, \dfrac{22}{7}, 3.318, \pi, \sqrt{3}, 3.14 \cdot 10^{-3}$

Lösungsskizze

a) Hauptnenner: $\mathrm{kgV}(4, 8, 16, 32) = 32 \rightsquigarrow$

$$\frac{7}{8} = \frac{7 \cdot 4}{8 \cdot 4} = \frac{28}{32}, \quad \frac{3}{4} = \frac{3 \cdot 8}{4 \cdot 8} = \frac{24}{32}, \quad \frac{5}{16} = \frac{5 \cdot 2}{16 \cdot 2} = \frac{10}{32}$$

$$\rightsquigarrow \frac{5}{16} < \frac{3}{4} < \frac{27}{32} < \frac{7}{8}$$

b) Bruchdarstellung $\rightsquigarrow$ Dezimalbruch via schriftlicher Division*

$$
\begin{array}{l}
2 \div 5 = 0.4 \\
\underline{2\ 0} \\
-\ \underline{2\ 0} \\
\quad -
\end{array}
\qquad
\begin{array}{l}
5 \div 3 = 1.\overline{6} \\
-\ \underline{3} \\
\quad 2\ 0 \\
-\ \underline{1\ 8} \\
\qquad 2\ 0 \\
\qquad \vdots
\end{array}
\qquad
\begin{array}{l}
3 \div 8 = 0.375 \\
\quad 3\ 0 \\
-\ \underline{2\ 4} \\
\qquad 6\ 0 \\
\qquad \underline{5\ 6} \\
\qquad\quad 4\ 0 \\
\qquad\quad \underline{4\ 0} \\
\qquad\qquad -
\end{array}
$$

$$\rightsquigarrow \frac{3}{8} < \frac{2}{5} < 0.\overline{981} < \frac{5}{3}$$

c) $2^0 = 1$, $2^{-1} = \frac{1}{2}$, $\left(\frac{1}{2}\right)^2 = \frac{1}{2^2} = \frac{1}{4}$, $1 < 2 \overset{**}{\Longrightarrow} 1 < \sqrt{2}$, $2 < 4 \overset{**}{\Longrightarrow} \sqrt{2} < 2$

$$1 < 2 \Longrightarrow 1 > \frac{1}{2} \overset{**}{\Longrightarrow} 1 > \sqrt{\frac{1}{2}}; \quad 4 > 2 \Longrightarrow \frac{1}{4} < \frac{1}{2} \overset{**}{\Longrightarrow} \sqrt{\frac{1}{4}} = \frac{1}{2} < \sqrt{\frac{1}{2}}$$

$$\rightsquigarrow \left(\frac{1}{2}\right)^2 < 2^{-1} < \sqrt{\frac{1}{2}} < 2^0 < \sqrt{2} < 2$$

d) Schriftliche Division $\rightsquigarrow 22 \div 7 = 3.\overline{142857} > 3.141592... = \pi$, $73 \div 22 = 3.3\overline{18} > 3.318$, $3.14 \cdot 10^{-3} = 0.00314$, $3 < 9 \overset{**}{\Longrightarrow} \sqrt{3} < 3$

$$\rightsquigarrow 3.14 \cdot 10^{-3} < \sqrt{3} < \pi < \frac{22}{7} < 3.318 < \frac{73}{22}$$

---

* **Alternative:** Umwandlung Dezimalbruch in Bruchdarstellung: $0.\overline{981} = \frac{981}{999}$. Primfaktorzerlegung: $981 = 3^2 \cdot 109$ und $999 = 3^3 \cdot 37 \rightsquigarrow 0.\overline{981} = \frac{109}{3 \cdot 37}$. Hauptnenner $\overset{\wedge}{=} \mathrm{kgV}(3, 5, 8, 37) = 3 \cdot 5 \cdot 8 \cdot 37 = 4440 \rightsquigarrow 0.\overline{981} = \frac{109}{3 \cdot 37} = \frac{5 \cdot 8 \cdot 109}{4400} = \frac{4360}{4400}, \frac{5}{3} = \frac{5 \cdot 5 \cdot 37}{4440} = \frac{7400}{4400}, \frac{2}{5} = \frac{2 \cdot 3 \cdot 8 \cdot 37}{4440} = \frac{1776}{4440}, \frac{3}{8} = \frac{3 \cdot 3 \cdot 5 \cdot 37}{4440} = \frac{1665}{4440}$.

** Nutze die *Monotonie* der Quadratwurzel: $0 \leq a < b \Longrightarrow \sqrt{a} < \sqrt{b}$.

Ohne Monotonie exemplarisch für $\sqrt{2} < 2$: Angenommen $\sqrt{2} > 2$, dann wäre $2 = \sqrt{2} \cdot \sqrt{2} > 2\sqrt{2} \lightning$, da $\sqrt{2} > 1$, also $\sqrt{2} < 2$. ✓

2.9   Reelle Intervalle

Geben Sie für $x \in \mathbb{R}$ die folgenden Mengen als Intervall an:

a) $\mathbb{R} \setminus \{x \mid -1 < x \leq 1\}$ b) $\mathbb{R} \setminus \{-1, 0, 1\}$

c) $\{x \mid x(1 - x) > 0 \wedge x \in \mathbb{Q}\}$ d) $\{x \mid x^2 > 2\} \cap \{x \mid |x - 1| \leq 3\}$

Lösungsskizze

a) $\mathbb{R} \setminus \{x \mid -1 < x \leq 1\} = \mathbb{R} \setminus (-1, 1] = (-\infty, -1] \cup (1, \infty)$

b) $\mathbb{R} \setminus \{-1, 0, 1\} = (-\infty, \infty) \setminus \{-1, 0, 1\} = (-\infty, -1) \cup (-1, 0) \cup (0, 1) \cup (1, \infty)$

c) $x(1 - x) > 0$ genau dann, wenn beide Faktoren ($\hat{=}$ logisches und $\wedge$) größer als 0 („$+ \cdot + = +$") sind oder ($\hat{=}$ logisches oder $\vee$) wenn beide Faktoren kleiner als 0 sind („$- \cdot - = +$") $\rightsquigarrow$ in Formeln ausgedrückt:

$$x(1 - x) > 0 \Longleftrightarrow (x > 0 \wedge 1 - x > 0) \vee (x < 0 \wedge 1 - x < 0)$$

$$\rightsquigarrow (x > 0 \wedge 1 - x > 0) \Longleftrightarrow (x > 0 \wedge 1 > x) \Longleftrightarrow 0 < x < 1$$

und $(x < 0 \wedge 1 - x < 0) \Longleftrightarrow (x < 0 \wedge 1 < x) \rightsquigarrow$ unerfüllbar, $x \in \emptyset$*

Somit $x(1 - x) > 0 \Longleftrightarrow x \in (0, 1) \cup \emptyset = (0, 1)$**:

Die angegebene Menge beschreibt also alle reellen Zahlen $x \in (0, 1)$, die rational sind (salopp: alle Brüche innerhalb des Intervalls $(0, 1)$) $\rightsquigarrow$

$$\{x \mid x(1 - x) > 0 \wedge x \in \mathbb{Q}\} = (0, 1) \cap \mathbb{Q}.$$

d) $\{x \mid x^2 > 2\}$: $x^2 > 2 \Longleftrightarrow \sqrt{x^2} > \sqrt{2} \Longleftrightarrow |x| > \sqrt{2} \rightsquigarrow x < -\sqrt{2} \vee x > \sqrt{2}$

$$\Longrightarrow x \in (-\infty, -\sqrt{2}) \cup (\sqrt{2}, \infty)$$**

$\{x \mid |x - 1| \leq 3\}$: $|x - 1| \leq 3 \rightsquigarrow x - 1 \leq 3$ für $x \geq 1$ und $1 - x \leq 3$ für $x < 1 \rightsquigarrow (x \geq 1 \wedge x \leq 4) \vee (x < 1 \wedge x \geq -2) \Longleftrightarrow [1, 4] \cup [-2, 1) \Longrightarrow x \in [-2, 4]$

$$\rightsquigarrow \{x \mid x^2 > 2\} \cap \{x \mid |x - 1| \leq 3\} = (-\infty, -\sqrt{2}) \cup (\sqrt{2}, \infty) \cap [-2, 4]$$

$$= [-2, -\sqrt{2}) \cup (\sqrt{2}, 4]$$

---

* Das heißt, die Lösungsmenge ist leer ($= \emptyset = \{\}$, leere Menge), da beide Ungleichungen $x < 0$ und $x > 1$ von keinem $x \in \mathbb{R}$ gleichzeitig erfüllt sein können.

** c) (Grafische) Alternative: $y = x(1 - x) = x - x^2$ beschreibt eine nach unten geöffnete Normalparabel mit den Nullstellen $x_1 = 0, x_2 = 1$, d.h. $y > 0 \Longleftrightarrow 0 < x < 1$.

d) Grafische Alternative wie bei c): $y = x^2 - 2$ beschreibt eine nach oben geöffnete Normalparabel mit den Nullstellen $\pm\sqrt{2}$, d.h. $y = x^2 - 2 > 0 \Longleftrightarrow x > \sqrt{2} \vee x < -\sqrt{2}$.

2.10   Irrationale Zahlen

a) π, e, $\sqrt{2}$ sind irrational. Sind die Zahlen

$$\pi - 3, \quad \sqrt{16^3}, \quad 2\sqrt{2}, \quad e/2, \quad \sqrt{2}^2, \quad 1/\sqrt{2}, \quad 2.\overline{7182818}$$

irrational oder rational?

b) Zeigen Sie: $\sqrt[3]{16}$ ist eine irrationale Zahl.

Lösungsskizze

a) (i) $\pi - 3 = 3.14159265358979323846\ldots - 3 = 0.14159265358979323846\ldots$ ist irrational, da der nichtperiodische Dezimalanteil erhalten bleibt.

(ii) $\sqrt{16^3} = \sqrt{(2^4)^3} = \sqrt{(2^{2\cdot 3})^2} = 2^6 = 64 \rightsquigarrow$ rational

(iii) $2\sqrt{2}$ und $e/2 = \frac{1}{2}e$ sind irrational, da eine rationale Zahl $\neq 0 \times$ irrationale Zahl $\neq 0$ immer eine irrationale Zahl ergibt*.

(iv) $\sqrt{2}^2 = \sqrt{2} \cdot \sqrt{2} = 2$ rational, $\dfrac{1}{\sqrt{2}} = \dfrac{\sqrt{2}}{\sqrt{2} \cdot \sqrt{2}} = \sqrt{2}/2$ irrational (vgl. (iii)).

(v) $2.\overline{7182818}$ ist periodischer Dezimalbruch $\rightsquigarrow$ rational.

b) Angenommen, $\sqrt[3]{16}$ ist rational, dann ist $\sqrt[3]{16} = p/q \in \mathbb{Q}$ (mit $p, q \in \mathbb{N}$).

Der Bruch p/q kann als nicht weiter kürzbar vorausgesetzt werden (andernfalls könnten wir ihn so lange weiter kürzen, bis es nicht mehr geht).

Definition der dritten Wurzel $\rightsquigarrow$ $\sqrt[3]{16} = p/q$ ist diejenige Zahl, die dreimal mit sich selbst multipliziert 16 ergibt $\rightsquigarrow$

$$16 = \left(\sqrt[3]{16}\right)^3 = \left(\frac{p}{q}\right)^3 = \frac{p^3}{q^3} \rightsquigarrow p^3 = 16q^3 \rightsquigarrow p^3 = 4 \cdot 4q^3$$

$\overset{**}{\rightsquigarrow} p = 4k, \; k \in \mathbb{Z} \implies 4^3 k^3 = 4^2 q^3 \iff 4k^3 = q^3$, also auch $q = 4\ell$ mit $\ell \in \mathbb{Z}$

$$\rightsquigarrow p/q = \frac{\cancel{4}k}{\cancel{4}\ell} = k/\ell \; \lightning$$

$\rightsquigarrow$ Widerspruch zu p/q nicht kürzbar $\implies \sqrt[3]{16}$ irrational.

---

* Ist $r \neq 0$ irrational und nehmen wir an, $p/q \cdot r$ mit $p/q \in \mathbb{Q}, p/q \neq 0$ ist rational, d.h. $p/q \cdot r = m/n$ mit $m/n \in \mathbb{Q}$, dann wäre $r = q/p \cdot m/n = qp/mn \in \mathbb{Q}$, also r, auch rational. Widerspruch $\lightning$.

** $p^3 = 4 \cdot 4q^3 \rightsquigarrow p^3/4 = 4q^3$, da $4q^3$ eine ganze Zahl ist, muss p^3 durch 4 teilbar sein. Wegen $p^3/4 = p/4 \cdot p^2$ muss auch p durch 4 teilbar sein oder, anders ausgedrückt, gibt es ein $k \in \mathbb{Z}$ mit $p = 4k$.

3 Elementare Zahlentheorie

Übersicht

© Springer-Verlag GmbH Deutschland, ein Teil von Springer Nature 2021
A. Keller, *Aufgaben und Lösungen zur Mathematik für den Studienstart*,
https://doi.org/10.1007/978-3-662-63628-2_3

3.1   Zahldarstellungen

Bestimmen Sie von den gegebenen Zahlen jeweils die Binär-, Dezimal- und die Hexadezimaldarstellung:

$$\text{a) } 217_{10} \quad \text{b) } 11111100101_2 \quad \text{c) } \mathtt{AFFE}_{16} \quad \text{d) } 3.15625_{10}$$

Lösungsskizze

a) $2^8 = 256 > 217 \rightsquigarrow$ Divisionsmethode:

$$
\begin{aligned}
217 \div 2^7 &= 1.\ldots; \quad 217 - 2^7 = 217 - 128 = 89 \\
89 \div 2^6 &= 1.\ldots; \quad 89 - 2^6 = 89 - 64 = 25 \\
25 \div 2^5 &= 0.\ldots; \\
25 \div 2^4 &= 1.\ldots; \quad 25 - 2^4 = 25 - 16 = 9 \\
9 \div 2^3 &= 1.\ldots; \quad 9 - 2^3 = 9 - 8 = 1 \\
1 \div 2^2 &= 0.25 \\
1 \div 2^1 &= 0.5 \\
1 \div 2^0 &= 1
\end{aligned}
$$

$$\implies 217_{10} = 1\cdot 2^7 + 1 \cdot 2^6 + 0 \cdot 2^5 + 1 \cdot 2^4 + 1 \cdot 2^3 + 0 \cdot 2^2 + 0 \cdot 2^1 + 1 \cdot 2^0 = 11011001_2$$

$16^2 = 2^8 = 256 \rightsquigarrow 217 \div 16 = 13.\ldots; 217 - 13 \cdot 16 = 9; 9 \div 16^0 = 9 \rightsquigarrow 217_{10} = \mathtt{D9}_{16}$

Alternative: Bilde Viererblöcke in der Binärdarstellung: $\underbrace{1101}_{=D}\underbrace{1001}_{=9_{16}}{}_2 = \mathtt{D9}_{16}$

b) $\underbrace{0111}_{=7}\underbrace{1110}_{=E_{16}}\underbrace{0101}_{=5_{16}}{}_2 = 7E5_6 \rightsquigarrow 7 \cdot 16^2 + 14 \cdot 16^1 + 5 \cdot 16^0 = 2021_{10}$

c) $\mathtt{AFFE}_{16} = \underbrace{1100}_{=A_{16}}\underbrace{1111}_{=F_{16}}\underbrace{1111}_{=F_{16}}\underbrace{1110}_{=E_{16}} = 1100111111111110_2$

$10 \cdot 16^3 + 15 \cdot 16^2 + 15 \cdot 16^1 + 14 \cdot 16^0 = 45054 \rightsquigarrow \mathtt{AFFE}_{16} = 45054_{10}$

d) Umwandlung des Dezimalbruchs 0.15625 via **Restwertmethode**:

$$
\begin{aligned}
0.15625 \cdot 2 &= 0.31250 \\
0.31250 \cdot 2 &= 0.62500 \\
0.62500 \cdot 2 &= 1.2500 \qquad \implies 0.15625_{10} = 0.00101_2 = 0.\underbrace{0010}_{=2_{16}}\underbrace{1000}_{=8_{16}}{}_2 = 0.28_{16} \\
0.25 \cdot 2 &= 0.5 \\
0.5 \cdot 2 &= 1
\end{aligned}
$$

$\implies 3.15628_{10} = 11.00101_2 = 3.28_{16}$, da $3 = 2^1 + 2^0$ und $0011_2 = 3_{16}$

3.2 Addition und Subtraktion von Binär- und Hexadezimalzahlen

Berechnen Sie im Binär- und im Hexadezimalsystem:

$$\text{a) } 17 + 13 \qquad \text{b) } 1408 - 237 \qquad \text{c) } 123 - 134$$

Lösungsskizze

a) Dezimaldarstellung $\to$ Binärdarstellung: $17 = 2^4 + 2^0 \rightsquigarrow 17_{10} = 10001_2$

$$13 = 2^3 + 2^1 + 2^0 \rightsquigarrow 13_{10} = 1011_2$$

Umformung Binärdarstellung $\to$ Hexadezimaldarstellung via Bildung von Viererblöcken: $00010001_2 = 11_{16}$, $1011_2 = D_{16}$

Alternative: $17 = 1 \cdot 16^1 + 1 \cdot 16^0 \rightsquigarrow 17_{10} = 11_{16}$, $12 = 12 \cdot 16^0 \rightsquigarrow 13_{10} = D_{16}$

```
      1  0  0  0  1           1  1
   +  1  0  1  1           +     C
        +1 +1
   ----------------        --------
      1  1  1  1  0           1  D
```

Probe: $11110_2 = 2^4 + 2^3 + 2^2 + 2^1 = 30_{10} \checkmark$, $1D_{16} = 16^1 + 14 \cdot 16^0 = 30_{10} \checkmark$

b) $1408 = 2^{10} + 2^8 + 2^7 \rightsquigarrow 1408_{10} = \overbrace{101}^{=5_{16}}\,\overbrace{1000}^{=8_{16}}\,\overbrace{0000}^{=0_{16}}{}_2 = 580_{16}$

$237 = 2^7 + 2^6 + 2^5 + 2^3 + 2^2 + 2^0 \rightsquigarrow 237_{10} = \overbrace{1110}^{=E_{16}}\,\overbrace{1101}^{=D_{16}}{}_2 = ED_{16}$

```
      0  1  0  1  1  0  0  0  0  0  0  0          5  8  0
   -  0  0  0  0  1  1  1  0  1  1  0  1       -     E  D
           -1 -1 -1 -1 -1 -1 -1 -1                  -1 -1
   ------------------------------------        -----------
      0  1  0  0  1  0  0  1  0  0  1  1          4  9  3
```

Alternative: Subtraktion mit Binärzahlen entspricht der Addition des Zweierkomplements: $000011101101_2 \rightsquigarrow 111100010010_2 + 1_2 = 111100010011_2 \mathrel{\hat=}$ Zweierkomplement in 12-Bit-Rechnung:

```
      0  1  0  1  1  0  0  0  0  0  0  0
   +  1  1  1  1  0  0  0  1  0  0  1  1
      +1 +1 +1
   ------------------------------------
      0  1  0  0  1  0  0  1  0  0  1  1
```

Probe: $100100100011_2 = 2^{10} + 2^7 + 2^4 + 2^1 + 1 = 1171_{10} = 4 \cdot 16^2 + 9 \cdot 16 + 3 = 493_{16} \checkmark$

c) Hexadezimaldarstellung: 12-Bit notwendig $\rightsquigarrow 123_{10} = 000001111011_2 = 07B_{16}$; $134_{10} = 000010000110_2 = 086_{16}$, Zweierkomplement: $-134_{10} = 111101111010_2 = F7A_{16} \rightsquigarrow$

```
      0  0  0  0  0  1  1  1  1  0  1  1          0  7  B
   +  1  1  1  1  0  1  1  1  1  0  1  0       +  F  7  A
           +1 +1 +1 +1    +1            ;             +1
   ------------------------------------        -----------
      1  1  1  1  1  1  1  1  0  1  0  1          F  F  5
```

Probe: $-11_{10} = 111111110101_2 = FF5_{16} \checkmark$ (da Zweierkomplement $000000001011_2 = 2^3 + 2^1 + 2^0 = 11$)

3.3   Binäre Multiplikation und Division

Führen Sie die folgenden Rechnungen im binären Zahlensystem durch:

$$\text{a) } 27 \cdot 13 \quad \text{b) } 2.875 \cdot 12.25 \quad \text{c) } 2021 \div 47 \quad \text{d) } 1/3 \cdot 3/8$$

Lösungsskizze

a) $27 = 2^4 + 2^3 + 2 + 2^0 \rightsquigarrow 27_{10} = 11011_2$; $13 = 2^3 + 2^2 + 2^0 \rightsquigarrow 13_{10} = 1101_2$

```
      1 1 0 1 1 · 1 1 0 1
      1 1 0 1 1
        1 1 0 1 1
          1 1 0 1 1
 +1 +1 +1 +1 +1
  1 0 1 0 1 1 1 1 1
```

Probe: $2^8 + 2^6 + 2^4 + 2^3 + 2^2 + 2 + 1$
$= 351 = 27 \cdot 13 \checkmark$

b) $2.875_{10} = 10.111$; $12.25_{10} = 1100.01$ (z.B. via Restwertmethode, vgl. 3.1d)

```
      1 0. 1 1 1 · 1 1 0 0. 0 1
      1 0 1 1 1
        1 0 1 1 1
          1 0 1 1 1
 +1 +1 +1 +1 +1 +1
  1 0 0 0 1 1. 0 0 1 1 1
```

Probe:
$2^5 + 2^1 + 2^0 + 2^3 + 2^{-3} + 2^{-4} + 2^{-5}$
$= \frac{1127}{32} = 35.21875$
$= 2.875 \cdot 12.25 \checkmark$

c) $2021 = 2^{10} + 2^9 + 2^8 + 2^7 + 2^6 + 2^5 + 2^2 + 1 \rightsquigarrow 2021_{10} = 11111100101_2$;
   $43 = 2^5 + 2^3 + 2 + 1 \rightsquigarrow 43_{10} = 101011_2$

```
   1 1 1 1 1 1 0 0 1 0 1 ÷ 101011  =  101111
 - 1 0 1 0 1 1
       1 0 1 0 0 0 0
     -   1 0 1 0 1 1
         1 0 0 1 0 1 1
       -   1 0 1 0 1 1
           1 0 0 0 0 0 0
         -   1 0 1 0 1 1
             1 0 1 0 1 1
           - 1 0 1 0 1 1
             0 0 0 0 0 0
```

Probe:
$2^5 + 2^4 + 2^3 + 2^2 + 2^1 + 2^0$
$= 47$
$= 2021 \div 43 \checkmark$

d)
```
     0 1 ÷ 1 1 = 0.01...
   -   0
       1 0 0
     -   1 1
           1
           ⋮
```
```
     0 0 1 1 ÷ 1 0 0 0 = 0.011
   -       0
           1 1 0 0
         - 1 0 0 0
           1 0 0 0
         - 1 0 0 0
                 0
```

$\rightsquigarrow 0.333..._{10} = 0.010101..._2$ $\rightsquigarrow 3/8 = 0.375_{10} = 0.011_2$

```
 0. 0 1 0 1 0 1 · 0. 0  1 1...
      0 0 1 0 1 0 1
        0 0 1 0 1 0 1
 0. 0 0 0 1 1 1 1 1 1...
```

Probe:
$2^{-4} + 2^{-5} + 2^{-6} + 2^{-7} + 2^{-8} + 2^{-9}$
$= 0.123046875 = \underbrace{0.328125}_{=0.010101_2} \cdot \underbrace{0.375}_{=0.011_2} \checkmark$

3.4 Restklassenrechnung

Berechnen Sie die Reste:

a) $-17 \bmod 12$ b) $-1408 \bmod 237$ c) $237 \cdot 217 \bmod 13$

d) $(17^{66} \cdot 5 - 28 \cdot 16^5) \bmod 15$ e) $125 \cdot 21^3 \cdot 69^7 \bmod 6$ f) $(7^{32} + 3001^{23}) \bmod 9$

Lösungsskizze

a) $-17 - 7 = -24 = 12 \cdot (-2) \implies -17 \,(\bmod\,12) = 7$

b) $-6 \cdot 237 + 1408 = -1422 + 1408 = -14$

$\rightsquigarrow -1408 - 14 = 237 \cdot (-6) \implies -1408 \,(\bmod\,237) = 14$

c) $13 \cdot 18 = 234 = 237 - 3 \rightsquigarrow 237 \,(\bmod\,13) = 3; \; 13 \cdot 16 = 208 = 217 - 9 \rightsquigarrow$
$217 \,(\bmod\,13) = 9 \rightsquigarrow$

$$237 \cdot 217 \equiv 3 \cdot 9 = 27 \equiv 1 \,(\bmod\,13) = 1$$

d) $17^{66} \cdot 5 - 28 \cdot 16^5 \equiv 2^{66} \cdot 5 - 13 \cdot 1^5 \,(\bmod\,15)$

$$2^{66} = 2^{6 \cdot 10 + 6} = 2^{10 + \ldots + 10 + 6} = \underbrace{2^{10} \cdot \ldots \cdot 2^{10}}_{6\text{-mal}} \cdot 2^6$$

$\rightsquigarrow 2^{10} = 1024 \equiv 4 \,(\bmod\,15) = 4$ und $2^6 = 64 \equiv 4 \,(\bmod\,15) = 4$

$\rightsquigarrow 2^{66} \equiv 4^7 = 4^3 \cdot 4^3 \cdot 4 = 64 \cdot 64 \cdot 4 \equiv 4^3 = 64 \equiv 4 \,(\bmod\,15) = 4$

$\implies 17^{66} \cdot 5 - 28 \cdot 16^5 \equiv 2^{66} \cdot 5 - 13 \cdot 1^5 \equiv 4 \cdot 5 - 13 = 7 \,(\bmod\,15) = 7$

e) $125 \,(\bmod\,6) = 5, \; 22 \,(\bmod\,6) = 3, \; 69 \,(\bmod\,6) = 3$

sowie $3^2 = 9 \equiv 3 \,(\bmod\,6) = 3, \; 3^3 = 27 \equiv 3 \,(\bmod\,6) = 3 \rightsquigarrow$

$\implies 125 \cdot 21^3 \cdot 69^7 \equiv 5 \cdot 3 \cdot 3^7 = 5 \cdot 3^3 \cdot 3^3 \cdot 3^2 \equiv 5 \cdot 3^3 \equiv 5 \cdot 3 \equiv 3 \,(\bmod\,6) = 3$

f) $3001 = 3 \cdot 1000 + 1 \equiv 3 \cdot 1 + 1 = 4 \,(\bmod\,9) = 4$, da $1000 = 111 \cdot 9 + 1 \rightsquigarrow$

$$3001^{23} \equiv 4^{23} = \underbrace{4^5 \cdot \ldots \cdot 4^5}_{4\text{-mal}} \cdot 4^3 \overset{*}{\equiv} 7^4 \cdot 4^3 = 7^2 \cdot 7^2 \cdot 4^3 = 49 \cdot 49 \cdot 64$$

$$\equiv 4 \cdot 4 \cdot 1 = 16 \equiv 7 \,(\bmod\,9) = 7$$

Daneben ist $7^{32} = \underbrace{7^3 \cdot \ldots \cdot 7^3}_{10\text{-mal}} \cdot 7^2 \equiv 1 \cdot \ldots \cdot 1 \cdot 49 \equiv 1 \cdot 4 \,(\bmod\,9) = 4$, denn wegen

$343 = 9 \cdot 38 + 1$ ist $7^3 = 343 \equiv 1 \,(\bmod\,9) = 1$

$$\implies 7^{32} + 3001^{23} \equiv 7 + 4 = 11 \equiv 2 \,(\bmod\,9) = 2.$$

---

* $4^5 = 4^2 \cdot 4^2 \cdot 4 = 16 \cdot 16 \cdot 4 \equiv 7 \cdot 7 \cdot 4 = 49 \cdot 4 \equiv 4 \cdot 4 = 16 \equiv 7 \,(\bmod\,9) = 7$

3.5   Bestimmung des ggT mit dem Euklid'schen Algorithmus

Berechnen Sie:

a) ggT(333, 45)   b) ggT(1408, 336)   c) ggT(777, 84, 217)

Lösungsskizze

a) Euklid'scher Algorithmus mit Startwerten 333, 45:

$$
\begin{aligned}
333 &= 45 \cdot 7 \;+\; 18 \\
45 &= 18 \cdot 2 \;+\; 9 \\
18 &= 9 \cdot 2 \;+\; 0
\end{aligned}
$$

$\rightsquigarrow$ ggT$(333, 45)$ = ggT$(45, 18)$ = ggT$(18, 9)$ = 9

b) Euklid'scher Algorithmus mit Startwerten 1408, 336:

$$
\begin{aligned}
1408 &= 336 \cdot 4 \;+\; 64 \\
336 &= 64 \cdot 5 \;+\; 16 \\
64 &= 16 \cdot 4 \;+\; 0
\end{aligned}
$$

$\rightsquigarrow$ ggT$(1408, 336)$ = ggT$(336, 64)$ = ggT$(64, 16)$ = 16

c) Es gilt: ggT$(777, 84, 217)$ = ggT$(\text{ggT}(777, 217), 84)$ $\rightsquigarrow$

Bestimme ggT$(777, 217)$ via Euklid'schem Algorithmus:

$$
\begin{aligned}
777 &= 217 \cdot 3 \;+\; 126 \\
217 &= 126 \cdot 1 \;+\; 91 \\
126 &= 91 \cdot 1 \;+\; 35 \\
91 &= 35 \cdot 2 \;+\; 21 \\
35 &= 21 \cdot 1 \;+\; 14 \\
21 &= 14 \cdot 1 \;+\; 7 \\
14 &= 7 \cdot 2 \;+\; 0
\end{aligned}
$$

$$
\begin{aligned}
\rightsquigarrow \text{ggT}(777, 217) &= \text{ggT}(217, 126) = \text{ggT}(126, 91) = \text{ggT}(91, 35) \\
&= \text{ggT}(35, 21) = \text{ggT}(21, 14) = 7
\end{aligned}
$$

ggT$(84, 7)$ = 7, da $84 = 12 \cdot 7 + 0 \implies$ ggT$(777, 84, 217)$ = 7

3.6 Lösen von diophantischen Gleichungen

Bestimmen Sie die ganzzahlige Lösung mit dem kleinsten positiven x-Wert:

a) $17x + 12y = 1979$ b) $237x + 213y = 258$ c) $98x + 133y = 66$

Lösungsskizze

a) Euklid'scher Algorithmus $\rightsquigarrow$ benötigte Werte für x_k, y_k*:

$$
\left.\begin{aligned}
17 &= 1 \cdot 12 + 5 \\
12 &= 2 \cdot 5 + 2 \\
5 &= 2 \cdot 2 + 1 \\
1 &= 1 \cdot 1 + 0
\end{aligned}\right\} \rightsquigarrow
\begin{aligned}
x_2 &= x_0 - q_2 x_1 = 1 - 1 \cdot 0 && = 1 \\
y_2 &= y_0 - q_2 y_1 = 0 - 1 \cdot 1 && = -1 \\
x_3 &= x_1 - q_3 x_2 = 0 - 2 \cdot 1 \cdot 0 && = -2 \\
y_3 &= y_1 - q_3 y_2 = 1 - 2 \cdot (-1) && = 3 \\
x_4 &= x_2 - q_4 x_3 = 1 - 2 \cdot (-2) \cdot 0 && = 5 \\
y_4 &= y_2 - q_4 y_3 = -1 - 2 \cdot 3 && = -7
\end{aligned}
$$

$\implies x_4 = 5$ und $y_4 = -7$ löst $17x + 12y = \text{ggT}(17, 12) = 1 \implies 1979 x_4 = 9895$ und $1979 y_4 = -13853$ löst $17x + 12y = 1979 \cdot \text{ggT}(17, 12) = 1979 \rightsquigarrow$

$$
x = 9895 + \frac{12t}{\text{ggT}(17, 12)} = 9895 + 12t; \quad y = -13853 - \frac{17t}{\text{ggT}(17, 12)} = -13853 - 17t
$$

mit $t \in \mathbb{Z}$. Für $t = -824$ ist $x = 7$, $y = 155$, die Lösung mit kleinstem positivem x-Wert.

b) Euklid'scher Algorithmus $\rightsquigarrow$

$$
\left.\begin{aligned}
237 &= 1 \cdot 213 + 24 \\
213 &= 8 \cdot 24 + 21 \\
24 &= 1 \cdot 21 + 3 \\
21 &= 7 \cdot 3 + 0
\end{aligned}\right\} \rightsquigarrow
\begin{aligned}
x_2 &= x_0 - q_2 x_1 = 1 - 1 \cdot 0 && = 1 \\
y_2 &= y_0 - q_2 y_1 = 0 - 1 \cdot 1 && = -1 \\
x_3 &= x_1 - q_3 x_2 = 0 - 8 \cdot 1 \cdot 0 && = -8 \\
y_3 &= y_1 - q_3 y_2 = 1 - 8 \cdot (-1) && = 9 \\
x_4 &= x_2 - q_4 x_3 = 1 - 1 \cdot (-8) \cdot 0 && = 9 \\
y_4 &= y_2 - q_4 y_3 = -1 - 1 \cdot 9 && = -10
\end{aligned}
$$

$\rightsquigarrow 237 \cdot x_4 + 213 \cdot y_4 = \text{ggT}(237, 213) = 3$. $258/3 = 86 \rightsquigarrow 86 x_4 = 774$, $86 y_4 = -860$ löst $237x + 213y = 86\,\text{ggT}(237, 213) = 255 \rightsquigarrow$ alle Lösungen:

$$
x = 774 + \frac{213t}{\text{ggT}(237, 213)} = 774 + 71t; \quad y = -860 - \frac{237t}{\text{ggT}(237, 213)} = -860 - 79t, \ t \in \mathbb{Z}
$$

$\rightsquigarrow$ für $t = -10$ erhalten wir die gesuchte Lösung: $x = 64$, $y = -70$.

c) Euklid'scher Algorithmus $\rightsquigarrow \text{ggT}(133, 98) = 7 \nmid 66 \implies$ es existiert keine ganzzahlige Lösung.

---

* Bestimmung einer Lösung von $ax + by = \text{ggT}(a, b)$ mit erweitertem Euklid'schen Algorithmus: Startwerte $x_0 = 1$, $y_0 = 0$; $x_1 = 0$; $y_1 = 1$; $r_0 = a$; $r_1 = b$, Schritt $k \geq 2$: $x_k = x_{k-2} - q_k x_{k-1}$ mit $r_{k-2} = r_{k-1} \cdot q_k + r_k$.

3.7   Bestimmung von Inversen in $\mathbb{Z}_m$

Bestimmen Sie, falls möglich, das additiv und das multiplikativ Inverse von r in den angegebenen Mengen $\mathbb{Z}_m$:

$$a) \quad r = 5,\ \mathbb{Z}_{11} \qquad b) \quad r = 9,\ \mathbb{Z}_{27} \qquad c) \quad r = 217,\ \mathbb{Z}_{237}$$

Lösungsskizze

a) $-r = -5 \equiv 6\,(\mathrm{mod}\,11) = 6$. Probe: $5 + 6 = 11 \equiv 0\,(\mathrm{mod}\,11) = 0\checkmark$

$\mathrm{ggT}(11,5) = 1 \rightsquigarrow$ das multiplikativ Inverse von $5 \in \mathbb{Z}_{11}$ existiert.

Elementare Bestimmung von $r^{-1} = 1/5$ in $\mathbb{Z}_{11}$ durch Probieren:

$1 + 4 \cdot 11 = 45 = 5 \cdot 9 \implies 5 \cdot 9 = 45 \equiv 1\,(\mathrm{mod}\,11)\,\checkmark$, somit:

$$r^{-1} = \frac{1}{5} = 9 \in \mathbb{Z}_{11}$$

b) $9 + 18 = 27 \equiv 0(\mathrm{mod}\,11) = 0 \rightsquigarrow -r = -9 = 18 \in \mathbb{Z}_{27}$

Wegen $\mathrm{ggT}(27,9) = 3$ sind 27 und 9 nicht teilerfremd $\implies$ 9 besitzt kein multiplikativ Inverses in $\mathbb{Z}_{27}$.

c) $-r = -217 = 20\,(\mathrm{mod}\,237) = 20$, da $-217 - 20 = -237 = 237 \cdot (-1)$

Probe: $217 + 20 = 237 \equiv 0\,(\mathrm{mod}\,237) = 0\,\checkmark$

$$\text{Euklid'scher Algorithmus} \rightsquigarrow \left.\begin{array}{rcl} 237 &=& 1 \cdot 217 + 20 \\ 217 &=& 10 \cdot 20 + 17 \\ 20 &=& 1 \cdot 17 + 3 \\ 17 &=& 5 \cdot 3 + 2 \\ 3 &=& 1 \cdot 2 + 1 \\ 2 &=& 2 \cdot 1 + 0 \end{array}\right\} \rightsquigarrow \mathrm{ggT}(237,217) = 1$$

$\rightsquigarrow$ Multiplikativ inverses Element zu 217 stimmt mit Lösung y der diophantischen Gleichung $237x + 217y = 1$ überein, Lösung via erweitertem Euklid'scher Algorithmus $\rightsquigarrow$

$$\left.\begin{array}{rclcll} x_2 &=& x_0 - q_2 x_1 &=& 1 - 1 \cdot 0 &= 1 \\ y_2 &=& y_0 - q_2 y_1 &=& 0 - 1 \cdot 1 &= -1 \\ x_3 &=& x_1 - q_3 x_2 &=& 0 - 10 \cdot 1 \cdot 0 &= -10 \\ y_3 &=& y_1 - q_3 y_2 &=& 1 - 10 \cdot (-1) &= 11 \\ x_4 &=& x_2 - q_4 x_3 &=& 1 - 1 \cdot (-10) \cdot 0 &= 11 \\ y_4 &=& y_2 - q_4 y_3 &=& -1 - 1 \cdot 11 &= -12 \\ x_5 &=& x_3 - q_5 x_4 &=& -10 - 5 \cdot 11 \cdot 0 &= -65 \\ y_5 &=& y_3 - q_5 y_4 &=& 11 - 5 \cdot (-12) &= 71 \\ x_6 &=& x_4 - q_6 x_5 &=& 11 - 1 \cdot (-65) \cdot 0 &= 76 \\ y_6 &=& y_4 - q_6 y_5 &=& -12 - 1 \cdot (71) &= -83 \end{array}\right\}$$

$\rightsquigarrow$

$-83 \equiv 154\,(\mathrm{mod}\,237)$

$\implies r^{-1} = \dfrac{1}{217} = 154 \in \mathbb{Z}_{237}$

Probe:

$217 \cdot 154 = 33418$

$\equiv 1\,(\mathrm{mod}\,237) = 1\,\checkmark$

3.8 Lösen von linearen Gleichungen in $\mathbb{Z}_m$

Bestimmen Sie sämtliche Lösungen der angegebenen Gleichungen:

a) $x + 5 = 1 \,(\mathrm{mod}\,7)$ b) $3x + 10 = 4 \,(\mathrm{mod}\,11)$

c) $2x - 1 = 6 \,(\mathrm{mod}\,8)$ d) $12x = 9 \,(\mathrm{mod}\,21)$

Lösungsskizze

a) $x + 5 \equiv 1 \,(\mathrm{mod}\,7) \Longleftrightarrow x \equiv -4 \,(\mathrm{mod}\,7)$

$-4 - 3 = -7 = 7 \cdot (-1) \implies -4 \,(\mathrm{mod}\,7) = 3$, somit $x = 3$

b) $3x + 10 \equiv 4 \,(\mathrm{mod}\,11) \Longleftrightarrow 3x \equiv -6 \,(\mathrm{mod}\,11) \Longleftrightarrow 3x \equiv 5 \,(\mathrm{mod}\,11)$,

da $-6 - 5 = -11 = 11 \cdot (-1) \,(\rightsquigarrow -7 \,(\mathrm{mod}\,11) = 5)$.

ggT$(3,\,11) = 1 \rightsquigarrow$ Gleichung eindeutig lösbar:

$$3x \equiv 5 \,(\mathrm{mod}\,11) \Longleftrightarrow x \equiv \frac{1}{3} \cdot 5 \,(\mathrm{mod}\,11)$$

Bestimmung des Inversen von 3 in $\mathbb{Z}_{11}$ durch Probieren:

$$1 + 11 = 12 = 3 \cdot 4 = 12 \equiv 1 \,(\mathrm{mod}\,11) \rightsquigarrow \frac{1}{3} = 4 \,\mathrm{in}\, \mathbb{Z}_{11}$$

$\implies x = \frac{1}{3} \cdot 5 = 4 \cdot 5 = 20 \equiv 9 \,(\mathrm{mod}\,11) = 9$

c) $2x - 1 \equiv 6 \,(\mathrm{mod}\,8) \Longleftrightarrow 2x \equiv 7 \,(\mathrm{mod}\,8)$

Es ist ggT$(2,\,8) = 2$ und $2 \nmid 7 \rightsquigarrow$ Gleichung unlösbar in $\mathbb{Z}_8$.

d) ggT$(12,\,21) = 3$ und $3 \mid 9 \rightsquigarrow$ es gibt genau drei Lösungen:

Die Grundlösung x_1 ist die Lösung der reduzierten Kongruenzgleichung:

$$12x \equiv 9 \,(\mathrm{mod}\,21) \rightsquigarrow 4x \equiv 3 \,(\mathrm{mod}\,7)$$

Inverse von 4 in $\mathbb{Z}_7 : \frac{1}{4} = 2$, da $2 \cdot 4 = 8 \equiv 1 \,(\mathrm{mod}\,7) = 1 \implies x_1 = 2 \cdot 3 = 6 \in \mathbb{Z}_{21}$

$\rightsquigarrow$ restliche Lösungen in $\mathbb{Z}_{21}$: $x_2 = x_1 + 7 = 13$; $x_3 = x_1 + 2 \cdot 7 = 20$

3.9   Lösen von simultanen Kongruenzgleichungen

a) $x \equiv 1 \bmod 4$ b) $x \equiv 5 \bmod 9$ c) $x \equiv 3 \bmod 4$

$\quad\; x \equiv 2 \bmod 5$ $\quad\; x \equiv 7 \bmod 8$ $\quad\; x \equiv 6 \bmod 12$

$\quad\; x \equiv 3 \bmod 7$ $\quad\; x \equiv 11 \bmod 12$ $\quad\; x \equiv 2 \bmod 5$

Lösungsskizze

a) $\mathrm{ggT}(4, 5, 7) = 1 \implies$ es existiert eine eindeutige Lösung in $\mathbb{Z}_{4 \cdot 5 \cdot 7} = \mathbb{Z}_{140}$.

Berechnung von x via Chinesischem Restsatz:

$$m = 140;\ M_1 = m/4 = 35;\ M_2 = m/5 = 28;\ M_3 = m/7 = 20$$

Inverse von $M_{1,2,3}^{-1}$ in $\mathbb{Z}_{4,5,7}$:

$$35 \bmod 4 = 3 \rightsquigarrow M_1^{-1} = 1/35 = 1/3 = 3 \bmod 4 = 3,\ \text{da } 35 \cdot 3 \bmod 4 = 1$$

$$28 \bmod 5 = 3 \rightsquigarrow M_2^{-1} = 1/28 = 1/3 = 2 \bmod 5 = 2,\ \text{da } 28 \cdot 3 \bmod 5 = 1$$

$$20 \bmod 7 = 6 \rightsquigarrow M_3^{-1} = 1/20 = 1/6 = 6 \bmod 7 = 6,\ \text{da } 20 \cdot 6 \bmod 7 = 1$$

$$\implies x = 1 \cdot M_1 \cdot M_1^{-1} + 2 \cdot M_2 \cdot M_2^{-1} + 3 \cdot M_3 \cdot M_3^{-1}$$

$$= 1 \cdot 35 \cdot 3 + 2 \cdot 28 \cdot 2 + 3 \cdot 20 \cdot 6 = 577 \equiv 17 \bmod 140 = 17 \in \mathbb{Z}_{140}$$

b) $\mathrm{ggT}(8, 9, 12) = 3 \rightsquigarrow$ Moduln sind nicht teilerfremd. Es ist $\mathrm{kgV}(9, 8, 12) = 72$ und $5 \equiv 7 \bmod \underbrace{\mathrm{ggT}(8, 9)}_{= 1}$; $5 \equiv 11 \bmod \underbrace{\mathrm{ggT}(9, 12)}_{= 3}$ und $7 \equiv 11 \bmod \underbrace{\mathrm{ggT}(8, 12)}_{= 4}$

$\implies$ es gibt eine eindeutige Lösung in $\mathbb{Z}_{72}$. Chinesischer Restsatz nicht anwendbar, Lösung via sukzessivem Einsetzen:

$$x = 5 + 9k,\ x = 7 + 8\ell,\ x = 11 + 12m \text{ mit } k, \ell, m \in \mathbb{Z}$$

Erste und zweite Kongruenz gleichsetzen $\rightsquigarrow$

$$k = \frac{2}{9} + \frac{8\ell}{9} = \frac{2}{9} + \frac{7 + 1 \cdot 9}{9} + \frac{8\ell}{9} - \frac{7 + 1 \cdot 9}{9} = 2 + 8 \left(\frac{\ell - 2}{9} \right) \rightsquigarrow 9 \mid \ell - 2,\ \text{da } k \in \mathbb{Z}.$$

Setze $p := (\ell - 2)/9 \rightsquigarrow 5 + 9k = 5 + 9(2 + 8p) = 23 + 72p$, gleichsetzen mit dritter

Kongruenz $\rightsquigarrow p = -\frac{1}{6} + \frac{m}{6} = \frac{m - 1}{6} \rightsquigarrow 6 \mid m - 1$, und $p \in \mathbb{Z}$ muss nicht weiter ersetzt werden

$$\implies x = 23 + 72p, p \in \mathbb{Z} \rightsquigarrow \text{Lösung } x = 23 \in \mathbb{Z}_{72}.$$

c) Direkt: Erste und zweite Kongruenz gleichsetzen $\rightsquigarrow$

$$3 + 4k = 6 + 12\ell \text{ mit } k, \ell \in \mathbb{Z} \implies k = \frac{1}{4}(3 + 12\ell) = \frac{4}{3} + 3\ell = \frac{1}{3} + 1 + 3\ell \notin \mathbb{Z} \notarrow$$

$\implies$ es kann keine Lösung existieren.

Alternative: $3 \not\equiv 6 \bmod \mathrm{ggT}(4, 12) = 6 \bmod 4 \implies \nexists \text{ Lösung}$

3.10 Berechnung von Prüfziffern

Bestimmen Sie die Prüfziffern p_1p_2 bzw. p der folgenden Zifferncodes:

a) 4008–8712–9436–p (**EAN**) b) DE$p_1p_2$3701 0050 0123 4565 03 (**IBAN**)

Wird ein Zahlendreher (neunte mit zehnte Ziffer in der Ziffernfolge) erkannt?

Lösungsskizze

a) Die 13-stellige **EAN** (*European Article Number*) besitzt die Form

$$z_1z_2z_3z_4 - z_5z_6z_7z_8 - z_9z_{10}z_{11}z_{12} - p.$$

Die Prüfziffer p berechnet sich aus der Kongruenzgleichung

$$z_1 + 3z_2 + z_3 + 3z_4 + z_5 + 3z_6 + z_7 + 3z_8 + z_9 + 3z_{10} + p \equiv 0 \,(\mathrm{mod}\ 10)$$

$$\rightsquigarrow 4 + 3\cdot 8 + 8 + 3\cdot 7 + 1 + 3\cdot 2 + 9 + 3\cdot 4 + 3 + 3\cdot 6 = 116 \rightsquigarrow 116 + p \equiv 0 \,(\mathrm{mod}\ 10)$$

$$\implies p = -116 \,(\mathrm{mod}\ 10) \equiv 4 \,(\mathrm{mod}\ 10) = 4,\ \mathrm{da} -116 = 10\cdot(-12)+4.$$

Vertauschung: $116 + 2\cdot 9 - 2\cdot 4 = 116 + 18 - 8 = 126 \rightsquigarrow p = -126 \equiv 4 \bmod 10 = 4$ $\rightsquigarrow$ Zahlendreher wird nicht erkannt.

b) Die deutsche **IBAN** (*International Bank Account Number*) besitzt die Form

$$\mathrm{DE}p_1p_2 \underbrace{b_1b_2b_3b_4b_5b_6b_7b_8}_{\text{Bankleitzahl}} \underbrace{k_1k_2k_3k_4k_5k_6k_7k_8k_9k_{10}}_{\text{Kontonummer}}.$$

Die Prüfziffern berechnen sich mit der Setzung $D = 13$, $E = 14$ via der Formel

$$p_1p_2 = 98 - (b_1b_2b_3b_4b_5b_6b_7b_8k_1k_2k_3k_4k_5k_6k_7k_8k_9k_{10}131400 \bmod 97).$$

Berechnung der Kongruenz z.B. einfacher per Hand via Formung von drei Achterblöcken (da 24-stellige Zahl, Darstellung der Zahl durch Basis 10^8) und unter Ausnutzung von $10^8 \bmod 97 = 81$:

$$
\begin{aligned}
37010050012345650313140 0 &= 37010050\cdot(10^8)^2 + 1234565\cdot 10^8 + 3131400\\
&\equiv 37010050\cdot 62 + 1234565\cdot 81 + 31314\cdot 3 \,(\mathrm{mod}\ 97)\\
&\equiv 88\cdot 62 + 46\cdot 81 + 80\cdot 3 \,(\mathrm{mod}\ 97)\\
&\equiv 24 + 40 + 46 \,(\mathrm{mod}\ 97) \equiv 13 \,(\mathrm{mod}\ 97)
\end{aligned}
$$

$$\implies p_1p_2 = 98 - 13 = 85$$

Vertauschung an neunter und zehnter Stelle $\rightsquigarrow$ Vertauschung der ersten beiden Stellen im Kontonummernblock: 01234565 wird zu 10234565 $\rightsquigarrow$

$10234565 \,(\mathrm{mod}\ 97) \equiv 95 \,(\mathrm{mod}\ 97) \rightsquigarrow 97\cdot 81 \,(\mathrm{mod}\ 97) \equiv 32 \,(\mathrm{mod}\ 97) \not\equiv 40 \,(\mathrm{mod}\ 97)$

$\implies p_1p_2 = 98 - (24 + 32 + 46 \,(\mathrm{mod}\ 97)) = 98 - 5 = 93 \neq 85 \rightsquigarrow$ Zahlendreher wird erkannt.

3.11   Welcher Tag war der 17.12.1979? ★

Nach dem Gregorianischen Kalender war der 01.01.1900 ein Montag.

Bestimmen Sie mit dieser Information den Wochentag vom 17.12.1979. Welcher Wochentag wird dieser Tag in 100 Jahren sein?

Lösungsskizze

Wir setzen Montag $= 0$, Dienstag $= 1$, ..., Sonntag $= 6$.

Idee: Zähle Tage und rechne Modulo 7.

Ein Jahr hat 365 Tage, mit Ausnahme von *Schaltjahren*, diese haben 366 Tage.

Ein Jahr ist nach Definition des Gregorianischen Kalenders ein Schaltjahr, falls es durch 4, aber nicht durch 100 teilbar ist. Ist ein Jahr durch 4 und durch 100 teilbar, so ist es ebenfalls ein Schaltjahr, falls es gleichzeitig durch 400 teilbar ist:

$$j \text{ ist Schaltjahr} \iff (j \equiv 0 \bmod 4 \wedge j \not\equiv 0 \bmod 100)$$
$$\vee (j \equiv 0 \bmod 4 \wedge j \equiv 0 \bmod 100 \wedge j \equiv 0 \bmod 400)$$

$4 \mid 1900$ und $100 \mid 1900$, aber $400 \nmid 1900 \rightsquigarrow 1900$ kein Schaltjahr.

Wegen $1979 = 19 \cdot 4 + 3$ liegen 19 Schaltjahre zwischen 01.01.1900 und 01.01.1979:

$$365 \cdot 60 + 366 \cdot 19 \equiv 1 \cdot 4 + 2 \cdot 5 \,(\bmod\,7) = 4 + 3 \equiv (\bmod\,7) = 0$$

$$\underbrace{\text{Montag}}_{\hat{=}\,0,\,01.01.1900} \; + 0 \,(\bmod\,7) = 0 \implies 01.01.1979 \text{ war somit ebenfalls ein Montag.}$$

$1979 \,(\bmod\,4) = 3 \rightsquigarrow 1979$ war kein Schaltjahr $\rightsquigarrow 365$ Tage.

Tage vom 1.1.1979 bis 17.12.1979: $365 - (31 - 16) = 350 \,(\bmod\,7) = 0$

$0 + 0 \,(\bmod\,7) = 0 \implies 17.12.1979$ war auch ein Montag.

$\rightsquigarrow 01.01.1980$ war ein Dienstag $(\hat{=}\,1)$, 5 Schaltjahre zwischen 1980 und 1996 $\rightsquigarrow$

$$(365 \cdot 15 + 366 \cdot 5) \bmod 7 = 1 + 3 \,(\bmod\,7) = 4.$$

Wegen $1 + 4 \,(\bmod\,7) = 5$ war somit der 01.01.2000 ein Samstag.

2000 ist durch 4, 100 und 400 teilbar, ist also ein Schaltjahr. Zwischen 01.01.2000 und 01.12.2079 liegen somit 20 Schaltjahre:

$$365 \cdot 59 + 366 \cdot 20 \,(\bmod\,7) \equiv 1 \cdot 3 + 2 \cdot 6 \,(\bmod\,7) \equiv 15 \,(\bmod\,7) = 1$$

$$\implies 1 + 5 (\bmod\,7) = 6 \rightsquigarrow 01.01.2079 \text{ wird ein Sonntag.}$$

Da 2079 kein Schaltjahr ist, vergehen vom 01.01.2079 bis 17.12.2079 genau 350 Tage (analoge Rechnung wie oben):

$350 \bmod 7 = 0 \rightsquigarrow 6 + 0 \,(\bmod\,7) = 6 \rightsquigarrow 17.12.2079$ wird ebenfalls ein Sonntag.

4 Trigonometrisches

Übersicht

© Springer-Verlag GmbH Deutschland, ein Teil von Springer Nature 2021
A. Keller, *Aufgaben und Lösungen zur Mathematik für den Studienstart*,
https://doi.org/10.1007/978-3-662-63628-2_4

4.1 Grad- und Bogenmaß

Bestimmen Sie die im Bogenmaß gegebenen Winkel im Gradmaß und die im Gradmaß gegebenen Winkel im Bogenmaß;

$$\text{a)} \quad \alpha = 36° \qquad \text{b)} \quad x = \frac{\pi}{8} \qquad \text{c)} \quad \beta = 128° \qquad \text{d)} \quad y = 2021$$

Lösungsskizze

a) $\alpha = 36°$ im Bogenmaß:

$$\frac{\pi}{180°} \cdot \alpha = \frac{36}{180}\pi = \frac{9 \cdot 4}{9 \cdot 20}\pi = \frac{1}{5}\pi$$

$\leadsto 36° \mathrel{\hat{=}} \frac{1}{5}\pi$

b) $x = \frac{\pi}{8}$ im Gradmaß:

$$\frac{180°}{\pi} \cdot x = \frac{180°}{8} = \frac{45°}{2} = 22.5°$$

$\leadsto \frac{\pi}{8} \mathrel{\hat{=}} 22.5°$

c) $\beta = 128°$ im Bogenmaß:

$$\frac{\pi}{180°} \cdot \beta = \frac{128°}{180°}\pi = \frac{2^7}{4 \cdot 45}\pi = \frac{32}{45}\pi \,(\approx 2.2340)$$

$\leadsto 128° \mathrel{\hat{=}} \frac{32}{45}\pi$

d) $y = 2021$ im Gradmaß:

$$\frac{180°}{\pi} \cdot y = \frac{180°}{\pi} \cdot 2021 = \frac{363\,780°}{\pi} \approx 115\,794.7704°$$

$\leadsto 115\,794 \,(\mathrm{mod}\,360) = 234 \implies 2021 \mathrel{\hat{\approx}} 234.7704°$

4.2 Funktionswerte trigonometrischer Funktionen

Bestimmen Sie mit Hilfe elementarer Dreiecksgeometrie die exakten Funktionswerte von:

a) $\sin\left(\dfrac{\pi}{4}\right)$ b) $\cos\left(\dfrac{3\pi}{4}\right)$ c) $\sin\left(-\dfrac{\pi}{6}\right)$ d) $\tan\left(\dfrac{\pi}{3}\right)$

Lösungsskizze

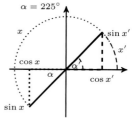

a) $x = \frac{\pi}{4} \,\hat{=}\,$ im Gradmaß: $\alpha = \frac{180°}{\pi} \cdot \frac{\pi}{4} = \frac{180°}{4} = 45°$ (s. Skizze)

$\alpha = 45° \rightsquigarrow \cos\left(\frac{\pi}{4}\right) = \sin\left(\frac{\pi}{4}\right)$, trigonometrischer Pythagoras

$$\rightsquigarrow 2 \cdot \sin^2\left(\frac{\pi}{4}\right) = 1 \implies \sin\left(\frac{\pi}{4}\right) = \frac{1}{2}\sqrt{2}$$

b) $x = \frac{3\pi}{4} = \frac{\pi}{4} + \pi \,\hat{=}\, 225°$. Funktionswerte erhalten wir für $x \in [\pi, \frac{3\pi}{2}] \,\hat{=}\, [180°, 270°]$ mit $x' = \pi - x$ $\left(\hat{=}\, \alpha' = 180° - \alpha\right)$ via $\cos x = -\cos(x')$ durch Zurückführung auf den ersten Quadranten (s. Skizze).

Somit: $\cos\left(\frac{3\pi}{4}\right) = -\cos\left(\frac{3\pi}{4} - \pi\right) = -\cos\left(\frac{\pi}{4}\right)$. Offenbar ist $\cos\left(\frac{\pi}{4}\right) = \frac{1}{2}\sqrt{2}$ (analog zu a)), und daraus folgt $\cos\left(\frac{3\pi}{4}\right) = -\frac{1}{2}\sqrt{2}$.

c) $\frac{\pi}{6} \,\hat{=}\, 30° \rightsquigarrow$ gleichseitiges Dreieck mit Seitenlänge 1 $\implies \sin\left(\frac{\pi}{6}\right) = \frac{1}{2}$ und $\sin\left(-\frac{\pi}{6}\right) = -\frac{1}{2}$ (s. Skizze)

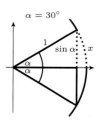

Allgemein lassen sich Funktionswerte von $x \mapsto \sin x$ mit $x \in [\frac{3\pi}{2}, 2\pi]$ durch $\sin x = -\sin(2\pi - x)$ auf den ersten Quadranten zurückführen.

Wegen $-\frac{\pi}{6} \,\hat{=}\, 2\pi - \frac{\pi}{6} = \frac{11\pi}{6} \,\hat{=}\, 360° - 30° = 330°$ folgt:

$$\sin\left(-\frac{\pi}{6}\right) = \sin\left(\frac{11\pi}{6}\right) = -\sin\left(2\pi - \frac{11\pi}{6}\right) = -\sin\left(\frac{\pi}{6}\right) = -\frac{1}{2}$$

d) $\frac{\pi}{3} \,\hat{=}\, 60°$. Daraus erhalten wir ein gleichseitiges Dreieck mit Seitenlänge 1 (s. Skizze). Also ist $2\cos\left(\frac{\pi}{3}\right) = 1$, d.h. $\cos\left(\frac{\pi}{3}\right) = \frac{1}{2}$.

Gleichseitiges Dreieck $\rightsquigarrow$ Höhe $h = \frac{\sqrt{3}}{2}$. Da $h = \sin\left(\frac{\pi}{3}\right)$, folgt:

$$\tan\left(\frac{\pi}{3}\right) = \frac{\sin\left(\frac{\pi}{3}\right)}{\cos\left(\frac{\pi}{3}\right)} = 2 \cdot \frac{\sqrt{3}}{2} = \sqrt{3}$$

4.3   Licht und Schatten

Bob ist 1.81 m groß (Augenhöhe 1.71 m) und schaut unter einem Sehwinkel von
$\alpha = 35°$ zur Horizontalen auf die Spitze einer Nordmanntanne, die 20 m entfernt
von ihm steht.

Wie hoch ist die Tanne, und wie lange ist ihr Schatten im Vergleich zu Bobs,
wenn die Sonnenstrahlen in einem Winkel von $\beta = 21°$ zur Horizontalen einfal-
len? Wie lange braucht ein Lichtstrahl von Bobs Auge bis zum Baumwipfel?

Hinweis: Lichtgeschwindigkeit $c = 299\,792\,458 \, \dfrac{\text{m}}{\text{s}}$.

Lösungsskizze

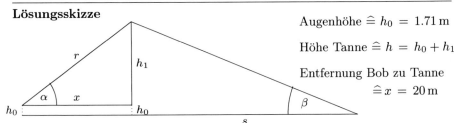

Augenhöhe $\widehat{=} h_0 = 1.71 \, \text{m}$

Höhe Tanne $\widehat{=} h = h_0 + h_1$

Entfernung Bob zu Tanne
$\widehat{=} x = 20 \, \text{m}$

- Höhe Tanne: $\tan \alpha = \dfrac{h_1}{x} \Longrightarrow h_1 = x \cdot \tan \alpha = h_1$

$$h = h_0 + h_1 = 1.71 \, \text{m} + 20 \, \text{m} \cdot \tan(35°) \approx 15.7142 \, \text{m}$$

- Länge Schatten S von Tanne und Schatten S' von Bob (nicht in Skizze):

$$\tan \beta = \frac{h_0 + h_1}{S} \Longrightarrow S = \frac{h}{\tan \beta} \approx \frac{15.7142 \, \text{m}}{\tan(21°)} \approx 40.9368 \, \text{m}$$

$$\tan \beta = \frac{1.81 \, \text{m}}{S'} \Longrightarrow S' \approx \frac{1.81 \, \text{m}}{\tan(21°)} \approx 4.7152 \, \text{m}$$

- Dauer t der Reise eines Lichtstrahls:

  Länge des Sehstrahls r entspricht der Hypotenuse im kleinen Dreieck $\rightsquigarrow$

$$\cos \alpha = \frac{x}{r} \Longrightarrow r = \frac{x}{\cos \alpha}.$$

Somit ist

$$t = \frac{r}{c} = \frac{x}{\cos \alpha \cdot c} = \frac{20 \, \text{m}}{\underbrace{\cos(35°)}_{\approx 0.8191} \cdot 299\,792\,458 \, \frac{\text{m}}{\text{s}}}$$

$$\approx 8.144 \cdot 10^{-8} \, \text{s}.$$

4.4 Stufenwinkel am Hang

Bestimmen Sie δ in Abhängigkeit von α und den Flächeninhalt des Rechtecks für $x = \sqrt{2}$ und $\alpha = 30°$.

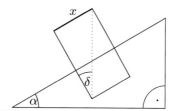

Lösungsskizze

- Winkel δ:

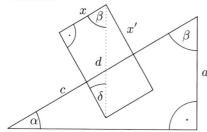

d ist parallel zur Seite a, und x ist parallel zur Seite c.

Nach dem Stufenwinkelsatz schließt somit die Rechteckseite x mit der Diagonalen d einen gleich großen Winkel wie die Dreieckseiten c und a ($= \beta$) ein $\rightsquigarrow$

$$\delta = 180° - \beta = \alpha.$$

- Flächeninhalt Rechteck: Diagonale d teilt Rechteck in zwei rechtwinklige Dreiecke $\rightsquigarrow$

$$\sin \alpha = \frac{x}{d} \Longrightarrow d = \frac{x}{\sin \alpha}.$$

Pythagoras $\rightsquigarrow x' = \sqrt{d^2 - x^2} \Longrightarrow$

$$F = x \cdot x' = \sqrt{2} \cdot \sqrt{\frac{2}{\sin^2(30°)} - 2} = \sqrt{2} \cdot \sqrt{\frac{2}{1/4} - 2} = \sqrt{2}\sqrt{6} = 2\sqrt{3}$$

Alternative: $\tan \alpha = \dfrac{x}{x'} \Longrightarrow x' = \dfrac{x}{\tan \alpha}$

Damit:

$$F = x \cdot x' = \frac{x^2}{\tan \alpha} = \frac{2}{\tan 30°} = \frac{2}{1/\sqrt{3}} = 2\sqrt{3} \checkmark$$

4.5   Allgemeine Dreiecksberechnung

Untersuchen Sie, ob durch die angegebenen Daten ein Dreieck eindeutig bestimmt wird, und berechnen Sie die fehlenden Seiten und Winkel:

a) $c = 5$, $\alpha = 30°$, $\beta = 45°$ b) $b = 5$, $c = 4$, $\gamma = 30°$ c) $a = 4$, $b = 1$, $c = 2$

Lösungsskizze

a) Kongruenzsatz WSW $\rightsquigarrow$ Dreieck eindeutig bestimmt:

$$\gamma = 180° - \alpha - \beta = 180° - 30° - 45° = 105°$$

Fehlende Seiten über Sinussatz:

$$\frac{a}{\sin\alpha} = \frac{b}{\sin\beta} \Longrightarrow b = \frac{a\sin\beta}{\sin\alpha} = \frac{5\sin(45°)}{\sin(30°)} = \frac{5\sqrt{2}/2}{1/2} = 5\sqrt{2}$$

$$\frac{c}{\sin\gamma} = \frac{a}{\sin\beta} \Longrightarrow c = \frac{a\sin(105°)}{\sin(45°)} = \frac{5\sqrt{2}\sin(105°)}{\sqrt{2}/2} = 10\sin(105°) \approx 9.66$$

b) Kongruenzsatz SSW, gegebener Winkel liegt kleinere Seite gegenüber $\rightsquigarrow$ Dreieck muss nicht eindeutig sein.

Seite a über Kosinussatz: $c^2 = a^2 + b^2 - 2ab\cos(\gamma) \rightsquigarrow a^2 - 2b\cos(\gamma)a + b^2 - c^2 = 0$

$$a^2 - 2 \cdot 5 \cdot \sqrt{3}a/2 + 25 - 16 = 0 \Longleftrightarrow a^2 - 5\sqrt{3}a + 9 = 0, \quad \text{Mitternachtsformel} \rightsquigarrow$$

$$a_{1,2} = \frac{5\sqrt{3} \pm \sqrt{(5\sqrt{3})^2 - 4 \cdot 1 \cdot 9}}{2} = \frac{5\sqrt{3} + \sqrt{39}}{2} \approx \begin{cases} 7.4526 \\ 1.2076 \end{cases}$$

$\rightsquigarrow$ es gibt zwei Dreiecke. Winkel $\beta_{1,2}$ über Sinussatz:

$$\frac{b}{\sin\beta} = \frac{c}{\sin\gamma} \Longrightarrow \sin\beta = \frac{b\sin\gamma}{c} = \frac{5\sin(30°)}{4} = \frac{5}{8}$$

$$\Longrightarrow \beta_1 = \sin^{-1}\left(\frac{5}{8}\right) \approx 38.68°, \beta_2 = 180° - \beta_1 \approx 141.32°$$

Somit: $\alpha_{1,2} = 180° - \beta_{1,2} - \gamma$

$\rightsquigarrow \alpha_1 \approx 180° - 38.68° - 30° = 111.32°$, $\alpha_2 \approx 180° - 141.32° - 30° = 8.68°$

c) Kosinussatz: $\cos\gamma = \dfrac{a^2 + b^2 - c^2}{2ab} = \dots = \dfrac{13}{8} > 1 \rightsquigarrow$ keine Lösung, da der Kosinus keine Werte größer 1 annimmt*****.

---

* Obwohl Kongruenzsatz SSS $\rightsquigarrow$ Dreieck eindeutig bestimmt, ist dies kein Widerspruch, da hier die Dreiecksungleichung verletzt ist: $b + c = 3 < a = 4$.

4.6 Hindernis

Die Strecke $\overline{XY}$ lässt sich wegen des $\Lambda\Omega$-Waldes nicht direkt messen. Von einer Standlinie $\overline{AB} = 1.6\,\mathrm{km}$ sind jedoch die Winkel $\alpha = \angle(A,X,Y) = 65°$, $\beta = \angle(B,X,A) = 43°$, $\gamma = \angle(X,Y,B) = 85°$ und $\delta = \angle(A,Y,B) = 38°$ bekannt*. Wie lang ist $\overline{XY}$?

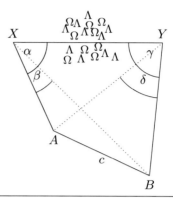

Lösungsskizze

Idee: Bestimme $c := \overline{AB}$ in Abhängigkeit von $x = \overline{XY}$ und löse nach x auf.

- $b := \overline{AX}$ und $a := \overline{BX}$ mit $\tau := \angle(X,B,Y) = 180° - \beta - \gamma$ und $\sigma := \angle(X,A,Y) = 180° - \alpha - \delta$ über Sinussatz:

$$\frac{a}{\sin\gamma} = \frac{x}{\sin\tau} \implies a = x \cdot \underbrace{\frac{\sin\gamma}{\sin\tau}}_{=:s_1}$$

$$\frac{b}{\sin\delta} = \frac{x}{\sin\sigma} \implies b = x \cdot \underbrace{\frac{\sin\delta}{\sin\sigma}}_{=:s_2}$$

- Im Dreieck ΔABX kann c mit $a = x \cdot s_1$, $\angle(A,X,B) = \alpha - \beta$ und $b = x \cdot s_2$ (Kongruenzsatz SWS) via Kosinussatz bestimmt werden $\rightsquigarrow$

$$\begin{aligned}
c^2 &= a^2 + b^2 + 2ab\cos(\alpha - \beta) \\
&= (xs_1)^2 + (xs_2)^2 + 2x^2 s_1 s_2 \cos(\alpha - \beta) \\
&= x^2(s_1^2 + s_2^2 + 2s_1 s_2 \cos(\alpha - \beta)) \rightsquigarrow x = \frac{c}{\sqrt{s_1^2 + s_2^2 + 2s_1 s_2 \cos(\alpha - \beta)}}.
\end{aligned}$$

Einsetzen der Daten $\rightsquigarrow \alpha - \beta = 65° - 43° = 22°$

$$s_1 = \frac{\sin(85°)}{\sin(180° - 43° - 85°)} = \frac{\sin(85°)}{\sin(52°)}, \quad s_2 = \frac{\sin(38°)}{\sin(180° - 65° - 38°)} = \frac{\sin(38°)}{\sin(77°)}$$

$$\rightsquigarrow x = \frac{1.6\,\mathrm{km}}{\sqrt{\dfrac{\sin^2(85°)}{\sin^2(52°)} + \dfrac{\sin^2(38°)}{\sin^2(77°)} + 2\dfrac{\sin(85°)}{\sin(52°)}\dfrac{\sin(38°)}{\sin(77°)}\cos(22°)}} \approx 2.2\,\mathrm{km}$$

---

*In der Geodäsie ist dieses Verfahren auch als *Rückwärtseinschneiden* bekannt. Zur Winkelmessung wurden (und werden z.T. noch) optisch-mechanische Geräte ($\rightsquigarrow$ *Theodolit*) eingesetzt. Mittlerweile stehen aber auch satellitengestützte ($\rightsquigarrow$ *GPS*) Verfahren zur Verfügung.

4.7   Der Drudenfuß ⋆

Bei einem regulären Fünfeck mit Seitenlänge a
bilden die Diagonalen b den Drudenfuß (Penta-
gramm). Diagonale und Seitenlänge teilen sich
hierbei im Verhältnis des goldenen Schnitts,
d.h. $b/a = \Phi$ mit $\Phi = 1/2 + \sqrt{5}/2$**.

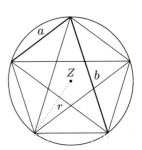

Berechnen Sie die Fläche des kleinen einbeschriebenen Fünfecks sowie den Radius r vom Umkreis für $a = 2$.

Lösungsskizze

■ Seitenlänge $x = \overline{B'X}$ des einbeschriebenen Fünfecks

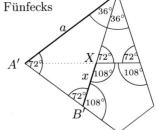

  Innenwinkel: Anwendung Formel für
  n-Eck $\rightsquigarrow \dfrac{(5-2) \cdot 180°}{5} = 108°$.

  Damit lassen sich alle Winkel der einbeschriebenen Dreiecke ermitteln (s. Skiz-
  zen).

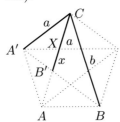

$\rightsquigarrow \Delta A'B'C$ ist gleichschenklig, d.h. $\overline{A'C} = \overline{B'C} = a$,
analog: $\overline{A'A} = \overline{AX} = a$, $\overline{B'X} = x$ und $b/a = \Phi \rightsquigarrow$

$$2a - x = b \implies x = 2a - b$$
$$= 2a - \Phi a$$
$$= (2 - \Phi)a$$

■ Flächeninhalt $F = 5 \cdot F_{\Delta XYZ}$. ΔXYZ ist gleichschenkliges Dreieck mit
  Schenkel der Länge r' ($\hat{=}$ Radius vom Umkreis):

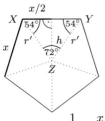

$\angle(X, Z, Y) = 360°/5 = 72°$
und $\angle(Y, X, Z) = \angle(X, Y, Z) = \dfrac{180° - 72°}{2} = 54°$
$\rightsquigarrow h = \dfrac{x}{2}\tan(54°)$

$$F = 5 \cdot \frac{1}{2} \cdot x \cdot \frac{x}{2}\tan(54°) = \frac{5}{4}x^2 \tan(54°) = \frac{5}{4}(2-\Phi)^2 a^2 \tan(54°) \approx 1.0041$$

■ Umkreisradius $r = \dfrac{a/2}{\cos(54°)} = \dfrac{1}{\cos(54°)} \approx 1.7013$

---

* ΔABC ist ähnlich zu $\Delta ABB'$ (vgl. zweite Skizze und ergänze Winkel $\rightsquigarrow$ WWW-Ähn-
lichkeitssatz) $\rightsquigarrow$ je zwei Seiten stehen im selben Verhältnis zueinander: $a/b = (b-a)/a \rightsquigarrow$
$b^2 - ba - a^2 = 0$ mit positiver Lösung $b = (1/2 + \sqrt{5}/2)a = \Phi a \rightsquigarrow b/a = \Phi$.

5 Lineares, Quadrate und Wurzeln (rationale Potenzen)

Übersicht

© Springer-Verlag GmbH Deutschland, ein Teil von Springer Nature 2021
A. Keller, *Aufgaben und Lösungen zur Mathematik für den Studienstart*,
https://doi.org/10.1007/978-3-662-63628-2_5

5.1   Rechnen mit Wurzeln

Vereinfachen Sie die folgenden Ausdrücke so weit wie möglich:

a) $\sqrt{16u^3} + \sqrt{25u^3} - 8 \cdot \sqrt{u^3}$ b) $\sqrt[3]{a} \cdot \sqrt[4]{b} \cdot \sqrt[4]{a^3} \cdot \sqrt[3]{b^2}$

c) $a^{\frac{3}{7}} + a^{\frac{7}{3}} + 2 \cdot a^{\frac{1}{5}}$ d) $\dfrac{\sqrt{x^2} \cdot \sqrt[3]{x^4}}{x^2}$

e) $\sqrt[6]{y^5 \cdot \sqrt[4]{y^3 \cdot \sqrt{y}}}$ f) $\dfrac{a^2\sqrt{ab} - b^2\sqrt{ab}}{a(ab)^{-1/2} - b(ab)^{-1/2}}$

Lösungsskizze

a) $\sqrt{16u^3} + \sqrt{25u^3} - 8 \cdot \sqrt{u^3} = \sqrt{16}\sqrt{u^3} + \sqrt{25}\sqrt{u^3} - 8 \cdot \sqrt{u^3}$

$$= 4\sqrt{u^3} + 5\sqrt{u^3} - 8\sqrt{u^3} = \sqrt{u^3}$$

b) $\sqrt[3]{a} \cdot \sqrt[4]{b} \cdot \sqrt[4]{a^3} \cdot \sqrt[3]{b^2} = a^{1/3} \cdot b^{1/4} \cdot a^{3/4} \cdot b^{2/3} = a^{1/3+3/4} \cdot b^{1/4+2/3}$

$$= a^{4/12+9/12} \cdot b^{3/12+8/12} = a^{13/12} \cdot b^{11/12}$$

c) Keine Vereinfachung möglich, da es i. Allg. keine Summenregel für Potenz-ausdrücke gibt.

d) $\dfrac{\sqrt{x^2} \cdot \sqrt[3]{x^4}}{x^2} = \dfrac{|x| \cdot \sqrt[3]{x^3 \cdot x}}{x^2} = \dfrac{|x| \cdot \sqrt[3]{x^3} \cdot \sqrt[3]{x}}{x^2} = \dfrac{|x| \cdot x \cdot x^{1/3}}{x^2}$

$$= \dfrac{|x|}{x} \cdot x^{1/3} \overset{*}{=} \operatorname{sgn}(x) \cdot x^{1/3} \quad \text{für} \quad x \neq 0$$

e) $\sqrt[6]{y^5 \cdot \sqrt[4]{y^3 \cdot \sqrt{y}}} = \sqrt[6]{y^5 \cdot \sqrt[4]{y^{3+1/2}}} = \sqrt[6]{y^5 \cdot \left(y^{3+1/2}\right)^{1/4}}$

$$= \sqrt[6]{y^{(3+1/2)\cdot 1/4 + 5}} = y^{\frac{7/8+5}{6}}$$

$$= y^{7/48 + 5/6} = y^{\frac{47}{48}} = \sqrt[48]{y^{47}}$$

f) $\dfrac{a^2\sqrt{ab} - b^2\sqrt{ab}}{a(ab)^{-1/2} - b(ab)^{-1/2}} = \dfrac{\sqrt{ab} \cdot \left(a^2 - b^2\right)}{(ab)^{-1/2} \cdot (a - b)} = \dfrac{(ab)^{1/2}}{(ab)^{-1/2}} \cdot \dfrac{a^2 - b^2}{a - b}$

$$= ab^{1/2+1/2} \cdot \dfrac{(a-b)(a+b)}{(a-b)} = ab \cdot (a+b)$$

$$= a^2 b + b^2 a$$

> $*$ $\operatorname{sgn}(x) = \begin{cases} 1, & x > 0 \\ 0, & x = 0 \\ -1, & x < 0 \end{cases}$ (Signum, ordnet jeder reellen $x \neq 0$ Zahl ihr Vorzeichen zu)

5.2 Rational machen von Nenner

Machen Sie bei den folgenden Brüchen den Nenner rational:

a) $1 + \dfrac{3}{\sqrt{3}} + \dfrac{1 - \sqrt{2}}{\sqrt{2}} + \dfrac{5}{\sqrt[3]{2}}$ b) $\dfrac{1 - \sqrt{x}}{\sqrt{x} - \sqrt{2}}$ c) $\dfrac{1 - 2x}{\sqrt{x^2 - 2x} + \sqrt{x^2 - 1}}$

Lösungsskizze

a) Wir betrachten die Summanden einzeln:

$$1 + \frac{3}{\sqrt{3}} \overset{*}{=} 1 + \sqrt{3}; \quad \frac{1 - \sqrt{2}}{\sqrt{2}} = \frac{(1 - \sqrt{2})\sqrt{2}}{\sqrt{2}\sqrt{2}} = \frac{\sqrt{2} - 2}{2} = \frac{\sqrt{2}}{2} - 1$$

Dritter Summand: Wegen $2^{1/3+2/3} = 2$ erweitern mit $2^{2/3} = \sqrt[3]{2^2} = \sqrt[3]{4} \rightsquigarrow$
$\dfrac{5}{\sqrt[3]{2}} = \dfrac{5\sqrt[3]{4}}{2}$:

$$1 + \frac{3}{\sqrt{3}} + \frac{1 - \sqrt{2}}{\sqrt{2}} + \frac{5}{\sqrt[3]{2}} = \cancel{1} + \sqrt{3} + \frac{\sqrt{2}}{2} \cancel{-1} + \frac{5\sqrt[3]{4}}{2}$$

$$= \frac{2\sqrt{3} + \sqrt{2} + 5\sqrt[3]{4}}{2}$$

b) Erweitern mit $\sqrt{x} + \sqrt{2}$ (2. binomische Formel) $\rightsquigarrow$

$$\frac{1 - \sqrt{x}}{\sqrt{x} - \sqrt{2}} = \frac{(1 - \sqrt{x})(\sqrt{x} + \sqrt{2})}{(\sqrt{x} - \sqrt{2})(\sqrt{x} + \sqrt{2})} = \frac{(1 - \sqrt{2})(\sqrt{x} + \sqrt{2})}{x - 2}$$

c) Erweitern mit $\sqrt{x^2 - 2x} - \sqrt{x^2 - 1}$ (2. binomische Formel) $\rightsquigarrow$

$$\frac{1 - 2x}{\sqrt{x^2 - 2x} + \sqrt{x^2 - 1}} = \frac{(1 - 2x)(\sqrt{x^2 - 2x} - \sqrt{x^2 - 1})}{(\sqrt{x^2 - 2x} + \sqrt{x^2 - 1})(\sqrt{x^2 - 2x} - \sqrt{x^2 - 1})}$$

$$= \frac{(1 - 2x)(\sqrt{x^2 - 2x} - \sqrt{x^2 - 1})}{x^2 - 2x - (x^2 - 1)}$$

$$= \frac{\cancel{(1 - 2x)}(\sqrt{x^2 - 2x} - \sqrt{x^2 - 1})}{\cancel{1 - 2x}}$$

$$= \sqrt{x^2 - 2x} - \sqrt{x^2 - 1}$$

---

* Für $a > 0$ folgt allgemein: $\dfrac{a}{\sqrt{a}} = \dfrac{a\sqrt{a}}{\sqrt{a}\sqrt{a}} = \dfrac{\cancel{a}\sqrt{a}}{\cancel{a}} = \sqrt{a}$ ✓

5.3 Aufstellen von Geradengleichungen

Durch die angegebenen Daten wird eine Gerade g beschrieben. Bestimmen Sie die zugehörige lineare Gleichung $g : y = mx + t$.

a) Die Punkte $A(2, 1)$, $B(4, -8)$ liegen auf g.

b) Steigung $= 1/2$, g schneidet die y-Achse in $Y(0, 2)$.

c) Steigungswinkel $\alpha = \dfrac{\pi}{3}$, Nullstelle $x = -2$.

d) g liegt auf Seite b von Dreieck $\triangle ABC$ mit $a = 2$, $\overline{AB} = c$,
   $A(1, 1)$, $B(3, 1)$, $\beta = 120°$.

Lösungsskizze

a) A und B liegen auf $g \rightsquigarrow$ lineares Gleichungssystem für die unbekannte Steigung m und y-Achsenabschnitt t von g:

$$\text{I:} \quad 1 \;= 2m + t$$

$$\text{II:} \; -8 \;= 4m + t$$

Aus I.: $t = 1 - 2m$, in II.: $-8 = 4m + 1 - 2m \rightsquigarrow m = -3/10$; beides in I.: $t = 1 - 2 \cdot (-3/10) = 1 + 6/10 = 8/5$

$$\rightsquigarrow y = -\frac{3}{10}x + \frac{8}{5}$$

b) Die Steigung ist $m = \dfrac{1}{2}$, und die y-Koordinate von Y ist der y-Achsenabschnitt, d.h. $t = 2$

$$\rightsquigarrow y = \frac{x}{2} + 2.$$

c) $m = \tan\left(\dfrac{\pi}{3}\right) = \sqrt{3}$. Nullstelle $x = -2 \rightsquigarrow 0 = -2\sqrt{3} + t$, somit $t = 2\sqrt{3}$

$$\rightsquigarrow y = \sqrt{3}x + 2\sqrt{3}$$

d) $\triangle ABC$ ist nach SsW eindeutig bestimmt, c liegt im xy-Koordinatensystem parallel zur x-Achse, also ist α der Steigungswinkel von g.

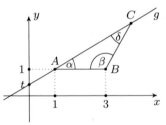

$\triangle ABC$ ist wegen $c = 3 - 1 = 2 = a$ ein gleichschenkliges Dreieck

$$\implies \alpha = \gamma = \frac{1}{2}(180° - 120°) = 30°$$

$$\implies \text{Steigung } m = \tan(30°) = \frac{1}{\sqrt{3}}.$$

A liegt auf $g \implies 1 = \dfrac{1}{\sqrt{3}} \cdot 1 + t \implies t = 1 - \dfrac{1}{\sqrt{3}} = \dfrac{\sqrt{3} - 1}{\sqrt{3}} = \dfrac{3 - \sqrt{3}}{3}$,

also $y = \dfrac{x}{\sqrt{3}} + \dfrac{3 - \sqrt{3}}{3}.$

5.4 Gleitpfad zum Touchdown ⋆

Ein Verkehrsflugzeug fliegt geradeaus in einer Höhe von $38\,000$ ft[1] auf direktem Kurs die Landebahn (1470 ft über Meereshöhe) des Zielflughafens an.

a) In welcher Entfernung zur Landebahn (in NM[2]) muss der Sinkflug eingeleitet werden, damit das Flugzeug mit Gleitwinkel $\alpha = 3°$ zur Horizontalen punktgenau am Anfang der *Touch Down Zone* (TDZ, beginnt 500 ft hinter dem Anfang der Landebahn) aufsetzt?

b) Das Flugzeug befindet sich noch 48 NM von der Landebahn entfernt. Mit welchem Gleitwinkel β müssten die Piloten sofort den Sinkflug einleiten, damit das Flugzug am Anfang der TDZ landen würde?

[1] 0.3048 m $= 1$ ft (Fuß), [2] 1852 m $= 1$ NM (nautische Meile bzw. Seemeile)

Lösungsskizze

Wähle Bezugspunkt im Koordinatensystem $\rightsquigarrow Z = (0, h_a)$ mit $h_a = 1470$ ft, Aufsetzpunkt $X = (\Delta_a, h_a)$ mit $\Delta_a = 500$ ft.

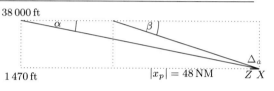

a) Steigung $m = \tan(180° - \alpha) = -\tan(\alpha) \rightsquigarrow$ Gleitpfadgerade $g : y = mx + t$

Bedingung $X \in g \rightsquigarrow m\Delta_a + t = h_a \Longrightarrow t = h_a - m\Delta_a$

Entfernung x zur TDZ aus linearer Gleichung ($|\ldots|$, weil Entfernung positiv)

$$38\,000\,\text{ft} = h_p \overset{!}{=} mx + h_a - m\Delta_a \rightsquigarrow x = \left| \frac{h_p - h_a + m\Delta_a}{m} \right|$$

$\rightsquigarrow$ Entfernung Δ_p von Flugzeug zur Landebahn:

$$\Delta_p = \left| \frac{(38\,000 - 1\,470 - 500 \cdot \tan(3°))\,\text{ft}}{-\tan(3°)} \right| - 500\text{ft} \overset{*}{\approx} 114.6277\,\text{NM}$$

b) Gleitpfadgerade $\tilde{g} : y = \tilde{m}x + \tilde{t}$ geht durch die Punkte X und $F = (x_p, h_f)$ mit $x_p := -48$ NM und $h_p = 38\,000$ ft $\rightsquigarrow$ lineares Gleichungssystem:

$$\begin{array}{ll} \text{I.} & h_a = \tilde{m} \cdot \Delta_a + \tilde{t} \\ \text{II.} & h_p = \tilde{m} \cdot x_p + \tilde{t} \end{array} \quad, \quad \text{aus I.:} \tilde{t} = h_a - \tilde{m} \cdot \Delta_a, \text{ in II.:} \rightsquigarrow$$

$$h_p = \tilde{m} \cdot x_p + h_a - \tilde{m} \cdot \Delta x = h_a + \tilde{m}(x_p - \Delta_a) \rightsquigarrow \tilde{m} = \frac{h_p - h_a}{x_p - \Delta_a}$$

$\rightsquigarrow$ Gleitwinkel:

$$\beta = \tan^{-1}\left(\frac{h_p - h_a}{x_p - \Delta_a} \right) = \tan^{-1}\left(\frac{38\,000 - 1\,470}{-48 \cdot \left(\frac{1\,852}{0.3048}\right) ** - 500} \right) \approx 7.1317°$$

$\rightsquigarrow$ Gleitwinkel zu steil! Go around!

---

* ft $\longrightarrow$ NM via Faktor $0.3048/1\,852$ und bei ** vice versa via Faktor $1\,852/0.3048$ und Einheit ft lässt sich in $\tan^{-1}(\ldots)$ kürzen.

5.5 Aufstellen von Parabelgleichungen

Durch die angegebenen Daten wird eine Parabel p beschrieben. Bestimmen Sie die zugehörige quadratische Gleichung p: $y = ax^2 + bx + c$.

a) $A(-1, -5)$, $B(1, 3)$ und $C(2, -2)$ liegen auf p.

b) p schneidet die y-Achse in $Y(0, 4)$ und besitzt den Scheitelpunkt $S(1, 2)$.

c) p besitzt die Nullstellen $x_1 = 1$; $x_2 = -2$ und geht durch den bzgl. der y-Koordinate kleineren Schnittpunkt X von g: $y = x-1$ und q: $y = x^2-2x-1$.

Lösungsskizze

a) A, B und C liegen auf $p \rightsquigarrow$ lineares Gleichungssystem für die Freiheitsgrade a, b, c:

$$\begin{array}{lll} \text{I.} & -5 = a \cdot (-1)^2 + b \cdot (-1) + c & \qquad \text{I.} \quad -5 = a - b + c \\ \text{II.} & 3 = a \cdot 1^2 + b \cdot 1 + c \rightsquigarrow & \qquad \text{II.} \quad 3 = a + b + c \\ \text{III.} & -2 = a \cdot 2^2 + b \cdot 2 + c & \qquad \text{III.} \quad -2 = 4a + 2b + c \end{array}$$

I.-II. $\rightsquigarrow -5 - 3 = a - a - b - b + c - c \implies -8 = -2b \implies b = 4$. In z.B. II. eingesetzt $\rightsquigarrow 3 = a + 4 + c \implies c = -1 - a$. In III. $-2 = 4a + 2 \cdot 4 - 1 - a \iff -9 = 3a \implies a = -3$ und $c = -1 + 3 = 2$. Somit:

$$y = -3x^2 + 4x + 2$$

b) $S(1, 2) \rightsquigarrow$ Scheitelpunktform: $y = a(x - 1)^2 + 2$. Bestimmung des noch freien Parameters a über die Bedingung $Y \in p \rightsquigarrow$

$$4 = a(0 - 1)^2 + 2 \iff 4 = a \cdot 1^2 + 2 \implies a = 2$$

Somit: $y = 2(x - 1)^2 + 2 = 2x^2 - 4x + 4$

c) Nullstellen von p: $x_1 = 1$; $x_2 = -2 \rightsquigarrow$ die zugehörige quadratische Gleichung besitzt die Linearfaktoren $(x - 1)$ und $(x + 2)$, also $y = a(x - 1)(x + 2)$.

Bestimmung von X: Gleichsetzen der Gleichungen von g und $q \rightsquigarrow$

$$x^2 - 2x - 1 = x - 1 \iff x^2 - 3x = 0 \iff x(x - 3) = 0$$
$$\iff x_1 = 0 \vee x_2 = 3$$

Einsetzen in Geradengleichung: Da $3 - 1 = 2 > 0 - 1 = -1$, ist $X = (0, -1)$

$$X \in p \rightsquigarrow -1 = a(0 - 1)(0 + 2) \iff -1 = -2a \implies a = 1/2.$$

Somit: $y = -1/2(x - 1)(x + 2) = x^2/2 + x/2 - 1$

5.6 Quadratische Ergänzung, Scheitelpunktform und Linearfaktorzerlegung

Bestimmen Sie mit Hilfe der quadratischen Ergänzung die Scheitelpunktform, ggf. die Nullstellen und die Linearfaktorzerlegung (LFZ) der quadratischen Gleichungen:

a) $y = 2x^2 - 6x + 4$ b) $y = 3x^2 - 2x + 1$

c) $y = \pi x^2 - \sqrt{2}x - e$ d) $y = x^2 - 12x + 36$

Überprüfen Sie die Nullstellen zur Kontrolle mit der Mitternachtsformel.

Lösungsskizze

a) Quadratische Ergänzung:

$$2x^2 - 6x + 4 = y \iff x^2 - 3x + 2 = \frac{y}{2} \iff \left(x - \frac{3}{2}\right)^2 - \frac{9}{4} + 2 = \frac{y}{2}$$

$$\iff \left(x - \frac{3}{2}\right)^2 - \frac{1}{4} = \frac{y}{2}$$

$\rightsquigarrow$ Scheitelpunktform $y = 2\left(x - \frac{3}{2}\right)^2 - \frac{1}{2}$ mit Scheitelpunkt $S\left(\frac{3}{2}, -\frac{1}{2}\right)$

Nullstellen:

$$2\left(x - \frac{3}{2}\right)^2 - \frac{1}{2} = 0 \iff \left(x - \frac{3}{2}\right)^2 - \frac{1}{4} = 0 \iff \left(x - \frac{3}{2}\right)^2 = \frac{1}{4}$$

$$\iff \sqrt{\left(x - \frac{3}{2}\right)^2} = \sqrt{\frac{1}{4}} \iff \left|x - \frac{3}{2}\right| = \frac{1}{2}$$

$$\iff x_{1,2} = \frac{3}{2} \pm \frac{1}{2} \implies x_1 = 1; \; x_2 = 2$$

Probe mit Mitternachtsformel:

$$x_{1,2} = \frac{6 \pm \sqrt{36 - 4 \cdot 2 \cdot 4}}{4} = \frac{6 \pm 2}{4} \implies x_1 = 1; \; x_2 = 2 \checkmark$$

$\rightsquigarrow$ Linearfaktorzerlegung: $y = 2(x - 1)(x - 2)$

b) Quadratische Ergänzung:

$$3x^2 - 2x + 1 = y \iff x^2 - \frac{2}{3}x + \frac{1}{3} = \frac{y}{3} \iff \left(x - \frac{1}{3}\right)^2 \underbrace{-\frac{1}{9} + \frac{1}{3}}_{=2/9} = \frac{y}{3}$$

$\rightsquigarrow$ Scheitelpunktform $y = 3\left(x - \frac{1}{3}\right)^2 + \frac{2}{3}$ mit $S\left(\frac{1}{3}, \frac{2}{3}\right)$

Der Scheitelpunkt liegt oberhalb der x-Achse. Wegen $3 > 0$ ist die zugehörige Parabel nach oben geöffnet, somit kann es keine Nullstellen geben. Probe via Diskriminante der Mitternachtsformel: $\sqrt{4 - 4 \cdot 3 \cdot 1} = \sqrt{-8} \implies$ keine reelle Lösung $\rightsquigarrow$ keine reelle Linearfaktorzerlegung.

c) Quadratische Ergänzung:

$$\pi x^2 - \sqrt{2}x - \mathrm{e} = y \iff x^2 - \frac{\sqrt{2}}{\pi}x - \frac{\mathrm{e}}{\pi} = \frac{y}{\pi}$$

$$\iff \left(x - \frac{\sqrt{2}}{2\pi}\right)^2 - \left(\frac{2}{4\pi^2} + \frac{\mathrm{e}}{\pi}\right) = \frac{y}{\pi}$$

$$\iff \left(x - \frac{\sqrt{2}}{2\pi}\right)^2 - \left(\frac{2 + 4\pi\mathrm{e}}{4\pi^2}\right) = \frac{y}{\pi}$$

$\rightsquigarrow$ Scheitelpunktform: $y = \pi \cdot \left(x - \frac{\sqrt{2}}{2\pi}\right)^2 - \left(\frac{2 + 4\pi\mathrm{e}}{4\pi}\right)$ mit $S\left(\frac{\sqrt{2}}{2\pi}, -\frac{2 + 4\pi\mathrm{e}}{4\pi}\right)$

Nullstellen:

$$\left(x - \frac{\sqrt{2}}{2\pi}\right)^2 - \left(\frac{2 + 4\pi\mathrm{e}}{4\pi^2}\right) = 0 \iff \left|x - \frac{\sqrt{2}}{2\pi}\right| = \sqrt{\frac{2 + 4\pi\mathrm{e}}{4\pi^2}}$$

$$\implies x_{1,2} = \frac{\sqrt{2} \pm \sqrt{2 + 4\pi\mathrm{e}}}{2\pi},$$

was man durch direktes Einsetzen in die Mitternachtsformel ebenfalls erhält. Linearfaktorzerlegung:

$$y = \pi\left(x + \frac{\sqrt{2 + 4\pi\mathrm{e}} - \sqrt{2}}{2\pi}\right)\left(x - \frac{\sqrt{2 + 4\pi\mathrm{e}} + \sqrt{2}}{2\pi}\right)$$

d) Quadratische Ergänzung (oder scharfes Hinsehen) führt direkt auf die Scheitelpunktform mit Scheitelpunkt:

$$x^2 - 12x + 36 = (x - 6)^2 - 36 + 36 = (x - 6)^2 = y \implies S(6, 0)$$

$\rightsquigarrow$ doppelte Nullstelle bei $x = 6$. Probe mit Mitternachtsformel:

$$x_{1,2} = \frac{12 \pm \sqrt{12^2 - 4 \cdot 36}}{2} = \frac{12 \pm \sqrt{144 - 144}}{2} = 6 \checkmark$$

Die Scheitelpunktform stimmt mit der Linearfaktorzerlegung überein:

$$\rightsquigarrow y = (x - 6)^2 = (x - 6)(x - 6)$$

5.7 Wurzelgleichungen

Bestimmen Sie die Lösungen der angegebenen Wurzelgleichungen:

a) $\sqrt{x+1} - \sqrt{x-2} = 1$ b) $4\sqrt{x^3} - 2\sqrt[3]{x^2} = 0$

c) $2\sqrt[4]{x} - \sqrt{x} + 1 = 0$ d) $2 - \sqrt{2x \cdot (x+1/2)} = 2x$

Lösungsskizze

a) Quadrieren $\rightsquigarrow x + 1 - 2\sqrt{x+1}\sqrt{x-2} + x - 2 = 1 \rightsquigarrow$

$$-2\sqrt{(x+1)(x-2)} = 2 - 2x \iff \sqrt{x^2 - x - 2} = x - 1 \,|\, \cdot^2$$
$$\implies x^2 - x - 2 = (x-1)^2$$
$$\iff x^2 - x - 2 = x^2 - 2x + 1$$
$$\iff x - 3 = 0 \implies x = 3$$

Quadrieren i. Allg. nicht äquivalent $\rightsquigarrow$ Probe:

$$x = 3 \rightsquigarrow \sqrt{3+1} - \sqrt{3-2} = 2 - 1 = 1 \checkmark$$

b) $4\sqrt{x^3} - 2\sqrt[3]{x^2} = 0 \iff 4x^{3/2} = 2x^{2/3} \iff \dfrac{x^{3/2}}{x^{2/3}} = \dfrac{1}{2} \,|\, (\text{für } x \neq 0)$

$$\iff x^{3/2 - 2/3} = \frac{1}{2} \iff x^{5/6} = \frac{1}{2}$$

$$\iff x = \left(\frac{1}{2}\right)^{6/5} = \sqrt[5]{\frac{1}{64}} \left(= \frac{1}{\sqrt[5]{4^3}} \cdot \frac{\sqrt[5]{4^2}}{\sqrt[5]{4^2}} = \frac{\sqrt[5]{16}}{4} \right)$$

Fall $x = 0$ separat: $2\sqrt{0^3} - 3\sqrt[3]{0^2} = 0 + 0 = 0 \implies x = 0$ ist auch Lösung.

c) Substitution $x := u^4 \rightsquigarrow 2u - u^2 + 1 = 0$. Mitternachtsformel $\rightsquigarrow$

$$u_{1,2} = \frac{-2 \pm \sqrt{4 - 4 \cdot (-2) \cdot 1}}{2} = \frac{2 \pm \sqrt{8}}{2} = \frac{2 \pm 2\sqrt{2}}{2} = \begin{cases} 1 + \sqrt{2} \\ 1 - \sqrt{2} \end{cases}$$

Rücksubstitution $\rightsquigarrow$ nur $x = (1 + \sqrt{2})^4$ ist Lösung, da $x^{1/4}$ nicht negativ sein kann ($1 - \sqrt{2} < 0$!).

d) Wir bringen 2 auf die andere Seite und quadrieren $\rightsquigarrow$

$$2x \cdot (x + 1/2) = (2x - 2)^2 \iff 2x^2 + x = 4x^2 - 8x + 4$$
$$\iff 2x^2 - 9x + 4 = 0. \text{ Mitternachtsformel } \rightsquigarrow$$

$$x_{1,2} = \frac{9 \pm \sqrt{81 - 4 \cdot 2 \cdot 4}}{4} = \frac{9 \pm \sqrt{49}}{4} = \frac{9 \pm \sqrt{7}}{4} = \begin{cases} 2/4 = 1/2 \\ 16/4 = 4 \end{cases}$$

Quadrieren $\rightsquigarrow$ Probe: $x_1 = 1/2 \rightsquigarrow 2 - \sqrt{1} = 1 = 2 \cdot 1/2 \checkmark$; $x_2 = 4 \rightsquigarrow 2 - \sqrt{36} = 2 - 6 = -4 \neq 2 \cdot 4 = 8 \,$. Somit ist nur $x_1 = 1/2$ Lösung. $\checkmark$

5.8   Lösen von Ungleichungen

Bestimmen Sie rechnerisch die Lösungen der angegebenen Ungleichungen:

$$\text{a)} \quad \frac{1 - 2x}{x + 2} > 3 \qquad \text{b)} \quad x|x - 2| < 1 \qquad \text{c)} \quad \frac{1}{\sqrt{x}} > 3 - 2\sqrt{x}$$

Lösungsskizze

a) Fallunterscheidung nach Vorzeichen von $x+2$ und Multiplikation mit $x+2 \rightsquigarrow$

> Fall $x + 2 > 0 \Longleftrightarrow x > -2 \rightsquigarrow$
>
> $1 - 2x > 3x + 6 \Longleftrightarrow -4x > 4$
>
> $\Longleftrightarrow x < -1$
>
> $\Longrightarrow -2 < x < -1$

> Fall $x + 2 < 0 \Longleftrightarrow x < -2 \rightsquigarrow$
>
> $1 - 2x < 3x + 6 \Longleftrightarrow -4x < 4$
>
> $\Longleftrightarrow x > -1$
>
> $\Longrightarrow x < -2$ und $x > -1$
>
> nicht gleichzeitig erfüllbar

$\rightsquigarrow$ Ungleichung für $x \in (-2,\, -1)$ erfüllt

b) Betrag auflösen: $|x - 2| = x - 2$ für $x \geq 2$ und $|x - 2| = 2 - x$ für $x < 2 \rightsquigarrow$

> Fall $x \geq 2 \rightsquigarrow x(x - 2) < 1 \rightsquigarrow$
>
> $x^2 - 2x < 1 \Longleftrightarrow (x - 1)^2 - 1 < 1$
>
> $\Longleftrightarrow (x - 1)^2 < 2$
>
> $\Longleftrightarrow |x - 1| < \sqrt{2}$
>
> $\Longleftrightarrow 1 - \sqrt{2} < x < 1 + \sqrt{2}$
>
> $\Longrightarrow 2 \leq x < 1 + \sqrt{2}$

> Fall $x < 2 \rightsquigarrow x(2 - x) < 1 \rightsquigarrow$
>
> $-x^2 + 2x < 1 \Longleftrightarrow x^2 - 2x > -1$
>
> $\Longleftrightarrow (x - 1)^2 - 1 > -1$
>
> $\Longleftrightarrow (x - 1)^2 > 0$
>
> $\Longleftrightarrow x \in \mathbb{R} \setminus \{1\}$
>
> $\Longrightarrow x < 2 \land x \neq -1$

$\rightsquigarrow$ Ungleichung für $x \in (-\infty,\, 1) \cup (1,\, 1 + \sqrt{2})$ erfüllt

c) Beide Seiten mit $\sqrt{x}$, $x > 0$ multiplizieren $\rightsquigarrow \dfrac{\sqrt{x}}{\sqrt{x}} > 3\sqrt{x} - 2\sqrt{x}\sqrt{x} \rightsquigarrow$

$$1 > 3\sqrt{x} - 2x \Longleftrightarrow 1 + 2x > 3\sqrt{x} \,|\, \text{quadrieren}$$

$$\Longleftrightarrow (1 + 2x)^2 > 9x \Longleftrightarrow 4x^2 - 5x + 1 > 0 \,|\, \text{quad. Erg.*}$$

$$\Longleftrightarrow |x - 5/8| > 3/8 \Longleftrightarrow \begin{cases} x > 5/8 + 3/8 = 1 \\ \lor \ x < 5/8 - 3/8 = 1/4 \end{cases}$$

Punktprobe** z.B. $x = 1/9 < 1/4 \rightsquigarrow 1/\sqrt{1/9} = 3 > 3 - 2\sqrt{9} \,\checkmark$, $x = 4 \rightsquigarrow$
$1/\sqrt{4} = 1/2 > 3 - 2 \cdot 2 = -1 \ \checkmark$

$\rightsquigarrow$ Ungleichung für $x \in (0,\, 1/4) \cup (1,\, \infty)$ erfüllt

---

* $4x^2 - 5x + 1 > 0 \Longleftrightarrow x^2 - 5/4x + 1/4 > 0 \Longleftrightarrow (x - 5/8)^2 - 25/64 + 16/64 > 0 \Longleftrightarrow$
$(x - 5/8)^2 > 9/64 \Longleftrightarrow |x - 5/8| > 3/8$

** Punktprobe genügt, da $x_1 = 1/4$ und $x_2 = 1$ die einzigen Nullstellen von $1/\sqrt{x} + 2\sqrt{x} - 3$
sind und $1/\sqrt{x} > 3 - 2\sqrt{x} \Longleftrightarrow 1/\sqrt{x} + 2\sqrt{x} - 3 > 0$.

5.9 Nachweis der Gültigkeit von Ungleichungen ⋆

Zeigen Sie für $a, b \in \mathbb{R}$ die Gültigkeit der folgenden Ungleichungen:

a) $1 - \dfrac{b}{a} \leq \dfrac{a}{b} - 1$ für $a, b > 0$ b) $1/2 \geq \dfrac{\sqrt{ab}}{|a + b|}$ für $a, b > 0 \lor a, b < 0$

Lösungsskizze

Idee: Wir nehmen an, dass die Ungleichungen gültig sind und formen sie so lange äquivalent um, bis wir (hoffentlich) auf eine uns bekannte gültige Aussage stoßen. Rückwärts gelesen kommen wir somit von einer gültigen bzw. bekannten Ungleichung durch äquivalente Umformungen auf die zu zeigende Ungleichung.

a) Formt man $1 - b/a \leq a/b - 1$ für $a, b > 0$ äquivalent um, so kommt man auf die sogar für alle $a, b \in \mathbb{R}$ gültige Ungleichung $(a - b)^2 \geq 0$.

Rückwärts aufgeschrieben ⤳

$$0 \leq (a - b)^2 \iff 0 \leq a^2 - 2ab + b^2 \mid \text{binomische Formel}; +2ab$$

$$\iff 2ab \leq a^2 + b^2 \mid \cdot 1/ab \overset{a,b>0}{\iff} 2 \leq \frac{a^2 + b^2}{ab}$$

$$\iff 2 \leq \frac{a^{\cancel{2}1}}{\cancel{a}b} + \frac{b^{\cancel{2}1}}{a\cancel{b}} \iff 2 \leq \frac{a}{b} + \frac{b}{a} \mid -1; -b/a$$

$$\iff 1 - \frac{b}{a} \leq \frac{a}{b} - 1 \checkmark$$

b) Analog zu a) erhalten wir ausgehend von $1/2 \geq \sqrt{ab}/|a + b|$ nach einigen äquivalenten Umformungen abermals die für alle $a, b \in \mathbb{R}$ gültige Ungleichung $(a - b)^2 \geq 0$.

Rückwärts aufgeschrieben ⤳

$$0 \leq (a - b)^2 \iff 0 \leq a^2 - 2ab + b^2 \mid \text{binomische Formel}; +4ab$$

$$\iff 4ab \leq a^2 + 2ab + b^2 = (a + b)^2 \mid \text{binomische Formel}; \sqrt{\cdot}$$

$$\overset{a,b\geq0\lor a,b\leq0}{\iff} 2\sqrt{ab} \leq \sqrt{(a + b)^2} = |a + b| \mid \cdot \frac{1}{2|a + b|} *$$

$$\overset{a,b>0\lor a,b<0}{\iff} \frac{\sqrt{ab}}{|a + b|} \leq 1/2 \checkmark$$

---

* Für $a, b > 0 \lor a, b < 0$ ist $|a + b| > 0$, deshalb kann in diesen Fällen auf beiden Seiten mit $1/2|a + b|$ multipliziert werden (und die Ordnung bleibt erhalten, d.h., das „$\leq$" Zeichen dreht sich nicht um).

5.10   Parameterabhängige Gleichungen

Bestimmen Sie die Lösungen in Abhängigkeit vom Parameter $k \in \mathbb{R}$:

$$\text{a) } 2x^2 - kx + 8 = 0 \qquad \text{b) } \sqrt{5k^2 - 4x^2} = 3k - 2x$$

Lösungsskizze

a) Mitternachtsformel $\rightsquigarrow$

$$x_{1,2} = \frac{k \pm \sqrt{k^2 - 4 \cdot 2 \cdot 8}}{2 \cdot 2} = \frac{k \pm \sqrt{k^2 - 64}}{4}$$

$\rightsquigarrow$ Lösungen sind von k abhängig. Die Diskriminante $D := k^2 - 64$ beschreibt eine nach oben geöffnete Normalparabel mit Scheitelpunkt $S\,(0,\,-64)$.

Die Nullstellen ergeben sich wegen $k^2 - 64 = (k - 8)(k + 8)$ (binomische Formel) zu $k_{1,2} = \pm 8$. Somit gilt:

$$D < 0 \iff k \in (-\infty, -8) \cup (8, \infty) \implies \text{keine Lösung}$$
$$D = 0 \iff k = \pm 8 \qquad\qquad\quad \implies \text{nur } x = k/4 \text{ ist Lösung}$$
$$D > 0 \iff k \in (-8, 8) \qquad\qquad \implies \text{zwei Lösungen } x_{1,2}$$

b) Quadrieren beider Seiten führt auf quadratische Gleichung:

$$\sqrt{5k^2 - 4x^2} = 3k - 2x \implies 5k^2 - 4x^2 = (3k - 2x)^2$$
$$\iff 5k^2 - 4x^2 = 9k^2 - 12kx + 4x^2$$
$$\iff 8x^2 - 12kx + 4k^2 = 0$$
$$\iff 2x^2 - 3kx + k^2 = 0$$

Mitternachtsformel $\rightsquigarrow$

$$x_{1,2} = \frac{3k \pm \sqrt{9k^2 - 4 \cdot 2 \cdot (k^2)}}{2 \cdot 2} = \frac{3k \pm \sqrt{k^2}}{4} = \frac{3k \pm |k|}{4}$$

$$= \frac{3k \pm k}{4} = \begin{cases} k \\ k/2 \end{cases} \text{für } k \in \mathbb{R}$$

Probe (Quadrieren ist i. Allg. keine Äquivalenzumformung): $x_1 = k \rightsquigarrow$ $\sqrt{5k^2 - 4k^2} = \sqrt{k^2} = |k|$; $3k - 2k = k$ und $x_2 = \frac{k}{2} \rightsquigarrow \sqrt{5k^2 - 4 \cdot k^2/4} = \sqrt{4k^2} = 2|k|$ und $3k - 2 \cdot k/2 = 2k$. Das heißt, die Gleichung ist für $x_1 = k$ und $x_2 = k/2$ tatsächlich nur für $k \geq 0$ erfüllt.

5.11   Hochspannung ⋆

Eine Hochspannungsleitung werde von einem Mast der Höhe $h_1 = 25\,\text{m}$ zu einem höher gelegenen Mast der Höhe $h_2 = 30\,\text{m}$ geführt.

Aufgrund des Durchhangs habe das Kabel aus Sicherheitsgründen einen Bodenminimalabstand von $h = 15\,\text{m}$.

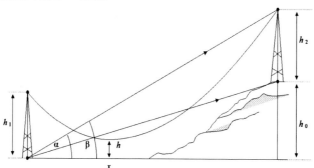

Bestimmen Sie die **Position** x dieses Abstandes unter der Annahme, dass der Kabelverlauf von Mastspitze zu Mastspitze eine Parabel ist und die Höhenwinkel $\alpha = 18°$ und $\beta = 11.5°$ gemessen wurden.

Lösungsskizze

Die Höhe h_0 und die Horizontaldistanz d lassen sich elementar bestimmen. Es ist:

$$\tan\beta = h_0/d \Longrightarrow h_0 = d \cdot \tan\beta$$

und

$$\tan\alpha = (h_2 + h_0)/d$$

h_0 einsetzen ⤳

$$d \cdot \tan\alpha = h_2 + d \cdot \tan\beta \Longrightarrow d = \frac{h_2}{\tan\alpha - \tan\beta}.$$

Einsetzen der gegebenen Größen h_2, α und β ⤳ $d \approx 246.98\,\text{m}$ und $h_0 \approx 50.25\,\text{m}$.

Der Kabelverlauf wird durch eine Parabel modelliert ⤳ Ansatz:

$$y = f(x) = a_2 x^2 + a_1 x + a_0$$

mit Scheitelpunkt $S(x_0, y_0)$, $x_0 = -a_1/2a_2$ und $y_0 = a_0 - a_1^2/4a_2$.

Die Parabel soll durch die Punkte $(0, h_1)$, $(d, h_0 + h_1)$ und $(x_0, y_0) = (x_0, h)$ laufen $\rightsquigarrow$ nichtlineares Gleichungssystem in den Unbekannten a_0, a_1, a_2:

$$
\begin{aligned}
f(0) &= a_0 & &= h_1 \\
f(d) &= h_0 + h_1 &= a_2 d^2 &+ a_1 d + a_0 \\
f(x_0) &= h & &= a_0 - a_1^2/4a_2
\end{aligned}
$$

Wegen $h_0 = a_1$ bleiben nur noch zwei Gleichungen in den Unbekannten a_1 und a_2 übrig:

$$
\begin{aligned}
(1) \quad & h_0 - h_1 + h_2 = a_2 d^2 + a_1 d \\
(2) \quad & h - h_1 \qquad\quad = -a_1^2/4a_2
\end{aligned}
$$

Gleichung (2) $\rightsquigarrow$

$$
a_2 = \frac{a_1^2}{4(h_1 - h)}.
$$

Eingesetzt in (1) $\rightsquigarrow$

$$
\frac{d^2}{4(h_1 - h)}a_1^2 + da_1 + h_1 - h_0 - h_2 = 0.
$$

Dies ist eine quadratische Gleichung in der Variablen a_1. Mitternachtsformel $\rightsquigarrow$

$$
\begin{aligned}
a_1 &= \frac{2(h_1 - h)}{d^2}\left(-d \pm \sqrt{d^2 - \frac{d^2}{h_1 - h}(h_1 - h_0 - h_2)}\right) \\
&= \frac{2}{d}\left(h - h_1 \pm \sqrt{1 - \frac{h_1 - h_0 - h_2}{h_1 - h}} \cdot (h_1 - h)\right) \\
&= \frac{2}{d}\left(h - h_1 \pm \sqrt{(h_1 - h)^2 - (h_1 - h)(h_1 - h_0 - h_2)}\right) \\
&= \frac{2}{d}\left(h - h_1 \pm \sqrt{(h_1 - h)\left((h_1 - h) - (h_1 - h_0 - h_2)\right)}\right) \\
&= \frac{2}{d}\left(h - h_1 \pm \sqrt{(h_1 - h)(h_0 + h_2 - h)}\right)
\end{aligned}
$$

Einsetzen der Größen d, h, h_0, h_1, h_2 $\rightsquigarrow$

$$
\begin{aligned}
(3) \quad & a_1 \approx 0.1259 \implies a_2 \approx 0.0004 \\
(4) \quad & a_1 \approx -0.2878 \implies a_2 \approx 0.0021
\end{aligned}
$$

Wegen der Forderung $x_0 = -a_1/2a_2 > 0$ kann nur (3) die gesuchte Lösung sein

$$
\implies x = x_0 \approx 69.49 \,\text{m}.
$$

6 Fakultät, Binomialkoeffizient und endliche Summen

Übersicht

© Springer-Verlag GmbH Deutschland, ein Teil von Springer Nature 2021
A. Keller, *Aufgaben und Lösungen zur Mathematik für den Studienstart*,
https://doi.org/10.1007/978-3-662-63628-2_6

6.1 Rechnen mit der Fakultät und dem Binomialkoeffizienten

Berechnen Sie ohne elektronische Hilfsmittel so weit wie möglich:

a) $\dfrac{11!}{5! \cdot 4! \cdot 2!}$
  b) $\dfrac{\dbinom{6}{4} \cdot \dbinom{43}{2}}{\dbinom{49}{6}}$
  c) $\dbinom{2021}{2020}$
  d) $\dbinom{2020}{1010} / \dbinom{2019}{1009}$

Lösungsskizze

a) $\dfrac{11!}{5! \cdot 4! \cdot 2!} = \dfrac{11 \cdot 10 \cdot 9 \cdot 8 \cdot 7 \cdot 6 \cdot \cancel{5!}}{\cancel{5!} \cdot 4 \cdot 3 \cdot 2 \cdot 2} = \dfrac{11 \cdot 10 \cdot 9 \cdot \cancel{8} \cdot 7 \cdot \cancel{6}}{\cancel{4} \cdot \cancel{2} \cdot \cancel{3} \cdot \cancel{2}}$

$$= 11 \cdot 10 \cdot 9 \cdot 7 = 6930$$

b) $\dfrac{\dbinom{6}{4} \cdot \dbinom{43}{2}}{\dbinom{49}{6}} = \dfrac{\dfrac{6!}{4! \cdot (4-2)!} \cdot \dfrac{43!}{2! \cdot (43-2)!}}{\dfrac{49!}{6! \cdot (49-6)!}} = \dfrac{\dfrac{6!}{4! \cdot 2!} \cdot \dfrac{43!}{2! \cdot 41!}}{\dfrac{49!}{6! \cdot 43!}}$

$$= \dfrac{6 \cdot 5 \cdot \cancel{4!}}{2 \cdot \cancel{4!}} \cdot \dfrac{43 \cdot 42 \cdot \cancel{41!}}{2 \cdot \cancel{41!}} \cdot \dfrac{6 \cdot 5 \cdot \ldots \cdot 2 \cdot \cancel{43!}}{49 \cdot 48 \cdot \ldots \cdot 44 \cdot \cancel{43!}}$$

$$= \dfrac{\cancel{2} \cdot \cancel{3} \cdot 5 \cdot 42 \cdot 43 \cdot \cancel{6} \cdot \cancel{5} \cdot \cancel{4} \cdot \cancel{3} \cdot \cancel{2}}{\cancel{2} \cdot \cancel{2} \cdot 49 \cdot \cancel{6} \cdot 8 \cdot 47 \cdot 46 \cdot \cancel{5} \cdot \cancel{9} \cdot \cancel{4} \cdot 11}$$

$$= \dfrac{5 \cdot 42 \cdot 43}{8 \cdot 11 \cdot 46 \cdot 47 \cdot 49}$$

$$= \dfrac{645}{665\,896} \; (\approx 9.7 \cdot 10^{-4})$$

c) $\dbinom{2021}{2020} = \dfrac{2021!}{2020! \cdot \underbrace{(2021-2020)!}_{=1}} = \dfrac{2021!}{2020!} = \dfrac{2021 \cdot \cancel{2020!}}{\cancel{2020!}} = 2021$

d) $\dbinom{2020}{1010} / \dbinom{2019}{1009} = \dfrac{2020!}{1010! \cdot \cancel{1010!}} \cdot \dfrac{1009! \cdot \cancel{1010!}}{2019!}$

$$= \dfrac{2020 \cdot \cancel{2019!} \cdot \cancel{1009!}}{1010 \cdot \cancel{1009!} \cdot \cancel{2019!}} = 2$$

6.2 Rechenregeln für den Binomialkoeffizienten

Überprüfen Sie für $n, k \in \mathbb{N}_0, n \geq k$ die Gültigkeit der folgenden Rechenregeln:

a) $\dbinom{n}{0} = \dbinom{n}{n} = 1$ b) $\dbinom{n}{1} = \dbinom{n}{1} = n$

c) $\dbinom{n}{n-k} = \dbinom{n}{k}$ d) $\dbinom{n}{k} + \dbinom{n}{k-1} = \dbinom{n+1}{k}$ für $k \geq 1$

Lösungsskizze

a) Beachte $0! = 1$

$$\binom{n}{0} = \frac{n!}{0! \cdot (n-0)!} = \frac{\cancel{n!}}{\cancel{n!} \cdot 0!} = 1, \quad \binom{n}{n} = \frac{n!}{n! \cdot (n-n)!} = \frac{\cancel{n!}}{\cancel{n!} \cdot 0!} = 1 \checkmark$$

b) $$\binom{n}{1} = \frac{n!}{1! \cdot (n-1)!} = \frac{n \cdot \cancel{(n-1)!}}{\cancel{(n-1)!}} = n$$

$$\binom{n}{n-1} = \frac{n!}{(n-1)! \cdot (n-(n-1))!} = \frac{n \cdot \cancel{(n-1)!} \cdot 1!}{\cancel{(n-1)!}} = n$$

$$\Longrightarrow \binom{n}{1} = \binom{n}{n-1} = n \checkmark$$

c) $$\binom{n}{n-k} = \frac{n!}{(n-k)! \cdot (n-(n-k))!} = \frac{n!}{(n-k)! \cdot k!} = \frac{n!}{k! \cdot (n-k)!} = \binom{n}{k} \checkmark$$

d) Für $k \geq 1$ ist:

$$\binom{n}{k} + \binom{n}{k-1} = \frac{n!}{(n-k)! \cdot k!} + \frac{n!}{(k-1)! \cdot (n-(k-1))!}$$

$$\overset{*}{=} \frac{n! \cdot (n-k+1)}{k! \cdot (n-k+1)!} + \frac{n! \cdot k}{k! \cdot (n-k+1)!}$$

$$= \frac{n! \cdot \overbrace{(n-\cancel{k}+\cancel{k}+1)}^{=n+1}}{k! \cdot (n+1-k)} = \frac{(n+1)!}{k! \cdot (n+1-k)} = \binom{n+1}{k} \checkmark$$

---

* Brüche durch geeignete Erweiterungen gleichnamig machen $\rightsquigarrow$

$\rightsquigarrow (k-1)! \cdot k = k!$ und $(n-k)! \cdot (n-k+1) = (n-k+1)!$

6.3 Wahrscheinlichkeiten beim Texas Hold'em

Eine Gesellschaft von fünf Damen und fünf Herren spielen an einem ovalen Tisch die Pokervariante Texas Hold'em (52 Karten).

a) Wie hoch ist die Wahrscheinlichkeit dafür, dass Eleonore ein Straight Flush[1] auf die Hand bekommt?

b) Wie hoch ist die Wahrscheinlichkeit dafür, dass an dem Tisch abwechselnd eine Dame und ein Herr sitzt?

c) Es gesellen sich noch 7 weitere Damen und 11 Herren dazu. Da die Gruppe jetzt zu groß für Poker ist, beschließt man Bannemann zu spielen. Dazu werden zufällig drei „Bannemänner" gewählt. Wie hoch ist die Wahrscheinlichkeit, dass zwei Damen und ein Herr Bannemann werden?

[1] Ein Straight Flush ist beim Poker eine im Wert absteigende komplette Hand (= 5 Karten) gleicher Farbe ohne Lücken, z.B. $J\spadesuit, 10\spadesuit, 9\spadesuit, 8\spadesuit, 7\spadesuit$.

Lösungsskizze

a) Pro Farbe $F \in \{\spadesuit, \diamondsuit, \heartsuit, \clubsuit\}$ gibt es 10 Möglichkeiten für Straight Flush (mit AF als höchster Karte = Royal Flush, bei Kombination $5F, 4F, 3F, 2F$ zählt AF als $1F$) $\leadsto 4 \cdot 10 = 40$ Möglichkeiten $\leadsto$ Wahrscheinlichkeit:

$$40 \bigg/ \binom{52}{5} = \frac{40}{2\,598\,960} \approx 0.00001539$$

b) Betrachte n Damen und n Herren. Auf einer Bank gäbe es $(2n)!$ mögliche Sitzordnungen (SO). Wegen Rotation* sind $2n$ am Tisch von diesen identisch $\leadsto (2n)!/2n = (2n-1)!$ mögliche SO am Tisch.

Bank: Gäste werden abwechselnd platziert $\leadsto 2n!\,n!$ günstige SO**. Rotation

$$\leadsto \frac{2 \cdot n! \cdot n!}{2 \cdot n} = \frac{2\!\!\!\diagdown\!\!\!n \cdot (n-1)!\,n!}{2\!\!\!\diagdown\!\!\!n} = (n-1)!\,n!\ \text{SO am Tisch}$$

$\leadsto$ Wahrscheinlichkeit für $n = 5$:

$$\frac{(5-1)! \cdot 5!}{(2 \cdot 5 - 1)!} = \frac{4! \cdot 5!}{9!} \approx 0.0079$$

c) Anzahl möglicher Dreiergruppen $\binom{28}{3}$, Anzahl möglicher Zweiergruppen Damen: $\binom{12}{2} \leadsto \binom{16}{1} = 16$ Möglichkeiten für übrigen (Mann-)Platz, somit $\binom{12}{2} \cdot 16$ verschiedene Bannemanngruppen mit zwei Damen und einem Herren $\leadsto$ Wahrscheinlichkeit:

$$16 \cdot \binom{12}{2} \bigg/ \binom{28}{3} = 16 \cdot \frac{12!}{2! \cdot 10!} \bigg/ \frac{28!}{3! \cdot 25!} = \frac{6 \cdot 11 \cdot 16}{9 \cdot 13 \cdot 28} \approx 0.3223$$

---

* Die platzierten $2n$-Gäste können einmal komplett um den ovalen Tisch rotieren, ohne dass sich etwas an der Situation, wer neben wem sitzt, etwas ändert.
** Wenn abwechselnd Mann und Frau auf der Bank sitzen sollen, hat man $n!\,n!$ Möglichkeiten dafür. Da mit Mann oder Frau begonnen werden kann, verdoppeln sich diese Möglichkeiten.

6.4 Anwendung der allgemeinen binomischen Formel

Schreiben Sie die folgenden Binome mit Hilfe der allgemeinen binomischen Formel als Summe:

a) $(a + b)^5$

b) $(2v^2 - 3w^2)^4$

c) $(x + y + z)^3$

d) $(\sqrt{x} - x)^7 + (\sqrt{x} - x)^7$

Lösungsskizze

a) $(a + b)^5 = \sum_{k=0}^{5} \binom{5}{k} a^{5-k} b^k$

$= \binom{5}{0} a^5 b^0 + \binom{5}{1} a^4 b^1 + \binom{5}{2} a^3 b^2 + \binom{5}{3} a^2 b^3 + \binom{5}{4} a b^4 + \binom{5}{5} a^0 b^5$

$= a^5 + 5a^4 b + 10a^3 b^2 + 10a^2 b^3 + 5ab^4 + b^5$

b) $(2v^2 - 3w^2)^4 = \sum_{k=0}^{4} \binom{4}{k} (2v^2)^{4-k} (-3w^2)^k = \sum_{k=0}^{4} \binom{4}{k} 2^{4-k} v^{8-2k} (-3)^k w^{2k}$

$= \binom{4}{0} 2^4 v^8 (-3)^0 w^0 + \binom{4}{1} 2^3 v^6 (-3)^1 w^2 + \binom{4}{2} 2^2 v^4 (-3)^2 w^4$

$+ \binom{4}{3} 2v^2 (-3)^3 w^6 \binom{4}{4} 2^0 v^0 (-3)^4 w^8$

$= 16v^8 + 4 \cdot 8 \cdot (-3) \cdot v^6 w^2 + 6 \cdot 4 \cdot 9 \cdot v^4 w^4 + 4 \cdot 2 \cdot (-27) \cdot v^2 w^6 + 81w^8$

$= 16v^8 - 96v^6 w^2 + 216v^4 w^4 - 216v^2 w^6 + 81w^8$

c) $(x + y + z)^3 = ((x + y) + z)^3 = \sum_{k=0}^{3} \binom{3}{k} (x + y)^{3-k} z^k$

$= \binom{3}{0} (x+y)^3 z^0 + \binom{3}{1} (x+y)^2 z^1 + \binom{3}{2} (x+y) z^2 + \binom{3}{3} (x+y)^0 z^3$

$= (x + y)^3 + 3(x + y)^2 z^1 + 3(x + y) z^2 + z^3$

$= x^3 + 3x^2 y + 3xy^2 + y^3 + 3(x^2 + 2xy + y^2) z^1 + 3(x + y) z^2 + z^3$

$= x^3 + 3x^2 y + 3x^2 z + 3xy^2 + 6xyz + 3xz^2 + y^3 + 3y^2 z + 3yz^2 + z^3$

d) $(\sqrt{x} + x)^7 + (\sqrt{x} - x)^7 = \sum_{k=0}^{7} \binom{7}{k} (x^{1/2})^{7-k} x^k + \sum_{k=0}^{7} \binom{7}{k} (x^{1/2})^{7-k} (-x)^k$

$= \sum_{k=0}^{7} \binom{7}{k} x^{\frac{7-k}{2}} \left(x^k + (-1)^k x^k \right) \overset{*}{=} 2 \left(\binom{7}{0} x^{\frac{7}{2}} + \binom{7}{2} x^{\frac{5}{2}+2} + \binom{7}{4} x^{\frac{3}{2}+4} + \binom{7}{6} x^{\frac{1}{2}+6} \right)$

$= 2\sqrt{x^7} + 42\sqrt{x^9} + 70\sqrt{x^{11}} + 14\sqrt{x^{13}}$

---

* $(x^k + (-1)^k x^k) = 0$ für $k = 1, 3, 5, 7$ und $2x^k$ für $k = 0, 2, 4, 6$

6.5 Berechnung endlicher Summen

Berechnen Sie die folgenden Summen:

a) $\displaystyle\sum_{n=1}^{5}\left(\frac{1}{2}\right)^{n-1}$ b) $\displaystyle\sum_{j=0}^{3}\frac{3^j}{j!}$ c) $\displaystyle\sum_{k=0}^{10} b_k 2^k,\ b_k = \begin{cases} 0 & \text{für} \quad k=0,1,3,4 \\ 1 & \text{sonst} \end{cases}$

d) $\displaystyle\sum_{i=0}^{999} a_i^2 - a_{i+1}^2$ e) $\displaystyle\sum_{k=0}^{n}\binom{n}{k}$ f) $\displaystyle 2\left(\sum_{k=0}^{2}(-1)^k\frac{x^{2k}}{(2k)!}\right)\cdot\left(\sum_{\ell=0}^{2}(-1)^\ell\frac{x^{2\ell+1}}{(2\ell+1)!}\right)$

$\qquad\qquad\qquad\qquad\qquad\qquad$ für $x=1$ und $x=2$

Lösungsskizze

a) $\displaystyle\sum_{n=1}^{5}\left(\frac{1}{2}\right)^{n-1} = \frac{1}{2^0}+\frac{1}{2^1}+\frac{1}{2^2}+\frac{1}{2^3}+\frac{1}{2^4} = 1+\frac{1}{2}+\frac{1}{4}+\frac{1}{8}+\frac{1}{16} = \frac{31}{16}$

b) $\displaystyle\sum_{j=0}^{3}\frac{3^j}{j!} = \frac{3^0}{0!}+\frac{3^1}{1!}+\frac{3^2}{2!}+\frac{3^3}{3!} = 1+3+\frac{9}{2}+\frac{27}{6} = \frac{6+18+27+27}{6} = \frac{78}{6} = 13$

c) $\displaystyle\sum_{k=0}^{10} b_k 2^k = \overbrace{\sum_{k=5}^{10} 2^k + 2^2}^{b_k=0,\,k=0,1,3,4;\ b_k=1\ \text{sonst}} = 4+2^5+2^6+2^7+2^8+2^9+2^{10}$

$\qquad\qquad\qquad = 4+32+64+128+256+512+1024 = 2020$

d) $\displaystyle\sum_{i=0}^{999} a_i^2 - a_{i+1}^2 = a_0^2 \underbrace{-a_1^2+a_1^2-a_2^2+a_2^2-a_3^2+-\ldots-a_{999}^2+a_{999}^2}_{=0} -a_{1000}^2$

$\qquad\qquad\qquad = a_0^2 - a_{1000}^2$

e) $\displaystyle\sum_{k=0}^{n}\binom{n}{k} = \sum_{k=0}^{n}\binom{n}{k}\cdot\overbrace{1^{n-k}\cdot 1^k}^{\text{Trick}^*,\,=1} \overset{\text{bin. Formel}}{=} (1+1)^n = 2^n$

f) $\displaystyle 2\left(\sum_{k=0}^{2}(-1)^k\frac{x^{2k}}{(2k)!}\right)\left(\sum_{\ell=0}^{2}(-1)^\ell\frac{x^{2\ell+1}}{(2\ell+1)!}\right) = 2\left(1-\frac{x^2}{2}+\frac{x^4}{24}\right)\left(x-\frac{x^3}{6}+\frac{x^5}{120}\right)$

$= 2x+\frac{x^3}{3}+\frac{x^5}{60}-x^3+\frac{x^5}{6}-\frac{x^7}{120}+\frac{x^5}{12}-\frac{x^7}{12\cdot 6}+\frac{x^9}{12\cdot 120}$

$= 2x-\frac{4x^3}{3}+\frac{4x^5}{15}-\frac{x^7}{45}+\frac{x^9}{1440} \rightsquigarrow \begin{cases} x=1: 2-\frac{4}{3}+\frac{4}{15}-\frac{1}{45}+\frac{1}{1440} = \frac{1313}{1440} \\ x=2: 4-\frac{32}{3}+\frac{128}{15}-\frac{128}{45}+\frac{16}{45} = -\frac{28}{45} \end{cases}$

---

* Dies ist ein typischer Trick. Oft lässt sich mit einer passend gewählten 1 als Faktor bei einem Produkt (oder entsprechend bei Summen eine passende 0 als Summand) ein Ausdruck trickreich äquivalent umformen. Etwas umständlicher kann man diese Formel z.B. mit dem Prinzip der vollständigen Induktion nachprüfen (vgl. Aufg. 7.4.).

7 Das Prinzip der vollständigen Induktion

Übersicht

© Springer-Verlag GmbH Deutschland, ein Teil von Springer Nature 2021
A. Keller, *Aufgaben und Lösungen zur Mathematik für den Studienstart*,
https://doi.org/10.1007/978-3-662-63628-2_7

7.1 Gauß'sche und geometrische Summenformel

Zeigen Sie mit dem Induktionsprinzip, dass für $n \in \mathbb{N}_0$ und $q \in \mathbb{R}$ gilt:

$$\text{a) } \sum_{k=0}^{n} k = \frac{n(n+1)}{2} \qquad \text{b) } \sum_{k=1}^{n} q^{k-1} = \frac{q^n - 1}{q - 1} \text{ für } n > 0,\, q \neq 0,\, 1$$

Lösungsskizze

Wir schreiben im folgenden bei einer Induktion kurz **I.B.** für Induktionsbeginn, **I.A.** für die Induktionsannahme und **I.S** für den Induktionsschluss.

a) **I.B.:** Für $n = 0$ ist $\displaystyle\sum_{k=0}^{0} k = 0 = \frac{1}{2} \cdot 0 \cdot (0+1) = \frac{1}{2}n(n+1)$. ✓

I.A.: Wir nehmen an, die Gleichung gilt für ein beliebiges, aber **fest gewähltes** $n \in \mathbb{N}_0$. D.h. für ein $n \in \mathbb{N}_0$ gelte $\displaystyle\sum_{k=0}^{n} k = \frac{n(n+1)}{2}$.

I.S.: Ersetzen von n durch $n+1$ in der Summe $\rightsquigarrow$

$$\sum_{k=0}^{n+1} k = \sum_{k=0}^{n} k + (n+1) \overset{\text{I.A.}}{=} \frac{n(n+1)}{2} + n + 1$$

$$= \frac{n(n+1)}{2} + \frac{2(n+1)}{2} = \frac{(n+1)(n+2)}{2}$$

$$= \frac{1}{2}(n+1)(n+1+1)$$

Somit gilt die Formel auch für $n+1$, und nach dem Induktionsprinzip ist alles gezeigt.

b) **I.B.:** Für $n = 1$ und $q \neq 0,\, 1$ ist $\displaystyle\sum_{k=1}^{1} q^{k-1} = q^0 = 1 = \frac{q-1}{q-1}$. ✓

I.A.: Für ein $n \in \mathbb{N}$ und $q \neq 0,\, q \neq 1$ gelte $\displaystyle\sum_{k=0}^{n} q^{n-1} = \frac{q^n - 1}{q - 1}$.

I.S.: $\displaystyle\sum_{k=0}^{n+1} q^{n-1} = \sum_{k=0}^{n} q^{n-1} + q^n \overset{\text{I.A.}}{=} \frac{q^n - 1}{q - 1} + q^n$

$$= \frac{q^n - 1}{q - 1} + \frac{q^n(q-1)}{q-1} = \frac{\cancel{q^n} - 1 + q^{n+1} \cancel{-q^n}}{q - 1}$$

$$= \frac{q^{n+1} - 1}{q - 1} \checkmark$$

$\rightsquigarrow$ nach dem Induktionsprinzip folgt die Behauptung.

Hinweis: Die Formel $\sum_{k=0}^{n} k = \frac{n(n+1)}{2}$, $n \in \mathbb{N}_0$ ist die berühmte *Gauß'sche Summenformel*, die Carl Friedrich Gauß ((1777–1855), Mathematiker und Universalgelehrter) im Alter von 9 Jahren auf elegante Weise hergeleitet hat (ohne Induktion).

7.2 Michael Penns Lieblingsgleichung

Zeigen Sie, dass für alle $n \in \mathbb{N}_0$ gilt:

$$(1 + 2 + 3 + \ldots + n)^2 = 1 + 2^3 + 3^3 + \ldots + n^3$$

Michael Penn ist Professor am Randolph College in Lynchburg, Virginia. Auf YouTube unterhält er derzeit (Januar 2021) einen Kanal, auf dem er u.a. schöne Videos über Aufgaben der Mathematik-Olympiaden aus der ganzen Welt oder von anspruchsvollen Mathematiktests wie dem berüchtigten Putnam-Examen vorstellt. Die obige Gleichung behandelt er beispielsweise mit einem völlig anderen Ansatz in seinem YouTube-Video *My favorite equation* [56].

Lösungsskizze

Kompakte Schreibweise $\rightsquigarrow$ $\left(\sum\limits_{k=0}^{n} k \right)^2 = \sum\limits_{k=0}^{n} k^3$ für alle $n \in \mathbb{N}_0$.

Induktionsprinzip $\rightsquigarrow$

I.B.: Für $n = 0$ ist $\left(\sum\limits_{k=0}^{0} k \right)^2 = 0^2 = 0$ und $\sum\limits_{k=0}^{0} k^3 = 0^3 = 0$. ✓

I.S.: Für ein $n \in \mathbb{N}_0$ gelte $\left(\sum_{k=0}^{n} k \right)^2 = \sum_{k=0}^{n} k^3$ ($=$ **I.A.**) $\rightsquigarrow$

$$
\begin{aligned}
\left(\sum_{k=0}^{n+1} k \right)^2 &= \left(\sum_{k=0}^{n} k + n + 1 \right)^2 \\
&= \left(\sum_{k=0}^{n} k \right)^2 + 2 \cdot \left(\sum_{k=0}^{n} k \right) \cdot (n+1) + (n+1)^2 \\
&\overset{\substack{\text{I.A.} \\ \text{und Gauß}}}{=} \sum_{k=0}^{n} k^3 + 2 \cdot \frac{n(n+1)}{2} \cdot (n+1) + (n+1)^2 \\
&= \sum_{k=0}^{n} k^3 + \underbrace{n^3 + 3n^2 + 3n + 1}_{=(n+1)^3,\ \text{binom. Formel}} \\
&= \sum_{k=0}^{n} k^3 + (n+1)^3 = \sum_{k=0}^{n+1} k^3. ✓
\end{aligned}
$$

Da wir nach dem Induktionsprinzip somit alles gezeigt haben, ist hier ein guter Zeitpunkt aufzuhören.

Alternative: Analog zu den Summenformeln aus Auf. 7.1 kann man per Induktion zeigen: $\sum_{k=0}^{n} k^3 = \frac{1}{4}n^2(n+1)^2$ für alle $n \in \mathbb{N}_0$. Dann folgt mit der Gauß'schen Summenformel ohne eigene Induktion Micheal Penns Gleichung ganz automatisch, denn $\left(\sum_{k=0}^{n} k \right)^2 = \left(\frac{n(n+1)}{2} \right)^2 = \frac{1}{4}n^2(n+1)^2$. ✓

7.3   Ungleichung und Teilbarkeit mit Induktion

Überprüfen Sie per Induktion die Gültigkeit der folgenden Behauptungen:

a) $2^n \geq n^2$ für $n \geq 5$ b) 5 teilt $n^5 - n$ für alle $n \in \mathbb{N}_0$

Lösungsskizze

a) **I.B.:** Für $n = 5$ ist $2^5 = 32 > 5^2 = 25$. ✓

I.A.: Für ein $n \in \mathbb{N}$ mit $n \geq 5$ gelte $2^n > n^2$.

I.S.: Für den Schluss von n auf $n+1$ beginnen wir mit der rechten Seite:

$$(n+1)^2 = n^2 + 2n + 1 < 2^n + 2n + 1 \tag{1}$$

Mit einer weiteren Induktion folgt: $2n + 1 < 2^n$ für alle $n > 5$:

I.B.: $2 \cdot 5 + 1 = 11 < 2^5 = 32$ ✓

I.S.: $2(n+1) + 1 = 2n + 2 + 1 = 2n + 1 + 2 < 2^n + 2^n = 2^{n+1}$; hierbei haben wir die Induktionsannahme $2n + 1 < 2^n$ für ein $n \geq 5$ benutzt. ✓

$$\overset{(1)}{\Longrightarrow} \; 2^n + 2n + 1 < 2^n + 2^n = 2 \cdot 2^n = 2^{n+1} \; \Longrightarrow \; (n+1)^2 < 2^{n+1} \; ✓,$$

und damit folgt nach dem Induktionsprinzip die Behauptung. ✓

b) **I.B.:** $0^5 - 0 = 0$ und $0/5 = 0$ ✓

I.A.: Für ein $n \in \mathbb{N}_0$ sei $n^5 - n$ durch 5 teilbar.

I.S.:

$$
\begin{aligned}
(n+1)^5 - n - 1 &= \binom{5}{0} n^5 + \binom{5}{1} n^4 + \binom{5}{2} n^3 \\
&\quad + \binom{5}{3} n^2 + \binom{5}{4} n^1 + \binom{5}{0} n^0 - n - 1 \\
&= n^5 + 5n^4 + 10n^3 + 10n^2 + 5n + 1 - n - 1 \\
&= n^5 - n + 5n^4 + 10n^3 + 10n^2 + 5n \\
&= n^5 - n + 5(n^4 + 2n^3 + 2n^2 + n)
\end{aligned}
$$

Der Summand $n^5 - n$ ist nach **I.A.** durch 5 teilbar, der Rest ist ein Vielfaches von 5, somit ist also $(n+1)^5 - n - 1$ durch 5 teilbar. Damit ist der Induktionsschluss geglückt ✓ und die Behauptung gezeigt.

7.4   Summe von alternierenden Binomialkoeffizienten ★

Zeigen Sie per Induktion die für alle $n \in \mathbb{N}_0$ gültige Formel $\sum\limits_{k=0}^{n}(-1)^k \cdot \binom{n}{k} = 0$.

Lösungsskizze

- **I.B.:** $n = 0 \rightsquigarrow \sum_{k=0}^{0}(-1)^k\binom{n}{k} = (-1)^0 \cdot \binom{0}{0} = 1 \cdot 0 = 0$ ✓

- **I.A.:** Für ein $n \in \mathbb{N}_0$ gelte $\sum_{k=0}^{n}(-1)^k \cdot \binom{n}{k} = 0$.

- **I.S.:**

$$
\sum_{k=0}^{n+1}(-1)^k\binom{n+1}{k} = \sum_{k=0}^{n}(-1)^k\binom{n+1}{k} + (-1)^{n+1}\binom{n+1}{n+1}
$$

$$
= (-1)^0\binom{n+1}{0} + (-1)^{n+1}\binom{n+1}{n+1} + \sum_{k=1}^{n}(-1)^k \underbrace{\binom{n+1}{k}}_{\substack{=\binom{n}{k}+\binom{n}{k-1},\\ \text{(vgl. Aufg. 6.2d)}}}
$$

$$
= 1 + (-1)^{n+1} + \sum_{k=1}^{n}(-1)^k\left(\binom{n}{k}+\binom{n}{k-1}\right)
$$

$$
= \cancel{1} + (-1)^{n+1} + \underbrace{\sum_{k=0}^{n}(-1)^k\binom{n}{k}}_{=\,0,\text{nach I.A.}}\underbrace{-(-1)^0\binom{n}{0}}_{=-1} + \sum_{k=1}^{n}(-1)^k\binom{n}{k-1}
$$

$$
= (-1)^{n+1} + \sum_{k=1}^{n}(-1)^{k-1}(-1)^1\binom{n}{k-1} \ \Big|\ \begin{matrix} -1\ \text{ausklammern,}\\ \text{Summe umindizieren} \end{matrix}
$$

$$
= (-1)^{n+1} - \sum_{k=1}^{n}(-1)^{k-1}\binom{n}{k-1} = (-1)^{n+1} - \sum_{k=0}^{n-1}(-1)^k\binom{n}{k}
$$

$$
= (-1)^{n+1} - \left(\underbrace{\sum_{k=0}^{n}(-1)^k\binom{n}{k}}_{=\,0\ \text{nach I.A.}} -(-1)^n\binom{n}{n}\right)
$$

$$
= (-1)^{n+1} + (-1)^n = \begin{cases} -1+1 = 0 & \text{für } n \text{ gerade} \\ 1-1 = 0 & \text{für } n \text{ ungerade} \end{cases} = 0\ ✓
$$

$\rightsquigarrow$ Mit dem Induktionsprinzip folgt somit die Behauptung.

Hinweis: Eine bequemere Alternative ohne Induktion (bzw. nur indirekt) bekommt man durch die trickreiche Anwendung des binomischen Lehrsatzes $\rightsquigarrow$

$$
\sum_{k=0}^{n}(-1)^k\binom{n}{k} = \sum_{k=0}^{n}\binom{n}{k} \cdot \overbrace{1^{n-k}}^{=1} \cdot (-1)^k \overset{\text{bin. Formel}}{=} (1-1)^n = 0.
$$

Die allgemeine binomische Formel wiederum kann per Induktion (und mit den gleichen Tricks wie bei unserer obigen Herleitung) gezeigt werden. Vielleicht probieren Sie es mal aus?

7.5   Eleonores Sparkonto ⋆

Eleonores Sparkonto wird bei der Retro-Bank mit 1.6% **p.a.** verzinst.[1]

Wie hoch ist Eleonores Kapital am 01.01.2041, wenn sie ab dem 01.01.20 immer am Anfang des Monats einen Betrag von $r = 150$ € einzahlt?

[1] Die Retro-Bank berechnet noch etwas aus der Mode gekommen eine gemischte jährliche Verzinsung. Aktuell wird gerne die sog. ICMA-Methode bei einem effektiven Zinssatz von $\approx 0\%$ angesetzt (vgl. Aufg. 11.6).

Lösungsskizze

Erstes Jahr: Erste Rate wird mit $i_p = 1.6 \cdot 1/100 = 0.016$ verzinst, zweite mit $i_p \cdot 11/12$, dritte mit $i_p \cdot 11/12$ usw. $\rightsquigarrow$ Kapital nach einem Jahr $K_1 = S$:

$$
S = r + r \cdot \frac{12 i_p}{12} + r + r \cdot \frac{11 i_p}{12} + \ldots + r + r \cdot \frac{i_p}{12} = 12r + \sum_{k=0}^{12} r \cdot i_p \cdot \frac{k}{12}
$$

$$
= 12r + \frac{r \cdot i_p}{12} \cdot \underbrace{\sum_{k=0}^{12} k}_{= 12 \cdot 13/2 \, *} = 12r + \frac{r \cdot i_p}{\cancel{12}} \cdot \frac{\cancel{12} \cdot 13}{2} = r\left(12 + \frac{13 i_p}{2}\right)
$$

Setze $q_k := (1 + i_p \frac{13-k}{12})$, $k = 1, \ldots, 12$, Zinseszins nach dem ersten Jahr auf $S \rightsquigarrow$ Kapitalentwicklung im zweiten Jahr:

$$
\begin{array}{ll}
\text{1. Monat} & (S + r) + (S + r) \cdot \dfrac{12 i_p}{12} = (S + r) q_1 \\[2mm]
\text{2. Monat} & S q_1 + r q_1 + r q_2 \\[2mm]
\text{3. Monat} & S q_1 + r q_1 + r q_2 + r q_3 \\[2mm]
\quad \vdots & \qquad\qquad \vdots \\[2mm]
\text{12. Monat} & S q_1 + \underbrace{r q_1 + r q_2 + r q_3 + \ldots + r q_{12}}_{= S} = S q_1 + S
\end{array}
$$

$\rightsquigarrow K_2 = S q_1 + S$. Kapitalentwicklung im dritten Jahr, 1. Monat, Zinseszins: $(S q_1 + S + r) q_1 = S q_1^2 + S q_1 + r q_1$, 2. Monat: $S q_1^2 + S q_1 + r q_1 + r q_2$, $\ldots$ 12. Monat: $S q_1^2 + S q_1 + r q_1 + r q_2 + \ldots + r q_{12} = S q_1^2 + S q_1 + S$.

Geometrische Summenformel $\rightsquigarrow$ Kapital nach n-Jahren, $q_1 = q$:

$$
K_n = S \cdot \sum_{k=0}^{n-1} q^k = S \cdot \frac{q^n - 1}{q - 1}
$$

$\rightsquigarrow$ Eleonores Kapital nach 20 Jahren:

$$
K_{20} = 150\, € \left(12 + \frac{13 \cdot 0.015}{2}\right) \cdot \frac{1 - (1.016)^{20}}{1 - 1.016} \approx 42\,399.24\, €
$$

---

* Hier haben wir die Gauß'sche Summenformel benutzt (vgl. Aufg. 7.1a).

Teil II

Analysis

8 Folgen und Reihen

Übersicht

© Springer-Verlag GmbH Deutschland, ein Teil von Springer Nature 2021
A. Keller, *Aufgaben und Lösungen zur Mathematik für den Studienstart*,
https://doi.org/10.1007/978-3-662-63628-2_8

8.1   Grenzwerte von Folgen durch Ausklammern

Bestimmen Sie die Grenzwerte der Folgen durch Ausklammern geeigneter Faktoren:

$$\text{a)}\quad \lim_{n\to\infty} \frac{n^4 - n^2 + 2021}{4n^4 + n^3} \qquad\qquad \text{b)}\quad \lim_{n\to\infty} \frac{n + 1}{n + 2n^2}$$

$$\text{c)}\quad \lim_{n\to\infty} \frac{1 + 4042n}{\sqrt{4n^2 + 1}} \qquad\qquad \text{d)}\quad \lim_{n\to\infty} \frac{2n - 1}{\sqrt[3]{n^2} + \sqrt[5]{n^3}}$$

Lösungsskizze

a)
$$\lim_{n\to\infty} \frac{n^4 - n^2 + 2021}{4n^4 + n^3} = \lim_{n\to\infty} \frac{n^4 \cdot \left(1 - 1/n^2 + 2021/n^4\right)}{n^4 \cdot (4 + 1/n)}$$

$$= \lim_{n\to\infty} \frac{1 - \overbrace{1/n^2 + 2021/n^4}^{\to 0}}{4 + \underbrace{1/n}_{\to 0}} = \frac{1}{4}$$

b)
$$\lim_{n\to\infty} \frac{n + 2n^2}{3n - 1} = \lim_{n\to\infty} \frac{n \cdot (1 + 2n)}{n \cdot (3 - 1/n)} = \lim_{n\to\infty} \frac{\overbrace{1 + 2n}^{\to\infty}}{\underbrace{3 - 1/n}_{\to 3 - 0 = 3}} = \,\text{"} \frac{\infty}{3}\text{"} = \infty$$

c)
$$\lim_{n\to\infty} \frac{1 + 4042n}{\sqrt{4n^2 + 1}} = \lim_{n\to\infty} \frac{n \cdot (1/n + 4042)}{\sqrt{n^2 \cdot (4 + 1/n^2)}} = \lim_{n\to\infty} \frac{n \cdot (1/n + 4042)}{\sqrt{n^2} \cdot \sqrt{4 + 1/n^2}}$$

$$= \lim_{n\to\infty} \frac{\overbrace{1/n + 4042}^{\to 4042}}{\underbrace{\sqrt{4 + 1/n^2}}_{\to 2}} = 2021$$

d)
$$\lim_{n\to\infty} \frac{2n - 1}{\underbrace{\sqrt[3]{n^2} + \sqrt[5]{n^3}}_{\to\infty + \infty}} = \lim_{n\to\infty} \frac{2n - 1}{n^{3/2} + n^{3/5}} = \lim_{n\to\infty} \frac{n \cdot (2 - 1/n)}{n \cdot \left(n^{3/2 - 1} + n^{3/5 - 1}\right)}$$

$$= \lim_{n\to\infty} \frac{\overbrace{2 - 1/n}^{\to 2}}{\underbrace{\sqrt{n} - 1/\sqrt[5]{n^2}}_{\to\infty - 0 = \infty}} = \,\text{"}\frac{2}{\infty}\text{"} = 0$$

8.2 Grenzwerte von Folgen mit den Grenzwertsätzen

Bestimmen Sie mit Hilfe von elementaren Grenzwerten und den Grenzwertsätzen das Grenzverhalten von $(a_n)_n$ für $n \longrightarrow \infty$:

a) $a_n = \left(\dfrac{1}{2}\right)^n + \dfrac{\sqrt[n]{n^5}}{\sqrt[4]{n^5}}$

b) $a_n = \dfrac{\left(2 + \sqrt[n]{n!}\right) \cdot (2n^3 + 2)}{(2n+1)^3}$

c) $a_n = n - \sqrt{n-1}$

d) $a_n = \left(1 + \dfrac{1}{2n}\right)^{3n}$

Lösungsskizze

a) $\displaystyle\lim_{n\to\infty} \left(\dfrac{1}{2}\right)^n + \dfrac{\sqrt[n]{n^5}}{\sqrt[4]{n^5}} = \underbrace{\lim_{n\to\infty} \left(\dfrac{1}{2}\right)^n}_{=\,0,\,\text{da}\,1/2<1} + \lim_{n\to\infty} \dfrac{n^{5/n}}{n^{5/4}} = 0 + \lim_{n\to\infty} \left(\dfrac{n^{1/n}}{n^{1/4}}\right)^5$

$= \displaystyle\lim_{n\to\infty} \left(\overbrace{\sqrt[n]{n}}^{\to 1} / \underbrace{\sqrt[4]{n}}_{\to\infty}\right)^5 = \text{,,}\overbrace{(1/\infty)^{5}}^{=0}\text{``} = 0^5 = 0$

b) $\displaystyle\lim_{n\to\infty} \dfrac{\left(2 + \sqrt[n]{n!}\right) \cdot (2n^3 + 2)}{(2n+1)^3} = \lim_{n\to\infty} (2 + \overbrace{\sqrt[n]{n!}}^{\to 1}) \cdot \dfrac{2n^3 + 2}{8n^3 + 12n^2 + 6n + 1}$

$= \displaystyle\lim_{n\to\infty} 3 \cdot \dfrac{2 \cdot \cancel{n^3} \cdot (1 + 1/n^3)}{\cancel{n^3} \cdot (8 + 12/n + 6/n^2 + 1/n^3)} = 3 \cdot 2 \cdot \lim_{n\to\infty} \dfrac{\overbrace{(1 + 1/n^3)}^{\to 0}}{8 + \underbrace{12/n + 6/n^2 + 1/n^3}_{\to 0}}$

$= 3 \cdot 2 \cdot 1/8 = 3/4$

c) $\displaystyle\lim_{n\to\infty} n - \sqrt{n-1} \overset{*}{=} \lim_{n\to\infty} (n - \sqrt{n-1}) \underbrace{\left(\dfrac{n + \sqrt{n-1}}{n + \sqrt{n-1}}\right)}_{\to\infty - 0 + 0} = \lim_{n\to\infty} \dfrac{n^2 - n + 1}{n + \sqrt{n-1}}$

$\overset{**}{=} \displaystyle\lim_{n\to\infty} \dfrac{\cancel{n} \cdot (n - 1/n + 1/n^2)}{\cancel{n} \cdot (1 + \underbrace{\sqrt{1/n^3 - 1/n^2}}_{\to 0})} = \text{,,}\dfrac{\infty}{1 + 0}\text{``} = \infty$

d) Substitution $2n = k \rightsquigarrow n = k/2 \rightsquigarrow 3n = 3k/2$:

$\displaystyle\lim_{n\to\infty} \left(1 + \dfrac{1}{2n}\right)^{3n} = \lim_{k\to\infty} \left(1 + \dfrac{1}{k}\right)^{3k/2} = \lim_{k\to\infty} \left(\underbrace{\left(1 + \dfrac{1}{k}\right)^k}_{\to e}\right)^{3/2} = e^{3/2}$

$*$ Fall „$\infty - \infty$" unbestimmt, Erweiterung (3. binomische Formel) führt auf „∞/∞" $\rightsquigarrow$ Faktoren ausklammern.

$**$ Wurzel im Nenner $\rightsquigarrow n$ ausklammern:

$$\sqrt{n-1} = \sqrt{n^2(1/n^3 - 1/n^2)} = \sqrt{n^2} \cdot \sqrt{1/n^3 - 1/n^2} = n\sqrt{1/n^3 - 1/n^2}$$

8.3   Rekursive Folge

Bestimmen Sie näherungsweise die Folgenglieder $x_1, ..., x_6$ der rekursiven Folge

$$x_{n+1} = \frac{x_n}{2} + \frac{\sqrt{1 + x_n}}{2}, \quad x_0 = 1.$$

Zeigen Sie, dass die Folge konvergiert, und bestimmen Sie den Grenzwert.

Lösungsskizze

- Folgenglieder: $x_0 = 1 \rightsquigarrow$

$$\begin{aligned}
x_1 &= 1/2 + \sqrt{2}/2 & &\approx 1.2071 \\
x_2 &= x_1/2 + \sqrt{1 + x_1}/2 &&\approx 1.3464 \\
x_3 &= x_2/2 + \sqrt{1 + x_2}/2 &&\approx 1.4391 \\
x_4 &= x_3/2 + \sqrt{1 + x_3}/2 &&\approx 1.5004 \\
x_5 &= x_4/2 + \sqrt{1 + x_4}/2 &&\approx 1.5408 \\
x_6 &= x_5/2 + \sqrt{1 + x_5}/2 &&\approx 1.5674
\end{aligned}$$

- Konvergenz: Die Berechnung der Folgenglieder lässt vermuten, dass x_n monoton steigend und nach oben beschränkt ist. Beides prüft man z.B. per Induktion. Wir vermuten, dass 2 eine obere Schranke ist:

Beschränktheit: **I.B.** $x_0 = 1 \leq 2 \checkmark$, **I.A.** $x_n \leq 2$ für ein $n \geq 0 \rightsquigarrow$ **I.S.:**

$$x_{n+1} = \frac{1}{2}x_n + \frac{1}{2}\underbrace{\sqrt{1 + x_n}}_{\text{I.A.}} \leq 2/2 + \sqrt{3}/2 \leq 1 + 1 = 2 \rightsquigarrow x_n \leq 2 \checkmark$$

Monotonie: **I.B.** $x_0 < x_1 \checkmark$, **I.A.** $x_n \leq x_{n+1}$ für ein $n \geq 0 \rightsquigarrow$ **I.S.:**

$$x_{n+2} = \frac{1}{2}x_{n+1} + \frac{1}{2}\sqrt{1 + x_{n+1}} \underbrace{\leq}_{\text{I.A.}} \frac{1}{2}x_n + \frac{1}{2}\sqrt{1 + x_n} = x_{n+1}$$

$\rightsquigarrow x_{n+1} \leq x_{n+2} \checkmark$

Satz von der monotonen Konvergenz $\implies x_n$ konvergiert gegen ein $x \in \mathbb{R}$.

- Grenzwert: Es ist $\lim\limits_{n \to \infty} x_{n+1} = \lim\limits_{n \to \infty} x_n = x \rightsquigarrow$

$$x = \frac{x}{2} + \frac{\sqrt{1 + x}}{2} \iff \frac{x^2}{4} = \frac{1 + x}{4} \iff x^2 - x - 1 = 0.$$

Mitternachtsformel $\rightsquigarrow x_{1,2} = \dfrac{1 \pm \sqrt{5}}{2}$. Da $x > 0$ sein muss, ist

$$\lim_{n \to \infty} x_{n+1} = x = \frac{1 + \sqrt{5}}{2} \approx 1.6180.$$

8.4 Grenzwert von Reihen

Bestimmen Sie die Grenzwerte der angegebenen Reihen:

$$\text{a)} \ \sum_{n=1}^{\infty} \left(\frac{1}{5}\right)^n + \sum_{n=0}^{\infty} (-3)^{-n} \qquad \text{b)} \ \sum_{k=2}^{\infty} \frac{2}{k^2 - 1}$$

Lösungsskizze

a) Geometrische Reihe: Es gilt $\displaystyle\sum_{k=0}^{\infty} q^k = \frac{1}{1-q}$ für $|q| < 1 \rightsquigarrow$

$$\sum_{n=1}^{\infty} \left(\frac{1}{5}\right)^n + \sum_{n=0}^{\infty} (-3)^{-n} = \sum_{n=0}^{\infty} \left(\frac{1}{5}\right)^n - \left(\frac{1}{5}\right)^0 + \sum_{n=0}^{\infty} \left(-3^{-1}\right)^n$$

$$= \sum_{n=0}^{\infty} \left(\frac{1}{5}\right)^n - 1 + \sum_{n=0}^{\infty} \left(-\frac{1}{3}\right)^n$$

$$= \frac{1}{1 - \frac{1}{5}} - 1 + \frac{1}{1 + \frac{1}{3}} = \frac{1}{4/5} - 1 + \frac{1}{4/3}$$

$$= \frac{5}{4} - 1 + \frac{3}{4} = \frac{1}{4} + \frac{3}{4} = 1$$

b) Partialbruchzerlegung $\rightsquigarrow$ $\dfrac{a}{(k-1)} + \dfrac{b}{(k+1)} \overset{!}{=} \dfrac{2}{k^2 - 1}$

Multiplikation mit $(k-1)$ $\rightsquigarrow$ $a + \dfrac{b(k-1)}{k+1} = \dfrac{2}{k+1}$, $k = 1$ einsetzen

$\rightsquigarrow a + \frac{b \cdot 0}{2} = 2/2 = 1$, also $a = 1$

Analog: Multiplikation mit $(k+1)$ und setzen von $k = -1 \rightsquigarrow b = -1 \rightsquigarrow$

$$\frac{2}{k^2 - 1} = \frac{1}{k-1} - \frac{1}{k+1}$$

$\rightsquigarrow$ Partialsumme*

$$s_n = \sum_{k=2}^{n} \frac{1}{k-1} - \frac{1}{k+1} = 1 - \cancel{\frac{1}{3}} + \frac{1}{2} - \cancel{\frac{1}{4}} + \cancel{\frac{1}{3}} - \cancel{\frac{1}{5}} + \cancel{\frac{1}{4}} + - \ldots$$

$$\ldots - \cancel{\frac{1}{(n-2)+3}} + \cancel{\frac{1}{(n-1)+1}} - \frac{1}{(n-1)+3} + \cancel{\frac{1}{n+1}} - \frac{1}{n+3}$$

$$= 1 + \frac{1}{2} + \frac{1}{n+2} + \frac{1}{n+3}$$

$$\rightsquigarrow \sum_{k=2}^{\infty} \frac{2}{k^2 - 1} = \lim_{n \to \infty} s_n = \lim_{n \to \infty} 1 + \frac{1}{2} + \underbrace{\frac{1}{n+2}}_{\to \infty} + \underbrace{\frac{1}{n+3}}_{\to \infty} = \frac{3}{2}$$

---

* Die Partialsumme ist *keine* Teleskopsumme im eigentlichen Sinn. Sie ist ihr aber sehr ähnlich, da sich alle bis auf vier Summanden wegheben (bei einer Teleskopsumme heben sich alle benachbarten Summanden bis auf den ersten und letzten Summanden weg).

8.5 Konvergenz von Reihen

Überprüfen Sie die Reihen auf Konvergenz:

a) $\displaystyle\sum_{k=2}^{\infty} \frac{2^k}{(k-1)^k}$ b) $\displaystyle 9 \cdot \sum_{k=1}^{\infty} \left(\frac{1}{10}\right)^k$ c) $\displaystyle\sum_{k=1}^{\infty} \frac{k!}{k^k}$

d) $\displaystyle\sum_{j=2021}^{\infty} (-1)^j \frac{1}{\sqrt{j+1}}$ e) $\displaystyle\sum_{m=0}^{\infty} \frac{2^m}{m^2+1}$ f) $\displaystyle\sum_{n=1}^{\infty} \frac{n^2+1}{2n^2+n}$

Lösungsskizze

a) Wurzelkriterium (WK): $\displaystyle\sqrt[k]{|a_k|} = \sqrt[k]{\frac{2^k}{(k-1)^k}} = \sqrt[k]{\left(\frac{2}{k-1}\right)^k} = \frac{2}{k-1}$

$\displaystyle\leadsto \lim_{k\to\infty} \sqrt[k]{|a_k|} = \lim_{k\to\infty} \frac{2}{k-1} = \;\text{„}\frac{2}{\infty}\text{"} = 0 < 1 \leadsto$ Reihe konvergiert

b) $1/10 < 1$, ab $k = 0$ geometrische Reihe:

$$9 \cdot \sum_{k=1}^{\infty} \left(\frac{1}{10}\right)^k = 9 \cdot \left(\sum_{k=0}^{\infty} \left(\frac{1}{10}\right)^k - 1\right) = 9\left(\frac{1}{1-1/10} - 1\right)$$

$$= 9 \cdot \frac{10}{9} - 9 = 10 - 9 = 1 \;(= \text{Grenzwert von Reihe} \leadsto \text{Konvergenz})$$

c) Quotientenkriterium (QK):

$$\left|\frac{a_{k+1}}{a_k}\right| = \left|\frac{(k+1)!/(k+1)^{k+1}}{k!/k^k}\right| = \frac{(k+1)!/(k+1)^{k+1}}{k!/k^k} = \frac{(k+1)!k^k}{k!(k+1)^{k+1}}$$

$$= \frac{(k+1)\,k!\,k^k}{k!(k+1)^{k+1}} = \frac{(k+1)\cdot k^k}{(k+1)(k+1)^k} = \left(\frac{k}{k+1}\right)^k = \left(\frac{k+1}{k}\right)^{-k}$$

$$\lim_{k\to\infty} \left|\frac{a_{k+1}}{a_k}\right| = \lim_{k\to\infty} \left(\left(1+\frac{1}{k}\right)^k\right)^{-1} = e^{-1} < 1 \leadsto \text{Reihe konvergiert}$$

d) Summation ab $j = 2021$ spielt für die Frage nach Konvergenz keine Rolle. QK und WK liefern keine Aussage*, aber $(-1)^j/\sqrt{j+1}$ ist alternierende Nullfolge $\Longrightarrow$ Reihe konvergiert nach dem Leibniz-Kriterium (vgl. Abschn. 8.13.2).

e) $a_m = 2^m/(m^2+1) > 1$ für $m \geq 5$ (z.B. per Induktion; vgl. Aufg. 7.3a) $\leadsto a_m$ keine Nullfolge $\leadsto$ Reihe konvergiert nicht (Alternative: WK oder QK).

f) $\displaystyle\lim_{n\to\infty} \frac{n^2+1}{2n^2+n} = \lim_{n\to\infty} \frac{n^2(1+1/n^2)^{\to 1}}{n^2(2+1/n)_{\to 2}} = 1/2$, also ist a_n keine Nullfolge

$\leadsto$ Reihe konvergiert nicht (Alternative: QK oder WK).

---

* z.B. QK: $\displaystyle\left|\frac{a_{j+1}}{a_j}\right| = \underbrace{\left|(-1)^{j+1-j}\right|}_{=1} \frac{1/(j+2)^{1/2}}{1/(j+1)^{1/2}} = \frac{(j+1)^{1/2}}{(j+2)^{1/2}} = \left(\frac{j(1+1/j^{\to 0})}{j(1+2/j_{\to 0})}\right)^{1/2} \overset{j\to\infty}{\longrightarrow} \sqrt{1} = 1$

8.6 Anwendung des Majoranten- und Minorantenkriteriums

Überprüfen Sie die Reihen auf Konvergenz. Nutzen Sie hierbei das Majoranten-
oder Minorantenkriterium:

a) $\displaystyle\sum_{n=1}^{\infty} \frac{1}{2020n+1}$ b) $\displaystyle\sum_{n=1}^{\infty} \frac{4n^3+5n}{3n^5+2n^3}$ c) $\displaystyle\sum_{n=1}^{\infty} \frac{\sqrt{n}+\sqrt[3]{n}}{n+1}$ d) $\displaystyle\sum_{n=1}^{\infty} \frac{3n-6}{5n\sqrt[3]{n^4}-2n^2}$

Lösungsskizze

a) Schätze Folge nach unten ab:

$$2020n+1 < 2020n+n = 2021n \text{ für } n \geq 1 \implies \frac{1}{2020n+1} > \frac{1}{2021n}$$

$\sum_{n=1}^{\infty} \frac{1}{2021n} = \frac{1}{2021} \sum_{n=1}^{\infty} \frac{1}{n} \rightsquigarrow$ divergiert (harmonische Reihe)

$\rightsquigarrow \sum_{n=1}^{\infty} \frac{1}{2021n}$ ist divergente Minorante, somit divergiert $\sum_{n=1}^{\infty} \frac{1}{2020n+1}$.

b) Schätze Folge nach oben ab:

$$\frac{4n^3+5n}{3n^5+2n^3} = \frac{\cancel{n^3}(4+5/n^2)}{\cancel{n^3}(3n^2+2))} \leq \frac{4+5}{3n^2} = \frac{3}{n^2} \text{ für } n \geq 1$$

$\sum_{n=1}^{\infty} 1/n^2$ konvergiert $\rightsquigarrow \sum_{n=1}^{\infty} 3/n^2 = 3\sum_{n=1}^{\infty} 1/n^2$ ist konvergente Majorante $\implies$ Reihe konvergiert.

c) Schätze Folge nach unten ab:

$$\frac{\sqrt{n}+\sqrt[3]{n}}{n+1} = \frac{\cancel{\sqrt{n}}(1+1/\sqrt[6]{n})}{\cancel{\sqrt{n}}(\sqrt{n}+1/\sqrt{n})} \geq \frac{1}{\sqrt{n}+\sqrt{n}} = \frac{1}{2\sqrt{n}} \text{ für } n \geq 1$$

$\sum_{n=0}^{\infty} 1/\sqrt{n}$ divergent $\implies \sum_{n=0} 1/2\sqrt{n} = 1/2 \sum_{n=1}^{\infty} 1/\sqrt{n}$ ist divergente Minorante $\implies$ Reihe divergiert.

d) Schätze Folge nach oben ab:

$$\frac{3n-6}{5n\sqrt[4]{n^3}-2n^2} = \frac{\cancel{n}(3-6/n)}{\cancel{n}(5\sqrt[3]{n^4}-2n)} \overset{*}{\leq} \frac{\cancel{3}}{\cancel{3}\sqrt[3]{n^4}}, \text{ für } n \geq 1$$

$\sum_{n=0}^{\infty} 1/\sqrt[3]{n^4} = \sum_{n=0}^{\infty} 1/n^{4/3}$ konvergiert ($4/3 > 1$!), ist somit konvergente Majorante $\implies$ Reihe konvergiert.

---

* Folgt aus: $3 - 6/n \leq 3$ und $2n \leq 2n^{4/3} \iff -2n \geq -2n^{4/3} \mid +5n^{4/3} \iff 5n^{4/3} - 2n \geq 5n^{4/3} - 2n^{4/3} = 3n^{4/3} \iff (5n^{4/3} - 2n)^{-1} \leq (3n^{4/3})^{-1}$ für $n \geq 1$

8.7 Konvergenzradius und Konvergenzintervall von Potenzreihen

Bestimmen Sie den Konvergenzradius und das Konvergenzintervall der Potenzreihen:

$$\text{a)} \quad \sum_{k=1}^{\infty} \frac{(-1)^{k-1}}{3^k}(x-1)^k \qquad \text{b)} \quad \sum_{k=0}^{\infty} (\;1)^k \frac{x^{2k+1}}{(2k+1)!}$$

Lösungsskizze

a) $a_k = (-1)^{k-1}/3^k$, Entwicklungspunkt $x_0 = 1$

Konvergenzradius: Konvergenzkriterium für Potenzreihen $\rightsquigarrow$

$$\lim_{k\to\infty} \sqrt[k]{|a_k|} = \lim_{k\to\infty} \sqrt[k]{|(-1)^{k-1}/3^k|} = \lim_{k\to\infty} \frac{1}{\sqrt[k]{3^k}} = \lim_{k\to\infty} \frac{1}{3} = \frac{1}{3}$$

$\rightsquigarrow R = 1/\lim_{k\to\infty} \sqrt[k]{|a_k|} = 1/(1/3) = 3$

Konvergenzintervall: $K_R(x_0) = (x_0 - R, x_0 + R) = (1 - 3, 1 + 3) = (-2, 4)$

b) Potenzreihe mit „Lücken":

$$\sum_{k=0}^{\infty} (-1)^k \frac{x^{2k+1}}{(2k+1)!} = \frac{(-1)^k}{(2k+1)!} x^{2k+1} = 0 \cdot x^0 + x + 0 \cdot x^2 - \frac{x^3}{3!} + 0 \cdot x^4 + \frac{x^5}{5!} + - \cdots$$

$\rightsquigarrow a_k = (0,\, 1,\, 0,\, -1/3!,\, 0,\, 1/5!,\, 0,\, \ldots)$, Entwicklungspunkt $x_0 = 0$

$a_{2n} = 0$, für $n \in \mathbb{Z} \rightsquigarrow$ Potenzreihenkriterium nicht direkt anwendbar*

Setze $b_k = (-1)^k \dfrac{x^{2k+1}}{(2k+1)!}$, untersuche Konvergenz von Reihe $\sum_{k=0}^{\infty} b_k$:

$$\lim_{k\to\infty} \left| \frac{b_{k+1}}{b_k} \right| = \lim_{k\to\infty} \frac{|x|^{2k+3}/(2k+3)!}{|x|^{2k+1}/(2k+1)!} = \lim_{k\to\infty} \frac{|x|^2}{(2k+2)(2k+3)}$$

$$= \lim_{k\to\infty} \frac{|x|^2}{4k^2 + 10k + 6} = |x|^2 \lim_{k\to\infty} \frac{1}{4k^2 + 10k + 6}$$

$$= |x|^2 \cdot 0 = 0 < 1$$

QK: Reihe $\sum_{k=0}^{\infty} b_k$ konvergiert für jedes $x \in \mathbb{R} \implies$ Konvergenzradius $R = \infty \rightsquigarrow$ Konvergenzintervall: $K_R(x_0) = K_\infty(0) = (-\infty, \infty) = \mathbb{R}$.

---

* Wendet man einfach das Potenzreihenkriterium an, so kommt man zufällig zum richtigen Ergebnis, und der Fehler fällt nicht auf.

Tatsächlich kann man z.B. ein modifiziertes Kriterium zeigen und hier anwenden: Ist $\sum_{k=0}^{\infty} a_k (x - x_0)^k$ mit $a_{2k+1} \neq 0$ für fast alle k und existiert $\alpha = \lim_{k\to\infty} |a_{2k}/a_{2k+1}|$, dann ist $R = \sqrt{\alpha}$. Eine Alternative ergibt sich noch mit der *Formel von Hadamard*, welche mit dem Limes superior gebildet wird. Oder natürlich so, wie wir es gemacht haben: Eine Potenzreihe kann immer als gewöhnliche Reihe aufgefasst werden, d.h., man kann es mit dem QK/WK probieren.

8.8 Konvergenzbereich einer Potenzreihe

Bestimmen Sie alle $x \in \mathbb{R}$, für welche die Potenzreihe $\sum\limits_{n=0}^{\infty} \dfrac{(-5)^n}{\sqrt{n+1}}(x-1)^n$ konvergiert.

Lösungsskizze

$a_n = (-5)^n/\sqrt{n+1}$, Entwicklungspunkt $x_0 = 1$

- Konvergenzradius R: Konvergenzkriterium für Potenzreihen $\rightsquigarrow$

$$\left|\frac{a_n}{a_{n+1}}\right| = \left|\frac{(-5)^n/\sqrt{n+1}}{(-5)^{n+1}/\sqrt{n+2}}\right| = \frac{|-5|^n\sqrt{n+2}}{|-5|^{n+1}\sqrt{n+1}} = \frac{5^{\!\!\!\!/n}\sqrt{n+2}}{5^{\!\!\!\!/n}\cdot 5\sqrt{n+1}}$$

$$= \frac{1}{5}\sqrt{\frac{n+2}{n+1}} = \frac{1}{5}\sqrt{\frac{n\cdot(1+2/n)}{n\cdot(1+1/n)}}$$

$$\rightsquigarrow R = \lim_{n\to\infty}\left|\frac{a_n}{a_{n+1}}\right| = \lim_{n\to\infty}\frac{1}{5}\underbrace{\sqrt{\frac{1+2/n}{1+1/n}}}_{\to\sqrt{1}=1} = \frac{1}{5}$$

- Konvergenzintervall:

$$K_R(x_0) = K_{1/5}(1) = (1-1/5,\, 1+1/5) = (4/5,\, 6/5)$$

$\rightsquigarrow$ Potenzreihe konvergiert für $x \in (4/5,\, 6/5)$ und divergiert für $x \in (-\infty, 4/5) \cup (6/5, \infty)$.

- Grenzverhalten in den Randpunkten:

$x_1 = 4/5$:

$$\sum_{n=0}^{\infty}\frac{(-5)^n}{\sqrt{n+1}}(4/5-1)^n = \sum_{n=0}^{\infty}\frac{(-5)^n}{\sqrt{n+1}}(-1/5)^n = \sum_{n=0}^{\infty}\overbrace{\left(\frac{-5}{-5}\right)^n}^{=1^n=1}\frac{1}{\sqrt{n+1}}$$

Divergiert, da Reihe der Bauart $\sum_{k=1}^{\infty} 1/n^q, 0 \le q \le 1$ ($q = 1/2$).

$x_2 = 6/5$:

$$\sum_{n=0}^{\infty}\frac{(-5)^n}{\sqrt{n+1}}(6/5-1)^n = \sum_{n=0}^{\infty}\frac{(-5)^n}{\sqrt{n+1}}(1/5)^n = \sum_{n=0}^{\infty}\overbrace{\left(\frac{-5}{5}\right)^n}^{=(-1)^n}\frac{1}{\sqrt{n+1}}$$

Konvergiert nach dem Leibniz-Kriterium (vgl. Abschn. 8.13.2), da $(-1)^n/\sqrt{n+1}$ alternierende Nullfolge

$$\rightsquigarrow \text{Reihe konvergiert für } x \in (4/5,\, 6/5].$$

8.9   Das große O von Landau für Folgen

Bestätigen oder widerlegen Sie die folgenden Aussagen:

a) $n^3 - n^2 + 1 \in \mathcal{O}(n)$ b) $\ln n - 3n^2 + 2n^3 \in \mathcal{O}(n^4)$

c) $\log_{10} n^3 - \ln\sqrt{n} \in \mathcal{O}(\log_2 n)$ d) $2^n + 3^n \in \mathcal{O}(2^n)$

Lösungsskizze

a) $\displaystyle \lim_{n\to\infty} \frac{n^3 - n^2 + 1}{n} = \lim_{n\to\infty} \underbrace{\frac{n^3}{n} - \frac{n^2}{n}}_{=\, n^2 - n} + \frac{1}{n} = \lim_{n\to\infty} n^2 \underbrace{(1 - 1/n)}_{\to 1} + \underbrace{1/n}_{\to 0} = \infty$

Grenzwert existiert nicht, somit ist $n^3 - n^2 + 1 \notin \mathcal{O}(n)$.

Allgemein gilt für $k, \ell \in \mathbb{N}$:

$$\lim_{n\to\infty} \frac{n^k}{n^\ell} = \lim_{n\to\infty} n^{k-\ell} = \begin{cases} 0 & \text{für } k < \ell \\ 1 & \text{für } k = \ell \\ \infty & \text{für } k > \ell \end{cases} \implies n^k \in \mathcal{O}(n^\ell) \quad \text{für } k \le \ell \quad (1)$$

b) Nach (1) ist $-3n^2 \in \mathcal{O}(n^4)$ und $2n^3 \in \mathcal{O}(n^4)$. Mit $n^4 = e^{\ln(n^4)}$ und der Substitution $\ln(n^4) = m$ folgt $n = e^{m/4} \rightsquigarrow$

$$\lim_{n\to\infty} \frac{\ln n}{n^4} = \lim_{m\to\infty} \frac{\ln e^{m/4}}{e^m} = \lim_{m\to\infty} \frac{m}{4e^m} \overset{*}{=} 0 \implies \ln n \in \mathcal{O}(n^4)$$

$$\overset{**}{\implies} \ln n - 3n^2 + 2n^3 \in \mathcal{O}(n^4) \checkmark$$

c) Für beliebige Basen $a, b > 0$ gilt: $\boxed{\log_a n = \dfrac{\log_b n}{\log_b a}} \rightsquigarrow$

$$\log_{10} n^3 - \ln\sqrt{n} = \frac{\log_2 n^3}{\log_2 10} - \frac{\log_2 n^{1/2}}{\log_2 e} = (3/\log_2 10 - 1/2\log_2 e)\log_2 n$$

$$\lim_{n\to\infty} \frac{\left(\frac{3}{\log_2 10} - \frac{1}{2\log_2 e}\right)\log_2 n}{\log_2 n} = (3/\log_2 10 - 1/2\log_2 e)$$

$$\implies \log_{10} n^3 - \ln\sqrt{n} \in \mathcal{O}(\log_2 n) \checkmark$$

d) $\displaystyle \lim_{n\to\infty} \frac{2^n + 3^n}{2^n} = \lim_{n\to\infty} 1 + \frac{3^n}{2^n} = \lim_{n\to\infty} 1 + \frac{e^{n\ln 3}}{e^{n\ln 2}} = 1 + \lim_{n\to\infty} e^{(\ln 3 - \ln 2)n}$

$$= 1 + \lim_{n\to\infty} e^{(\ln 3/2)n} = \infty \implies 2^n + 3^n \notin \mathcal{O}(2^n)$$

---

* „Die Exponentialfunktion wächst schneller als jedes Polynom", dies kann man z.B. mit dem Satz von L'Hospital zeigen (vgl. Aufg. 15.4d).

** Es gilt: Sind $f(n), g(n) \in \mathcal{O}(h(n))$, dann ist auch $f(n) + g(n) \in \mathcal{O}(h(n))$

8.10 Limes inferior und Limes superior ⋆

Bestimmen Sie den Limes inferior und den Limes superior von $(a_n)_n$:

a) $a_n = \begin{cases} -n^2 & \text{für } n \text{ gerade} \\ 1/n & \text{für } n \text{ ungerade} \end{cases}$

b) $a_n = \sqrt{\dfrac{n^2 + 6n^3}{2n^3 + 1}}$

c) $a_n = \begin{cases} (e + 1/n)^{1/2} & \text{für } n \,(\text{mod } 3) = 0 \\ (1 + 2/n)^n & \text{für } n \,(\text{mod } 3) = 1 \\ e & \text{für } n \,(\text{mod } 3) = 2 \end{cases}$

d) $a_n = \left(\dfrac{1}{3}\right)^{2n} - \dfrac{(-1)^n}{\sqrt[n]{n}}$

Lösungsskizze

Besitzt die Folge (a_n) k konvergente Teilfolgen mit Grenzwerten $g_1, \ldots g_k$ und kommt jedes Folgenglied a_n in den Teilfolgen vor, so kann man zeigen:

$$\liminf_{n \to \infty} a_n = \min\{g_1, \ldots, g_k\} \quad \text{und} \quad \limsup_{n \to \infty} a_n = \max\{g_1, \ldots, g_k\}$$

Konvergiert eine der Teilfolge uneigentlich gegen $-\infty$ oder ∞, so ist $\liminf_{n\to\infty} a_n = -\infty$ bzw. $\limsup_{n\to\infty} a_n = \infty$.

a) a_n besteht aus zwei Teilfolgen: $\lim_{n\to\infty} -n^2 = -\infty, n = 2k$ und $\lim_{n\to\infty} 1/n = 0, n = 2k + 1$, $k \in \mathbb{N}$, in denen jedes Glied von a_n vorkommt

$$\Longrightarrow \limsup_{n \to \infty} a_n = 0 \quad \text{und} \quad \liminf_{n \to \infty} a_n = -\infty.$$

b) $\lim\limits_{n\to\infty} \sqrt{\dfrac{n^2+6n^3}{2n^3+1}} = \lim\limits_{n\to\infty} \sqrt{\dfrac{n^3(1/n+6)}{n^3(2+1/n^3)}} = \sqrt{6/2} = \sqrt{3}$.

(a_n) konvergiert gegen $\sqrt{3} \Longrightarrow \limsup\limits_{n\to\infty} a_n = \liminf\limits_{n\to\infty} a_n = \lim\limits_{n\to\infty} a_n = \sqrt{3}$.

c) a_n besteht aus drei Teilfolgen: $b_n := (e + 1/n)^{1/2}$, $n\,(\text{mod } 3) = 0$; $c_n := (1 + 2/n)^n$, $n\,(\text{mod } 3) = 1$; $d_n := e, n\,(\text{mod } 3) = 2$. Da $n\,(\text{mod } 3) = k$, $k = 0, 1, 2$ alle durch drei teilbaren natürlichen Zahlen mit Rest k beschreibt, kommt jedes Glied von a_n in einer der Folgen b_n, c_n, d_n vor. Offenbar ist $\lim_{n\to\infty} d_n = e$:

$$\lim_{n\to\infty} b_n = \liminf_{n\to\infty} (e + \overbrace{1/n}^{\to\infty})^{1/2} = \sqrt{e}$$

$$\lim_{n\to\infty} c_n = \lim_{n\to\infty} (1 + 2/n)^n = \lim_{n\to\infty} (1 + \frac{1}{n/2})^n \overset{\text{Sub. } n/2 = m}{=} \lim_{m\to\infty} (1 + 1/m)^{2m}$$
$$= \lim_{m\to\infty} ((1 + 1/m)^m)^2 = e^2$$

$$\Longrightarrow \liminf_{n\to\infty} a_n = \sqrt{e} \quad \text{und} \quad \limsup_{n\to\infty} a_n = e^2$$

d) $a_n = (1/3)^{2n} - 1/\sqrt[n]{n}$ für n gerade und $a_n = (1/3)^{2n} + 1/\sqrt[n]{n}$ für n ungerade. In jedem Fall ist: $\lim_{n\to\infty}(1/3)^{2n} = 0$ und $\lim_{n\to\infty} 1/\sqrt[n]{n} = 1/1 = 1$

$$\Longrightarrow \liminf_{n\to\infty} a_n = -1 \quad \text{und} \quad \limsup_{n\to\infty} a_n = 1$$

8.11   Koch'sche Schneeflocke ★

Ausgehend von einem gleichseitigen Dreieck mit Seitenlänge ℓ wird in jedem Iterationsschritt jede Seite der entstehenden Figur gedrittelt und die mittlere Strecke durch ein gleichseitiges Dreieck ersetzt. Die folgende Grafik illustriert die ersten Iterationen:

  0. Iteration $(k = 0)$ 1. Iteration $(k = 1)$ 2. Iteration $(k = 2)$

Finden Sie eine Formel für den Umfang U_k und die Fläche F_k in der k−ten Iteration und bestimmen Sie $\lim\limits_{k\to\infty} U_k$ und $\lim\limits_{k\to\infty} F_k$.

Lösungsskizze

(i) Formel für Umfang:

<u>$k = 0$</u>: 0-te Iteration; $U_0 = 3\ell$ mit der Referenzseite $\ell_0 := \ell$.

<u>$k = 1$</u>: Jede der drei ursprünglichen Seiten der Länge ℓ wird durch 4 Seiten der Länge $\ell/3 (\widehat{=}$ aktuelle Referenzseite) ersetzt:

$$\rightsquigarrow U_1 = 3 \cdot \left(4 \cdot \frac{1}{3}\ell\right) = 4\ell$$

Bei U_2 Start mit Referenzseite $\ell_2 = \ell_1/3 = \ell_0/3^2$. U_2 besteht offenbar aus $3 \cdot 4^2$ solcher Referenzseiten $\rightsquigarrow U_2 = 3 \cdot 4^2 \cdot \frac{\ell}{9} = \left(\frac{4}{3}\right)^2 \cdot 3\ell$.

Länge der Referenzseite in der k-ten Iteration ist $\ell_k = \ell_{k-1}/3 = \ell_{k-2}/3^2 = \ldots = \ell_0/3^k = \ell/3^k$

$$\rightsquigarrow U_k = 3 \cdot 4^{k-1} \cdot 4 \cdot \ell/3^k = \left(\frac{4}{3}\right)^k \cdot 3\ell.$$

(ii) Formel für Fläche:

<u>$k = 0$</u>: Figur ist gleichseitiges Dreieck mit Seitenlänge $\ell \implies F_0 = \frac{\sqrt{3}}{4}\ell^2$.

Für F_1 kommen drei gleichseitige Dreiecke mit Seitenlänge $\ell/3$ und Flächeninhalt $F_0/9$ dazu

$$\rightsquigarrow F_1 = F_0 + 3 \cdot \frac{1}{9}F_0 = \frac{4}{3}F_0 = \frac{\sqrt{3}}{3}\ell^2.$$

$\underline{k=2}$: Pro Referenzseite entsteht ein neues Dreieck mit der Fläche $F_1/9 = F_0/9^2$, da pro Seite des Ausgangsdreiecks 4 solcher Referenzseiten entstanden sind:

$$F_2 = F_1 + 3 \cdot 4 \cdot \frac{1}{9^2} F_0 = \frac{4}{3} F_0 + \frac{4}{3^3} \cdot F_0 = \frac{\sqrt{3}}{27} \ell^2$$

Analog zum Umfang sind in der k-ten Iteration 4^k neue Referenzseiten pro Seite des Ausgangsdreiecks entstanden, von denen wir aber jeweils nur ein Dreieck mit der Fläche $F_0/9^k = F_0/3^{2k}$ hinzuaddieren (entspricht somit 4^{k-1} Dreiecken pro Seite des Ausgangsdreiecks)

$$\rightsquigarrow F_k = F_{k-1} + 3 \cdot 4^{k-1} \cdot \frac{F_0}{3^{2k}} = F_{k-1} + \frac{3}{4} \cdot F_0 \cdot \left(\frac{4}{9}\right)^k.$$

Dies ist eine rekursiv definierte Folge. Eine nichtrekursive Darstellung lässt sich sukzessive bestimmen:

$$\begin{aligned}
F_k &= F_{k-2} + \frac{3}{4} \cdot F_0 \left(\frac{4}{9}\right)^{k-1} + \frac{3}{4} \cdot F_0 \cdot \left(\frac{4}{9}\right)^k \\
&= \ldots \\
&= F_0 + \frac{3}{4} \cdot F_0 \left(\frac{4}{9} + \left(\frac{4}{9}\right)^2 + \ldots + \left(\frac{4}{9}\right)^k\right) \\
&= F_0 + \frac{3}{4} \cdot F_0 \cdot \sum_{n=1}^{k} \left(\frac{4}{9}\right)^n
\end{aligned}$$

$\rightsquigarrow F_k$ kann als Partialsummenfolge interpretiert werden ($\rightsquigarrow$ Reihe).

(iii) Grenzwerte:

$$\lim_{k\to\infty} U_k = \lim_{k\to\infty} \left(\frac{4}{3}\right)^k \cdot 3\ell = 3\ell \lim_{k\to\infty} \left(\frac{4}{3}\right)^k = \infty, \quad \text{da} \quad \frac{4}{3} > 1$$

$$\begin{aligned}
\lim_{k\to\infty} F_0 + \frac{3}{4} \cdot F_0 \cdot \sum_{n=1}^{k} \left(\frac{4}{9}\right)^n &= F_0 + \frac{3}{4} \cdot F_0 \lim_{k\to\infty} \sum_{n=1}^{k} \left(\frac{4}{9}\right)^n \\
&= F_0 + \frac{3}{4} \cdot F_0 \left(\sum_{n=0}^{\infty} \left(\frac{4}{9}\right)^n - 1\right) \,|\, \text{geom. Reihe} \\
&= F_0 + \frac{3}{4} \cdot F_0 \left(\frac{1}{1-\frac{4}{9}} - 1\right) = F_0 + \frac{3}{4} \cdot F_0 \left(\frac{9}{5} - 1\right) \\
&= F_0 + \frac{3}{4} \cdot F_0 \left(\frac{4}{5}\right) = \left(1 + \frac{3}{5}\right) F_0 = \frac{8}{5} F_0
\end{aligned}$$

Somit:

$$\lim_{k\to\infty} F_k = \frac{8}{5} \cdot \frac{\sqrt{3}}{4} \ell^2 = \frac{2}{5} \sqrt{3} \cdot \ell^2$$

8.12   Checkliste: Grenzwerte von Folgen und praktisches Rechnen mit der Unendlichkeit

Unter einer reellen Zahlenfolgen (kurz: Folge) versteht man eine Abbildung der Form $a : D \subseteq \mathbb{N}_0 \longrightarrow \mathbb{R}$ und schreibt dafür z.B. $(a_n)_n$ oder (a_n).

Eine Folge ist also nichts anderes als eine reelle Funktion mit einer Teilmenge der natürlichen Zahlen (einschließlich der Null) als Definitionsmenge.

Bei einer Folge ist es üblich, dass bei der Funktionsgleichung die Variable als Index geschrieben wird: $a(n) =: a_n$, z.B. $a_n = n^2$ oder $a_n = n^3 + n$.

8.12.1 Grenzwert einer Folge

Eine Folge $(a_n)_n$ *konvergiert* gegen einen Grenzwert $a \in \mathbb{R}$, falls es zu jedem $\varepsilon > 0$ ein $N \in \mathbb{R}$ gibt, so dass

$$\boxed{|a_n - a| < \varepsilon \quad \text{für alle} \quad n > N} \tag{1}$$

ist.

Dafür schreibt man kurz:

$$\boxed{\lim_{n \to \infty} a_n = a \quad \text{oder} \quad a_n \longrightarrow a \text{ für } n \longrightarrow \infty}$$

Mit einer ähnlichen Definition wie in (1) erklärt man auch die beiden *uneigentlichen* Grenzwerte $\pm\infty$.

Konvergiert eine Folge $(a_n)_n$ weder gegen eine reelle Zahl noch uneigentlich gegen ∞ oder $-\infty$, so ist $(a_n)_n$ *divergent*.

8.12.2 Nützliche Grenzwerte von Folgen, die man kennen sollte

Mit Hilfe der Definition (1) zeigt man z.B. die folgenden elementaren **Grundgrenzwerte**:

(i) $\boxed{\lim_{n \to \infty} \dfrac{1}{n^k} = 0 \quad \text{für} \quad k \in \mathbb{N}}$

(ii)
$$\lim_{n \to \infty} q^n = \begin{cases} 0 & \text{für} \quad |q| < 1 \\ 1 & \text{für} \quad q = 1 \\ \infty & \text{für} \quad q > 1 \\ \text{divergent für} \quad q \leq -1 \end{cases}$$

(iii) $\boxed{\lim_{n \to \infty} \sqrt[n]{n} = 1}$ und $\boxed{\lim_{n \to \infty} \sqrt[n]{n!} = \infty}$

(iv) $\boxed{\lim_{n \to \infty} \sqrt[k]{n} = \infty \quad \text{für} \quad k \in \mathbb{N}}$

(v) Für ein Polynom $p(n) = a_\ell n^\ell + a_{\ell-1} n^{\ell-1} + \ldots + a_2 n^2 + a_1 n + a_0$ mit $a_i \in \mathbb{R}, a_\ell \neq 0$ gilt:

$$\lim_{n \to \infty} p(n) = \lim_{n \to \infty} a_\ell n^\ell = a_\ell \cdot \lim_{n \to \infty} n^\ell$$

Das Grenzverhalten hängt somit nur vom Leitkoeffizienten a_ℓ ab.

(vi) Gegen e konvergente Folge:

$$\lim_{n \to \infty} \left(1 + \frac{1}{n}\right)^n = \text{e} = 2.71828\ldots$$

Insbesondere gilt für $x \in \mathbb{R}$:

$$\lim_{n \to \infty} \left(1 + \frac{1}{n}\right)^{nx} = \text{e}^x$$

8.12.3 Praktische Berechnung von Grenzwerten

Mit den folgenden **Grenzwert(rechen)regeln** geht es oft einfacher aus **bekannten** Grenzwerten neue zu berechnen, ohne auf die ε-N-Definition (1) zurückgreifen zu müssen:

Grenzwertregeln für Folgen

Sind $(a_n)_n$, $(b_n)_n$ konvergente Folgen mit Grenzwerten a und b, dann gilt:

(i)
$$\lim_{n \to \infty} a_n + b_n = \lim_{n \to \infty} a_n + \lim_{n \to \infty} b_n = a + b$$

(ii)
$$\lim_{n \to \infty} \lambda a_n = \lambda \lim_{n \to \infty} a_n = \lambda a, \quad \forall \lambda \in \mathbb{R}$$

(iii)
$$\lim_{n \to \infty} a_n b_n = \lim_{n \to \infty} a_n \cdot \lim_{n \to \infty} b_n = ab$$

(iv)
$$\lim_{n \to \infty} \frac{a_n}{b_n} = \frac{\lim\limits_{n \to \infty} a_n}{\lim\limits_{n \to \infty} b_n} = \frac{a}{b}, \quad b_n, b \neq 0$$

Man kann auch $a, b \in \{\pm\infty\}$, also uneigentliche Grenzwerte, und in (iv) auch $b_n \neq 0$ für *alle, bis auf endlich viele* n und $b = 0$ zulassen, wenn man Regeln für das Rechnen mit $\pm\infty$ beachtet (s. Abschn. 8.12.4).

Praktisch nutzt man die Grenzwertregeln gerne, ohne zu wissen, ob die beteiligten Folgen überhaupt (uneigentlich) konvergieren, was ja eigentlich Voraussetzung für deren Anwendung ist. Lässt sich aber durch diese Praxis ein (uneigentlicher) Grenzwert ermitteln, so wird dieses Vorgehen damit rückwirkend legitimiert.

Manchmal kann man den Grenzwert einer unbekannte Folge auch mit Hilfe von bekannten Folgen durch Größenvergleich ermitteln:

Sandwichsatz (Einschnürungslemma)

Sind $(a_n)_n$ und $(c_n)_n$ Folgen mit identischem Grenzwert x und $a_n \leq c_n$ für fast alle n, so konvergiert eine Folge $(b_n)_n$, für die

$$a_n \leq b_n \leq c_n \quad \text{für fast alle } n$$

gilt, ebenfalls gegen x.

Unabhängig davon gibt es natürlich auch Folgen, die sich mit den bisher genannte Regeln nicht behandeln lassen.

Gibt es keine Regel, die man anwenden kann, so bleibt nur der direkte Weg über die ε-N-Definition (1).

Mit der Grenzwertdefinition (1) muss man allerdings den Grenzwert einer Folge schon „wissen" (also im Prinzip per Heuristik raten), bevor man ihn überhaupt nachweisen kann.

Wichtig ist noch das folgende Kriterium, welches eine hinreichende Bedingung für die Konvergenz einer Folge darstellt:

Monotoniekriterium

Ist $(a_n)_n$ eine monoton steigende (fallende) Folge und nach oben (unten) beschränkt, dann konvergiert $(a_n)_n$ gegen eine reelle Zahl a.

Kommt man gar nicht weiter, so sollte man dringend einen Mathematiker konsultieren.

8.12.4 Rechnen mit der Unendlichkeit

Da $\pm\infty$ keine reellen Zahlen sind ($\pm\infty \notin \mathbb{R}$!), kann man mit diesen Größen auch nicht wie mit reellen Zahlen rechnen. Man kann nur jede reelle Zahl $x \in \mathbb{R}$ mit $\pm\infty$ *vergleichen*, d.h., es gilt

$$\boxed{-\infty < x < \infty \text{ für alle } x \in \mathbb{R}}$$

aber niemals $x = \infty$ oder $x = -\infty$.

Im *Grenzwertsinn* lässt sich aber in manchen Fällen doch mit $\pm\infty$ rechnen. Wie ist z.B. eine Gleichung der Form

$$\text{„}\infty + 1 = \infty\text{"}$$

zu verstehen?

Die beteiligten Größen der Gleichung interpretiert man als (uneigentliche) Grenzwerte von Folgen (bzw. allgemeiner von Funktionen; vgl. Abschn. 13.10).

Im Beispiel: Addiert man die Folgen $(a_n)_n$ und $(b_n)_n$ mit $\lim_{n\to\infty} a_n = \infty$ und $\lim_{n\to\infty} b_n = 1$, so erhält man als Resultat eine Folge $(c_n)_n$ mit $c_n = a_n + b_n$ und $\lim_{n\to\infty} c_n = \infty$.

In diesem Sinn erhält man die folgenden Rechenregeln für $\pm\infty, a \in \mathbb{R}$:

(i) $\infty + \infty = \infty$; $\infty \cdot \pm\infty = \pm\infty$

(ii) $a \pm \infty = \pm\infty$

(iii) $a \cdot \infty = \infty$, $a > 0$ und $a \cdot \infty = -\infty$, $a < 0$

(iv) $\dfrac{a}{0+} = \infty$, $\dfrac{a}{0-} = -\infty$ für $a > 0$; $\dfrac{a}{0-} = \infty$, $\dfrac{a}{0+} = -\infty$ für $a < 0$

(v) $\dfrac{a}{\pm\infty} = 0\pm$, $a > 0$, $\dfrac{a}{\pm\infty} = 0\mp$, $a < 0$, $\dfrac{0\pm}{\infty} = 0\pm$, $\dfrac{0\pm}{-\infty} = 0\mp$

Bemerkung 1: Die Symbole „$0-$" und „$0+$" bedeuten, dass die Folge von links (Folgenglieder negativ) oder rechts (Folgenglieder positiv) gegen 0 konvergiert.

Bemerkung 2: Rechenregel (iv) zeigt: Man darf, solange die Zählerfolge nicht gegen 0 konvergiert, im Grenzwertsinn durch 0 teilen.

8.12.5 Unbestimmte Ausdrücke

Die folgenden Rechenoperationen mit $\pm\infty$ können im Grenzwertsinn nicht sinnvoll (d.h. eindeutig) definiert werden:

$$0 \cdot \pm\infty, \quad \frac{\pm\infty}{\pm\infty}, \quad \infty - \infty, \quad 1^{\infty}, \quad 0^0, \quad \frac{0}{0}$$

Man sagt, diese Ausdrücke sind **unbestimmt**. Der Grenzübergang mit Hilfe von Grenzwertsätzen kann hier also nicht ohne Weiteres durchgeführt werden, was die folgenden beiden Beispiele illustrieren sollen.

a) Wir betrachten die Folge $c_n = \dfrac{2n^2 + 3}{n^2 + n}$.

Diese setzt sich aus der Folge $a_n = 2n^2 + 3$ im Zähler und $b_n = n^2 + n$ im Nenner zusammen und würde auf den Fall „∞/∞" führen.

Durch Ausklammern, Anwendung von bekannten Grenzwerten und der Grenzwertsätze erhalten wir:

$$\lim_{n\to\infty} \frac{2n^2 + 3}{n^2 + n} = \lim_{n\to\infty} \frac{n^2(2 + \overbrace{3/n^2}^{\to 0})}{n^2(1 + \underbrace{1/n}_{\to 0})} = \frac{2}{1} = 2$$

Würden wir hier mit $\pm\infty$ aber einfach so wie in $\mathbb{R}$ rechnen, so erhielten wir wegen $\lim_{n\to\infty} 2n^2 + 3 = \infty$ und $\lim_{n\to\infty} n^2 + n = \infty$:

$$\lim_{n\to\infty} \frac{2n^2 + 3}{n^2 + n} = \frac{\infty}{\infty} = 1 \implies 1 = 2 \,\, \text{\textonequarter}$$

b) Betrachten wir noch die Folgen $a_n = kn$ mit $k \in \mathbb{R}, k \neq 0$ und $b_n = 1/n$.

Dann ist $\lim_{n\to\infty} kn = \pm\infty$ und $\lim_{n\to\infty} 1/n = 0$. Die Produktfolge $a_n \cdot b_n$ konvergiert gegen die reelle Zahl k:

$$\lim_{n\to\infty} a_n \cdot b_n = \lim_{n\to\infty} kn \cdot 1/n = \lim_{n\to\infty} \frac{kn}{n} = k$$

Würden wir hier auch wieder so tun, als ob $\pm\infty$ reelle Zahlen wären, dann erhielten wir unter Ausnutzung der Grenzwertrechenregeln wegen $0 \cdot x = 0$ für alle $x \in \mathbb{R}$:

$$\lim_{n\to\infty} a_n \cdot b_n = \lim_{n\to\infty} a_n \cdot \lim_{n\to\infty} b_n = 0 \cdot (\pm\infty) = 0,$$

was z.B. für $k = 1$ bedeuten würde, dass $0 = 1$. \text{\textonequarter}

Wir sehen, die reelle Regel „0 mal irgendwas ist 0" stimmt also nur, wenn das „irgendwas" selbst reell ist.

Es gilt aber: Ist $(a_n)_n$ beschränkt und $(b_n)_n$ eine Nullfolge, so konvergiert auch $(a_n b_n)_n$ gegen 0 für n gegen unendlich.

Wie geht man nun bei unbestimmten Ausdrücken vor?

In diesem Fall kann man durch geschicktes Umformen versuchen (wie wir das ohnehin bei Beispiel a) von vornherein durch Ausklammern und Kürzen gemacht hatten), auf einen Term mit bestimmten Ausdrücken zu gelangen und dann den Grenzübergang durchzuführen (so wie in den zahlreichen Übungsaufgaben zur Grenzwertrechnung in diesem Buch).

8.13   Checkliste: Unendliche Reihen

8.13.1 Reihen

Ist $(a_k)_k$ eine gegebene Folge, so erhalten wir durch

$$S_n := a_0 + \ldots + a_n = \sum_{k=0}^{n} a_k$$

eine neue Folge $(S_n)_n$

Die Folgenglieder S_n bestehen aus aufsummierten Folgengliedern der Folge a_k.

Allgemein nennen wir zu einer gegebenen Folge $(a_k)_k$ den Ausdruck

$$\boxed{S_n := \sum_{k=0}^{n} a_k}$$

die n-te *Partialsumme* der a_k. Die Partialsummenfolge $(S_n)_n$ schreibt man in der Form

$$\boxed{\sum_{k=0}^{\infty} a_k := \lim_{n \to \infty} \sum_{k=0}^{n} a_k}$$

und bezeichnet diese als *(unendliche) Reihe.*

Die Reihe konvergiert somit offenbar genau dann, wenn die Partialsummenfolge $(S_n)_n$ konvergiert. Der Grenzwert wird dann auch mit dem Reihensymbol beschrieben.

Notwendiges Konvergenzkriterium für Reihen

Ist $\lim_{k \to \infty} a_k \neq 0$, dann divergiert die mit a_k gebildete Reihe oder $\sum_{k=0}^{\infty} a_k = \infty$.

Bemerkung: Dieses Kriterium ist nicht hinreichend. Nur weil $(a_k)_k$ gegen null konvergiert, bedeutet das nicht, dass die Reihe $\sum_{k=0}^{\infty} a_k$ konvergieren muss.

Populäres Gegenbeispiel:

Harmonische Reihe

Die *harmonische Reihe*

$$\sum_{k=1}^{\infty} \frac{1}{k}$$

divergiert, obwohl $\lim\limits_{k\to\infty} a_k = \lim\limits_{k\to\infty} 1/k = 0$.

Im Kontrast dazu konvergiert die mit der Folge $a_k = 1/k^2$ gebildete Reihe

$$\sum_{k=1}^{\infty} \frac{1}{k^2},$$

wie man durch Abschätzen der Partialsummenfolge zeigen kann. Allgemein gilt sogar:

$$\sum_{k=1}^{\infty} \frac{1}{k^\alpha} = \begin{cases} \text{konvergent} & \text{für } \alpha > 1 \\ \text{divergent} & \text{für } \alpha \leq 1 \end{cases} \quad \alpha \in \mathbb{R}_0^+$$

Von grundlegender Bedeutung ist die nächste Reihe:

Geometrische Reihe

Die geometrische Reihe $\sum\limits_{k=0}^{\infty} x^k$ konvergiert für alle $|x| < 1$.

Für den Grenzwert gilt:

$$\sum_{k=0}^{\infty} x^k = \frac{1}{1-x}, \quad |x| < 1$$

Bemerkung: Um das Konvergenzverhalten einer Reihe bestimmen zu können muss man das Verhalten ihrer Partialsummenfolge kennen. Das Problem hierbei ist, dass man i. Allg. keine geschlossene Formel für die Partialsummenfolge angeben kann. Somit ist es schwer bzw. bisweilen unmöglich, den Grenzwert einer Reihe zu bestimmen (die geometrische Reihe stellt z.B. eine der wenigen Ausnahmen dar, wo dies „per Hand" relativ einfach gelingt). Deswegen freut man sich bei Reihen schon zu wissen, ob sie überhaupt konvergieren. Wünschenswert sind somit einfachere Kriterien, mit denen man eine Reihe auf Konvergenz untersuchen kann.

8.13.2 Konvergenzkriterien für Reihen

Mit der harmonischen Reihe haben wir gesehen: Selbst wenn $(a_k)_k$ eine Nullfolge ist, reicht das nicht, um auf die Konvergenz der zugehörigen Reihe schließen zu können.

Für sog. alternierende Nullfolgen hat Leibniz[1] aber folgendes Kriterium nachgewiesen:

Leibniz-Kriterium

Ist $(a_k)_k$ eine monoton fallende Nullfolge, dann konvergiert die *alternierende Reihe*:

$$\sum_{k=1}^{\infty} (-1)^{k+1} a_k$$

Bemerkung: Die Summation kann auch bei $k = 0$ (wenn a_0 definiert ist) oder z.B. auch bei $k = 10^6$ beginnen; ab wann summiert wird, spielt für die Frage der Konvergenz keine Rolle. Genauso gut kann auch $(-1)^k$ geschrieben werden, der Faktor $(-1)^{k+1}$ ist rein kosmetischer Natur. Entscheidend ist nur das abwechselnde Vorzeichen.

Aus dem Monotoniekriterium für Folgen leiten sich die beiden nützlichen Vergleichskriterien ab:

Majorantenkriterium

Besitzt die konvergente Reihe $\sum_{k=0}^{\infty} b_k$ nur nichtnegative Glieder b_k und gilt für fast alle k: $a_k \leq b_k$, so konvergiert auch die Reihe $\sum_{k=0}^{\infty} a_k$.

Minorantenkriterium

Ist $\sum_{k}^{\infty} b_k$ eine divergente Reihe mit nur nichtnegativen Gliedern b_k und gilt für fast alle k: $b_k \leq a_k$, so divergiert auch die Reihe $\sum_{k=0}^{\infty} a_k$.

Bemerkung: Die Reihe $\sum_{k=0}^{\infty} b_k$ nennt man dann eine *konvergente Majorante* bzw. *eine divergente Minorante* für $\sum_{k=0}^{\infty} a_k$.

---

[1]Gottfried Wilhelm Leibniz (1646–1716) deutscher Mathematiker und Universalgelehrter.

Mit Hilfe der geometrischen Reihe als Vergleichsgröße können schließlich mit dem Majorantenkriterium die beiden sehr nützlichen Konvergenzkriterien für Reihen gezeigt werden:

Quotientenkriterium

Die Reihe $\sum_{k=0}^{\infty} a_k$ konvergiert (divergiert), wenn

$$\lim_{k \to \infty} \left| \frac{a_{k+1}}{a_k} \right| < 1 \, (> 1).$$

Wurzelkriterium

Die Reihe $\sum_{k=0}^{\infty} a_k$ konvergiert (divergiert), wenn

$$\lim_{k \to \infty} \sqrt[k]{|a_k|} < 1 \, (> 1).$$

Bemerkung: Sowohl beim Quotienten- als auch beim Wurzelkriterium ist **keine** Aussage über das Konvergenzverhalten der Reihe möglich, falls der Grenzwert 1 angenommen wird.

8.13.3 Potenzreihen

Ist $(a_k)_k$ eine gegebene Folge und $x_0 \in \mathbb{R}$, der sog. *Entwicklungspunkt*, gegeben, so bezeichnet man eine Reihe der Form

$$\sum_{k=0}^{\infty} a_k (x - x_0)^k$$

als Potenzreihe.

Beachte: Für jedes feste $x \in \mathbb{R}$ erhalten wir z.B. mit der Setzung $b_k = a_k(x - x_0)^k$ eine gewöhnliche Reihe $\sum_{k=0}^{\infty} b_k$.

Prominente Beispiele:

- Geometrische Reihe:

$$\sum_{k=0}^{\infty} x^k$$

  mit $a_k \equiv 1$, also $(a_k)_k = (1, 1, 1, ...)$ und $x_0 = 0$.

- Exponentialreihe

$$\sum_{k=0}^{\infty} \frac{x^k}{k!}$$

  mit $a_k = \dfrac{1}{k!}$ und $x_0 = 0$.

- Sinusreihe

$$\sum_{k=0}^{\infty} (-1)^k \frac{x^{2k+1}}{(2k+1)!}$$

  mit $a_{2k+1} = (-1)^k/(2k+1)!$, $a_{2k} = 0$, $k \in \mathbb{N}_0$ und $x_0 = 0$.

- Kosinusreihe

$$\sum_{k=0}^{\infty} (-1)^k \frac{x^{2k}}{(2k)!}$$

  mit $a_{2k} = (-1)^k/(2k)!$, $a_{2k+1} = 0$, $k \in \mathbb{N}_0$ und $x_0 = 0$.

Bemerkung: Die Namen der Reihen (ii) bis (iv) kommen nicht von ungefähr. Man kann zeigen, dass sie tatsächlich für alle $x \in \mathbb{R}$ mit den namensgebenden Funktionen übereinstimmen. Dies gelingt z.B. mit Hilfe der Differentialrechnung (s. Abschn. 16.11).

8.13.4 Konvergenzkriterium für Potenzreihen

Mit Hilfe des Quotienten- oder Wurzelkriteriums für Reihen zeigt man:

Konvergenzkriterium für Potenzreihen

$$\sum_{k=0}^{\infty} a_k (x - x_0)^k \rightsquigarrow \begin{cases} \textbf{konvergiert} & \text{für } |x - x_0| < R \\ \textbf{divergiert} & \text{für } |x - x_0| > R \end{cases}$$

Hierbei ist

$$R = \lim_{k \to \infty} \left| \frac{a_k}{a_{k+1}} \right| \quad \text{bzw.} \quad R = \lim_{k \to \infty} \frac{1}{\sqrt[k]{|a_k|}}$$

der *Konvergenzradius* der Reihe.

Das Intervall

$$K_R(x_0) = \{x \in \mathbb{R} \mid |x - x_0| < R\}$$

bezeichnet man als das *Konvergenzintervall* oder auch den *Konvergenzkreis* der Potenzreihe.

Bemerkung 1: Die beiden unterschiedlichen Möglichkeiten für die Berechnung des Konvergenzradius ergeben sich aus dem Quotienten- bzw. Wurzelkriterium.

Bemerkung 2: Auf dem Rand des Intervalls, d.h. für

$$x = x_0 \pm R,$$

macht der Satz **keine** Aussage, ob Konvergenz oder Divergenz der Reihe vorliegt. Dort muss man die Reihe separat auf Konvergenz untersuchen.

Im Fall $R = \infty$ ist $K_\infty(x_0) = \mathbb{R}$.

8.13.5 Addition- und Multiplikation von Potenzreihen

Wir betrachten die Reihen

$$p(x) = \sum_{k=0}^{\infty} a_k(x - x_0)^k \quad \text{und} \quad q(x) = \sum_{k=0}^{\infty} b_k(x - x_0)^k$$

mit Entwicklungspunkt x_0 und Konvergenzintervallen $K_{R_1}(x_0)$, $K_{R_2}(x_0)$:

Addition und Multiplikation von Potenzreihen

Auf dem Konvergenzintervall $K_R(x_0)$ mit $R = \min\{R_1, R_2\}$ dürfen die Reihen p und q addiert und multipliziert werden. Es gilt:

(i) $$p(x) + q(x) = \sum_{k=0}^{\infty} (a_k + b_k)(x - x_0)^k$$

(ii) $$p(x) \cdot q(x) = \sum_{k=0}^{\infty} \left(\sum_{n=0}^{k} a_n b_{k-n} \right) (x - x_0)^k$$

Bemerkung: Zur praktischen Berechnung der Produktreihe $p(x)q(x)$ ist die Formel für die Multiplikation unhandlich. Vor allem wenn man nur die ersten paar Summanden der resultierenden Reihe benötigt, empfiehlt es sich, auch nur die dafür notwendigen Summanden der beteiligten Potenzreihen zu multiplizieren (analog zur gewöhnlichen Multiplikation zweier Polynome).

9 Eigenschaften von Funktionen

Übersicht

© Springer-Verlag GmbH Deutschland, ein Teil von Springer Nature 2021
A. Keller, *Aufgaben und Lösungen zur Mathematik für den Studienstart*,
https://doi.org/10.1007/978-3-662-63628-2_9

9.1   Bestimmung von Definitions- und Wertebereich

Bestimmen Sie von den angegebenen reellen Funktionen den maximalen Definitions- und Wertebereich*:

a) $f(x) = \dfrac{1}{2}x^2 - x - \dfrac{3}{2}$ b) $f(x) = \dfrac{1}{\sqrt{3 - x^2}}$ c) $f(x) = x + \dfrac{1}{x}$

Lösungsskizze

a) f quadratische Funktion $\rightsquigarrow D = \mathbb{R}$, G_f ist eine nach oben geöffnete Parabel.

$\rightsquigarrow$ minimaler y-Wert von f: $\min_{x \in D} f(x)$ über Scheitelpunktform von f:

$$y = x^2/2 - x - 3/2 \iff 2y = x^2 - 2x - 3 \iff 2y = (x-1)^2 - 1 - 3$$
$$\iff y = 1/2\,(x-1)^2 - 2$$

$$\implies \min_{x \in D} f(x) = -2 \rightsquigarrow W = [-2, \infty)$$

b) D: $\sqrt{\dots} \overset{!}{\neq} 0$, da im Nenner. Argument der Wurzel $3 - x^2 \overset{!}{\geq} 0 \rightsquigarrow$ Bedingung

$$3 - x^2 \overset{!}{>} 0 \iff 3 > x^2 \iff \sqrt{3} > |x| \iff x \in (-\sqrt{3}, \sqrt{3}) \rightsquigarrow D = (-\sqrt{3}, \sqrt{3})$$

W: Graph von $x \mapsto 3 - x^2$ ist eine nach unten geöffnete Normalparabel mit Scheitel $S(0, 3) \implies \max_{x \in D} 3 - x^2 = 3$, Monotonie der Wurzel $\rightsquigarrow$

$$3 - x^2 \leq 3 \implies \sqrt{3 - x^2} \leq \sqrt{3} \implies \frac{1}{\sqrt{3 - x^2}} \geq \frac{1}{\sqrt{3}} = \frac{\sqrt{3}}{3} \rightsquigarrow W = \left[\frac{\sqrt{3}}{3}, \infty\right)$$

c) Summand $1/x \rightsquigarrow D = \mathbb{R} \setminus \{0\}$; W nach x auflösen:

$$y = x + \frac{1}{x} \iff yx = x^2 + 1 \iff x^2 - yx + 1 = 0$$

$\rightsquigarrow$ quadratische Gleichung mit $a = 1; b = y; c = 1$. Mitternachtsformel

$$\rightsquigarrow x_{1,2} = \frac{y \pm \sqrt{y^2 - 4}}{2}$$

$$y^2 - 4 \overset{!}{\geq} 0 \iff y^2 \geq 4 \iff |y| \geq 2 \iff y \in (-\infty, -2] \cup [2, \infty)$$

$$\rightsquigarrow W = (-\infty, -2] \cup [2, \infty)$$

---

* Mit Hilfe der Differentialrechnung lässt sich der Wertebereich (bei differenzierbaren Funktionen) z.B. auch über die Berechnung von (globalen) Extrema bestimmen, (vgl. Aufg. 15.1 und 15.2.).

9.2 Beschreibung einer Punktmenge durch den Graph einer Funktion

Lassen sich die gegebenen Punktmengen $\mathcal{C} := \{...\}$, $(x, y) \in \mathbb{R}^2$ durch einen oder mehrere Graphen beschreiben? Fertigen sie eine Skizze von $\mathcal{C}$ an und stellen Sie ggf. die entsprechenden Funktionsgleichungen auf.

a) $\{(x, y) \mid 1 \leq x \leq 3;\, 1 \leq y \leq 2\}$ b) $\left\{(x, y) \mid 0 \leq x \leq 3;\, y - 1 = 2(x - 1)^2\right\}$

c) $\left\{(x, y) \mid \dfrac{x^2}{2} - \dfrac{y^2}{3} = 1\right\}$ d) $\left\{(x, y) \mid y - \operatorname{sgn}(x)\sqrt{|x|} = 0\right\}$

Lösungsskizze

a) $\mathcal{C}$ beschreibt ein ausgefülltes Rechteck.

Für jedes $x \in [1, 3]$ (z.B. $x = \frac{5}{2}$) gibt es

unendlich viele $y \in [1, 2]$

$\rightsquigarrow \mathcal{C}$ kann nicht der Graph einer Funktion sein.

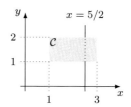

b) $y - 1 = 2(x - 1)^2 \iff y = 2(x - 1)^2 + 1$

$\rightsquigarrow \mathcal{C} \,\hat{=}\,$ Graph der nach oben geöffneten Parabel mit Scheitelpunkt $(1, 1)$ $(\rightsquigarrow \min_{x \in D} f(x) = 1)$:

$$f(x) = 2(x - 1)^2 + 1$$

mit $D = [0, 3]$ und $W = [1, f(3)] = [1, 9]$

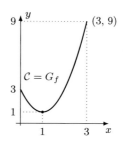

c) Auflösen von impliziter Gleichung z.B. nach y:

$$\frac{x^2}{2} - \frac{y^2}{3} = 1 \iff \frac{y^2}{3} = \frac{x^2}{2} - 1 \iff y = \pm\sqrt{3}\sqrt{\frac{x^2}{2} - 1} = \pm\sqrt{\frac{3x^2}{2} - 3}$$

Wurzel definiert für $x^2/2 - 1 \geq 0 \iff |x| \geq \sqrt{2} \iff x \in \mathbb{R} \setminus (-\sqrt{2}, \sqrt{2}) =: D$

$\rightsquigarrow$ zu jedem $x \in D \setminus \{\pm\sqrt{2}\}$ gibt es zwei y

$\rightsquigarrow \mathcal{C}$ ist also kein Graph, lässt sich aber durch die Graphen $G_{f_\pm}$ von zwei Funktionen beschreiben:

$$f_\pm(x) = \pm\sqrt{\frac{3x^2}{2} - 3}, \ D_\pm = D, \ W_\pm = [0, \pm\infty)$$

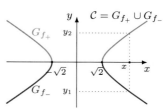

d) $y - \operatorname{sgn}(x)\sqrt{|x|} = 0 \iff y = \operatorname{sgn}(x)\sqrt{|x|} \rightsquigarrow$

$\mathcal{C}$ ist Graph von abschnittweise definierter Funktion:

$$f(x) = \begin{cases} \sqrt{x} & \text{für } x \geq 0 \\ -\sqrt{-x} & \text{für } x < 0 \end{cases}, \ D = W = \mathbb{R}$$

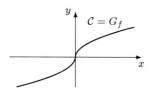

9.3   Bestimmung eines Urbilds

Gegeben seien die folgenden Funktionen auf ihrem jeweiligen maximalen Definitionsbereich:

$$\text{a)}\ \ f(x) = x^2 \qquad \text{b)}\ \ f(x) = \sqrt{x-1} \qquad \text{c)}\ \ f(x) = \frac{2x-1}{3x+1}$$

Bestimmen Sie jeweils für $B = [1, 2)$ das Urbild $f^{-1}(B)$.

Lösungsskizze

Urbild von B: $f^{-1}(B) = \{x \in D \mid f(x) \in B\}$, d.h., wir suchen alle $x \in D$, s.d. $f(x) \in B = [1, 2) \Longleftrightarrow 1 \le f(x) < 2$.

a) $1 \le x^2 < 2 \Longleftrightarrow 1 \le x^2 \wedge x^2 < 2 \rightsquigarrow$ Fallunterscheidung:

$1 \le x^2 \Longleftrightarrow 1 \le \lvert x \rvert$ $\Longleftrightarrow x \ge 1 \vee x \le -1$ $\Longrightarrow x \in (-\infty, -1] \cup [1, \infty)$	$x^2 < 2 \Longleftrightarrow \lvert x \rvert < \sqrt{2}$ $\Longleftrightarrow -\sqrt{2} < x < \sqrt{2}$ $\Longrightarrow x \in (-\sqrt{2}, \sqrt{2})$

$$\Longrightarrow f^{-1}(B) = ((-\infty, -1] \cup [1, \infty)) \cap (-\sqrt{2}, \sqrt{2}) = (-\sqrt{2}, -1] \cup [1, \sqrt{2})$$

b) $1 \le \sqrt{x-1} < 2 \overset{*}{\Longleftrightarrow} 1 \le x - 1 < 4 \Longleftrightarrow 2 \le x < 5 \Longrightarrow f^{-1}(B) = [2, 5)$

c) $1 \le \dfrac{2x-1}{3x+1} < 2 \overset{x \ne -1/3}{\Longleftrightarrow} 1 \le \dfrac{2x-1}{3x+1} \wedge \dfrac{2x-1}{3x+1} < 2 \rightsquigarrow$ Fallunterscheidung:

$3x + 1 > 0 \Longleftrightarrow x > -1/3$:

$1 \le \dfrac{2x-1}{3x+1} \Longleftrightarrow 3x + 1 \le 2x - 1$ $\Longleftrightarrow x \le -2$ unerfüllbar $\Longrightarrow x \in \emptyset$	$\dfrac{2x-1}{3x+1} < 2 \Longleftrightarrow 2x - 1 < 6x + 2$ $\Longleftrightarrow -3/4 > x$ $\Longrightarrow x \in (-1/3, \infty)$

$3x + 1 < 0 \Longleftrightarrow x < -1/3$:

$1 \le \dfrac{2x-1}{3x+1} \Longleftrightarrow 3x + 1 \ge 2x - 1$ $\Longleftrightarrow x \ge -2$ $\Longrightarrow x \in [-2, -1/3)$	$\dfrac{2x-1}{3x+1} < 2 \Longleftrightarrow 2x - 1 < 6x + 2$ $\Longleftrightarrow -3/4 < x$ $\Longrightarrow x \in (-3/4, -1/3)$

$$\Longrightarrow f^{-1}(B) = [-2, -1/3) \cap ((-1/3, \infty) \cup (-3/4, -1/3)) = [-2, -3/4)$$

---

* Da sämtliche Größen hier ≥ 0 sind, ist Quadrieren äquivalent.

9.4 Gerade und ungerade Funktionen

Sind die Funktionen $f : D \longrightarrow \mathbb{R}$ auf ihrem maximalen Definitionsbereich D gerade oder ungerade?

a) $f(x) = 2x^3 + x^2 - 1$ b) $f(x) = \sqrt{x^2 - 1}$ c) $f(x) = (1 - x^4)(x^5 - 2x)$

d) $f(x) = 1 - |2x + 1|$ e) $f(x) = x \cdot 2^{1-x^2}$ f) $f(x) = g(x) \cdot h(x),$
g gerade, h ungerade

Lösungsskizze

a) Für $x \in D = \mathbb{R}$ gilt:

$$f(-x) = 2(-x)^3 + (-x)^2 - 1 = 2 \cdot (-1)^3 \cdot x^3 + (-1)^2 x^2 - 1$$
$$= -2x^3 + x^2 - 1 \neq f(x)$$
$$-f(-x) = -(-2x^3 + x^2 - 1) = 2x^3 - x^2 + 1 \neq f(x)$$

$\Longrightarrow$ f weder gerade noch ungerade

> Allgemein gilt: $f(x) = g(x) + h(x)$ mit $f, g \neq$ Nullfunktion, g gerade, h ungerade (vice versa)
> $\Longrightarrow$ f weder gerade noch ungerade

b) $x^2 - 1 \geq 0 \Longleftrightarrow |x| \geq 1 \rightsquigarrow D = (-\infty, -1] \cup [1, \infty)$. Für $x \in D$ gilt:

$$f(-x) = \sqrt{(-x)^2 - 1} = \sqrt{(-1)^2 x^2 - 1} = \sqrt{x^2 - 1} = f(x) \Longrightarrow f \text{ gerade}$$

c) Für $x \in D = \mathbb{R}$ gilt:

$$f(-x) = (1 - (-x)^4)((-x)^5 - 2(-x)) = (1 - x^4)(-x^5 + 2x)$$
$$= -(1 - x^4)(x^5 - 2x) = -f(x) \Longrightarrow f \text{ ungerade*}$$

d) Für $x \in D = \mathbb{R}$ gilt: $f(-x) = 1 - |2(-x) + 1| = 1 - |1 - 2x| \neq f(x)$;
$-f(-x) = |1 - 2x| - 1 \neq f(x) \Longrightarrow f$ weder gerade noch ungerade

e) Für $x \in D = \mathbb{R}$ gilt: $f(-x) = (-x) \cdot 2^{1-(-x)^2} = -x \cdot 2^{1-x^2} = -f(x)$
$\Longrightarrow$ f ungerade

f) Für $x \in D = D_g \cap D_h$ gilt mit g gerade, h ungerade:

$$f(-x) = g(-x) \cdot h(-x) = g(x) \cdot (-h(x)) = -g(x) \cdot h(x) = -f(x)$$

$\Longrightarrow$ f ungerade

> *** Alternative 1:** $f(x) = (1 - x^4)(x^5 - 2x) = -x^9 + 3x^5 - 2x$, Polynom vom Grad 9, alle Monome haben ungerade Potenzen $\Longrightarrow f$ ungerade.
> **Alternative 2:** Faktor $(1 - x^4)$ gerade, Faktor $(x^5 - 2x)$ ist ungerade $\Longrightarrow f$ ungerade (vgl. f).

9.5 Punktsymmetrie und Achsensymmetrie

Zeigen Sie:

a) $f(x) = x^3 - 3x^2 + x + 3$
ist punktsymmetrisch (p.s.) zu $S(1, 2)$.

b) $g(x) = \dfrac{x - x^3}{1 + x^3}$, $g(-1) := -\dfrac{2}{3}$
ist achsensymmetrisch (a.s.) zu $x = \frac{1}{2}$.

Lösungsskizze

a) Verschiebung in den Ursprung $\rightsquigarrow h(x) := f(x + 1) - 2$

$$f(x + 1) - 2 = (x + 1)^3 - 3(x + 1)^2 + (x + 1) + 3 - 2 \mid \text{(binomische Formel)}$$

$$= \binom{3}{0} x^3 + \binom{3}{1} x^2 + \binom{3}{2} x + \binom{3}{3} x^0 - 3(x + 1)^2 + x + 2$$

$$= x^3 \cancel{+3x^2} + 3x + 1 \cancel{-3x^2} - 6x - 3 + x + 2 = x^3 - 2x$$

$$h(-x) = (-x)^3 - 2(-x) = -x^3 + 2x = -(x^3 - 2x) = -h(x), \; x \in \mathbb{R}$$

$\rightsquigarrow G_h$ ungerade $\Longrightarrow$ f ist punktsymmetrisch zu S.

b) $g(-1) = g(2) = -2/3$ ✓. Noch zu zeigen: $g(1/2 - x) \overset{!}{=} g(1/2 + x)$, $x \neq \pm 3/2$ *

$$(1/2 + x)^3 = \binom{3}{0}(1/2)^0 x^3 + \binom{3}{1}(1/2)^1 x^2 + \binom{3}{2}(1/2) x^1 + \binom{3}{3}(1/2)^3 x^0$$

$$= x^3 + 3x^2/2 + 3x/4 + 1/8$$

$$(1/2 - x)^3 = -x^3 + 3x^2/2 - 3x/4 + 1/8 \; \text{(analoge Rechnung)}$$

$$g(1/2 + x) = \frac{\frac{1}{2} + x - (\frac{1}{2} + x)^3}{1 + (\frac{1}{2} + x)^3} = \frac{\frac{1}{2} + x - x^3 - \frac{3}{2}x^2 - \frac{3}{4}x - \frac{1}{8}}{1 + x^3 + \frac{3}{2}x^2 + \frac{3}{4}x + \frac{1}{8}}$$

$$= \frac{-x^3 - \frac{3}{2}x^2 + \frac{1}{4}x + \frac{3}{8}}{x^3 + \frac{3}{2}x^2 + \frac{3}{4}x + \frac{9}{8}}$$

Analog: $g(1/2 - x) = \ldots = \dfrac{x^3 - \frac{3}{2}x^2 - \frac{1}{4}x + \frac{3}{8}}{-x^3 + \frac{3}{2}x^2 - \frac{3}{4}x + \frac{9}{8}}$

Brüche vergleichen: $a/b = c/d \Longleftrightarrow ad = bc \rightsquigarrow$

$$\left(-x^3 + \tfrac{3}{2}x^2 - \tfrac{3}{4}x + \tfrac{9}{8}\right) \cdot \left(-x^3 - \tfrac{3}{2}x^2 + \tfrac{1}{4}x + \tfrac{3}{8}\right) = \ldots = x^6 - \tfrac{7}{4}x^4 - \tfrac{21}{16}x^2 + \tfrac{27}{64}$$

$$\left(x^3 + \tfrac{3}{2}x^2 + \tfrac{3}{4}x + \tfrac{9}{8}\right) \cdot \left(x^3 - \tfrac{3}{2}x^2 - \tfrac{1}{4}x + \tfrac{3}{8}\right) = \ldots = x^6 - \tfrac{7}{4}x^4 - \tfrac{21}{16}x^2 + \tfrac{27}{64}$$

Koeffizientenvergl. $\rightsquigarrow g(1/2 + x) = g(1/2 - x), x \neq \pm 3/2 \Longrightarrow g$ a.s. zu $x = 1/2$

---

* Bemerkung: Ohne die Setzung $g(-1) = -2/3$ wäre g generell nicht a.s. zu $x = 1/2$, da $x \mapsto \frac{x - x^3}{1 + x^3}$ für $x = -1$ nicht definiert ist. Allgemein gilt: $f : D \subseteq \mathbb{R} \to \mathbb{R}$ ist a.s. zu $x = a$, falls $f(a + x) = f(a - x), \forall x + a \in D$. Mit der Substitution $x \leftrightarrow x - a$ ist dies äquivalent zu: $f(2a - x) = f(x), \forall x \in D$. Man kann hier somit alternativ auch etwas einfacher $g(1 - x) \overset{!}{=} g(x)$ für $x \neq -1, x \neq 2$ nachprüfen.

9.6 Monotonieeigenschaften per Definition nachweisen

Überprüfen Sie die folgenden Funktionen $f : D \longrightarrow \mathbb{R}$ nur mit Hilfe der Definition auf Monotonie*:

a) $f(x) = x^2$, $D = (-\infty, 0]$ b) $f(x) = x^2$, $D = [-2, 2]$

c) $f(x) = \sqrt{x}$, $D = [0, \infty)$ d) $f(x) = \dfrac{100}{x} + x$, $D = [10, \infty)$

Lösungsskizze

a) Wähle $x_1, x_2 \in D$ mit $x_1 < x_2 \leq 0$. Multiplikation mit $x_1 < 0 \rightsquigarrow x_1^2 > x_1 x_2$, Multiplikation mit $x_2 < 0 \rightsquigarrow x_1 x_2 > x_2^2 \implies$

$$x_1^2 > x_1 x_2 > x_2^2 \implies x_1^2 > x_2^2 \implies f(x_2) > f(x_1)$$

$\implies f$ streng monoton fallend

b) Wähle $x_1 = -2$ und $x_2 = 1$, dann ist $f(-2) = 4 > f(1) = 1$.

Wählt man andererseits $x_1 = -1 < x_2 = 2 \implies f(-1) = 1 < f(2) = 4$

$\implies f$ weder streng monoton steigend noch fallend.

c) Vermutung: f ist auf $D = [0, \infty)$ streng monoton steigend. Idee: Beginn mit der zu zeigenden Implikation (vgl. Aufg. 5.9) $\rightsquigarrow$

$$\sqrt{x_1} < \sqrt{x_2} \iff \sqrt{x_2} - \sqrt{x_1} > 0 \quad | \cdot (\sqrt{x_2} + \sqrt{x_1})$$
$$\iff (\sqrt{x_2} - \sqrt{x_1})(\sqrt{x_2} + \sqrt{x_1}) > 0$$
$$\iff x_2 - x_1 > 0 \iff x_2 > x_1$$

Rückwärts gelesen: $x_1 < x_2 \implies \sqrt{x_1} < \sqrt{x_2} \implies f(x_1) < f(x_2)$

$\implies f$ streng monoton steigend

d) Analog zu c): Für $x_1 \neq 0$ und $x_2 \neq 0$ gilt:

$$f(x_1) < f(x_2) \iff x_1 + \frac{100}{x_1} < x_2 + \frac{100}{x_2} \iff \frac{100}{x_1} - \frac{100}{x_2} < x_2 - x_1$$
$$\iff \frac{100 x_2 - 100 x_1}{x_1 x_2} < x_2 - x_1 \iff 100 \frac{x_2 - x_1}{x_1 x_2} < x_2 - x_1$$
$$\iff \frac{100}{x_1 x_2} < 1, \text{ für } x_2 - x_1 > 0 \iff 100 \leq x_1 x_2, \text{ für } x_1 < x_2,$$

$10 \leq x_1 < x_2 \implies 100 < x_1 x_2 \implies f(x_1) < f(x_2) \implies f$ streng monoton steigend

---

* Definition (Monotonie einer Funktion): $f : D \to \mathbb{R}$ heißt *streng monoton steigend (fallend)*, falls für alle $x_1, x_2 \in D \subset \mathbb{R}$ mit $x_1 < x_2 \implies f(x_1) < (>)f(x_2)$ gilt. **Hinweis:** Mit Hilfe der Differentialrechnung lässt sich die Monotonie einer (differenzierbaren) Funktion oft einfacher mit Hilfe des *Monotoniekriteriums* nachprüfen.

9.7 Verknüpfung und Umkehrung von Funktionen

Bilden Sie mit $f(x) = 2x - 1$; $g(x) = \sqrt{x^2 + 1}$ und $h(x) = \dfrac{2x + 1}{3x - 1}$ formal die Terme der folgenden Funktionen

$$\text{a)}\ f + h \quad \text{b)}\ g \circ f \quad \text{c)}\ 1/h \cdot f^{-1} \quad \text{d)}\ \frac{h^{-1}}{f^{-1}} \quad \text{e)}\ f \circ f + f^2 \quad \text{f)}\ (g \circ f)^{-1}$$

Lösungsskizze

a) $(f + h)(x) = f(x) + h(x) = 2x - 1 + \dfrac{2x + 1}{3x - 1} = \dfrac{(2x - 1)(3x - 1) + 2x + 1}{3x - 1}$

$$= \frac{6x^2 - 2x - 3x + 1 + 2x + 1}{3x - 1} = \frac{6x^2 - 3x + 2}{3x - 1}$$

b) $(g \circ f)(x) = g(f(x)) = \sqrt{(2x - 1)^2 + 1} = \sqrt{4x^2 - 4x + 2}$

c) $f^{-1} : y = 2x - 1 \Longleftrightarrow x = \dfrac{1}{2}(y + 1),\ x \leftrightarrow y \rightsquigarrow f^{-1}(x) = \dfrac{1}{2}(x + 1)$

$$(1/h \cdot f^{-1})(x) = \frac{1}{h(x)} \cdot f^{-1}(x) = \frac{2x + 1}{3x - 1} \cdot \frac{1}{2}(x + 1)$$

$$= \frac{3x - 1}{2x + 1} \cdot \frac{1}{2}(x + 1) = \frac{3x^2 + 2x - 1}{4x + 2}$$

d) $h^{-1} : y = \dfrac{2x + 1}{3x - 1} \Longleftrightarrow y(3x - 1) = 2x + 1 \Longleftrightarrow 3xy - 2x = y + 1$

$$\Longleftrightarrow x(3y - 2) = y + 1 \Longleftrightarrow x = \frac{y + 1}{3y - 2}$$

$x \leftrightarrow y \rightsquigarrow h^{-1}(x) = \dfrac{x + 1}{3x - 2}$; f^{-1} aus c)

$$(h^{-1}/f^{-1})(x) = h^{-1}(x)/f^{-1}(x) = h^{-1}(x) \cdot \frac{1}{f^{-1}(x)} = \frac{x+1}{3x - 2} \cdot \frac{2}{x+1} = \frac{2}{3x - 2}$$

e) $(f \circ f + f^2)(x) = f(f(x)) + f(x) \cdot f(x) = 2(2x - 1) - 1 + (2x - 1)^2$

$$= 4x - 2 - 1 + 4x^2 - 4x + 1 = 4x^2 - 2$$

f) $(g \circ f)^{-1}(x) = (g(f(x)))^{-1}$, $g(f(x)) = \sqrt{(2x - 1)^2 + 1}$ aus b)

$$y = \sqrt{(2x - 1)^2 + 1} \Longleftrightarrow y^2 = (2x - 1)^2 + 1 \Longleftrightarrow y^2 - 1 = (2x - 1)^2$$

$$\Longleftrightarrow \sqrt{y^2 - 1} = |2x - 1| \overset{*}{\Longleftrightarrow} x = \frac{1}{2}\left(1 \pm \sqrt{y^2 - 1}\right)$$

$x \leftrightarrow y \rightsquigarrow g(f(x))^{-1} = \dfrac{1}{2}\left(1 \pm \sqrt{x^2 - 1}\right)$

$* \implies g \circ f$ ist nicht eindeutig umkehrbar.

9.8 Bijektivität

Untersuchen Sie die Funktion $f : D \longrightarrow B$ mit $f(x) = \dfrac{1}{2}x(x+6) + 4$ für $D = [0, \infty)$ und a) $B = [4, \infty)$ b) $B = [0, \infty)$ auf Bijektivität.

Lösungsskizze

- Analytische Lösung

$$\frac{1}{2}x(x+6) + 4 = y \iff \frac{1}{2}x^2 + 3x + 4 = y \iff x^2 + 6x + 8 = 2y$$
$$\iff (x+3)^2 + 8 - 9 = 2y \iff |x+3| = \sqrt{1+2y}$$
$$\iff x_\pm = -3 \pm \sqrt{1+2y}$$

a) $y \geq 4 \implies 3 \leq \sqrt{1+2y} < \infty$, d.h. $x_- \leq 0$ und $x_+ \geq 0$

Zu jedem $y \in B$ ist $x_+ \in D$ Lösung $\implies f$ surjektiv.

Für $y > 4$ ist $x_+ \in D$ einzige Lösung, für $y = 4$ ist $x_+ = x_- = 0$, also gibt es zu jedem $y \in B$ höchstens eine Lösung $\implies f$ injektiv.

f surjektiv und injektiv $\implies f$ bijektiv

b) $0 \leq y < 4 \implies 1 \leq \sqrt{1+2y} < \sqrt{1+8} = \sqrt{9} = 3 \implies x_\pm < 0$, also $x_\pm \notin D$, es gibt keine Lösung $\implies f$ nicht surjektiv $\implies f$ nicht bijektiv.

- Alternative: Graphische Lösung

G_f ist Parabel mit Nullstellen $x_{1,2} = -3 \pm \sqrt{1} = \begin{cases} -4 \\ -2 \end{cases}$; Scheitel $S(-3, -1/2)$, und G_f schneidet in $(0, f(0) = 4)$ die y-Achse $\rightsquigarrow$ Skizze:

a) Jede Gerade $y = c, c \geq 4$ schneidet G_f innerhalb von $D \times B = [0, \infty) \times [4, \infty)$ (dunkelgrau) genau einmal $\implies f$ bijektiv.

b) Jede Gerade $y = c, c \geq 0$ schneidet G_f innerhalb von $D \times B = [0, \infty) \times (0, \infty)$ (hell- und dunkelgrau) höchstens einmal $\implies f$ injektiv.

Die Gerade $y = 3/2 \in B$ schneidet G_f z.B. nicht $\implies f$ nicht surjektiv und damit auch nicht bijektiv.

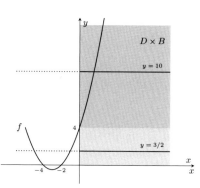

9.9   Injektivität und Umkehrbarkeit

Untersuchen Sie die gegebenen Funktionen $f : D \longrightarrow W$ mit $f(D) = W$ auf Injektivität und geben Sie ggf. die Umkehrfunktion f^{-1} sowie $D_{f^{-1}}$ und $W_{f^{-1}}$ an:

a) $f(x) = x^2 - 1$,   b) $f(x) = \sqrt{x^2 - 2x + 5}$,   c) $f(x) - \dfrac{3x + 2}{4x + 1}$,
   $D = D_{\max}$ $D = [1, \infty)$ $D = D_{\max}$

Lösungsskizze

Allgemein gilt: $f(D) = W \implies f$ surjektiv, d.h. für $f : D \to W$ gilt: f injektiv $\implies f$ bijektiv $\implies f$ umkehrbar.

a) $D_{\max} = \mathbb{R}$ und $f(x) = 0 \iff x^2 = 1 \implies x_{1,2} = \pm 1$, d.h. $x_1 = -1 \neq x_2 = 1$, aber $f(-1) = f(1) = 0 \rightsquigarrow f$ nicht injektiv und damit auch nicht umkehrbar

b) $W = f(D)$ über Scheitelpunktform von quadratischem Term:

$$x^2 - 2x + 5 = (x - 1)^2 - 1 + 5 = (x - 1)^2 + 4 \geq 4 \text{ für } x \geq 1$$

$$\implies f(x) \geq \sqrt{4} = 2 \implies W = [2, \infty) \text{ (strenge Monotonie der Wurzel)}$$

$$f(x) = y \iff \sqrt{(x - 1)^2 + 4} = y \iff (x - 1)^2 + 4 = y^2$$
$$\iff (x - 1)^2 = y^2 - 4 \iff x_{\pm} = 1 \pm \sqrt{y^2 - 4}$$

$y \in [1, \infty) \rightsquigarrow \sqrt{y^2 - 4} \geq \sqrt{4 - 4} = 0 \implies x_+ > 0$ für $y > 2$ Lösung und $x_- = x_+ = 0$ für $y = 2$ Lösung $\implies f$ injektiv

Umkehrfunktion via $x \leftrightarrow y$: $y_{\pm} = 1 \pm \sqrt{x^2 - 4}$. Wegen $D_{f^{-1}} = W = [2, \infty)$ und $W_{f^{-1}} = D = [1, \infty]$ kommt nur „+" in Frage $\rightsquigarrow f^{-1}(x) = 1 + \sqrt{x^2 - 4}$.

c) D und W: $4x + 1 = 0 \implies x = -\frac{1}{4}$, also $D = \mathbb{R} \setminus \left\{ -\frac{1}{4} \right\}$.

$$y = \frac{3x + 2}{4x + 1}, \, x \neq -\frac{1}{4} \iff y(4x + 1) = 3x + 2 \iff 4xy - 3x = 2 - y$$
$$\iff x(4y - 3) = 2 - y \iff x = \frac{2 - y}{4y - 3}, \, y \neq \frac{3}{4}$$

$$\implies W = \mathbb{R} \setminus \left\{ \tfrac{3}{4} \right\}, \text{ und zu jedem } y \neq 3/4 \text{ gibt es genau ein } x \neq -1/4$$

$$\implies f \text{ injektiv, } x \leftrightarrow y \rightsquigarrow \text{ Umkehrfunktion}$$

$$f^{-1}(x) = \frac{2 - x}{4x - 3}, \, D_{f^{-1}} = W = \mathbb{R} \setminus \{ 3/4 \} \,, \, W_{f^{-1}} = D = \mathbb{R} \setminus \{ -1/4 \}.$$

9.10   Periodische Funktion mit Gauß-Klammer ⋆

Überprüfen Sie, dass die reelle Funktion $f : \mathbb{R} \longrightarrow \mathbb{R}$

$$f(x) = x - 2 \left\lfloor \frac{x-1}{2} \right\rfloor - 2$$

die Periode 2 besitzt und fertigen Sie eine Skizze von G_f an.

Lösungsskizze

Gauß-Klammer (Abrundungsfunktion):

$x \mapsto \lfloor x \rfloor := \max \{k \in \mathbb{Z} \mid k \leq x\}$,

z.B. $\lfloor 3.99999 \rfloor = 3$, $\lfloor 2.5 \rfloor = 2$, $\lfloor 1 \rfloor = 1$.

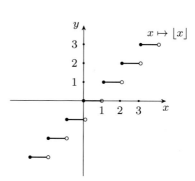

Verschiebungsregel: Für alle $n \in \mathbb{Z}$ gilt:

$$\lfloor x + n \rfloor = \lfloor x \rfloor + n$$

■ Periodizität: Wähle $x \in \mathbb{R}$ beliebig $\rightsquigarrow$

$$
\begin{aligned}
f(x+2) &= \cancel{x+2} - 2 \left\lfloor \frac{(x+2)-1}{2} \right\rfloor \cancel{-2} = x - 2 \left\lfloor \frac{x-1+2}{2} \right\rfloor \\
&= x - 2 \left\lfloor \frac{x-1}{2} + 1 \right\rfloor = x - 2 \left(\left\lfloor \frac{x-1}{2} \right\rfloor + 1 \right) \mid \text{Verschiebungsregel} \\
&= x - 2 \left\lfloor \frac{x-1}{2} \right\rfloor - 2 = f(x) \checkmark
\end{aligned}
$$

■ Skizze: Gauß-Klammer abschnittsweise

$$
\begin{aligned}
f(x) &= x - 2 \left\lfloor \frac{x-1}{2} \right\rfloor - 2 \overset{*}{=} x - 2 - 2 \cdot \left\{ k - 1 \text{ für } k - 1 \leq \frac{x-1}{2} < k \right\} \\
&= x - 2 - 2k + 2 \quad \text{für} \quad 2k - 1 \leq x < 2k + 1 \\
&\Longrightarrow f(x) = x - 2k \quad \text{für} \quad 2k - 1 \leq x < 2k + 1, \, k \in \mathbb{Z} \rightsquigarrow
\end{aligned}
$$

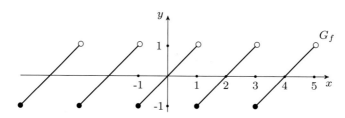

$*$ $\lfloor x \rfloor = k - 1$ für $k - 1 \leq x < k, k \in \mathbb{Z}$

10 Polynome und rationale Funktion

© Springer-Verlag GmbH Deutschland, ein Teil von Springer Nature 2021
A. Keller, *Aufgaben und Lösungen zur Mathematik für den Studienstart*,
https://doi.org/10.1007/978-3-662-63628-2_10

10.1   Nullstellen

Bestimmen Sie die Nullstellen der gegebenen reellen Funktionen:

a) $f(x) = (x^2+1)\cdot(3x^4-x^2-4)$ b) $g(x) = \dfrac{2x^3 - 5x^2 - 4x + 10}{2x^{11} + 2x^{10} + 3x^3 + 3x^2 + x + 1}$

Lösungsskizze

a) $f(x) = (x^2 + 1)(3x^4 - x^2 - 4) = 0 \iff x^2 + 1 = 0 \lor 3x^4 - x^2 - 4 = 0$

Da $x^2 + 1 \geq 1$ für alle $x \in \mathbb{R}$ ist, müssen wir nur noch $p(x) := 3x^4 - x^2 - 4$ auf Nullstellen untersuchen.

Probieren (vgl. Abschn. 10.7.3) mit $\tilde{x} \in \{\pm 1, \pm 2, \pm 4, \pm 1/3 \pm 2/3, \pm 4/3\}$ führt nicht zum Ziel, da in jedem Fall $p(\tilde{x}) \neq 0$ ($\leadsto$ falls es Lösungen gibt, können diese aber schon mal nicht ganzzahlig oder rational sein).

In p tauchen nur gerade Potenzen auf $\leadsto$ Substitution: $u = x^2$

$$\leadsto 3x^4 - x^2 - 4 = 0 \iff 3u^2 - u - 4 = 0$$

Mitternachtsformel $\leadsto u_{1,2} = 1/6 \pm \sqrt{49/36} = 1/6 \pm 7/6 = \begin{cases} -1 \\ 4/3 \end{cases}$

$\leadsto u_1 = -1 < 0$, somit nur u_2 relevant:

$$\text{Rücksubstitution:}\ x^2 = u_2 = 4/3 \iff x_{1,2} = \pm\frac{2}{\sqrt{3}} = \pm\frac{2\sqrt{3}}{3}$$

b) Setze $z(x) := 2x^3 - 5x^2 - 4x + 10$ und $n(x) = 2x^{11} + 2x^{10} + 3x^3 + 3x^2 + x + 1 \leadsto$

$$\frac{z(x)}{n(x)} = 0 \iff z(x) = 0 \land n(x) \neq 0$$

$\leadsto$ es genügt also, die Nullstellen von z zu finden.

Probieren (vgl. Abschn. 10.7.3) mit rationalen Zahlen p/q, $p \in \mathbb{Z}, q \in \mathbb{N}$, wobei q Teiler von $a_3 = 2$ und p Teiler von $a_0 = 10$ ist führt auf die Nullstelle $x_1 = 5/2$. Polynomdivision:

$$\begin{array}{l} \left(\quad x^3 - \frac{5}{2}x^2 - 2x + 5\ \right) \div \left(x - \frac{5}{2}\right) = x^2 - 2 \\ \underline{-\ x^3 + \frac{5}{2}x^2} \\ \qquad\qquad\quad -2x + 5 \\ \qquad\qquad\quad \underline{2x - 5} \\ \qquad\qquad\qquad\qquad 0 \end{array}$$

$\leadsto x^2 + 2 = 0 \iff x_{2,3} = \pm\sqrt{2}$. Da auch $N(x_i) \neq 0$ für $i = 1, 2, 3$ ist, besitzt g die Nullstellen $x_1 = 5/2$, $x_2 = -\sqrt{2}$, $x_3 = \sqrt{2}$.

10.2 Linearfaktorzerlegung

Zerlegen Sie das Polynom $g : \mathbb{R} \longrightarrow \mathbb{R}$ mit

$$g(x) = x^3 + \frac{1}{8}x^2 - \frac{9}{4}x - \frac{9}{32}$$

so weit wie möglich in Linearfaktoren.

Lösungsskizze

Nullstellen von g:

$$x^3 + \frac{1}{8}x^2 - \frac{9}{4}x - \frac{9}{32} = 0 \iff 32x^3 + 4x^2 - 72x - 9 = 0$$

Probieren(vgl. Abschn. 10.7.3) mit Teilern von $a_0 = 9$ und rationalen Zahlen p/q, $p \in \mathbb{Z}, q \in \mathbb{N}$, wobei $q \mid a_0$ und $p \mid a_3$ mit $a_3 = 32$. Da $\pm 1, \pm 3, \pm 9$ die ganzzahligen Teiler von a_0 und $\pm 1, \pm 2, \pm 4, \pm 8, \pm 16, \pm 32$ die ganzzahligen Teiler von 32 sind, müsste man $2 \cdot 3 \cdot 6 = 36$ Zahlen durchprobieren.

Fündig werden wir aber schon bei $x_1 = 3/2$, da $g(3/2) = 0$. Polynomdivision:

$$
\begin{array}{l}
\left(\quad x^3 + \tfrac{1}{8}x^2 \quad - \tfrac{9}{4}x - \tfrac{9}{32} \right) \div \left(x - \tfrac{3}{2} \right) = x^2 + \tfrac{13}{8}x + \tfrac{3}{16} \\
\underline{- x^3 + \tfrac{3}{2}x^2} \\
\qquad \tfrac{13}{8}x^2 - \tfrac{9}{4}x \\
\qquad \underline{- \tfrac{13}{8}x^2 + \tfrac{39}{16}x} \\
\qquad\qquad \tfrac{3}{16}x - \tfrac{9}{32} \\
\qquad\qquad \underline{- \tfrac{3}{16}x + \tfrac{9}{32}} \\
\qquad\qquad\qquad 0
\end{array}
$$

$$\implies g(x) = 0 \iff \left(x - \frac{3}{2} \right) \overbrace{\left(x^2 + \frac{13}{8}x + \frac{3}{16} \right)}^{=:\, h(x)} = 0$$

Nullstellen von h via Mitternachtsformel:

$$
\begin{aligned}
x_{2,3} &= \frac{-13}{16} \pm \frac{1}{2}\sqrt{\frac{169}{64} - \frac{12}{16}} = \frac{-13}{16} \pm \frac{1}{2}\sqrt{\frac{121}{64}} \\
&= -\frac{13}{16} \pm \frac{11}{16} = \begin{cases} -24/16 = -3/2 \\ 2/16 = 1/8 \end{cases}
\end{aligned}
$$

Somit sind $x_{1,2} = \pm 3/2$ und $x_3 = 1/8$ Nullstellen $\implies$ g lässt sich somit vollständig in Linearfaktoren zerlegen:

$$g(x) = (x - 3/2) \cdot (x + 3/2) \cdot (x - 1/8)$$

10.3   Schnittpunkte der Graphen von Polynomen

Bestimmen Sie die Menge $G_f \cap G_g$ ($\hat{=}$ Schnittpunkte von G_f mit G_f), wobei:

$$f(x) = 5x^3 - 15x^2 + 40x - 29 \quad \text{und} \quad g(x) = 15x^2 - 15x + 1$$

Lösungsskizze

Ansatz: $f(x) = g(x) \iff f(x) - g(x) = 0$:

$$5x^3 - 15x^2 + 40x - 29 = 15x^2 - 15x + 1$$
$$\iff 5x^3 - 30x^2 + 55x - 30 = 0$$
$$\iff x^3 - 6x^2 + 11x - 6 = 0$$

Setze $p(x) := x^3 - 6x^2 + 11x - 6$. Probieren (vgl. Abschn. 10.7.3) $\rightsquigarrow$ ganzzahlige Nullstelle $x_1 = 1$

Polynomdivision:

$$
\begin{array}{l}
\left(\quad x^3 - 6x^2 + 11x - 6 \right) \div \left(x - 1 \right) = x^2 - 5x + 6 \\
\underline{- x^3 \; + x^2} \\
\qquad - 5x^2 + 11x \\
\qquad \underline{5x^2 \; - 5x} \\
\qquad\qquad 6x - 6 \\
\qquad\qquad \underline{- 6x + 6} \\
\qquad\qquad\qquad 0
\end{array}
$$

$$\implies p(x) = (x-1)(x^2 - 5x + 6) = 0 \iff (x-1) = 0 \lor x^2 - 5x + 6 = 0$$

Nullstellen von $x^2 - 5x + 6$ via Mitternachtsformel:

$$x_{2,3} = \frac{5 \pm \sqrt{25 - 24}}{2} = \frac{5}{2} \pm \frac{1}{2} \rightsquigarrow x_2 = 2; \; x_3 = 3$$

Die Lösung von $f(x) - g(x) = 0$ ist somit durch $x_1 = 1$, $x_2 = 2$ und $x_3 = 3$ vollständig bestimmt $\implies$ Schnittpunkte

$$S_1 = (1, g(1)) = (1, -1), \quad S_2 = (1, g(2)) = (2, 29), \quad S_3 = (3, 269)$$

$$\rightsquigarrow G_f \cap G_g = \{S_1, S_2, S_3\}.$$

10.4 Koeffizientenvergleich

Untersuchen Sie, ob die gegebenen Funktionen identisch sind:

a) $f(x) = (x+1)(x^2+3)$; $g(x) = (x+3)^2$; $h(x) = x^2 + 6x + 9$

b) $f(x) = 2\sum_{k=0}^{4} \binom{4}{k}(1/2)^{4-k}\,x^k$; $g(x) = 2x\,(x+1/2)^3$

c) $f(x) = x^3 + x^2$; $g(x) = x^3 + 2^x$; $h(x) = \sqrt{(x^3+x^2)^2}$

d) $f(x) = \dfrac{2x^2 - 6x + 4}{x^2 - 5x + 6}$; $g(x) = \dfrac{2x^3 - 10x^2 + 16x - 8}{x^3 - 7x^2 + 16x - 12}$

Lösungsskizze

a) $f(x) = (x+1)(x^2+3) = x^3 + 3x + \ldots \rightsquigarrow \mathrm{Grad}\,f = 3 > \mathrm{Grad}\,g = \mathrm{Grad}\,h = 2 \implies f \neq g$ und $f \neq h$

$g(x) = x^2 + 2\cdot 3x + 3^2 = x^2 + 6x + 9$, Koeffizientenvergleich mit $h \rightsquigarrow g = h$

b) $f(x) = 2\sum_{k=0}^{4}\binom{4}{k}(\frac{1}{2})^{4-k}x^k = \sum_{k=0}^{4}\binom{4}{k}2^{-4+k+1}x^k$

$\qquad = \binom{4}{0}2^{-3}x^0 + \binom{4}{1}2^{-2}x^1 + \binom{4}{2}2^{-1}x^2 + \binom{4}{3}2^0x^3 + \binom{4}{4}2^1x^4$

$\qquad = 2x^4 + 4x^3 + 3x^2 + x + 1/8$

$g(x) = 2x(x+1/2)^3 = 2x(x^3 + \frac{3}{2}x^2 + \frac{3}{4}x + \frac{1}{8}) = 2x^4 + 3x^3 + \frac{3x^2}{2} + \frac{x}{4}$

Koeffizientenvergleich: z.B. $1/8 \neq 0$ (konstantes Glied) $\rightsquigarrow f \neq g$

c) g und $h(x) = \sqrt{((x^3+x^2)^2)} = |x^3 + x^2|$ sind keine Polynome, somit $g \neq f$ und $h \neq f$; $g(1) = 1 + 2 = 3 \neq h(1) = \sqrt{(1^3 + 1^2)^2} = \sqrt{4} = 2 \rightsquigarrow g \neq h$.

d) $a/b = c/d \Longleftrightarrow ad = bc \rightsquigarrow$

$(2x^2 - 6x + 4)\cdot(x^3 - 7x^2 + 16x - 12) = 2x^5 - 20x^4 + 78x^3 - 148x^2 + 136x - 48$

$(x^2 - 5x + 6)\cdot(2x^3 - 10x^2 + 16x - 8) = 2x^5 - 20x^4 + 78x^3 - 148x^2 + 136x - 48$

Koeffizientenvergleich $\rightsquigarrow f = g$ bis auf Definitionslücken von f und g:

Nstn. der Nenner: $x^2 - 5x + 6 = (x-2)(x-3)$ (z.B. via Mitternachtsformel)

Für $x_1 = 2, x_2 = 3$ ist auch $x^3 - 7x^2 + 16x - 12 = 0 \rightsquigarrow$ Polynomdivision

$$
\begin{array}{l}
(\quad x^3 - 7x^2 + 16x - 12) \div (x^2 - 5x + 6) = x - 2 \\
\underline{-\,x^3 + 5x^2\quad - 6x} \\
\qquad -2x^2 + 10x - 12 \\
\qquad \underline{2x^2 - 10x + 12} \\
\qquad\qquad\qquad\quad 0
\end{array}
$$

$\implies D_f = D_g = \mathbb{R}\setminus\{2,3\}$ und $f = g$ (wäre $D_f \neq D_g$, so wäre allg. $f \neq g$!).

10.5   Partialbruchzerlegung

Bestimmen Sie die Partialbruchzerlegung der rationalen Funktion

$$f(x) \;=\; \frac{6x^2 - 5x}{x^5 - 2x^4 - x^3 - 2x^2 - 20x + 24}.$$

Lösungsskizze

Nullstellen des Nenners =: $n(x)$ durch Probieren (vgl. Abschn. 10.7.3):

Teiler von 24: $\{\pm 1,\ \pm 2,\ \pm 3,\ \pm 4,\ \pm 6,\ \pm 8,\ \pm 12,\ \pm 24\} \rightsquigarrow n(1) = n(-2) = n(3) = 0 \rightsquigarrow$ Polynomdivision mit $(x-1)(x+2)(x-3) = x^3 - 2x^2 - 5x + 6$

$$
\begin{array}{l}
(\quad x^5 - 2x^4 \;- x^3 - 2x^2 - 20x + 24) \div (x^3 - 2x^2 - 5x + 6) = x^2 + 4 \\[2pt]
\underline{-\ x^5 + 2x^4 + 5x^3 - 6x^2} \\[2pt]
\qquad\qquad\quad 4x^3 - 8x^2 - 20x + 24 \\[2pt]
\qquad\qquad\underline{-\ 4x^3 + 8x^2 + 20x - 24} \\[2pt]
\qquad\qquad\qquad\qquad\qquad\qquad\ 0
\end{array}
$$

Keine weitere Nullstellen $\rightsquigarrow$ LFZ: $n(x) = (x-1)(x+2)(x-3)(x^2+4)$

$$\frac{6x^2 - 5x}{(x-1)(x+2)(x-3)(x^2+4)} = \frac{A}{x-1} + \frac{B}{x+2} + \frac{C}{x-3} + \frac{Dx+E}{x^2+4}$$

Multiplikation mit $x-1$; $x = 1$ einsetzen $\rightsquigarrow$ $\dfrac{6-5}{3\cdot(-2)\cdot 5} \quad = -\dfrac{1}{30} \;=\; A$

Multiplikation mit $x+2$; $x = -2$ einsetzen $\rightsquigarrow$ $\dfrac{6\cdot 4 + 10}{(-3)\cdot(-5)\cdot(8)} \;=\; \dfrac{17}{60} \;=\; B$

Multiplikation mit $x-3$; $x = 3$ einsetzen $\rightsquigarrow$ $\dfrac{6\cdot 9 - 15}{2\cdot 5\cdot 13} \quad = \;\dfrac{3}{10} \;=\; C$

Einsetzen von A, B, C und von z.B. $x = -1$ und $x = 2 \rightsquigarrow$ LGS für D und E:

I: $\dfrac{6+5}{-2\cdot 1\cdot(-4)\cdot 5} \;=\; -\dfrac{1}{30\cdot(-2)} + \dfrac{17}{60\cdot 1} + \dfrac{3}{10\cdot(-4)} + \dfrac{E-D}{5}$

II: $\dfrac{6\cdot 4 - 10}{1\cdot 4\cdot(-1)\cdot 8} \;=\; -\dfrac{1}{30\cdot 1} + \dfrac{17}{60\cdot 4} + \dfrac{3}{10\cdot(-1)} + \dfrac{2D+E}{8}$

I.: $\implies E = D + \frac{1}{4}$, in II.: $\rightsquigarrow D = -\frac{11}{20}$ und $E = -\frac{11}{20} + \frac{1}{4} = -\frac{6}{20}$

$$\overset{*}{\implies} f(x) = -\frac{1}{30(x-1)} + \frac{17}{60(x+2)} + \frac{3}{10(x-3)} - \frac{11x+6}{20(x^2+4)}$$

---

* Alternative zur Bestimmung von A, B, C, D, E: Multiplikation mit $n(x)$ auf beiden Seiten $\rightsquigarrow$

$$
\begin{aligned}
6x^2 - 5x \;=\;& A(x+2)(x-3)(x^2+4) + B(x-1)(x-3)(x^2+4) \\
& + C(x-1)(x+2)(x^2+4) + (Dx+E)(x-1)(x+2)(x-3) \\
=\;& (A+B+C+D)x^4 + (-A-4B+C-2D+E)x^3 \\
& + (-2A+7B+2C-5D-2E)x^2 + (-4A-16B+4C+6D-5E)x \\
=\;& -24A + 12B - 8C + 6E
\end{aligned}
$$

Koeffizientenvergleich $\rightsquigarrow$ LGS (Lösung z.B. via Einsetzmethode oder Gauß-Elimination (vgl. Kap. 23)).

10.6   Interpolationspolynom

Gegeben sind die Punkte

$$A = (0, 1), \, B = (1, 0), \, C = (2, 3), \, D = (-1, -2), \, E = (-3, 4).$$

Bestimmen Sie ein Polynom p von Grad 4, so dass $A, B, C, D, E \in G_p$.

Lösungsskizze

Allgemeines Polynom von Grad 4:

$$p(x) = ax^4 + bx^3 + cx^2 + dx + e$$

Bedingung $A, B, C, D, E, F \in G_p \rightsquigarrow$ lineares Gleichungssystem:

$$
\left.
\begin{aligned}
p(0) &= 1 \\
p(1) &= 0 \\
p(2) &= 3 \\
p(-1) &= -2 \\
p(-3) &= 4
\end{aligned}
\right\}
\rightsquigarrow
\begin{array}{llrrrrrrrrrl}
\text{I:} & & & & & & & & & e &=& 1 \\
\text{II:} & a &+& b &+& c &+& d &+& e &=& 0 \\
\text{III:} & 16a &+& 8b &+& 4c &+& 2d &+& e &=& 3 \\
\text{IV:} & a &-& b &+& c &-& d &+& e &=& -2 \\
\text{V:} & 81a &-& 27b &+& 9c &-& 3d &+& e &=& 4
\end{array}
$$

Lösung des LGS mit dem Einsetzverfahren*

I.: $\rightsquigarrow e = 1$. Aus II.: $d = -1 - a - b - c$, einsetzen in III. $\rightsquigarrow$

$$16a + 8b + 4c + 2(-1 - a - b - c) + 1 = 4a + 6b + 2c - 1 \overset{!}{=} 0$$

$$
\implies
\begin{cases}
c &= 2 - 7a - 3b \\
d &= -3 + 6a + 2b
\end{cases}
, \text{ einsetzen in IV. } \rightsquigarrow
$$

$$a - b + (2 - 7a - 3b) - (-3 + 6a + 2b) + 1 = -12a - 6b + 6 \overset{!}{=} -2$$

$$
\implies
\begin{cases}
b &= 4/3 - 2a \\
c &= -2 - a \\
d &= -1/3 + 2a
\end{cases}
, \text{ einsetzen in V. } \rightsquigarrow
$$

$$81a - 27(4/3 - 2a) + 9(-2 - a) - 3(-1/3 + 2a) = 120a + 52 \overset{!}{=} 4$$

$$\implies a = 7/15, \, b = 2/5, \, c = -37/5, \, d = 3/5, \, e = 1$$

$$\rightsquigarrow p(x) = \frac{7}{15}x^4 + \frac{2}{5}x^3 - \frac{37}{5}x^2 + \frac{3}{5}x + 1$$

* **Alternative:** Lösung des LGS mit dem Gauß-Algorithmus (vgl. Kap. 23).

10.7 Checkliste: Über die Nullstellensuche bei Polynomen

10.7.1 Lineare und quadratische Polynome

Die folgenden Gleichungen bereiten uns keine Schwierigkeiten:

$$2x - 3 = 0 \tag{1}$$

$$2x^2 - 4x - 6 = 0 \tag{2}$$

Die Lösung von (1) können wir direkt berechnen, indem wir 3 auf die andere Seite bringen und durch 2 teilen: $x = 3/2$.

Solche *affin-linaren* Gleichungen der Bauart $ax + b = 0$ können wir also immer mit den vier Grundrechenarten $+, -, \cdot, \div$ lösen und erhalten auch gleich eine allgemeine Lösungsformel:

$$\boxed{ax + b = 0 \Longleftrightarrow x = -b/a \quad \text{für} \quad a, b \in \mathbb{R},\ a \neq 0}$$

In (2) haben wir mit $2x^2 - 4x - 6 = 0$ eine quadratische (Nullstellen)gleichung bzw., vornehm ausgedrückt, eine (Polynom)gleichung vom Grad 2 oder zweiten Grades.

Diese können wir prinzipiell auch mit den Grundrechenarten sowie mit Hilfe der Quadratwurzel (Betrag) „per Hand" lösen (Stichwort *quadratische Ergänzung*).

Löst man so z.B. eine allgemeine quadratische Gleichung der Form

$$ax^2 + bx + c = 0$$

mit Parametern a, b, $c \in \mathbb{R}$ und $a \neq 0$ (sonst hätten wir kein Quadrat mehr) nach x auf[1], so erhalten wir die quadratische Lösungsformel, welche gemeinhin als *Mitternachtsformel* bekannt ist:

$$\boxed{x_{1,2} = \frac{-b \pm \sqrt{b^2 - 4ac}}{2a}}$$

Ob es reelle Lösungen gibt und wie viele hängt von der Größe $D := b^2 - 4ac$ (*Diskriminante*) unter der Quadratwurzel ab:

---

[1] Dies ist eine schöne ⋆-Übung für zwischendurch (s. Abschn. 10.7.5.1 für einen Lösungsvorschlag).

$$D < 0 \implies \text{es gibt keine reelle Lösung}$$
$$D = 0 \implies x_1 = x_2 = -b/2a \text{ ist die einzige Lösung}$$
$$D > 0 \implies \text{es gibt genau zwei reelle Lösungen } x_{1,2}$$

Für unser Beispiel (2) ergibt sich daraus mit der Setzung $a = 2, b = -4$ und $c = -6$:

$$x_{1,2} = \frac{4 \pm \sqrt{(-4)^2 - 4 \cdot 2 \cdot (-6)}}{2 \cdot 2} = \frac{4 \pm \sqrt{64}}{4} = 1 \pm 2 = \begin{cases} -1 \\ 3 \end{cases}$$

Wie sieht es bei Gleichungen höheren Grades aus, d.h. bei Polynomen, in denen höhere Potenzen für x auftauchen? Könnte man z.B.

$$2x^5 + 3x^4 - 5x^3 + x^2 - 2x + 1 = 0 \tag{3}$$

auch prinzipiell per Hand rechnen, d.h. mit den Grundrechenarten und entsprechenden Wurzeln nach x auflösen?

Oder anders formuliert: Gibt es auch so etwas wie die Mitternachtsformel für allgemeine Polynome vom beliebigen Grad?

Um dieser Frage nachzugehen, formulieren wir das Problem zuerst in etwas allgemeinerem Rahmen und gehen im im Abschn. 10.7.2 auf diese Frage ein.

Allgemein betrachten wir die folgende Aufgabe (Nullstellenproblem):

Finde zu $f \in \mathbb{P}_n$ mit Grad $f = n$ alle $x \in \mathbb{R}$ mit $f(x) = 0$.

Hierbei ist $\mathbb{P}_n$ die Menge aller Polynome vom Grad kleiner gleich $n \in \mathbb{N}$. Somit ist f eine Funktion der Form

$$f(x) = a_n x^n + a_{n-1} x^{n-1} + \ldots + a_2 x^2 + a_1 x + a_0$$

mit reellen Koeffizienten $a_i \in \mathbb{R}$, $i = 1, \ldots, n$ und mit $a_n \neq 0$.

Alle $x \in \mathbb{R}$, welche die Aufgabe lösen, nennt man die **Nullstellen** von f[2].

---

[2]Nullstellen kann man natürlich auch bei einer beliebigen Funktion f suchen. Wir betrachten aber in diesem Abschnitt nur Gesetzmäßigkeiten bei Polynomen.

Typischerweise lassen sich viele andere Aufgaben auf das Finden von Nullstellen zurückführen, wie das folgende Beispiel illustriert:

Zum Beispiel beschreibt der Graph einer quadratischen Funktion eine Parabel und der Graph einer affin-linearen Funktion eine Gerade im $\mathbb{R}^2$.

Setzen wir beispielsweise (1) und (2) gleich, so beschreibt die Lösungsmenge dieser Gleichung (falls nicht leer) die x-Koordinaten der Schnittpunkte entsprechenden Parabel mit der Geraden und lässt sich äquivalent zu einer Nullstellengleichung umformen:

$$2x^2 - 4x - 6 = 2x - 3 \iff 2x^2 - 6x - 3 = 0$$

Damit wurde das Problem, die Schnittpunkte einer Parabel mit einer Geraden zu bestimmen, auf das Finden der Nullstellen des Polynoms vom Grad 2, $x \mapsto 2x^2 - 6x - 3$ zurückgeführt.[3]

Allgemein kann man sich klarmachen: Sind g, h Polynome mit $g \in \mathbb{P}_n$ und $h \in \mathbb{P}_m$, dann gilt

$$g(x) = h(x) \iff g(x) - h(x) = 0.$$

Die Lösungen der Gleichung $g(x) = h(x)$ stimmen z.B. für den Fall $\operatorname{Grad} g \neq \operatorname{Grad} h$ mit den *Nullstellen* von $f(x) := g(x) - h(x) \in \mathbb{P}_{\max\{n,m\}}$ überein.

10.7.2 Gibt es auch Mitternachtsformeln für höhere Grade als 2?

Vorläufer der quadratischen Lösungsformel finden sich schon im Altbabylonischen Reich (1800 v. Chr. bis 1559 v. Chr.).

Jedoch erst gegen Ende des Mittelalters wurde von Niccolò Tartaglia (1500?–1557) eine Lösungsformel für eine (reduzierte) kubische Gleichung entdeckt. Diese wurde zusammen mit weiteren Lösungsformeln (den sog. cardanischen Formeln) für den Grad 4 von Geralmo Cardano (1501–1576) erstmals 1545 in seinem Buch *Ars Magna* veröffentlicht (z.B. in [8] und [2] für mehr Informationen hierzu).

Das allgemeine Nullstellenproblem, also die Frage, ob es auch für ein Polynom vom Grad n eine Lösungsformel gibt, war lange Zeit ungelöst.

---

[3]Dies ist ein schönes Beispiel für ein allgemeines Prinzip in der Mathematik: Führe, falls möglich, eine neue Aufgabe auf ein bereits gelöstes Problem zurück.

Erst Niels Henrik Abel (1802–1829) konnte 1824 zeigen, dass man für das Null-stellenproblem mit einem Grad $n \geq 5$ keine geschlossene Lösungsformel angeben kann. Dieses Ergebnis ist auch als *Unmöglichkeitssatz* oder Abel-Ruffini-Satz bekannt.[4]

Nach dem Unmöglichkeitssatz lässt sich also im Allgemeinen eine Gleichung der Form

$$a_n x^n + a_{n-1} x^{n-1} ... + a_1 x + a_0 = 0, \quad n \geq 5$$

nicht mit „$+, -, \cdot, \div$" sowie Wurzelziehen nach x auflösen.

Daneben spielen die von Tartaglia und Cardano entdeckten Formeln für die Gra-de $n = 3$ oder 4 in der Praxis nur eine kleine Rolle.[5] In praktischen Berechnungen aus den Natur- und Ingenieurwissenschaften nutzt man zweckmäßiger Nähe-rungsverfahren aus der numerischen Mathematik wie das Newton-Verfahren, um Nullstellen von Funktionen (und nicht nur von Polynomen) hinreichend genau zu bestimmen.

Für die Grade $n = 3, 4$ gibt es also keine praktikablen Lösungsformeln, und für $n \geq 5$ existiert nach Abel-Ruffini gar keine Lösungsformel.

Ausnahme von dieser Regel sind natürlich spezielle Gleichungen. Beispielsweise kann man $2x^5 - 3 = 0$ oder $x^3 - x^2 = 0$ schnell „per Hand" lösen:

$$2x^5 - 3 = 0 \iff x^5 = 3/2 \iff x = \sqrt[5]{3/2}$$

und

$$x^3 - x^2 = 0 \iff x^2(x - 1) = 0 \implies x_{1,2} = 0, \ x_3 = -1$$

Woran kann man einer Polynomgleichung ansehen, ob sie nicht doch auflösbar ist? Eng verknüpft mit dieser Frage ist das tragische Schicksal des jungen Franzo-sen Évariste Galois (1811–1832)[6]. Galois löste das Problem mit bahnbrechenden Ideen, welche die sog. *Galois-Theorie*[7] innerhalb der Algebra begründete.

---

[4]Paolo Ruffini (1765–1822) leistete wichtige Vorarbeit und gab 1799 einen unvollständigen Beweis des Problems an.

[5]Eine große Rolle spielen sie auf jeden Fall überall dort, wo man symbolisch rechnen will z.B. in der Computeralgebra. In Aktion kann man sie z.B. mit einem Computeralgebrasystem sehen, wenn man eine Gleichung dritten Grades symbolisch lösen lässt.

[6]Galois kam 1832 im Alter von nur 21 Jahren bei einem Duell (der Legende nach wegen einer Dame) ums Leben. In der Nacht vor dem tödlichen Duell verfasste er noch fieberhaft einen Brief mit seinen Erkenntnissen, schickte diesen und weitere seiner Arbeiten an sei-nen Freund Auguste Chevalier (1806–1866) mit der dringlichen Bitte, diese u.a. bei Gauß vorzulegen. Vollständig veröffentlicht wurden seine Schriften aber erst 1846.

[7]Diese gehört heutzutage zur Allgemeinbildung eines jeden Mathematikers.

10.7.3 Nullstellen raten (sinnvolles Probieren)

Manchmal ist es noch möglich, Nullstellen von Polynomen zu „erraten". Auch wenn sich dies ein wenig willkürlich anhört, kann man bei Polynomen mit ganzzahligen (rationalen) Koeffizienten systematisch vorgehen und spricht vielleicht präziser vom „(sinnvollen) Probieren". Was es damit auf sich hat, erklärt das nächste Resultat aus der Zahlentheorie:

Sinnvolles Probieren

Ist $f(x) = a_n x^n + a_{n-1} x^{n-1} + \ldots + a_2 x^2 + a_1 x + a_0$ ein Polynom mit **ganzzahligen** Koeffizienten $a_i \in \mathbb{Z}, i = 0, \ldots, n : a_n \neq 0$, dann gilt für $p, q, m \in \mathbb{Z}$:

(i) Ist $m \neq 0$ eine Nullstelle von f, so gilt $m \mid a_0$.

(ii) Ist p/q mit $p, q \neq 0$ und teilerfremd eine Nullstelle von f, so gilt $p \mid a_0$ und $q \mid a_n$.

Bemerkung: Eine Nachprüfung der beiden Behauptungen könnte auch eine schöne $\star$-Aufgabe aus diesem Kapitel sein (eine Lösung finden Sie am Ende dieses Abschnitts in 10.7.5.2).

Interpretation: Bei einem Polynom mit **ganzzahligen** Koeffizienten ist es also nur sinnvoll, es entweder mit ganzzahligen Teilern von a_0 oder mit Brüchen der Form p/q (p, q ganzzahlig, teilerfremd, p ist Teiler von a_0, und q ist Teiler von a_n) als mögliche Nullstellen zu *probieren*.

Beachte: Ist bei den sinnvollen Möglichkeiten keine Nullstelle dabei, so bedeutet das nicht, dass es keine Nullstelle gibt. Beispiel:

$$f(x) = x^2 - 2 = 0$$

Die möglichen Kandidaten für das sinnvolle Probieren sind also $x = \pm 1, \pm 2$. Es ist aber

$$f(\pm 1) = -1 \neq 0 \quad \text{und} \quad f(\pm 2) = 2 \neq 0.$$

Trotzdem besitzt f die beiden **irrationalen** Nullstellen $x_{1,2} = \pm\sqrt{2}$, wie man durch direkte Rechnung schnell bestätigt. Nur kann man diese eben nicht durch die Strategie des sinnvollen Probierens finden.

Nullstellen raten bei Polynomen mit rationalen Koeffizienten

Hat ein Polynom $f \in \mathbb{P}_n$ einer Nullstellengleichung **rationale** Koeffizienten ($a_i \in \mathbb{Q}$, $i = 1, \ldots, n$), so lässt sich immer ein Hauptnenner dieser Koeffizienten finden und die Gleichung mit diesem multiplizieren.

Eine Nullstellengleichung mit rationalen Koeffizienten lässt sich also immer äquivalent in eine mit ganzzahligen Koeffizienten umformen. Betrachte dazu das folgende Beispiel:

$$\underbrace{\frac{1}{8}x^3 + \frac{1}{4}x^2 + \frac{1}{2}x + 1}_{=p_1(x)} = 0 \iff \frac{1}{8}x^3 + \frac{2}{8}x^2 + \frac{4}{8}x + 1 = 0$$

$$\iff \underbrace{x^3 + 2x^2 + 4x + 8}_{=p_2(x)} = 0$$

Die beiden Polynome p_1, p_2 sind zwar verschieden, besitzen aber dennoch dieselben Nullstellen. Tatsächlich unterscheiden sie sich nur um den Hauptnenner 8 von $1/8, 1/4, 1/2$ als Faktor: $8 \cdot p_1(x) = p_2(x)$. Allgemein findet man den Hauptnenner, indem man das *kleinste gemeinsame Vielfache* der Koeffizienten berechnet.

Mögliche Nullstellen könnten somit alle ganzzahlige Teiler von $a_0 = 8$ sein. Das heißt, man kann es zunächst mit ganzen Zahlen

$$x \in \{\pm 1, \pm 2, \pm 4, \pm 8\}$$

probieren.

Führt das nicht zum Ziel, so könnten wir noch mit rationalen Zahlen der Form p/q, p, q teilerfremd, und p teilt 8 ganzzahlig, und q teilt $a_3 = 1$ ganzzahlig, probieren. Da nur 1 sich selbst ganzzahlig teilt, bleibt nur $8/1 = 8$ als Möglichkeit übrig, was aber schon durch die ganzzahligen Teiler von oben abgedeckt wird.

Es ist

$$f(\pm 1) \neq 0, \; f(\pm 4) \neq 0, \; f(\pm 8) \neq 0, \; f(2) \neq 0.$$

Bei $x = -2$ haben wir aber Glück: Es ist $f(-2) = 0$, und damit haben wir eine Nullstelle durch Raten/sinnvolles Probieren gefunden.

Gibt es noch mehr Nullstellen? Und kann man diese evtl. manchmal ohne raten doch noch direkt berechnen? Diese Fragen klären wir im nächsten Abschnitt.

10.7.4 Linearfaktorzerlegung

Kennt man die Nullstelle x_N eines Polynoms f, so kann man diese als *Linear-faktor* $x - x_N$ via *Polynomdivision* abspalten und erhält folgende Darstellung:

Abspalten eines Linearfaktors

Ist $f \in \mathbb{P}_n$, Grad $f = n$ und gilt $f(x_N) = 0$, so existiert ein $g \in \mathbb{P}_{n-1}$ mit

$$f(x) = (x - x_N) \cdot g(x).$$

Daraus folgt unmittelbar:

Ein reelles Polynom vom Grad n besitzt **maximal** n Nullstellen.

Beispiel: $f(x) = x^3 - 3x + 2 = 0$. Probieren mit $\pm 1, \pm 2 \rightsquigarrow f(-1) = 0$ ✓

$$
\begin{array}{l}
\left(\quad x^3 \qquad - 3x + 2 \right) \div \left(x - 1 \right) = x^2 + x - 2 \\
\underline{\quad - x^3 + x^2} \\
\qquad\quad x^2 - 3x \\
\qquad\underline{\quad - x^2 \; + x} \\
\qquad\qquad\quad - 2x + 2 \\
\qquad\qquad\underline{\quad 2x - 2} \\
\qquad\qquad\qquad\quad 0
\end{array}
$$

Somit ist $f(x) = (x-1) \cdot g(x)$ mit $g(x) = x^2 + x - 2$. Aus der Mitternachtsformel folgt:

$$
x_{2,3} = -\frac{1}{2} \pm \sqrt{\frac{1}{4} + \frac{8}{4}} = -\frac{1}{2} \pm \frac{3}{2} = \begin{cases} -2 \\ 1 \end{cases}
$$

Damit ist $x_{1,2} = 1$ *doppelte* Nullstelle, $x_3 = -2$ ist eine *einfache* Nullstelle, und man erhält die vollständige Zerlegung von f in *Linearfaktoren*:

$$f(x) = (x - 1)(x - 1)(x + 2) = (x - 1)^2(x + 2)$$

An diesem Beispiel sieht man auch: Besitzt $f \in \mathbb{P}_n$ eine m-fache Nullstelle x_N ($m \leq n$), so kann man diese m-fach abspalten.

Abspalten eines mehrfachen Linearfaktors

Ist $f \in \mathbb{P}_n$ mit Grad $f = n$, und ist x_N eine m-fache Nullstelle, so existiert ein $g \in \mathbb{P}_{n-m}$ mit

$$f(x) = (x - x_N)^m \cdot g(x).$$

Daraus folgt unmittelbar: Besitzt $f \in \mathbb{P}_n$ genau n Nullstellen, so kann man f vollständig in Linearfaktoren zerlegen.

Vollständige Zerlegung in Linearfaktoren

Ist $f \in \mathbb{P}_n$ mit Leitkoeffizient $a_n \neq 0$, und sind $x_1, \ldots, x_n$ die (nicht notwendigerweise verschiedenen) Nullstellen von f, so ist

$$f(x) = a_n \cdot (x - x_1) \cdot (x - x_2) \cdot \ldots \cdot (x - x_n).$$

Natürlich gibt es auch reelle Polynome, die sich nicht vollständig zerlegen lassen.

Beispiel: $f(x) = 2x^4 - 6x^3 + 4x^2 - 12x = 0$

Der Linearfaktor zur Nullstelle $x_1 = 0$: $x = (x - 0)$ lässt sich ausklammern

$$\rightsquigarrow f(x) = x(2x^3 - 6x^2 + 4x - 12).$$

Sinnvolles Probieren mit $x = 3 \rightsquigarrow f(3) = 0$ ✓

Polynomdivision:

$$
\begin{array}{l}
\left(\;\; 2x^3 - 6x^2 + 4x - 12 \right) \div \left(x - 3 \right) = 2x^2 + 4 \\
\underline{- 2x^3 + 6x^2} \\
\qquad\qquad\qquad 4x - 12 \\
\qquad\qquad\quad \underline{- 4x + 12} \\
\qquad\qquad\qquad\qquad\quad 0
\end{array}
$$

$$\implies f(x) = 2x(x - 3)(x^2 + 2)$$

Da $x^2 + 2 > 0$ für alle $x \in \mathbb{R}$ ist (bzw. $x^2 = -2$ unlösbar), gibt es keine weitere (reelle) Nullstelle; f lässt sich somit nicht weiter zerlegen.

10.7.5 Anhang: Herleitung der quadratischen Lösungsformel und der Regeln für das sinnvolle Probieren

10.7.5.1 Lösung der quadratischen Gleichung

Mit Hilfe der quadratischen Ergänzung und der allgemeinen Rechenregeln für die Quadratwurzel und den Betrag

$$\sqrt{x^2} = |x| \quad \text{und} \quad |x| = |y| \Longleftrightarrow x = \pm y \quad \text{für alle } x, y \in \mathbb{R}$$

lässt sich die allgemeine quadratische Gleichung für $a \neq 0$ durch direkte Rechnung lösen:

$$ax^2 + bx + c = 0, \quad |\cdot 1/a \iff x^2 + \frac{b}{a}x + \frac{c}{a} = 0 \quad | \text{ quadr. Ergänzung}$$

$$\iff \left(x + \frac{b}{2a}\right)^2 - \frac{b^2}{4a^2} + \frac{c}{a} = 0 \quad | + \frac{b^2}{4a^2} - \frac{c}{a}$$

$$\iff \left(x + \frac{b}{2a}\right)^2 = \frac{b^2 - 4ac}{4a^2} \quad | \sqrt{\cdot}$$

$$\iff \left|x + \frac{b}{2a}\right| = \frac{\sqrt{b^2 - 4ac}}{2|a|} \quad | \text{ Betrag auflösen}$$

$$\iff x = -\frac{b}{2a} \pm \frac{\sqrt{b^2 - 4ac}}{2a}$$

10.7.5.2 Nachprüfen der Regeln für das sinnvolle Probieren

(i) Ist $f(m) = 0$ mit $m \in \mathbb{Z}, m \neq 0$, dann gilt:

$$a_n m^n + a_{n-1} m^{n-1} + \ldots + a_2 m^2 + a_1 m + a_0 = 0$$

$$\iff a_n m^n + a_{n-1} m^{n-1} + \ldots + a_2 m^2 + a_1 m = -a_0$$

$$\iff m\left(a_n m^{n-1} + a_{n-1} m^{n-2} + \ldots + a_2 m + a_1\right) = -a_0$$

$$\iff -\left(a_n m^{n-1} + a_{n-1} m^{n-2} + \ldots + a_2 m + a_1\right) = a_0/m$$

Die linke Seite der letzten Gleichung ist eine ganze Zahl, somit lässt sich a_0 ganzzahlig durch m teilen. $\checkmark$

(ii) Ist $f(p/q) = 0$ mit $p, q \in \mathbb{Z} \setminus \{0\}$ und p, q teilerfremd, dann gilt:

$$a_n(p/q)^n + a_{n-1}(p/q)^{n-1} + \ldots + a_2(p/q)^2 + a_1(p/q) + a_0 = 0 \mid \cdot q^n$$

$$\iff a_n p^n + a_{n-1} p^{n-1} q + \ldots + a_2 p^2 q^{n-2} + a_1 p q^{n-1} + a_0 q^n = 0 \qquad (1$$

Lösen wir (1) nach $a_n p^n$ auf, so folgt:

$$a_n p^n = q \cdot z \quad \text{mit} \quad z := - \left(a_{n-1} p^{n-1} + ... + a_0 q^{n-1} \right)$$

Da $z \in \mathbb{Z}$ ist, folgt $q \mid a_n p^n \implies q \mid a_n$, da p, q teilerfremd.

Gleichung (1) können wir aber genauso gut nach $a_0 q^n$ auflösen:

$$a_0 q^n = p \cdot \tilde{z} \quad \text{mit} \quad \tilde{z} := - \left(a_n p^{n-1} + a_{n-1} p^{n-2} q + ... + a_1 q^{n-1} \right) \in \mathbb{Z}$$

Somit: $p \mid a_0 q^n$ und (da p, q teilerfremd) $p \mid a_0$ ✓

11 Exponential- und Logarithmusfunktion

Übersicht

© Springer-Verlag GmbH Deutschland, ein Teil von Springer Nature 2021
A. Keller, *Aufgaben und Lösungen zur Mathematik für den Studienstart*,
https://doi.org/10.1007/978-3-662-63628-2_11

11.1   Umformen mit den Logarithmengesetzen

Fassen Sie die Summen zu einem einzigen Logarithmusterm zusammen:

a) $\log 6 - \log 3 + \log 2$ 　　　　　　 b) $2\log x + 3\log y - 4\log z$

c) $\log(x^2 - 1) - \log(x + 1)$ 　　　　 d) $\dfrac{1}{2}\log b^{-4+6n} - (n-1)\log b^2$

e) $2\log\sqrt{v} - \dfrac{1}{3}\left(\log u + 3\log w^{-1}\right)$ 　 f) $3\log_2 x + 2\log_3 x$

Lösungsskizze

a)　$\log 6 - \log 3 + \log 2 \;=\; \log\dfrac{6}{3} + \log 2 = \log(2 \cdot 2) = \log 4$

b)　$2\log x + 3\log y - 4\log z \;=\; \log x^2 + \log y^3 - \log z^4$

$$= \log(x^2 y^3) - \log z^4 \;=\; \log\frac{x^2 y^3}{z^4}$$

c)　$\log(x^2 - 1) - \log(x + 1) \;=\; \log\left(\dfrac{x^2 - 1}{x + 1}\right) = \log\left(\dfrac{\cancel{(x+1)}(x-1)}{\cancel{x+1}}\right)$

$$= \log(x - 1)$$

d)　$\dfrac{1}{2}\log b^{-4+6n} - (n-1)\log b^2 \;=\; \log(b^{-4+6n})^{1/2} - \log(b^2)^{n-1}$

$$= \log b^{-2+3n} - \log b^{2n-2} \;=\; \log\frac{b^{-2+3n}}{b^{2n-2}}$$

$$= \log b^{\cancel{-2}+3n-2n\cancel{+2}} \;=\; \log b^n$$

e) $2\log\sqrt{v} - \dfrac{1}{3}\left(\log u + 3\log w^{-1}\right) \;=\; \log\left(v^{1/2}\right)^2 - \dfrac{1}{3}\left(\log u + \log w^{-3}\right)$

$$= \log v - \frac{1}{3}\log\frac{u}{w^3} \;=\; \log v - \log\frac{u^{1/3}}{(w^3)^{1/3}}$$

$$= \log v + \log\frac{w}{u^{1/3}} \;=\; \log\frac{vw}{\sqrt[3]{u}}$$

f) Umrechnung auf eine Basis z.B. $e \rightsquigarrow$

$$3\log_2 x + 2\log_3 x \;=\; \frac{3}{\ln 2}\ln x + \frac{2}{\ln 3}\ln x \;=\; \ln x^{3/\ln 2} + \ln x^{2/\ln 3}$$

$$= \ln x^{3/\ln 2 + 2/\ln 3} \;=\; \ln x^{\frac{3\ln 3 + 2\ln 2}{\ln 3\ln 2}}$$

$$= \ln x^{\frac{\ln(3^3 \cdot 2^2)}{\ln 3\ln 2}} \;=\; \ln x^{\frac{\ln 36}{\ln 3\ln 2}}$$

11.2 Lösen von Logarithmengleichungen

Geben Sie die Definitionsmenge an und bestimmen Sie die Lösungen:

$$\text{a) } \log_2(3x+1) = 4 \qquad \text{b) } \ln x^2 + 3\log_4 x^5 = 6$$

$$\text{c) } \frac{1}{2}\ln(2-x^2) = \ln(x-1) \quad \text{d) } \log_2(|x-1|) = \frac{1}{3}$$

Lösungsskizze

a) $3x+1 > 0 \iff x > -1/3 \implies D = (-1/3, \infty)$

$$\log_2(3x+1) = 4 \iff 3x+1 = 2^4 = 16 \iff x = 15/3 = 5$$

b) Es ist $x^2 > 0$ und $x^3 > 0$ für $x > 0 \implies D = (0, \infty)$:

$$\ln x^2 + 3\log_4 x^5 = 6 \iff 2\ln x + 15\log_4 x = 6$$

$$\iff 2\ln x + 15\frac{\ln x}{\ln 4} = 6 \iff \ln x\left(2 + \frac{15}{\ln 4}\right) = 6$$

$$\iff \ln x = \frac{6}{2 + 15/\ln 4} \iff x = e^{\frac{6}{2+15/\ln 4}} \, (\approx 1.598)$$

c) $2 - x^2 > 0 \iff x^2 < 2 \iff -\sqrt{2} < x < \sqrt{2}; \; x - 1 > 0 \iff x > 1$

$\rightsquigarrow D = (-\sqrt{2}, \sqrt{2}) \cap (1, \infty) = (1, \sqrt{2})$

$$\frac{1}{2}\ln(2-x^2) = \ln(x-1) \iff \ln(2-x^2)^{1/2} = \ln(x-1)\,|\,e^{(\cdot)}$$

$$\iff (2-x^2)^{1/2} = x-1\,|\,(\cdot)^2$$

$$\implies 2 - x^2 = (x-1)^2(= x^2 - 2x + 1)$$

$$\iff 2x^2 - 2x - 1 = 0$$

Mitternachtsformel:

$$\rightsquigarrow x_{1,2} = \frac{1 \pm \sqrt{1+2}}{2} = \begin{cases} \frac{1}{2} - \frac{\sqrt{3}}{2} & \implies x_1 < 0 \rightsquigarrow x_1 \notin D \\ \frac{1}{2} + \frac{\sqrt{3}}{2} & \implies 1 < x_2 < \sqrt{2} \rightsquigarrow x_2 \in D \end{cases}$$

Quadrieren $\rightsquigarrow$ Probe: $x_2 = 1 - \sqrt{3} \rightsquigarrow 2 - x_2^2 = 1 - \sqrt{3}/2; \; (x_2 - 1)^2 = (\sqrt{3}/2 - 1/2)^2 = 1 - \sqrt{3}/2 \implies (2 - x_2^2)^{1/2} = x_2 - 1 \implies \ln(2-x_2^2)^{1/2} = \ln(x_2 - 1) \checkmark$

d) $|x-1| = 0$ für $x = 1$, sonst $> 0 \implies D = \mathbb{R} \setminus \{1\}$

$$\log_2|x-1| = 1/3 \iff |x-1| = \sqrt[3]{2} \iff x - 1 = \pm\sqrt[3]{2} \implies x_{1,2} = 1 \pm \sqrt[3]{2}$$

11.3   Lösen von Exponentialgleichungen

Bestimmen Sie die Lösungen der folgenden Exponentialgleichungen:

a) $e^{2x} = 2$ b) $3 \cdot 4^x = 5 \cdot 2^x$ c) $2^{x-1} = 2^{x+1} - 1$

d) $e^{2x} - 2e^x = 3$ e) $2^{3^x} = 4^{5^x}$ f) $2^{\log_2 x} - 2^{\ln x \sqrt{2}} = 0$

Lösungsskizze

a) $e^{2x} = 2 \iff \ln(e^{2x}) = \ln 2 \iff 2x = \ln 2 \iff x = \frac{1}{2}\ln 2 \iff x = \ln\sqrt{2}$

b) $3 \cdot 4^x = 5 \cdot 2^x \iff \dfrac{3}{5} = \dfrac{2^x}{4^x} \iff \dfrac{3}{5} = \left(\dfrac{1}{2}\right)^x \iff x = \log_{\frac{1}{2}} \dfrac{3}{5} \; (\approx 0.7370)$

c) $2^{x-1} = 2^{x+1} - 1 \iff 2^{x-1} - 2^{x+1} = -1 \iff 2^x(2^{-1} - 2) = -1$

$\iff 2^x = \dfrac{-1}{-3/2} \iff 2^x = 2/3 \iff x = \log_2 \dfrac{2}{3} \; (\approx -0.585)$

d) $e^{2x} - 2e^x = 3 \iff (e^x)^2 - 2e^x - 3 = 0$, Substitution $u := e^x$

$\implies u^2 - 2u - 3 = 0$, Lösungsformel: $u_{1,2} = \dfrac{2 \pm \sqrt{4 + 12}}{2} = \begin{cases} -1 \\ 3 \end{cases}$

Nur $u_2 = 3 > 0 \rightsquigarrow$ Rücksubstitution $e^x = 3 \implies x = \ln 3$

e) $2^{3^x} = 4^{5^x} \iff \ln 2^{3^x} = \ln 4^{5^x} \iff 3^x \ln 2 = 5^x \ln 4$

$\iff \left(\dfrac{3}{5}\right)^x = \dfrac{\ln 4}{\ln 2} = \dfrac{2\,\cancel{\ln 2}}{\cancel{\ln 2}} \iff x = \log_{\frac{3}{5}} 2 \; (\approx -1.7095)$

f) $2^{\log_2 x} - 2^{\ln x \sqrt{2}} = 0 \iff \dfrac{1}{2} \cdot 2^{\log_2 x} = \sqrt[\ln x]{2} \iff 2^{\log_2(x)-1} = 2^{1/\ln x}$

$\iff \log_2 2^{\log_2(x)-1} = \log_2 2^{1/\ln x}$

$\iff \log_2(x) - 1 = \dfrac{1}{\ln x}$

Wähle einheitliche Basis, z.B. $e \rightsquigarrow \log_2 x = \ln x / \ln 2$:

$\dfrac{\ln x}{\ln 2} - 1 = \dfrac{1}{\ln x} \iff \dfrac{1}{\ln 2}(\ln x)^2 - \ln x - 1 = 0$

Substitution $t = \ln x \implies \dfrac{1}{\ln 2} t^2 - t - 1 = 0$, Mitternachtsformel $\rightsquigarrow$

$t_{1,2} = \dfrac{1 \pm \sqrt{1 + 4/\ln(2)}}{2/\ln 2} = \dfrac{\ln 2 \pm \sqrt{(\ln 2)^2 + 4\ln 2}}{2} \approx \begin{cases} -0.5552 \\ 1.2484 \end{cases}$

Rücksubstitution $\rightsquigarrow x_{1,2} = e^{\frac{1}{2}\ln 2 \pm \sqrt{(\ln 2)^2 + 4\ln 2}}$

11.4 Bestimmung von Definitions- und Wertebereich

Bestimmen Sie für die folgenden Funktionen jeweils den Definitions- und Wertebereich und fertigen Sie eine Skizze von G_f an:

a) $f(x) = (1/2)^{x-1}$ b) $f(x) = \log_2(2x - 1)$

c) $f(x) = 2 - e^{|x-1|}$ d) $f(x) = \ln\sqrt{x^2 - 1}$

Nutzen Sie nur die elementaren Eigenschaften von $x \mapsto a^x$ bzw. $x \mapsto \log_a x$.

Lösungsskizze

a) $f(x) = (1/2)^{x-1} = (1/2)^{-1} \cdot (1/2)^x = 2 \cdot (2^{-1})^x = 2 \cdot 2^{-x}$

$\rightsquigarrow f(x) = 2g(-x)$ mit $g : x \mapsto 2^x$, $D_g = \mathbb{R}$, $W_g = (0, \infty) \rightsquigarrow D_f = D_g$ und $W_f = W_g$

G_f entsteht durch Spiegelung und Dehnung (Verdoppelung der Funktionswerte) von G_g:

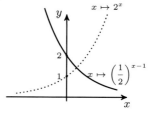

b) $2x - 1 > 0 \iff x > 1/2 \implies D_f = (1/2, \infty), W_f = W_{\log_2} = \mathbb{R}$;
$f(1) = \log_2(1) = 0$

$2x - 1 > x$ für $x > 1$ und $2x - 1 < x$ für $x < 1$

$\implies f(x) > \log_2 x$ für $x > 1$ und $f(x) < \log_2 x$ für $0 < x < 1$, da log streng monoton steigend $\rightsquigarrow G_f$:

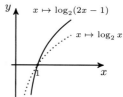

c) $x \mapsto e^x$ für alle $x \in \mathbb{R}$ definiert $\implies D_f = \mathbb{R}$

$|x-1| \geq 0 \implies e^{|x-1|} \geq e^0 = 1 \implies -e^{|x-1|} \leq -1$

$\implies 2 - e^{|x-1|} \leq 1 \rightsquigarrow W_f = (-\infty, 1]; \rightsquigarrow G_f*$:

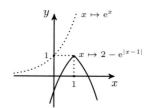

d) $x \mapsto x^2 - 1 \,\widehat{=}\,$ Normalparabel mit Scheitelpunkt $S(0, -1)$, Nullstellen ± 1

$\rightsquigarrow \sqrt{x^2 - 1} > 0 \iff x^2 - 1 > 0$
$\rightsquigarrow D_f = (-\infty, -1) \cup (1, \infty)$

$x \in D_f \implies x^2 - 1 > 0 \rightsquigarrow$ Argument von $\ln(...)$ durchläuft alle pos. reell. Zahlen $\implies W_f = \mathbb{R}$.

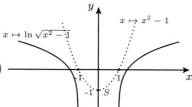

$*$ $e^{|x-1|} = e^{x-1}, x > 1$ (Verschiebung von $G_{\exp(x)}$ um 1 nach rechts in x-Richtung); $e^{|x-1|} = e^{-x+1} = e^{-(x-1)}, x > 1$ (Verschiebung um 1 nach rechts + Spiegelung an y-Achse von $G_{\exp(x)}$); anschließend Spiegelung an y-Achse und Verschiebung um 2 nach oben in y-Richtung von $G_{\exp(|x-1|)} \rightsquigarrow G_f$

11.5   Hyperbel- und Areafunktionen

Unter dem *Sinus* bzw. *Kosinus hyperbolicus* versteht man die auf ganz $\mathbb{R}$ definierten sog. *Hyperbelfunktionen*:

$$\sinh x := \frac{1}{2}\left(e^x - e^{-x}\right) \quad \text{und} \quad \cosh x := \frac{1}{2}\left(e^x + e^{-x}\right)$$

Bestimmen Sie die Umkehrfunktionen[1] $\sinh^{-1} x =: \operatorname{arsinh} x$ (*Areasinus hyperbolicus*) und $\cosh^{-1} x =: \operatorname{arcosh} x$ (*Areakosinus hyperbolicus*).

[1]Für $x \in \mathbb{R}$ ist $x \mapsto \sinh x$ und für $x \geq 0$ ist $x \mapsto \cosh x$ umkehrbar (vgl. Aufg. 14.9).

Lösungsskizze

(i) Areasinus hyperbolicus:

Ansatz $y = \sinh x \rightsquigarrow$

$$y = \frac{1}{2}(e^x - e^{-x}) \iff 2y = e^x - e^{-x}$$

$$\iff 2ye^x = (e^{2x}) - \overbrace{e^x e^{-x}}^{= e^{x-x} = e^0 = 1}$$

$$\iff (e^x)^2 - 2ye^x - 1 = 0$$

Substitution: $e^x = z \rightsquigarrow z^2 - 2yz - 1 = 0$, quadratische Gleichung in $z \rightsquigarrow$

Mitternachtsformel: $z = y \pm \sqrt{y^2 + 1} \implies e^x = y \pm \sqrt{y^2 + 1}$

Da $y - \sqrt{y^2 + 1} \overset{*}{<} 0$, aber $e^x > 0$ für alle $x \in \mathbb{R}$ ist, folgt zwingend:

$$e^x = y + \sqrt{y^2 + 1} \mid \ln(\cdot) \iff x = \ln(y + \sqrt{y^2 + 1})$$

$$x \leftrightarrow y \rightsquigarrow, y = \underline{\operatorname{arsinh} x = \ln(x + \sqrt{x^2 + 1})}, x \in \mathbb{R} \checkmark$$

$*$ Für $y < 0$ ist $y - \sqrt{y^2 + 1} < 0 \checkmark$; $y \geq 0 \rightsquigarrow$

$y^2 < y^2 + 1 \implies \sqrt{y^2} < \sqrt{y^2 + 1} \overset{y \geq 0}{\Longrightarrow} y < \sqrt{y^2 + 1} \implies y - \sqrt{y^2 + 1} < 0 \checkmark$

(ii) Areakosinus hyperbolicus:

Ansatz $y = \cosh x; \; x \geq 0$** $\rightsquigarrow$

$$y = \frac{1}{2}(e^x + e^{-x}) \iff 2y = e^x + e^{-x}$$

$$\iff 2ye^x = (e^{2x}) + \overbrace{e^x e^{-x}}^{= e^0 = 1}$$

$$\iff (e^x)^2 - 2ye^x + 1 = 0$$

Substitution und Mitternachtsformel $\overset{\text{analog zu (i)}}{\Longrightarrow}$ $e^x = y \pm \sqrt{y^2 - 1}$

$y \geq 1 \implies y \pm \sqrt{y^2 - 1} > 0$

Finden des korrekten Vorzeichens durch Punktprobe:

$$x = 1 \rightsquigarrow \cosh(1) = \frac{(e + 1/e)}{2} \approx 1.5431 = \tilde{y}$$

$$\rightsquigarrow 2.7182\ldots = e^1 \neq \tilde{y} - \sqrt{\tilde{y}^2 - 1} \approx 0.3679\ldots \implies \text{„+“} \; \checkmark$$

$$\implies e^x = y + \sqrt{y^2 - 1} \mid \ln(\cdot) \iff x = \ln(y + \sqrt{y^2 - 1})$$

$$x \leftrightarrow y \rightsquigarrow y = \underline{\operatorname{arcosh} x = \ln(x + \sqrt{x^2 - 1})}, \; x \geq 1 \checkmark$$

** Für $x \leq 0$ ist $x \mapsto \cosh x$ auch umkehrbar. Mit analoger Rechnung folgt:

$$\cosh^{-1} x = \ln(x - \sqrt{x^2 - 1}) \mid \text{erweitern mit } (x + \sqrt{x^2 - 1})$$

$$= \ln(1/(x + \sqrt{x^2 - 1}))$$

$$= -\ln(x + \sqrt{x^2 - 1})$$

$$= -\operatorname{arcosh} x \quad \text{für } x \geq 1$$

11.6   Norberts Sparkonto

Norbert eröffnet ein Sparkonto, welches monatlich mit einem Effektivzins von 1.09% **p.a.** nach der ICMA-Methode verzinst wird und auf das er monatlich 225 € einzahlt.

Wie viele Monate muss Norbert zu diesen Konditionen mindestens sparen, bis sein Konto auf 100 000 € anwächst?

Lösungsskizze

Monatlicher zu $i_a = 0.019$ konformer Zins nach ICMA: $i = \sqrt[12]{1 + i_a} - 1$, monatlicher Zinseszins mit Monatsrate r und $q = i + 1$

$\rightsquigarrow$ Kapital nach n-Monaten $\hat{=} K_n$:

$$
\begin{aligned}
K_1 &= r + r \cdot i = r(1 + i) = rq \\
K_2 &= rq + r + (rq + r)i = (rq + r)(1 + i) = rq^2 + rq \\
K_3 &= (rq^2 + rq + r) + (rq^2 + rq + r)i = (rq^2 + rq + r)(1 + i) \\
&= rq^3 + rq^2 + rq \\
&\vdots \\
K_n &= rq^n + rq^{n-1} + \ldots + rq = rq(q^{n-1} + q^{n-2} + \ldots + 1)
\end{aligned}
$$

Geometrische Summe $\rightsquigarrow K_n = rq \sum_{k=0}^{n-1} q^k = rq \cdot \dfrac{q^n - 1}{q - 1}$

K_n, r, q sind bekannte Größen. Auflösen von K_n nach $n \rightsquigarrow$

$$
\begin{aligned}
K_n = rq \cdot \frac{q^n - 1}{q - 1} &\iff \frac{K_n(q - 1)}{rq} = q^n - 1 \\
&\iff \frac{K_n(q - 1)}{rq} + 1 = q^n \\
&\iff \log_q\left(\frac{K_n(q - 1)}{rq} + 1\right) = n
\end{aligned}
$$

Einsetzen der Größen $K_n = 100\,000, r = 225, q = \sqrt[12]{1.019} \approx 1.0016 \rightsquigarrow$

$$
n \approx \log_{1.0016}\left(\frac{100\,000 \cdot 0.0016)}{225 \cdot 1.0016} + 1\right) \approx 337.014
$$

Norbert muss also mindestens 338 Monate ($\hat{=} 338/12 \approx 28.1\overline{6}$ Jahre) sparen.

11.7 Laufzeitanalyse von Algorithmen ⋆

Die angegebenen Algorithmen besitzen jeweils eine Laufzeitfunktion f. Bestimmen Sie in beiden Fällen eine von der Eingabe $n \in \mathbb{N}$ abhängige Funktion $g : \mathbb{N} \longrightarrow \mathbb{R}$, so dass $f \in \mathcal{O}(g)$.

Algorithmus 1
1: **Eingabe:** $n \in \mathbb{N}$
2: $x \leftarrow 1$
3: **for** $i = 1 : n$ **do**
4: $\quad x \leftarrow x + x/i$
5: $\quad$ **for** $j = 1 : n$ **do**
6: $\qquad x \leftarrow x \cdot j$
7: $\quad$ **end for**
8: **end for**
9: **for** $k = 1 : n$ **do**
10: $\quad x \leftarrow x \cdot k^2 - x$
11: **end for**
12: **Ausgabe** x

Algorithmus 2
1: **Eingabe:** $n \in \mathbb{N}$
2: $m \leftarrow n; x \leftarrow 1$
3: **for** $j = 1 : m$ **do**
4: $\quad x \leftarrow x \cdot m; i \leftarrow 1$
5: $\quad$ **while** $i < n$ **do**
6: $\qquad n \leftarrow n/2$
7: $\qquad x \leftarrow x \cdot n$
8: $\qquad i \leftarrow i + 1$
9: $\quad$ **end while**
10: $\quad n \leftarrow m$
11: **end for**
12: **Ausgabe** x

Lösungsskizze

Wir zählen die FLOPS (Floating Point Operations = Multiplikationen/Additionen) in Abhängigkeit von n:

- Algorithmus 1: Jede **for**-Schleife wird n-mal durchlaufen ⤳ „FLOPS äußere $\times$ FLOPS innere **for**-Schleife + FLOPS dritte **for**-Schleife"

$$\rightsquigarrow f(n) = 2n \cdot n + 4n = 2n^2 + 4n \in \mathcal{O}(n^2).$$

- Algorithmus 2: Da die äußere **for**-Schleife $m = n$ mal durchlaufen wird und dort jeweils vor dem Aufruf der **while**-Schleife eine Multiplikation anfällt gilt: $f(n) = $ „n-FLOPS $\times$ FLOPS der **while**-Schleife".

  Betrachte **while**$(1 < n)$ anstatt **while**$(i < n)$ ($\hat{=}$ obere Grenze der Aufrufe, wird wegen der Inkrementierung von i in jedem Durchlauf niemals erreicht).

  Pro Aufruf wird n halbiert, Abbruch nach k-Aufrufen der *while*-Schleife

$$\rightsquigarrow \frac{n}{2^k} = c \stackrel{*}{\Longrightarrow} \frac{n}{c} = 2^k \implies k = \log_2 \frac{n}{c} = \log_2 n - \log_2 c$$

$$\rightsquigarrow f(n) < n \cdot 3 \cdot (\log_2 n - \log_2 c) \in \mathcal{O}(n \log_2 n).$$

---

* $c = 1$, falls n gerade, oder $0 < c < 1$, falls n ungerade.

11.8   Logarithmische Skalierung ★

a) Auf einer Petrischale werden zwei Stunden nach dem Aufsetzen $\approx 1\,900$ Bakterien gemessen und drei Stunden später $\approx 66\,000$. Machen Sie von dem Graph der Wachstumsfunktion eine Skizze in einfach-logarithmischer Darstellung und bestimmen Sie (näherungsweise) die Wachstumsfunktion $t \mapsto w(t)$. Wie viele Bakterien waren es zum Zeitpunkt $t = 0$?

b) Rechts ist der Graph einer Funktion f in doppelt-logarithmischer Darstellung abgebildet.

Wie lautet die Funktionsgleichung?

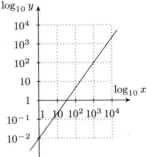

Hinweis: Setzen Sie zur Vereinfachung $\log_{10}(\cdot) = \log(\cdot)$.

Lösungsskizze

a) Exponentielles Wachstum $\rightsquigarrow$ Ansatz $w(t) = k \cdot a^t$, logarithmieren $\rightsquigarrow$

$$\log y = \log(k \cdot a^t) = \log k + \log a^t = \log(a) \cdot t + \log k$$

$\rightsquigarrow G_w$ wird als Gerade mit Steigung $m = \log a$ und $\log y$-Achsenabschnitt $z = \log k$ im $t \log y$-System dargestellt.

Die Gerade geht im ty-System durch $A = (2, \log 1\,900)$ und $B = (5, \log 66\,000)$ $\rightsquigarrow$

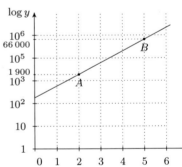

$$m = \frac{\log(66\,000) - \log(1\,900)}{5 - 2} \approx 0.5136,$$
$$t = \log 1\,200 - m \cdot 2 \approx 2.2561.$$

Bakterien zum Zeitpunkt $t = 0$: $\log k = z \rightsquigarrow k = 10^z \approx 10^{2.2561} \approx 364$

Basis: $\log a = m \rightsquigarrow a \approx 10^{0.5136} \approx 3.26$, somit $w(t) \approx 364 \cdot (3.26)^t$

b) Gerade auf doppelt-logarithmischer Skala $\rightsquigarrow$ gesuchte Funktion ist eine Potenzfunktion $y = a \cdot x^b$, denn es gilt:

$$\log y = \log(a \cdot x^b) = \log a + \log x^b = b \log x + \log a$$

Die Gerade geht im $\log x \log y$-System z.B. durch $A = (1, 10^{-2})$, $B = (10^3, 10^2)$ $\hat{=} A(0, -2)$, $B(3, 2)$ im xy-System $\rightsquigarrow$

$$\log a = -2 \implies a = \frac{1}{100} \text{ und } b = \frac{2 - (-2)}{3 - 0} = 4/3, \text{ also } f(x) = \frac{1}{100}x^{4/3}.$$

11.9   Checkliste: Exponential- und Logarithmusfunktion

11.9.1 Was bedeutet exponentielles Wachstum?

Man sagt, Funktionen f die der Wachstumsbedingung

$$\boxed{f(x + \Delta) = f(x) \cdot f(\Delta), \quad \Delta \in \mathbb{R}} \tag{1}$$

genügen und nicht konstant sind, wachsen (fallen) exponentiell.

Das bedeutet: Eine relativ kleine Änderung im Argument zieht eine relativ große (kleine) Änderung der Funktionswerte nach sich.

Beispiel: $f(x) = 10^x$. Wenn man das Argument um $\Delta = 1$ erhöht, werden die Funktionswerte verzehnfacht:

$$f(x + 1) = 10^{x+1} = 10 \cdot 10^x = 10 \cdot f(x)$$

Allgemein erfüllen Funktionen der Bauart $f(x) = a^x$, $a > 0$ die Wachstumsbedingung:

$$f(x + \Delta) = a^{x+\Delta} = a^x \cdot a^\Delta = f(x) \cdot f(\Delta)$$

Man kann zeigen, dass diese Funktionen die einzigen mit Eigenschaft (1) sind.

11.9.2 Die allgemeine Exponential- und Logarithmusfunktion

Die Funktion

$$\boxed{x \mapsto a^x, \, a \in \mathbb{R}^+ \setminus \{1\}}$$

heißt *Exponentialfunktion* zur Basis a^1.

---

[1]Die Voraussetzung $a > 0$ und $a \neq 1$ ist sinnvoll. Für $a = 1$ erhält man z.B. die Funktion $x \mapsto 1^x$, welche zwar für alle $x \in \mathbb{R}$ definiert, aber konstant ist. Für $a < 0$ sind die Potenzrechenregeln i. Allg. nicht mehr gültig. Daneben hätte man in jedem reellen Intervall unendlich viele Definitionslücken. Betrachte z.B. die Funktion $f(x) := (-3)^x$ auf dem Intervall $(0, 1)$. Für $x = (1/2)^k$, $k = 1, 2, \ldots$ ist f nicht definiert, z.B. $k = 1 \rightsquigarrow (-3)^{-1/2} = \sqrt{-3}$ ⨍ $k = 2 \rightsquigarrow (-3)^{1/4} = (\sqrt{-3})^{1/2}$ ⨍ usw.

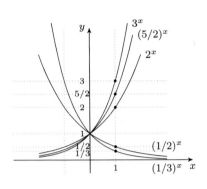

Eigenschaften der Exponentialfunktion

(i) $D_{a^x} = \mathbb{R}$

(ii) $a^x > 0, \forall x \in \mathbb{R} \implies W_{a^x} = (0, \infty)$

(iii) $a^0 = 1,\ a^1 = a$

(iv) $a > 1$: G_{a^x} streng monoton wachsend

(v) $0 < a < 1$: G_{a^x} streng monoton fallend

Die Exponentialfunktion ist für Basen $a > 1$ streng monoton steigend und für $0 < a < 1$ streng monoton fallend. Sie ist somit in allen Fällen umkehrbar.

Die Umkehrfunktion nennt man die *Logarithmusfunktion* zur Basis a:

$$x \mapsto \log_a x,\ x \in \mathbb{R}^+, a \in \mathbb{R}^+ \setminus \{1\}$$

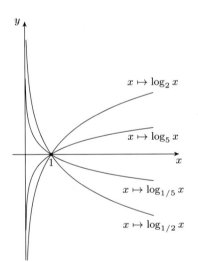

Eigenschaften des Logarithmus

(i) $D_{\log_a} = (0, \infty)$

(ii) $W_{\log_a} = \mathbb{R}$

(iii) Nullstelle: $x = 1$

(iv) $a > 1$: $G_{\log_a}$ streng monoton wachsend

(v) $0 < a < 1$: $G_{\log_a}$ streng monoton fallend

11.9.3 Rechenregeln für die Exponential- und Logarithmusfunktion

Aus den Definitionen der Exponential- und Logarithmusfunktion erhalten wir:

Markante Werte

(i) $a^0 = 1$, $a^1 = a$

(ii) $\log_a 1 = 0$, $\log_a a = 1$

(iii) $\log_a(a^x) = x$ und $a^{\log_a x} = x$

Mit Potenzgesetzen (mit reellen Exponenten) erhalten wir automatisch Rechengesetze für die Exponentialfunktion:

Rechenregeln für die Exponentialfunktion

Für $a > 0$ und $x, y \in \mathbb{R}$ gilt:

(i) $a^x \cdot a^y = a^{x+y}$

(ii) $\dfrac{a^x}{a^y} = a^{x-y}$

(iii) $(a^x)^y = a^{x \cdot y}$

(iv) $a^{-x} = \left(\dfrac{1}{a}\right)^x$

Aus den Potenzgesetzen der Exponentialfunktion wiederum gewinnt man Rechengesetze für den Logarithmus.

Rechenregeln für den Logarithmus

Für $a > 0, a \neq 1$ und $x, y \in \mathbb{R}^+$ gilt:

(i) $\log_a(x \cdot y) = \log_a x + \log_a y$

(ii) $\log_a(x/y) = \log_a x - \log_a y$

(iii) $\log_a(x^k) = k \cdot \log_a x$, $k \in \mathbb{R}$

(iv) $\log_a x^{-1} = -\log_a x$

Wir leiten exemplarisch Rechenregel (i) her. Sei dazu $u, v \in \mathbb{R}$.

Setze $x = a^u$ und $y = a^v$, dann gilt $x, y > 0$ und nach Logarithmieren mit $\log_a(\cdot)$ auf beiden Seiten:

$$\log_a x = u, \quad \log_a y = v \tag{1}$$

Dies führt auf:

$$a^u \cdot a^v = a^{u+v} \mid \log_a(\cdot) \text{ anwenden}$$
$$\Longleftrightarrow \log_a(a^u \cdot a^v) = \log_a(a^{u+v})$$
$$\Longleftrightarrow \log_a(a^u \cdot a^v) = u + v$$
$$\overset{(1)}{\Longleftrightarrow} \log_a(xy) = \log_a x + \log_a y \checkmark$$

Die anderen Regeln erhält man durch analoge Rechnungen.

Basisumrechnung

Der Logarithmus einer beliebigen Basis a lässt sich durch den Logarithmus einer anderen beliebigen Basis b ausdrücken:

$$\boxed{\log_a x = \frac{\log_b x}{\log_b a}}$$

Dies folgt direkt aus den Logarithmengesetzen:

$$a^{\log_a x} = x \mid \log_b(\cdot) \iff \log_b(a^{\log_a x}) = \log_b x \mid \text{Logarithmenregel (iii)}$$
$$\iff \log_a x \cdot \log_b a = \log_b x$$
$$\iff \log_a x = \frac{\log_b x}{\log_b a} \checkmark$$

Mit dem Logarithmus lässt sich auch jede Exponentialfunktion zu einer Basis a durch eine Exponentialfunktion zu einer Basis b ausdrücken:

$$\boxed{a^x = b^{\log_b(a^x)} = b^{\log_b(a)x}}$$

Aus Sicht der Mathematik kann man sich somit auf eine spezielle Basis beschränken. Jede andere Basis lässt sich dann durch die spezielle Basis ausdrücken.

11.9.4 Die natürliche Exponentialfunktion und der natürliche Logarithmus

In der Mathematik spielt die irrationale **Euler'sche Zahl**

$$e = 2.71828182845904523535360287\!4...$$

als Basis eine herausragende Rolle.

Wählt man e als Basis, so erhält man die natürliche Exponentialfunktion ($\equiv$ e-Funktion) und den natürlichen Logarithmus:

$$\exp(x) := e^x$$
$$\ln x := \log_e x$$

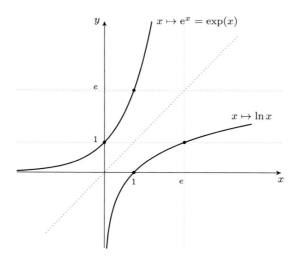

In diesen Basen ergibt sich:

(i) $e^0 = 1$, $e^1 = e$

(ii) $\ln 1 = 0$, $\ln e = 1$

(iii) $\ln(e^x) = x$ und $e^{\ln x} = x$

Und da man jede beliebige Basis in eine andere umrechnen kann, folgt:

$$a^x = e^{\ln(a) \cdot x}$$

und

$$\log_a x = \frac{\ln x}{\ln a}$$

Die Rechenregeln nehmen in diesen Basen die folgende Gestalt an:

Rechenregeln für die e-Funktion

Für und $x, y \in \mathbb{R}$ gilt:

(i) $e^x \cdot e^y = e^{x+y}$

(ii) $\dfrac{e^x}{e^y} = e^{x-y}$

(iii) $(e^x)^y = e^{x \cdot y}$

(iv) $e^{-x} = \left(\dfrac{1}{e}\right)^x$

Rechenregeln für den natürlichen Logarithmus

Für und $x, y \in \mathbb{R}^+$ gilt:

(i) $\ln(x \cdot y) = \ln x + \ln y$

(ii) $\ln(x/y) = \ln x - \ln y$

(iii) $\ln(x^k) = k \cdot \ln x,\ k \in \mathbb{R}$

(iv) $\ln x^{-1} = -\ln x$

Bemerkung: Natürlich kann man für die natürliche Exponentialfunktion auch die exp($\cdot$)-Schreibweise nutzen. Hier ergibt sich z.B. für Rechenregel (i): $\exp(x)\exp(y) = \exp(x+y)$.

Diese bietet sich immer an, wenn im Exponenten ein längerer Ausdruck oder ein großer Bruch steht. So liest sich z.B. damit die Basisumrechnung ein wenig augenfreundlicher:

$$a^x = \exp(\ln(a) \cdot x)$$

12 Trigonometrische Funktionen

Übersicht

© Springer-Verlag GmbH Deutschland, ein Teil von Springer Nature 2021
A. Keller, *Aufgaben und Lösungen zur Mathematik für den Studienstart*,
https://doi.org/10.1007/978-3-662-63628-2_12

12.1 Anwendung der Additionstheoreme

Bestätigen Sie mit Hilfe der Additionstheoreme von $x \mapsto \sin x$ und $x \mapsto \cos x$ die folgenden für alle $x \in \mathbb{R}$ gültigen Identitäten:

a) $\sin\left(x - \frac{\pi}{2}\right) = \cos x$

b) $\cos\left(x + \frac{\pi}{2}\right) = \sin(x - \pi)$

c) $\cos\left(x - \frac{\pi}{2}\right)\sin x + \cos x \sin\left(x - \frac{\pi}{2}\right)$
$= -\cos(2x)$

d) $\dfrac{2\sin\left(x + \frac{\pi}{3}\right)}{\cos x} = \tan x + \sqrt{3}$

Lösungsskizze

a) $\sin\left(x + \frac{\pi}{2}\right) = \sin x \overbrace{\cos\left(\frac{\pi}{2}\right)}^{=0} + \underbrace{\sin\left(\frac{\pi}{2}\right)}_{=1}\cos x = \cos x \checkmark$

b) $\cos\left(x + \frac{\pi}{2}\right) = \cos x \overbrace{\cos\left(\frac{\pi}{2}\right)}^{=0} - \underbrace{\sin x \sin\left(\frac{\pi}{2}\right)}_{=1} = -\sin x$

und $\sin(x - \pi) = \sin x \overbrace{\cos(-\pi)}^{=-1} + \cos x \underbrace{\sin(-\pi)}_{=0} = -\sin x \checkmark$

c) Linke Seite: $\sin\left(x - \frac{\pi}{2}\right) = \sin x \overbrace{\cos\left(\frac{\pi}{2}\right)}^{=0} - \underbrace{\sin\left(\frac{\pi}{2}\right)}_{=1}\cos x = -\cos x$

und $\cos\left(x - \frac{\pi}{2}\right) = \cos x \overbrace{\cos\left(\frac{\pi}{2}\right)}^{=0} + \underbrace{\sin x \sin\left(\frac{\pi}{2}\right)}_{=1} = \sin x$

$\rightsquigarrow \cos\left(x - \frac{\pi}{2}\right)\sin x + \cos x \sin\left(x - \frac{\pi}{2}\right) = \sin^2 x - \cos^2 x = (1 - \cos^2 x) - \cos^2 x$
$$= 1 - 2\cos^2 x$$

Rechte Seite: $-\cos(2x) = -\cos(x + x) = -(\cos^2 x - \sin^2 x) = \sin^2 x - \cos^2 x$
$$= 1 - 2\cos^2 x \checkmark$$

d) $\cos\left(\frac{\pi}{3}\right) = \frac{1}{2}$ und $\tan\left(\frac{\pi}{3}\right) = \sqrt{3} \rightsquigarrow$

$$\frac{2 \cdot \sin\left(x + \frac{\pi}{3}\right)}{\cos x} = \frac{\sin x \cos\left(\frac{\pi}{3}\right) + \cos x \sin\left(\frac{\pi}{3}\right)}{\cos x \cos\left(\frac{\pi}{3}\right)} = \frac{\sin x \cancel{\cos\left(\frac{\pi}{3}\right)}}{\cos x \cancel{\cos\left(\frac{\pi}{3}\right)}} + \frac{\cancel{\cos x} \sin\left(\frac{\pi}{3}\right)}{\cancel{\cos x}\cos\left(\frac{\pi}{3}\right)}$$
$$= \tan x + \tan\left(\frac{\pi}{3}\right) = \tan x + \sqrt{3} \checkmark$$

12.2   Elementare trigonometrische Gleichungen

Finden Sie alle $x \in \mathbb{R}$, für die gilt:

a) $\sin x = \dfrac{1}{2}$ b) $\cos x = -\dfrac{\sqrt{2}}{2}$ c) $\tan x = \dfrac{\sqrt{3}}{3}$ d) $\sin 3x = 1$

Lösungsskizze

Zum besseren Verständnis wird exemplarisch für a) eine sehr detaillierte Lösung angegeben:

a) Anwendung der Umkehrfunktion auf beiden Seiten:

$\arcsin(\sin x) = \arcsin(1/2) \implies$ erste Grundlösung $x_1 = \pi/6$ im Intervall $[-\frac{\pi}{2}, \frac{\pi}{2}]$ ($\hat{=}$ Wertebereich von $x \mapsto \arcsin x$).

Die Sinusfunktion ist achsensymmetrisch zu $x = \pi/2 \rightsquigarrow$ zweite Grundlösung

$$x_2 = \pi - x_1 = \pi - \pi/6 = 5\pi/6$$

$\rightsquigarrow$ dies sind alle Lösungen in einem Intervall der Länge 2π (z.B. in $[0, 2\pi]$ oder $[-\pi/2, 3\pi/2]$).

2π-Periodizität von $x \mapsto \sin x \rightsquigarrow$ alle Lösungen via periodischer Fortsetzung:

$$x = \begin{cases} \pi/6 + 2k\pi \\ 5\pi/6 + 2k\pi \end{cases}, \quad k \in \mathbb{Z}$$

b) $x_1 = \arccos\left(-\sqrt{2}/2\right) = 3\pi/4$, Symmetrie $\rightsquigarrow x_2 = 2\pi - x_1 = 2\pi - 3\pi/4 = 5\pi/4$

$$\text{Periodische Fortsetzung} \rightsquigarrow x = \begin{cases} 3\pi/4 + 2k\pi \\ 5\pi/4 + 2k\pi \end{cases}, \quad k \in \mathbb{Z}$$

c) $x_1 = \arctan\left(\sqrt{3}/3\right) = \pi/3$. Dies ist die einzige Lösung in $(-\pi/2, \pi/2)$. Wegen der π-Periodizität des Tangens folgt:

$$x = \pi/3 + k\pi, \quad k \in \mathbb{Z}$$

d) Substitution: $\tilde{x} = 3x \rightsquigarrow \sin \tilde{x} = 1 \implies \tilde{x} = \pi/2 + 2k\pi, k \in \mathbb{Z}$ Rücksubstitution:

$$3x = \pi/2 + 2k\pi \implies x = \pi/6 + 2k\pi/3, \quad k \in \mathbb{Z}$$

12.3   Trigonometrische Gleichungen

Finden Sie alle $x \in \mathbb{R}$, für die gilt:

    a) $4\sin(x/2 - 1) + 3 = 1$ b) $\sin(2x + \pi/5) = \cos(x - \pi/3)$

    c) $\sin^2 x - \cos x - 1/4$ d) $\cos^2 x - \frac{1}{2}\sin x = 2$

Lösungsskizze

a) $4\sin(x/2 - 1) + 3 = 1 \rightsquigarrow \sin(x/2 - 1) = -1/2$; Substitution: $\tilde{x} = x/2 - 1 \rightsquigarrow$ $\sin \tilde{x} = -1/2$

Somit ist $\tilde{x}_1 = \arcsin(-1/2) = -\pi/6 + 2k\pi$ und $\tilde{x}_2 = \pi - (-\pi/6) + 2k\pi = 11\pi/6 + 2k\pi$, $k \in \mathbb{Z}$.

Rücksubstitution und auflösen nach $x \rightsquigarrow x = \begin{cases} (2 - \pi/3) & + 4k\pi \\ (2 + 11\pi/3) & + 4k\pi \end{cases}$, $k \in \mathbb{Z}$

b) $\cos(x - \pi/3) = \sin(x - \pi/3 + \pi/2) = \sin(x + \pi/6)$

    $\rightsquigarrow \cos(x - \pi/3) = \sin(2x + \pi/5) \iff \sin(2x + \pi/5) = \sin(x + \pi/6)$

Substituiere $\tilde{x} := 2x + \pi/5$, setze $y = \sin(x + \pi/6) \rightsquigarrow \sin \tilde{x} = y$ und $\arcsin y = x + \pi/6$

$\rightsquigarrow$ Grundlösungen: $\tilde{x} = \begin{cases} \arcsin y + 2k\pi & = x + \pi/6 + 2k\pi \\ (\pi - \arcsin y) + 2k\pi & = 5\pi/6 - x + 2k\pi \end{cases}$, $k \in \mathbb{Z}$

Rücksubstitution und auflösen nach $x \rightsquigarrow x = \begin{cases} -\pi/30 & + 2k\pi \\ 19\pi/90 & + 2k\pi/3 \end{cases}$, $k \in \mathbb{Z}$

c) Trig. Pythagoras $\rightsquigarrow 1 - \cos^2 x - \cos x = 1/4 \rightsquigarrow \cos^2 x + \cos x = 3/4$

Substitution $\cos x = u \rightsquigarrow$ quadratische Gleichung $u^2 + u - 3/4 = 0$

Mitternachtsformel $\rightsquigarrow u_{1,2} = \dfrac{-1 \pm \sqrt{1 + 4 \cdot \frac{3}{4}}}{2} = \dfrac{-1 \pm 2}{2} = \begin{cases} -3/2 \\ 1/2 \end{cases}$

Da $u_2 < -1$, ist nur $u_1 = \frac{1}{2}$ relevant. Rücksubstitution

    $\rightsquigarrow \cos x = 1/2 \rightsquigarrow x_1 = \arcsin(1/2) = \pi/3$ und $x_2 = 2\pi - \pi/3 = 5\pi/3$

    $\implies x = \begin{cases} \pi/3 & + 2k\pi \\ 5\pi/3 & + 2k\pi \end{cases}$, $k \in \mathbb{Z}$

d) Es ist $0 \leq \cos^2 x \leq 1$ und $|\frac{1}{2}\sin x| \leq \frac{1}{2}|\sin x| \leq \frac{1}{2} \rightsquigarrow -\frac{1}{2} \leq \frac{1}{2}\sin x \leq \frac{1}{2}$ für $x \in \mathbb{R} \rightsquigarrow$

$$-\frac{1}{2} \leq \cos^2 x - \frac{1}{2}\sin x \leq \frac{3}{2}, \quad x \in \mathbb{R}$$

$\rightsquigarrow$ Gleichung unerfüllbar.

12.4 Darstellung von Sinus und Kosinus durch Tangens

Drücken Sie die Sinus- und Kosinusfunktion nur mit Hilfe der Tangensfunktion aus. Für welche $x \in \mathbb{R}$ ist das nicht möglich?

Lösungsskizze

(i) Sinus: Für $x \neq (2k+1)\frac{\pi}{2}$, $k \in \mathbb{Z}$ gilt:

$$\tan x = \frac{\sin x}{\cos x} \tag{1}$$

Ersetze mit trigonometrischen Pythagoras $x \mapsto \cos x$ durch $x \mapsto \sin x$:

$$\sin^2 x + \cos^2 x = 1 \implies \cos^2 x = 1 - \sin^2 x$$

Da allgemein $\sqrt{y^2} = |y|$ für alle $y \in \mathbb{R}$ ist, folgt:

$$|\cos x| = \sqrt{1 - \sin^2 x}$$

Sinus und Kosinus sind 2π-periodisch, Auflösen des Betrags, z.B. über $[0, 2\pi)$, ergibt:

$$\cos x = \begin{cases} \sqrt{1 - \sin^2 x} & \text{für } x \in [0, \pi/2) \cup (3\pi/2, 2\pi) \\ -\sqrt{1 - \sin^2 x} & \text{für } x \in [\pi/2, 3\pi/2] \end{cases}$$

Dies kann man periodisch auf $\mathbb{R}$ fortsetzen. Da wir aber in (1) sowieso quadrieren, brauchen wir an dieser Stelle den Betrag nicht auflösen und können $\cos x = \pm\sqrt{1 - \sin^2 x}$ schreiben $\rightsquigarrow$

$$\frac{\sin^2 x}{1 - \sin^2 x} = \tan^2 x \implies \sin^2 x = \tan^2 x - \tan^x \cdot \sin^2 x$$

$$\implies \sin^2 x \cdot (1 + \tan^2 x) = \tan^2 x$$

$$\implies \sin^2 x = \frac{\tan^2 x}{1 + \tan^2 x} \tag{2}$$

$$\implies |\sin x| = \sqrt{\frac{\tan^2 x}{1 + \tan^2 x}}$$

Wegen der 2π-Periodizität genügt es, z.B. das Intervall $[0, 2\pi)$ zu betrachten:

$\sin x \geq 0$ für $x \in [0, \pi)$ und $\sin x \leq 0$ für $x \in [\pi, 2\pi)$

Auflösung des Betrags $\rightsquigarrow$

$$\sin x = \begin{cases} \sqrt{\dfrac{\tan^2 x}{1 + \tan^2 x}}, & \text{für } x \in \left[0, \frac{\pi}{2}\right) \cup \left(\frac{\pi}{2}, \pi\right] \\[3ex] -\sqrt{\dfrac{\tan^2 x}{1 + \tan^2 x}}, & \text{für } x \in \left(\pi, \frac{3\pi}{2}\right) \cup \left(\frac{3\pi}{2}, 2\pi\right) \end{cases}$$

$$\overset{*}{=} \begin{cases} \dfrac{\tan x}{\sqrt{1 + \tan^2 x}}, & \text{für } x \in \left[0, \frac{\pi}{2}\right) \cup \left(\frac{3\pi}{2}, 2\pi\right) \\[3ex] -\dfrac{\tan x}{\sqrt{1 + \tan^2 x}}, & \text{für } x \in \left(\frac{\pi}{2}, \frac{3\pi}{2}\right) \end{cases}$$

(ii) <u>Kosinus:</u> Trigonometrischer Pythagoras $\rightsquigarrow \cos^2 x = 1 - \sin^2 x$

$$\cos^2 x \overset{(2)}{=} 1 - \frac{\tan^2 x}{1 + \tan^2 x} = \frac{1 + \tan^2 x - \tan^2 x}{1 + \tan^2 x}$$

$$= \frac{1}{1 + \tan^2 x} \quad \text{für } x \neq (2k+1)\pi/2, \ k \in \mathbb{Z}$$

$$\implies |\cos x| = \frac{1}{\sqrt{1 + \tan^2 x}} \quad \text{für } x \neq (2k+1)\pi/2, \ k \in \mathbb{Z}$$

Betrag auflösen:

$$\cos x \geq 0 \,\text{für}\, x \in [0, \pi/2] \cup [3\pi/2, 2\pi] \text{ und } \cos x \leq 0 \,\text{für}\, x \in [\pi/2, 3\pi/2] \rightsquigarrow$$

$$\cos x = \begin{cases} \dfrac{1}{\sqrt{1 + \tan^2 x}}, & \text{für } x \in \left[0, \frac{\pi}{2}\right) \cup \left(\frac{3\pi}{2}, 2\pi\right) \\[3ex] \dfrac{-1}{\sqrt{1 + \tan^2 x}}, & \text{für } x \in \left(\frac{\pi}{2}, \frac{3\pi}{2}\right) \end{cases}$$

Periodizität $\implies$

Formeln für Sinus und Kosinus sind für alle $x \in \mathbb{R}$ bis auf $x = (2k+1)\frac{\pi}{2}, \ k \in \mathbb{Z}$ gültig.

---

* $\sqrt{\tan^2 x} = |\tan x|$, Betrag auflösen: $\sqrt{\tan^2 x} = \tan x$ für $x \in [0, \pi/2) \cup (\pi, 3\pi/2)$ und $\sqrt{\tan^2} = -\tan x$ für $x \in (\pi/2, \pi) \cup (3\pi/2, 2\pi)$, aufpassen auf das „$-$" vor der Wurzel und Intervalle anpassen.

12.5 Allgemeine Sinusschwingung ⋆

Die auf ganz $\mathbb{R}$ definierte Funktion

$$f(x) = \alpha \cdot \sin(\beta \cdot x - \delta) + \gamma$$

mit Parametern $\alpha, \beta, \gamma, \delta \in \mathbb{R}$, $\alpha, \beta \neq 0$ beschreibt eine *harmonische Schwingung*. Die Größe $|\alpha|$ nennt man **Amplitude** $\mathcal{A}_f$ und das Verhältnis δ/β die **Phase** von f.

a) Bestimmen Sie die (minimale) Periode $\mathcal{P}_f$ von f.
b) Interpretieren Sie die Phase von f.
c) Begründen Sie: Es gilt $-|\alpha|+\gamma \leq f(x) \leq |\alpha|+\gamma$ für alle $x \in \mathbb{R}$. Interpretieren Sie das Ergebnis.

Lösungsskizze

a) Die Parameter α, δ, γ sind für die Periode von f irrelevant; wir setzen deshalb zur Vereinfachung $\alpha = 1$ und $\delta = \gamma = 0$.

Da die Sinusfunktion 2π-periodisch ist, folgt

$$\sin(\beta x) = \sin(\beta x + 2\pi)$$
$$= \sin\left(\beta\left(x + \frac{2\pi}{\beta}\right)\right),$$

also $f(x) = f\left(x + \frac{2\pi}{\beta}\right)$ für alle $x \in \mathbb{R}$, und damit ist $\left|\frac{2\pi}{\beta}\right|$ *eine* Periode von f.

Wählen wir $\varepsilon \in \left(0, \left|\frac{2\pi}{\beta}\right|\right)$ (beachte, dass β auch negativ sein kann), dann ist

$$\sin\left(\beta\left(x + \frac{2\pi}{\beta} - \varepsilon\right)\right) = \sin(\beta x + 2\pi - \beta\varepsilon) \neq \sin(\beta x),$$

da wegen $|\beta\varepsilon| \in (0, 2\pi)$ offenbar $|2\pi - \beta\varepsilon| < 2\pi$ und $\mathcal{P}_{\sin} = 2\pi$ ist. Somit kann f keine kleinere Periode als $\left|\frac{2\pi}{\beta}\right|$ besitzen.

b) Es ist $f(x) = \alpha \cdot \sin(\beta x - \delta) + \gamma = \alpha \cdot \sin\left(\beta\left(x - \frac{\delta}{\beta}\right)\right) + \gamma$. Die Phase lässt sich somit als Verschiebung des Graphs von $x \mapsto \alpha\sin(\beta x) + \gamma$ um δ/β in x-Richtung interpretieren.

c) Es gilt $|\sin(x)| \leq 1$ für alle $x \in \mathbb{R}$. Daraus folgt:

$$|\alpha\sin(\beta x - \delta)| \leq |\alpha| \iff -|\alpha| \leq \alpha\sin(\beta x - \delta) \leq |\alpha|$$
$$\iff -|\alpha| + \gamma \leq \alpha\sin(\beta x - \delta) + \gamma \leq |\alpha| + \gamma$$
$$\iff -|\alpha| + \gamma \leq f(x) \leq |\alpha| + \gamma$$

Interpretation: Da f stetig ist, folgt daraus $W_f = [-|\alpha| + \gamma, |\alpha| + \gamma]$.

12.6   Konkrete Sinusschwingung

Bestimmen Sie die Amplitude $\mathcal{A}_f$, Periode $\mathcal{P}_f$, Phasenverschiebung und den Wertebereich W_f von

$$f(x) = 1 + 2\sin\left(\frac{2}{3}x - \frac{\pi}{2}\right).$$

Fertigen Sie anschließend eine Skizze an und machen Sie sich klar, wie man ausgehend vom Graph der Funktion $x \mapsto \sin x$ den Graph von f erhält.

Lösungsskizze

(i) Amplitude und Periode, Phase und W (vgl. Aufg. 12.5)

$$\leadsto \mathcal{A}_f = 2,\ \mathcal{P}_f = \frac{2\pi}{2/3} = 3\pi$$

Wegen $\gamma = 1$ gilt für alle $x \in \mathbb{R}$:

$$-\mathcal{A}_f + \gamma \leq f(x) \leq \mathcal{A}_f + \gamma \implies -1 \leq f(x) \leq 3$$

$\leadsto$ Wertebereich $W_f = [-1, 3]$. Die Phase beträgt $\delta/\beta = \dfrac{\pi}{2} \cdot \dfrac{3}{2} = \dfrac{3\pi}{4}$.

(ii) Skizze: G_f erhält man ausgehend vom Graph von $x \mapsto \sin x$ via:

1. Verschiebung um δ/β nach rechts in x-Richtung $\leadsto$ $\sin\left(x - \frac{3\pi}{4}\right)$

2. Skalierung des sin-Arguments mit dem Faktor $\beta = 2/3$ $\leadsto$ $\sin\left(\frac{2}{3}x - \frac{\pi}{2}\right)$

3. Multiplikation von $\sin(\ldots)$ mit $\alpha = 2$ $\leadsto$ $2\sin\left(\frac{2}{3}x - \frac{\pi}{2}\right)$

4. Verschiebung um $\gamma = 1$ in y-Richtung nach oben $\leadsto$ $f(x)$

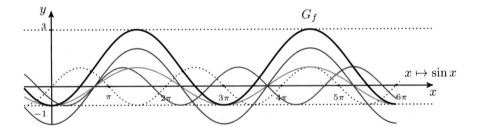

Bemerkung: Die Reihenfolge der Variationen ist irrelevant.

12.7 Periode trigonometrischer Funktionen

Bestimmen Sie die (minimale) Periode $\mathcal{P}_f$ der folgenden Funktionen:

a) $f(x) = 2\sin x \cos x$ b) $f(x) = \sin(3x/2) + \tan 3x$ c) $f(x) = \exp(\cos^2 x)$

Lösungsskizze

a) Mit dem Additionstheorem für den Sinus folgt

$$\sin 2x = \sin(x + x) = \sin x \cos x + \sin x \cos x = 2\sin x \cos x$$

und damit $\mathcal{P}_f = \dfrac{2\pi}{2} = \pi$ (vgl. Aufg. 12.5).

b) Minimale Periode von $f_1(x) := \sin(3x/2)$ ist $\mathcal{P}_f = \dfrac{2\pi}{3/2} = 4\pi/3$, und die minimale Periode von $f_2(x) := \tan 3x$ ist $\mathcal{P}_{f_2} = \pi/3$

$\rightsquigarrow \mathcal{P}_{f_1}$ ist als ganzzahliges Vielfaches von $\mathcal{P}_{f_2}$ ebenfalls Periode von f_2*

$$\implies \mathcal{P}_f = \mathcal{P}_{f_1} = \frac{4\pi}{3}.$$

c) Mit dem Additionstheorem des Kosinus folgt

$$\begin{aligned}
\cos 2x &= \cos(x + x) = \cos^2 x - \sin^2 x \\
&= \cos^2 x - (1 - \cos^2 x) = 2\cos^2 x - 1 \\
\implies \cos^2 x &= \frac{1}{2}(\cos(2x) + 1)
\end{aligned} \tag{1}$$

und mit $\mathcal{P}_{\cos 2x} = \pi$ folgt $\mathcal{P}_f = \pi$.

Alternative: Direkte Rechnung unter Ausnutzung von (1):

$$\begin{aligned}
f(x + \pi) &= \exp(\cos^2(x + \pi)) \overset{(1)}{=} \exp\left(\frac{1}{2}(\cos(2(x + \pi)) + 1)\right) \\
&= \exp\left(\frac{1}{2}(\cos(2x) + 1)\right) = \exp(\cos^2 x) = f(x), \ x \in \mathbb{R}
\end{aligned}$$

$\implies \mathcal{P}_f = \pi$

---

* Ist $x \mapsto g(x)$ eine Funktion mit Periode p, dann gilt für $k \in \mathbb{Z}$ mit $k \neq 0$:

$$\begin{aligned}
g(x + kp) &= g((x + (k-1)p) + p) = g(x + (k-1)p) \\
&= g((x + (k-2)p) + p)) \\
&= \ldots = g(x)
\end{aligned}$$

$\implies |kp|$ ist ebenfalls Periode von g. Oder kurz und knapp: „Ein ganzzahliges Vielfaches einer Periode ist ebenfalls eine Periode."

12.8   Rechnen mit den Arkusfunktionen

Geben Sie den Definitionsbereich der folgenden Funktionen an und vereinfachen Sie die Funktionsterme so weit wie möglich:

a) $f(x) = \cos^2(\arcsin x) + \sin^2(\arccos x)$ b) $f(x) = \dfrac{1}{\cos(\arcsin x)}$

c) $f(x) = \sin(\arctan x) + \tan^2(\arccos x)$ d) $f(x) = \cos^2(\arctan x)$

Lösungsskizze

> Trigonometrischer Pythagoras:
>
> Es gilt $\cos^2 y = 1 - \sin^2 y$ und $\sin^2 y = 1 - \cos^2 y$ bzw.
>
> $$|\sin y| = \sqrt{1 - \cos^2 y} \quad \text{und} \quad |\cos y| = \sqrt{1 - \sin^2 y}$$
>
> für alle $y \in \mathbb{R}$.

a) $x \mapsto \arcsin x$ und $x \mapsto \arccos x$ sind für $-1 \leq x \leq 1$ definiert $\rightsquigarrow D_f = [-1, 1]$

$$
\begin{aligned}
f(x) &= \cos^2(\arcsin x) + \sin^2(\arccos x) \\
&= 1 - \sin^2(\arcsin x) + 1 - \cos^2(\arccos x) \\
&= 1 - x^2 + 1 - x^2 = 2 - 2x^2 \quad \text{für} -1 \leq x \leq 1.
\end{aligned}
$$

b) $x \mapsto \arcsin x$ ist die Umkehrfunktion von $x \mapsto \sin x$ mit $D = [-\pi/2, \pi/2]$, somit ist $D_{\arcsin} = [-1, 1]$ und $W_{\arcsin} = [-\pi/2, \pi/2]$.

Außerdem ist $\arcsin(-1) = -\pi/2$ und $\arcsin(1/2) = \pi/2 \rightsquigarrow \cos(\pm \pi/2) = 0 \implies D_f = (-1, 1)$

$$
\begin{aligned}
f(x) &= \frac{1}{\cos(\arcsin x)} \\
&\overset{*}{=} \frac{1}{\sqrt{1 - \sin^2(\arcsin x)}} \\
&= \frac{1}{\sqrt{1 - x^2}}, \quad \text{für} -1 \leq x \leq 1.
\end{aligned}
$$

c) $D_{\arctan} = \mathbb{R}$. Also ist $x \mapsto \sin(\arctan x)$ auch für $x \in \mathbb{R}$ definiert und $D_{\arccos} = [-1, 1]$.

Der Tangens $x \mapsto \tan x$ ist auf $(0, \pi)$ $(= W_{\arccos})$ für $x = \pi/2$ nicht definiert.

Wegen $\arccos(0) = \pi/2$ folgt $D_f = (-1, 0) \cup (0, 1)$

$$
\begin{aligned}
f(x) \;&=\; \sin(\arctan x) + \tan^2(\arccos x) \\[2mm]
&\overset{12.4(\mathrm{i})}{=}\; \frac{\tan(\arctan x)}{\sqrt{1 + \tan^2(\arctan x)}} + \frac{\sin^2(\arccos x)}{\cos^2(\arccos x)} \\[2mm]
&=\; \frac{x}{1 + x^2} + \frac{1 - \cos^2(\arccos x)}{x^2} \\[2mm]
&=\; \frac{x}{\sqrt{1 + x^2}} + \frac{1 - x^2}{x^2} \quad \text{für } x \in (-1, 0) \cup (0, 1)
\end{aligned}
$$

d) $D_{\arctan} = \mathbb{R}$ und $x \mapsto \cos x$ ist für alle $x \in \mathbb{R}$ definiert, somit ist $D_f = \mathbb{R}$. Aus 12.4(ii) wissen wir

$$
\cos^2 x = \frac{1}{1 + \tan^2 x} \quad \text{für} \quad x = (2k + 1)\pi/2,\ k \in \mathbb{Z}.
$$

Da aber ohnehin $-\pi/2 < \arctan x < \pi/2$ für alle $x \in \mathbb{R}$ ist, d.h.

$$
W_{\arctan} = (-\pi/2,\, \pi/2),
$$

folgt:

$$
f(x) = \cos^2(\arctan x) = \frac{1}{1 + \tan^2(\arctan x)} = \frac{1}{1 + x^2} \quad \text{für } x \in \mathbb{R}
$$

---

* Trigonometrischer Pythagoras $\rightsquigarrow |\cos y| = \sqrt{1 - \sin^2 y}$; für $y = \arcsin x$ gilt $-\pi/2 \leq y \leq \pi/2$ und somit $\cos y \geq 0 \implies \cos y = \sqrt{1 - \sin^2 y}.$ ✓

12.9   Nichtperiodische trigonometrische Funktion ⋆

Die auf ganz $\mathbb{R}$ definierte Funktion

$$f(x) = \cos(x^2 + 1)$$

besitzt *keine* Periode. Begründen Sie diese Behauptung.

Lösungsskizze

Angenommen, es gibt eine feste reelle Zahl $p > 0$, so dass

$$f(x + p) = f(x)$$

für alle $x \in \mathbb{R}$ ist, dann gilt:

$$\cos((x + p)^2 + 1) = \cos(x^2 + 1)$$

Setzen wir $\tilde{x} = (x + p)^2 + 1 = x^2 + 2xp + p^2 + 1$ und $y = \cos(x^2 + 1)$, so erhalten wir die trigonometrische Gleichung

$$\cos \tilde{x} = y$$

mit den Lösungen:

$$\tilde{x} = \begin{cases} x^2 + 2xp + p^2 + 1 = x^2 + 1 + 2k\pi \\ x^2 + 2xp + p^2 + 1 = (2\pi - x^2 - 1) + 2k\pi \end{cases} , \quad k \in \mathbb{Z}$$

$\leadsto$ für jedes $k \in \mathbb{Z}$ und $x \in \mathbb{R}$ erhalten wir zwei quadratische Gleichungen für p:

$$p^2 + 2xp - 2k\pi = 0 \quad (1)$$
$$p^2 + 2xp + 2(x^2 + 1 - \pi(1 + k)) = 0 \quad (2)$$

Mitternachtsformel $\leadsto$

$$(1) \leadsto p_{1,2} = -x \pm \sqrt{x^2 + 2k\pi}, \quad (2) \leadsto p_{1,2} = -x \pm \sqrt{2\pi(1 + k) - x^2 - 2}$$

Ohne genau zu untersuchen, für welche x und k überhaupt Lösungen existieren, sehen wir in jedem Fall, dass p von x abhängt. ⚡

Dies widerspricht der Annahme, dass p eine fest gewählte Zahl sei. Daraus folgt die Behauptung.

12.10 Checkliste: Trigonometrische Funktionen

12.10.1 Mögliche Definitionen der trigonometrischen Funktionen

Der aus der Schule geläufige und anschauliche Weg gelingt geometrisch über das *Bogenmaß* eines Winkels im Einheitskreis, welchen wir hier kurz skizzieren:

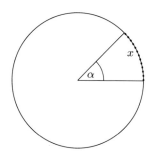

Am Einheitskreis lässt sich zu jedem Winkel im Gradmaß $\alpha \in [0°, 360°]$ via

$$x = \frac{\pi}{180°}\alpha$$

eine reelle Zahl $\in [0, 2\pi]$ zuordnen (Winkel im Bogenmaß), welche genau der Länge des Bogens des entsprechenden Kreissektors entspricht.

Aus der Elementargeometrie folgt damit am rechtwinkligen Dreieck im Einheitskreis mit Hypotenuse $h = 1$, Ankathete a_x und Gegenkathete g_x für $x \in [0, \pi/2]$:

$$\sin x = \frac{g_x}{h} = g_x$$

$$\cos x = \frac{a_x}{h} = a_x$$

$$\tan x = \frac{g_x}{a_x} = \frac{\sin x}{\cos x}, \, x \neq \frac{\pi}{2}$$

Für die Koordinaten von P erhalten wir $P = (x_1, x_2) = (\sin x, \cos x)$.

Diese Überlegungen lassen sich zunächst elementargeometrisch auch für Werte in $x \in [0, 2\pi]$ erweitern.

Insbesondere kann man sich durch elementare Trigonometrie (vgl. Aufg. 4.2) die Funktionswerte zu speziellen und häufig genutzten x-Werten exakt berechnen:

x	0	$\pi/6$	$\pi/4$	$\pi/3$	$\pi/2$	$3\pi/4$	π
$\sin x$	0	$1/2$	$\frac{1}{2}\sqrt{2}$	$\frac{1}{2}\sqrt{3}$	1	$\frac{1}{2}\sqrt{2}$	0
$\cos x$	1	$\frac{1}{2}\sqrt{3}$	$\frac{1}{2}\sqrt{2}$	$1/2$	0	$-\frac{1}{2}\sqrt{2}$	-1
$\tan x$	0	$\frac{1}{3}\sqrt{3}$	1	$\sqrt{3}$	–	-1	0

Bewegt man den Punkt $P = (\cos x, \sin x)$ mit oder gegen den Uhrzeigersinn (= mathematisch positiv) und mit mehreren Umläufen auf der Kreisbahn, so gilt anschaulich offenbar für $x \in \mathbb{R}$

$$\sin(x + 2k\pi) = \sin x, \quad \cos(x + 2k\pi) = \cos x, \quad k \in \mathbb{Z}.$$

Tragen wir die entsprechenden Werte in ein xy-Koordinatensystem ein, so haben wir uns die Sinus- und Kosinusfunktion

$$\boxed{x \mapsto \sin x \quad \text{und} \quad x \mapsto \cos x}$$

für beliebige $x \in \mathbb{R}$ zumindest anschaulich klargemacht:

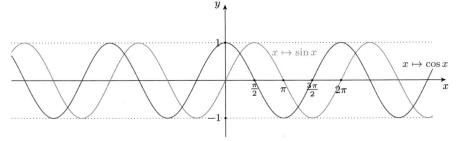

Analog erhält man $x \mapsto \tan x$ mit

$$\tan x = \tan(x + k\pi), \quad x \neq (2k+1)\frac{\pi}{2}, \, k \in \mathbb{Z}.$$

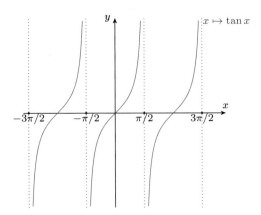

Dieser Zugang ist zwar anschaulich intuitiv, aber aus Sicht der Analysis streng genommen nicht unproblematisch, da die fundierte analytische Betrachtung z.B. den Begriff des Kurvenintegrals ($\leadsto$ bijektive Abbildung der Länge des Kreisbogenstücks auf Winkel im Gradmaß) benötigt.

Alternative rein analytische Zugänge gelingen z.b. über Potenzreihen (vgl. Abschn. 16.11.4). So kann z.b. die Sinusfunktion durch eine unendliche Reihe dargestellt werden:

$$\sin x = \sum_{k=0}^{\infty} (-1)^k \frac{x^{2k+1}}{(2k+1)!}$$

Oder nach der Einführung der komplexen Zahlen $\mathbb{C}$ kann man die *Euler'sche Identität*[1]

$$\exp(\mathrm{i}x) = \cos x + \mathrm{i}\sin x \quad [2]$$

nachvollziehen, welche einen fundamentalen Zusammenhang der natürlichen Exponentialfunktion $\exp(x) = \mathrm{e}^x$ mit den trigonometrischen Funktionen im Komplexen darstellt.

Aus beiden rein analytischen Zugängen erhält man genauso wie vom elementar geometrischen Zugang alle Eigenschaften und Rechneregeln der trigonometrischen Funktionen $\sin x, \cos x, \tan x = \dfrac{\sin x}{\cos x}$ (und von $\exp(x)$).

12.10.2 Elementare Eigenschaften der trigonometrischen Funktionen

Für $k \in \mathbb{Z}$ gilt:

Funktionsgleichung	$f(x) = \sin x$	$f(x) = \cos x$	$f(x) = \tan x$
Definitionsbereich D_f	$\mathbb{R}$	$\mathbb{R}$	$\mathbb{R} \setminus \{x \mid \cos x = 0\}$
Wertebereich W_f	$[-1, 1]$	$[-1, 1]$	$\mathbb{R}$
Periode $\mathcal{P}_f$	2π	2π	π
Nullstellen	$x_k = k\pi$	$x_k = (2k+1)\frac{\pi}{2}$	$x_k = k\pi$
maximale Stellen	$\frac{\pi}{2} + 2k\pi$	$2k\pi$	$-$
minimale Stellen	$\frac{3\pi}{2} + 2k\pi$	$(2k+1)\pi$	$-$

---

[1] Lehonard Euler (1707–1783), Schweizer Mathematiker und Universalgelehrter.
[2] $\mathrm{i} = (0, 1) \in \mathbb{C}$ imaginäre Einheit

■ **Trigonometrischer Pythagoras**

Aus dem Satz des Pythagoras erhält man am Einheitskreis unmittelbar:

$$\boxed{\sin^2 x + \cos^2 x = 1 \quad \text{für alle } x \in \mathbb{R}}$$

■ **Symmetrie trigonometrischer Funktionen**

Für $x \in \mathbb{R}$ gilt:

> (i) $\sin(-x) \;=\; -\sin x$ (ungerade)
>
> (ii) $\cos(-x) \;=\; \cos x$ (gerade)
>
> (iii) $\tan(-x) \;=\; -\tan x$ für $x \neq \frac{(2k+1)\pi}{2}$, $k \in \mathbb{Z}$ (ungerade)

■ **Additionstheoreme**

Für $x, y \in \mathbb{R}$ gilt:

> (i) $\sin(x \pm y) \;=\; \sin x \cdot \cos y \pm \sin y \cdot \cos x$
>
> (ii) $\cos(x \pm y) \;=\; \cos x \cdot \cos y \mp \sin x \cdot \sin y$

Daraus folgt z.B. mit $x = y$:

$$\sin(2x) \;=\; 2 \sin x \cos x$$
$$\cos(2x) \;=\; \cos^2 x - \sin^2 x \;=\; 1 - 2\sin^2 x \;=\; 2\cos^2 x - 1$$

■ **Verschiebungsformeln**

Für alle $x \in \mathbb{R}$ gilt:

> (i) $\sin(x + \pi/2) \;=\; \cos x$
>
> (ii) $\sin(x + \pi) \;=\; -\sin x$
>
> (iii) $\cos(x + \pi/2) \;=\; -\sin x$
>
> (iv) $\cos(x + \pi) \;=\; -\cos x$

12.10.3 Die Arkusfunktionen

Für $x \in [-\pi/2, \pi/2]$ ist $x \mapsto \sin x$ streng monoton ($\rightsquigarrow$ bijektiv), also eindeutig umkehrbar.

Genauso $x \mapsto \cos x$ für $x \in [0, \pi]$ und $x \mapsto \tan x$ für $x \in (-\pi/2, \pi/2)$.

Natürlich könnte man auch andere Intervalle, auf denen strenge Monotonie herrscht und die den Wertebereich abdecken, wählen.

Deswegen nennt man die Umkehrfunktionen auf diesen speziell in der Nähe der 0 gewählten Intervalle auch *Hauptzweige* der entsprechenden Arkusfunktionen:

- Umkehrfunktion von $x \mapsto \sin x$ für $x \in [-\pi/2, \pi/2]$

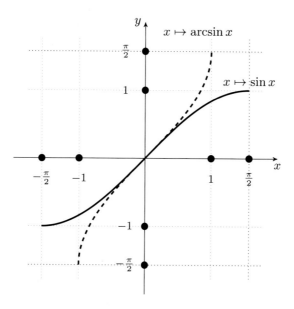

Hauptzweig des Arkussinus: $x \mapsto \arcsin x$

mit $D_{\arcsin} = [-1, 1]$ und $W_{\arcsin} = [-\pi/2, \pi/2]$

- Umkehrfunktion von $x \mapsto \cos x$ für $x \in [0, \pi]$

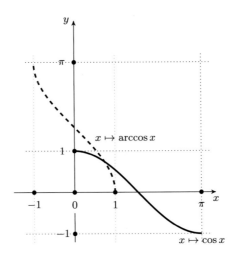

Hauptzweig des Arkuskosinus: $x \mapsto \arccos x$

mit $D_{\text{arccos}} = [-1, 1]$ und $W_{\text{arccos}} = [0, \pi]$

- Umkehrfunktion von $x \mapsto \tan x$ für $x \in (-\pi/2, \pi/2)$

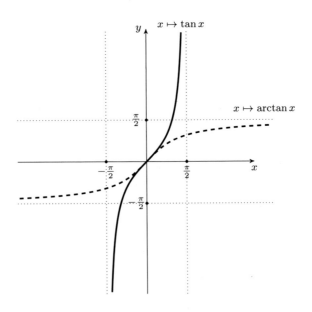

Hauptzweig des Arkustangens: $x \mapsto \arctan x$

mit $D_{\text{arctan}} = \mathbb{R}$ und $W_{\text{arctan}} = (-\pi/2, -\pi/2)$

12.10.4 Lösen elementarer trigonometrischer Gleichungen

- **Lösung der Gleichung** $\sin x = y$

Welche $x \in \mathbb{R}$ lösen die Gleichung $\sin x = y$?

Zunächst findet man für $-1 \leq y \leq 1$:[3]

$$x_1 = \arcsin y.$$

Eine weitere Lösung erhält man wegen $\sin(\pi - x) = \sin x$ somit durch

$$x_2 = \pi - x_1.$$

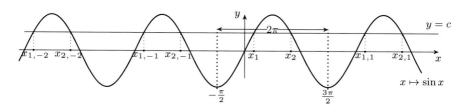

Sämtliche Lösungen der Gleichung $\sin x = y$ erhält man somit in der Form

$$x = \begin{cases} x_{1,k} &= \arcsin y + 2k\pi \\ x_{2,k} &= (\pi - \arcsin y) + 2k\pi \end{cases} \quad k \in \mathbb{Z}.$$

- **Lösung der Gleichung** $\cos x = y$

Analog zu den Überlegungen beim Sinus erhalten wir sämtliche Lösungen der Gleichung

$$y = \cos x, \quad y \in [-1, 1]$$

via

$$x_1 = \arccos y, \quad x_2 = 2\pi - x_1$$

mit

---

[3]Für $y > 1$ oder $y < -1$ kann es keine Lösung geben. Anschaulich: Es gibt keine Schnittpunkte vom Sinusgraph mit einer Geraden $y = c$ für $c < -1$ oder $c > 1$.

$$x = \begin{cases} x_{1,k} = \arccos y + 2k\pi \\ x_{2,k} = (2\pi - \arccos y) + 2k\pi \end{cases} k \in \mathbb{Z}.$$

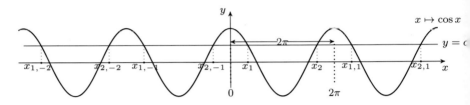

■ **Lösung der Gleichung** $\tan x = y$

Eine Grundlösung der Gleichung

$$\tan x = y, \quad y \in \mathbb{R}$$

erhält man durch den Arkustangens via $x_1 = \arctan y$.

Dies ist die eindeutige Lösung innerhalb eines Intervalls der Länge π ($\hat{=}$ Periode des Tangens). Somit erhalten wir alle Lösungen durch Verschiebung um ganzzahlige Vielfache von π:

$$x_{1,k} = \arctan y + k\pi \quad k \in \mathbb{Z}$$

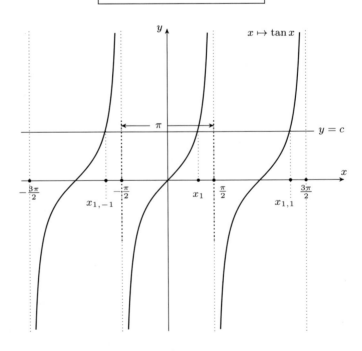

13 Grenzwert und Stetigkeit

Übersicht

© Springer-Verlag GmbH Deutschland, ein Teil von Springer Nature 2021
A. Keller, *Aufgaben und Lösungen zur Mathematik für den Studienstart*,
https://doi.org/10.1007/978-3-662-63628-2_13

13.1   Grenzwerte von Funktionen

a) $\lim\limits_{x\to\pm\infty} -2x^5 + 6x^4 - x^3 + 1$ b) $\lim\limits_{x\to\pm\infty} \dfrac{x^2 - 2x + 3}{3x^3 + 5x^2 - 1}$

c) $\lim\limits_{x\to\pm\infty} \left(\dfrac{1}{2}\right)^x$; $\lim\limits_{x\to\infty} \log_{1/3} x$ d) $\lim\limits_{x\to\infty} \sin\left(\dfrac{\pi x^5 + 4x^3 + x^2 + 8}{4x^5 + \frac{4}{\pi}x^2}\right)$

Lösungsskizze

a) $x \mapsto -2x^5 + 6x^4 - x^3 + 1$, Polynom vom Grad 5 $\rightsquigarrow$ nur das Verhalten der höchsten Potenz von x und das Vorzeichen des Leitkoeffizienten $x \mapsto -2x^5$ spielen für $x \to \pm\infty$ eine Rolle:

$$\lim_{x\to\pm\infty} -2x^5 + 6x^4 - x^3 + 1 = \lim_{x\to\pm\infty} -2x^5 = \text{,,}-2\cdot(\pm\infty)\text{''} = \mp\infty$$

b) Zweierpotenz von x jeweils ausklammern (oder Zähler und Nenner analog zu a) behandeln) und kürzen $\rightsquigarrow$

$$\lim_{x\to\pm\infty} \frac{x^2 - 2x + 3}{3x^3 + 5x - 1} = \lim_{x\to\pm\infty} \frac{x^2\overbrace{(1 - 2/x + 3/x^2)}^{\to 1}}{x^2\underbrace{(3x + 5}_{\to\pm\infty} - \underbrace{1/x^2)}_{\to 0}} = \text{,,}\frac{1}{\pm\infty}\text{''} = 0\pm$$

c) Grenzverhalten von $x \mapsto \log_a x$ und $x \mapsto a^x$ kann wegen $\boxed{a^x = e^{\ln(a)x}}$ und $\boxed{\log_a x = \ln x / \ln a}$ über das Grenzverhalten von $x \mapsto e^x = \exp(x)$ und $x \mapsto \ln x$ bestimmt werden:

(i) $\lim\limits_{x\to\infty} \left(\dfrac{1}{2}\right)^x = \lim\limits_{x\to\infty} \exp\left(\underbrace{\overbrace{\ln(1/2)}^{\to-\infty}\cdot x}_{<0}\right) \overset{\text{,,}e^{-\infty}\text{''}}{=} 0$

(ii) $\lim\limits_{x\to-\infty} \left(\dfrac{1}{2}\right)^x = \lim\limits_{x\to\infty} \left(\dfrac{1}{2}\right)^{-x} = \lim\limits_{x\to\infty} 2^x = \lim\limits_{x\to\infty} \exp\left(\underbrace{\overbrace{\ln(2)}^{\to\infty}\cdot x}_{>0}\right) \overset{\text{,,}e^{\infty}\text{''}}{=} \infty$

(iii) $\lim\limits_{x\to\infty} \log_{1/3} x = \lim\limits_{x\to\infty} \dfrac{\overbrace{\ln x}^{\to\infty}}{\underbrace{\ln 1/3}_{<0}} = -\infty$

d) $x \mapsto \sin x$ stetig $\rightsquigarrow$ „lim kann in den Sinus gezogen werden":

$$\lim_{x\to\infty} \sin\left(\frac{\pi x^5 + 4x^3 + x^2 + 8}{4x^5 + \frac{4}{\pi}x^2}\right) = \sin\left(\lim_{x\to\infty} \frac{x^5\cdot\overbrace{(\pi + 4/x^2 + 1/x^3 + 8/x^5)}^{\to 0}}{x^5\cdot\underbrace{(4 + 4/\pi x^3)}_{\to 0}}\right)$$

$$= \sin\left(\frac{\pi}{4}\right) = \frac{\sqrt{2}}{2}$$

13.2 Links- und rechtsseitiger Grenzwert

Bestimmen Sie den links- bzw. rechtsseitigen Grenzwert $f(x_0\pm) = \lim\limits_{x \to x_0\pm} f(x)$:

a) $f(x) = \dfrac{x^2 - 1}{x^2 - 4}$, $x_0 = 2$ b) $f(x) = \dfrac{x^5 - x + 4}{2x^3 - 2x^2 + 1}$, $x_0 = -1$

c) $f(x) = \dfrac{1}{1 - e^{1/x}}$, $x_0 = 0$ d) $f(x) = \ln|x - 1|^{-1}$, $x_0 = 1$

Existiert der Grenzwert $\lim\limits_{x \to x_0} f(x)$?

Lösungsskizze

a) $f(2-) = \lim\limits_{x \to 2-} \dfrac{x^2 - 1}{x^2 - 4} = \lim\limits_{x \to 2-} \dfrac{x^2 - 1}{\underbrace{(x - 2)}_{\to 0-}\underbrace{(x + 2)}_{\to 4}} = \text{„}\dfrac{3}{0-}\text{“} = -\infty$

$\quad f(2+) = \lim\limits_{x \to 2+} \dfrac{x^2 - 1}{x^2 - 4} == \lim\limits_{x \to 2+} \dfrac{x^2 - 1}{\underbrace{(x - 2)}_{\to 0+}\underbrace{(x + 2)}_{\to 4}} = \text{„}\dfrac{3}{0+}\text{“} = +\infty$

$\rightsquigarrow$ f konvergiert in $x_0 = 2$ links- und rechtsseitig uneigentlich, $f(2-) \neq f(2+) \implies \not\exists \lim\limits_{x \to 2} f(x)$ (auch nicht uneigentlich).

b) Nenner $\neq 0$ für $x_0 = -1 \implies f$ stetig in $x_0 = -1$, d.h. $\lim\limits_{x \to -1} f(x) = f(x_0)$:

$\lim\limits_{x \to -1} \dfrac{x^5 - x + 4}{2x^3 - 2x^2 + 1} = \dfrac{(-1)^5 - (-1) + 4}{2(-1)^3 - 2(-1)^2 + 1} = \dfrac{-1 + 1 + 4}{-2 - 2 + 1} = -\dfrac{4}{3}$

Grenzwert existiert $\implies$ links- und rechtsseitiger Grenzwert stimmen überein

$\rightsquigarrow -4/3 = \lim\limits_{x \to -1} f(x) = f(-1-) = f(-1+)$.

c) $f(0-) = \lim\limits_{x \to 0-} \dfrac{1}{1 - \exp(\underbrace{1/x}_{\to -\infty})} = \text{„}\dfrac{1}{1 - e^{-\infty}} = \dfrac{1}{1 - 0}\text{“} = 1$

$\quad f(0+) = \lim\limits_{x \to 0+} \dfrac{1}{1 - \exp(\underbrace{1/x}_{\to \infty})} = \text{„}\dfrac{1}{1 - e^{\infty}} = \dfrac{1}{1 - \infty} = \dfrac{1}{-\infty}\text{“} = 0-$

Einseitige Grenzwerte existieren, aber $f(0-) \neq f(0+) \implies \not\exists \lim\limits_{x \to 0} f(x)$.

d) $\ln|x - 1|^{-1} = -\ln|x - 1|$:

$f(0-) = \lim\limits_{x \to 1-} -\ln|x - 1| = \lim\limits_{x \to 1-} -\ln\underbrace{(1 - x)}_{\to 0+} = \text{„}-(-\infty)\text{“} = \infty$

$f(0+) = \lim\limits_{x \to 1+} -\ln|x - 1| = \lim\limits_{x \to 1+} -\ln\underbrace{(x - 1)}_{\to 0+} = \text{„}-(-\infty)\text{“} = \infty$

$\rightsquigarrow$ uneigentlicher links- und rechtsseitiger Grenzwert stimmen überein $\implies$ $\lim\limits_{x \to -1} f(x) = \infty$, uneigentlicher Grenzwert existiert.

13.3 Stetigkeit

Für welche $x \in \mathbb{R}$ sind die angegebenen Funktionen stetig?

$$\text{a)} \quad f(x) = 3x^4 + 2x^2 - 2 \qquad \text{b)} \quad f(x) = \frac{4x^5 - 2x^2 + x}{x^3 - 5x^2 + 8x - 4}$$

$$\text{c)} \quad \sin(\cos(x^3 + 1)) \cdot 2^{2x+1} \qquad \text{d)} \quad f(x) = \frac{\sqrt{\sin^2 x}}{\ln(1 - x^2)}$$

Lösungsskizze

a) Allgemein ist jedes Polynom auf ganz $\mathbb{R}$ stetig, f ist Polynom vom Grad $4 \rightsquigarrow f$ auf maximalem Definitionsbereich $D = \mathbb{R}$ stetig.

b) Ganzrationale Funktion, Zähler und Nenner sind Polynome $\rightsquigarrow f$ nur in eventuellen Definitionslücken nicht stetig.

Nullstellen vom Nenner $x^3 - 5x^2 + 8x - 4$: Sinnvolles probieren (vgl. Abschn. 10.7.3) $\rightsquigarrow x_1 = 2$, Polynomdivision:

$$
\begin{array}{l}
\left(\quad x^3 - 5x^2 + 8x - 4\right) \div \left(x - 2\right) = x^2 - 3x + 2 \\
\underline{\;-\,x^3 + 2x^2} \\
-\,3x^2 + 8x \\
\underline{3x^2 - 6x} \\
2x - 4 \\
\underline{-\,2x + 4} \\
0
\end{array}
$$

$x^2 - 3x + 2 = 0$: Mitternachtsformel $\rightsquigarrow x_2 = 1$; $x_3 = 2$ (oder scharfes Hinsehen) $\rightsquigarrow f$ für alle $x \in D = \mathbb{R} \setminus \{1, 2\}$ stetig

c) Funktionen $x \mapsto \sin x$; $x \mapsto \cos x$; $x \mapsto x^3 + 1$; $x \mapsto 2^{2x+1}$ sind für alle $x \in \mathbb{R}$ definiert und stetig $\rightsquigarrow f$ ist als Komposition und Verknüpfung (ohne Division) dieser stetigen Funktionen für alle $x \in \mathbb{R}$ definiert und auch stetig.

d) Argument von $\sqrt{\cdot} \stackrel{!}{\geq} 0$: $x \mapsto \sin^2 x \geq 0$ für alle $x \in \mathbb{R} \rightsquigarrow$ Nenner als Komposition stetiger Funktionen mit Definitionsbereich $\mathbb{R}$ überall stetig

Argument von $\ln(\cdot) \stackrel{!}{>} 0$: $1 - x^2 > 0 \iff -1 < x < 1$

Zähler $\neq 0$: $\ln(1 - x^2) = 0 \iff 1 - x^2 = 1 \iff x = 0$

$\rightsquigarrow f$ für $x \in D = (-1, 0) \cup (0, 1)$ stetig

13.4 Klassifikation von Unstetigkeit (stetige Ergänzung)

Untersuchen Sie, welche Art von Unstetigkeit an der Stelle x_0 bzw. Nahtstelle bei b) vorliegt. Geben sie ggf. die stetige Ergänzung an.

a) $f(x) = \dfrac{x^3 - 3x^2 + 2x}{x^2 - 5x + 4}$, $x_0 = 2$
b) $f(x) = \begin{cases} (2x - |x|)/x & \text{für } x \neq 0 \\ 2 & \text{für } x = 0 \end{cases}$

c) $f(x) = \dfrac{1}{e^{1/x}}$, $x_0 = 0$
d) $f(x) = \sin\left(\dfrac{1}{x}\right)$, $x_0 = 0$

Lösungsskizze

a) $x_0 = 2$ ist Nullstelle von Zähler und Nenner $\rightsquigarrow$ Linearfaktor $(x-1)$ lässt sich kürzen:

$$
\begin{array}{l}
(\quad x^3 - 3x^2 + 2x\;) \div (x-1) = x^2 - 2x \\
\underline{-\ x^3\ +\ x^2} \\
\quad\ -2x^2 + 2x \\
\quad\ \underline{2x^2 - 2x} \\
\qquad\qquad 0
\end{array}
\qquad
\begin{array}{l}
(\quad x^2 - 5x + 4\;) \div (x-1) = x - 4 \\
\underline{-\ x^2\ +\ x} \\
\quad\ -4x + 4 \\
\quad\ \underline{4x - 4} \\
\qquad\quad 0
\end{array}
$$

$$f(x) = \frac{x^3 - 3x^2 + 2x}{x^2 - 5x + 4} = \frac{(x-1)(x^2 - 2x)}{(x-1)(x-4)} = \frac{x(x-2)}{x-4} \text{ für } x \neq 1 \wedge x \neq 4$$

$$\lim_{x \to 1\pm} f(x) = \lim_{x \to 1\pm} \frac{x(x-2)}{x-4} = \frac{1(1-2)}{1-4} = \frac{-1}{-3} = 1/3 \rightsquigarrow f(1-) = f(1+)$$

$$\implies \lim_{x \to 1} f(x) = 1/3 \rightsquigarrow x_0 = 1 \text{ ist hebbare Unstetigkeit}$$

$\rightsquigarrow$ stetige Ergänzung: $\tilde{f}(x) := \begin{cases} f(x) & \text{für } x \neq 1, x \neq 4 \\ 1/3 & \text{für } \quad x = 1 \end{cases}$.

b) $\begin{aligned} f(0-) &= \lim_{x \to 0+} \frac{2x - (-x)}{x} = \lim_{x \to 0-} \frac{3x}{x} = 3 \\ f(0+) &= \lim_{x \to 0-} \frac{2x - x}{x} = \lim_{x \to 0+} \frac{x}{x} = 1 \end{aligned} \Big\} \rightsquigarrow \begin{array}{l} \text{Unstetigkeit 1. Art} \\ (\textit{Sprungstelle}) \end{array}$

c) $\begin{aligned} f(0-) &= \lim_{x \to 0-} \underbrace{\exp(-1/x)}_{\to \infty} = \infty \\ f(0+) &= \lim_{x \to 0+} \underbrace{\exp(-1/x)}_{\to -\infty} = 0 \end{aligned} \Big\} \rightsquigarrow \begin{array}{l} \text{Unstetigkeit 2. Art} \\ (\textit{Polstelle}) \end{array}$

d) $\lim_{x \to 0\pm} \sin(1/x) \overset{y := 1/x}{=} \lim_{y \to \pm\infty} \sin y \implies f(0-) \text{ und } f(0+) \text{ existieren nicht}$
$\rightsquigarrow$ Unstetigkeit 2. Art.

13.5   Folgerungen aus der Stetigkeit

Begründen oder widerlegen Sie die folgenden Aussagen:

a) Das reelle Polynom $p(x) = x^5 + x^4 - 1$ besitzt im Intervall $I = [0, 1]$ mindestens eine Nullstelle.

b) Die Gleichung $2^{-x} = x$ besitzt im Intervall $I = [0, 1]$ eine Lösung.

c) Die Funktion $f(x) = 2\sin(x)e^x$ nimmt auf $I = [0, 1]$ einen maximalen und minimalen Wert an.

d) Die Funktion $f(x) = \exp\left(\frac{1}{1-x}\right)$ nimmt auf $[0, 1)$ ihr Maximum an.

Lösungsskizze

a) p ist als Polynom auf ganz $\mathbb{R}$ stetig (insbesondere auch auf dem Intervall I).

$$p(0) = -1, \; p(1) = 1 + 1 - 1 = 1 \implies \text{Vorzeichenwechsel von } G_p \text{ auf } I$$

Aus dem Nullstellensatz ($\rightsquigarrow$ *Zwischenwertsatz* von Bolzano-Weierstraß) folgt: p besitzt in I mindestens eine Nullstelle.

b) $2^{-x} = x \iff 2^{-x} - x = 0$, Nullstellengleichung der auf ganz $\mathbb{R}$ stetigen Funktion:

$$f : x \mapsto 2^{-x} - x$$

$f(0) = 2^0 - 0 = 1 - 0 = 1 > 0$, $f(1) = 2^{-1} - 1 = 1/2 - 1 = -1/2 < 0$
Analog zu a): f besitzt mindestens eine Nullstelle in $I \implies$ die Gleichung $2^{-x} = x$ hat eine Lösung $x \in I$.

c) $f(x) = 2\sin(x)e^x$ ist als Produkt von auf ganz $\mathbb{R}$ stetiger Funktionen ebenfalls stetig auf $\mathbb{R}$ (und damit insbesondere auf $I = [0, 1]$).

Jede auf einem abgeschlossenen Intervall definierte Funktion nimmt dort auch ihr Maximum und Minimum an (Satz vom Maximum und Minimum), somit auch f auf $I = [0, 1]$.

d) $D = \mathbb{R} \setminus \{1\} \rightsquigarrow f$ ist stetig auf D, somit auch auf $[0, 1)$.

$[0, 1)$ nicht abgeschlossen $\rightsquigarrow$ aus Stetigkeit kann nichts geschlossen werden. Es ist aber

$$\lim_{x \to 1} \exp(\overbrace{1/(1-x)}^{\to \infty}) = \text{„} e^\infty \text{“} = \infty$$

$\implies f$ kann auf $[0, 1)$ keinen maximalen Wert haben.

13.6 Bestimmung von Asymptoten

Geben Sie die Asymptoten der folgenden Funktionen an:

a) $\dfrac{2x^4 + 3x^3 - x^2 - x + 1}{x^3 + x^2 - x}$ b) $\dfrac{xe^x + x + 1}{x}$ c) $\dfrac{\ln(x^2 + 2)x^2 + \ln(x^2 + 2) + 2}{x^2 + 1}$

Lösungsskizze

a) Polynomdivision:

$$\begin{array}{l}\left(\ \ 2x^4 + 3x^3\ \ - x^2 - x + 1\right) \div \left(x^3 + x^2 - x\right) = 2x + 1 + \dfrac{1}{x^3 + x^2 - x} \\ \underline{-\ 2x^4 - 2x^3 + 2x^2} \\ \qquad\quad x^3\ + x^2 - x \\ \qquad\underline{-\ x^3\ - x^2 + x} \\ \qquad\qquad\qquad\qquad 1 \end{array}$$

$\leadsto$ Asymptote $a : x \mapsto 2x + 1$, Probe:

$$\lim_{x \to \pm\infty} \frac{2x^4 + 3x^3 - x^2 - x + 1}{x^3 + x^2 - x} - a(x) = \lim_{x \to \pm\infty} \frac{1}{x^3 + x^2 - x}$$

$$= \lim_{x \to \pm\infty} \frac{1}{x^3} = \text{„}\frac{1}{\pm\infty}\text{"} = 0\pm \checkmark$$

b) $\dfrac{xe^x + x + 1}{x} = \dfrac{xe^x}{x} + \dfrac{x + 1}{x} = e^x + 1 + \dfrac{1}{x}$

$\leadsto$ Asymptote $a : x \mapsto e^x + 1$, Probe:

$$\lim_{x \to \pm\infty} \frac{xe^x + x + 1}{x} - a(x) = \lim_{x \to \pm\infty} \frac{1}{x} = \text{„}\frac{1}{\pm\infty}\text{"} = 0\pm \checkmark$$

c) $\ln(x^2 + 2)$ ausklammern und kürzen:

$$\frac{\ln(x^2 + 2)x^2 + \ln(x^2 + 2) + 2}{x^2 + 1} = \frac{\ln(x^2 + 2)(x^2 + 1) + 2}{x^2 + 1} = \ln(x^2 + 2) + \frac{2}{x^2 + 1}$$

$\leadsto$ Asymptote $a : x \mapsto \ln(x^2 + 2)$, Probe

$$\lim_{x \to \pm\infty} \frac{\ln(x^2 + 2)x^2 + \ln(x^2 + 2) + 2}{x^2 + 1} - a(x) = \lim_{x \to \pm\infty} \frac{1}{x^2 + 1} = \text{„}\frac{1}{\infty}\text{"} = 0 \checkmark$$

13.7 Geometrische Bestimmung von $\lim\limits_{x\to 0} \frac{\sin x}{x}$ ⋆

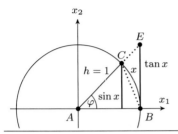

Setzen Sie die Flächen der Dreiecke $\triangle ABC$, $\triangle ABE$ sowie den Kreissektor mit Bogenlänge x und Öffnungswinkel φ ins Verhältnis und folgern Sie daraus

$$\lim_{x\to 0} \frac{\sin x}{x} = 1\text{*}.$$

Lösungsskizze

Flächenformeln für Dreieck und Kreissektor:

$$F_{\text{Dreieck}} = \frac{1}{2} \times \text{Grundlinie} \times \text{Höhe}$$

$$F_{\text{Kreissektor}} = \frac{1}{2} \times \text{Bogenlänge} \times \text{Radius}$$

■ Fall $0 < x < \pi/2 \rightsquigarrow \sin x > 0$:

Dreiecksflächen $\triangle ABC$, $\triangle ABE$ sowie Fläche des Kreissektors S_{ABC} der Größe nach ins Verhältnis setzen (Grundlinie = Radius = $h = 1$):

$$F_{\triangle ABC} < F_{S_{ABC}} < F_{\triangle ABE} \iff \frac{1}{2}\cdot\sin x < \frac{1}{2}\cdot x < \frac{1}{2}\cdot\tan x \,\Big|\cdot \frac{2}{\sin x} > 0$$

$$\iff 1 < \frac{x}{\sin x} < \frac{1}{\cos x} \,\big|(\cdot)^{-1}$$

$$\iff \cos x < \frac{\sin x}{x} < 1$$

Ungleichungskette erfüllt für $0 < x < \pi/2$: Sandwichsatz $\rightsquigarrow$

$$\lim_{x\to 0+}\cos x = 1 \quad\text{und}\quad \lim_{x\to 0+} 1 = 1 \implies f(0+) = \lim_{x\to 0+}\frac{\sin x}{x} = 1 \quad (1)$$

■ Fall $-\pi/2 < x < 0$, $\sin x < 0$: analoge Abschätzung:

$$-F_{\triangle ABC} > -F_{S_{ABC}} > -F_{\triangle ABE} \iff \sin x > x > \tan x \,\Big|\cdot \frac{1}{\sin x} < 0$$

$$\iff 1 < \frac{x}{\sin x} < \cos x \,\big|(\cdot)^{-1}$$

$$\iff 1 > \frac{\sin x}{x} > \cos x$$

Analog zu (1) $\implies f(0-) = \lim_{x\to 0-}\frac{\sin x}{x} = 1$

Somit $f(0-) = f(0+) = 1 \implies \lim_{x\to 0}\frac{\sin x}{x} = 1$

---

* Bemerkung: Mit dem Satz von L'Hospital (Differentialrechnung; vgl. Aufgaben 15.5 und 15.6) oder der Potenzreihendarstellung vom Sinus (vgl. Aufg. 16.5) erhält man das Ergebnis vergleichsweise sehr einfach.

13.8 Grenzwertbestimmung durch Umformung ⋆

a) $\displaystyle\lim_{x\to\infty}\sqrt{x^2-2x}-\sqrt{x^2-1}$ b) $\displaystyle\lim_{x\to\pi/2}\frac{1-\sin x}{\cos x}$ c) $\displaystyle\lim_{x\to0}\frac{\cos x-1}{x}$

Lösungsskizze

Hinweis: Vor allem c) geht mit dem Satz von L'Hospital (vgl. Aufgn. 15.5 und 15.6) oder mit der Potenzreihe vom Kosinus (vgl. Aufg. 16.5) einfacher. Ohne dieses Hilfsmittel müssen wir ein wenig in die Trickkiste greifen, weshalb die Aufgabe ihren ⋆ redlich verdient hat.

a) Typ „$\infty-\infty$", Idee: erweitern mit $\sqrt{x^2-2x}+\sqrt{x^2-1}$ (3. binomische Formel):

$$\left(\sqrt{x^2-2x}-\sqrt{x^2-1}\right)\cdot\frac{\left(\sqrt{x^2-2x}+\sqrt{x^2-1}\right)}{\sqrt{x^2-2x}+\sqrt{x^2-1}}=\frac{\cancel{x^2}-2x-\cancel{x^2}+1}{\sqrt{x^2-2x}+\sqrt{x^2-1}}$$

⤳ Bruch mit Grenzfall „$-\infty/\infty$", gemeinsamen Faktor x ausklammern:

$$\lim_{x\to\infty}\frac{1-2x}{\sqrt{x^2-2x}+\sqrt{x^2-1}}=\lim_{x\to\infty}\frac{\cancel{x}\cdot\overbrace{(1/x-2)}^{\to-2}}{\cancel{x}\cdot(\underbrace{\sqrt{1-2/x}}_{\to1}+\underbrace{\sqrt{1-1/x^2}}_{\to1})}=-1$$

b) Typ „$0/0$", erweitern mit $1+\sin x$: $\dfrac{1-\sin x}{\cos x}\cdot\dfrac{1+\sin x}{1+\sin x}=\dfrac{1-\overbrace{\sin^2 x}^{=1-\cos^2 x}}{\cos x(1+\sin x)}$

$$=\lim_{x\to\pi/2}\frac{1-1+\cos^2 x}{\cos x(1+\sin x)}=\lim_{x\to\pi/2}\frac{\cos^{\cancel{2}1} x}{\cancel{\cos x}(1+\sin x)}\lim_{x\to\pi/2}\frac{\overbrace{\cos x}^{\to0}}{\underbrace{1+\sin x}_{\to1+1}}=\frac{0}{2}=0$$

c) Typ „$0/0$", erweitern führt hier nicht weiter. Idee: Setze $x=x/2+x/2$ und wende das Additionstheorem für den Kosinus an:

$$\frac{\cos x-1}{x}=\frac{\cos(x/2+x/2)-1}{x}=\frac{\cos^2(x/2)-\sin^2(x/2)-1}{x}$$

$$=\frac{(\cancel{1}-\sin^2(x/2))-\sin^2(x/2)\cancel{-1}}{x}=\frac{-2\sin^2(x/2)}{x}$$

$$=\frac{-\sin(x/2)}{x/2}\cdot\sin(x/2)$$

$$\rightsquigarrow\lim_{x\to0}\frac{\cos x-1}{x}=\lim_{x\to0}\frac{-\sin(x/2)}{x/2}\cdot\sin(x/2)=-\underbrace{\lim_{x\to0}\frac{\sin(x/2)}{x/2}}_{=1,\ \text{vgl. Aufg. 13.7}}\cdot\lim_{x\to0}\underbrace{\sin\frac{x}{2}}_{\longrightarrow0}$$

$$=-1\cdot0=0$$

13.9   Das große (und kleine) $\mathcal{O}$ von Landau ⋆

Begründen oder widerlegen Sie jeweils für $x \to 0$ und $x \to \infty$ die folgenden
Aussagen:

> a) $x^2 - 2x + 1 + \sqrt{x^5} \in \mathcal{O}(x^3)$ b) $e^x - 1 - x - x^2/2 - x^3/6 \in \mathcal{O}(x^4)$
>
> c) $\sin 3x \in o(x)$ d) $2\sin x + 3\cos x \in \mathcal{O}(1)$

Lösungsskizze

a) Betrachte das Grenzverhalten von $(x^2 - 2x + 1 + \sqrt{x^5})/x^3$ für $\underline{x \to \infty}$:

$$\lim_{x\to\infty} \frac{x^2 - 2x + 1 + x^{5/2}}{x^3} = \lim_{x\to\infty} \underbrace{1/x}_{\to 0} - \underbrace{2/x^2}_{\to 0} + \underbrace{1/x^3}_{\to 0} + \underbrace{1/\sqrt{x}}_{\to 0} = 0$$

$$\implies x^2 - 2x + 1 + \sqrt{x^5} \text{ ist sogar in } o(x^3) \ (\implies x^2 - 2x + 1 + \sqrt{x^5} \in \mathcal{O}(x^3) \ \checkmark).$$

Für $\underline{x \to 0}$ ist z.B. $\lim\limits_{x\to 0} 1/x = \infty$, d.h. $x^2 - 2x + 1 + \sqrt{x^5} \notin \mathcal{O}(x^3)$ für $x \to 0$.

b) Setze $t(x) := 1 + x + x^2/2 + x^3/6$:

■ **Fall $x \to \infty$**

Wir betrachten zunächst nur das Verhalten von e^x/x^4:

$$\lim_{x\to\infty} \frac{e^x}{x^4} = \lim_{x\to\infty} \frac{e^x}{x^4} = \lim_{x\to\infty} \frac{1}{\underbrace{x^4/e^x}_{\to 0}} = \text{„}1/0\text{"} = \infty$$

> Hierbei haben wir ausgenutzt, dass die Exponentialfunktion schneller
> als jedes Polynom wächst. Präzise gilt
>
> $$\lim_{x\to\infty} \frac{p(x)}{e^x} = 0 \ (\implies p(x) \in \mathcal{O}(e^x) \quad \text{für } x \to \infty)$$
>
> für jedes Polynom p, also auch für $p(x) = x^4$ (vgl. Aufg. 15.5d).

Also ist $e^x \notin \mathcal{O}(x^4)$ und damit auch $e^x - t(x) \notin \mathcal{O}(x^4)$ für $x \to \infty$.

■ **Fall $x \to 0$**

$$\lim_{x\to 0\pm} \frac{e^x - t(x)}{x^4} = \lim_{x\to 0\pm} \underbrace{e^x/x^4}_{\text{„}\to 1/0 = \infty\text{"}} \underbrace{- 1/x^4}_{\to\infty} \underbrace{- 1/x^3}_{\to\pm\infty} \underbrace{- 1/2x^2}_{\to\infty} \underbrace{- 1/6x}_{\to\pm\infty}$$

$$= \text{„}\infty - \infty\text{"}$$

⤳ unbestimmt. Nutze alternativ Potenzreihenentwicklung von e^x:

$$\mathrm{e}^x = \sum_{k=0}^{\infty} \frac{x^k}{k!} = 1 + x + x^2/2 + x^3/6 + x^4/24 + x^5/120 + x^6/720 + \dots$$

$$\rightsquigarrow \lim_{x \to 0} \frac{\mathrm{e}^x - t(x)}{x^4} = \lim_{x \to 0} \frac{x^4/24 + x^5/120 + x^6/720 \dots}{x^4}$$

$$= \lim_{x \to 0} \underbrace{1/24 + x/120 + x^2/720 + \dots}_{\to 0} = 1/24$$

$$\implies \mathrm{e}^x - t(x) \in \mathcal{O}(x^4), \ (x \to 0) \ \checkmark$$

> **Hinweis:** Gilt allgemein $f(x) - g(x) \in \mathcal{O}(h(x))$ für $x \to x_0$, so schreibt man hierfür gerne
>
> $$f(x) = g(x) + \mathcal{O}(h(x)) \quad \text{für } x \to x_0$$
>
> und meint damit, dass der „Fehler", wenn man $f(x)$ durch $g(x)$ ersetzt ($\hat{=} f(x) - g(x)$), sich in der Nähe von $x = x_0$ wie $h(x)$ verhält. Im Fall $h(x) = x^k$ und $x_0 = 0$ bedeutet das beispielsweise salopp gesagt: Je höher die Potenz k ist, umso schneller wird der Fehler klein bzw. umso besser wird f in der Nähe von 0 durch g approximiert.

c) <u>Fall $x \to 0$</u>: $\displaystyle\lim_{x \to 0} \frac{\sin 3x}{x} \overset{y := 3x}{=} \lim_{y \to 0} \frac{\sin y}{y/3} = \lim_{y \to 0} 3 \underbrace{\frac{\sin y}{y}}_{\to 1, \text{ vgl. Aufg. 13.7}} = 3$

Somit gilt zwar $\sin 3x \in \mathcal{O}(x)$ aber $\sin 3x \notin o(x)$ für $x \to 0$

- <u>Fall $x \to \infty$</u>: Wegen $|\sin 3x| \le 1$ gilt

$$-1/x \le \sin 3x/x \le 1/x \quad \text{für alle } x \ne 0$$

Sandwichsatz $\implies \displaystyle\lim_{x \to \infty} \sin 3x/x = 0 \implies \sin 3x \in o(x), \ (x \to \infty) \ \checkmark$

d) <u>Fall $x \to \infty$</u>: $(2\sin x + 3\cos x)/1 = 2\sin x + 3\cos x \rightsquigarrow$ Grenzwert $\displaystyle\lim_{x \to \infty} (2\sin x + 3\cos x)/1$ existiert nicht. Wegen $|\cos x| \le 1$ und $|\sin x| \le 1$ ist aber

$$-5 < 2\sin x + 3\cos x < 5, \text{ für alle } x \in \mathbb{R}.$$

Es gibt somit eine Konstante $C \in \mathbb{R}$, $0 < C < 5$ mit $|2\sin x + 3\cos x| \le C$ für alle $x \in \mathbb{R} \implies 2\sin x + 3\cos x \in \mathcal{O}(1)$ für $x \to \infty$. $\checkmark$

- <u>Fall $x \to 0$</u>: $\displaystyle\lim_{x \to 0} 2\sin x + 3\cos x = 2\sin 0 + 3\cos 0 = 3 \implies 2\sin x + 3\cos x \in \mathcal{O}(1)$ für $x \to 0$ $\checkmark$

13.10   Checkliste: Grenzwerte von Funktionen

13.10.1 Definition

Mit Hilfe von Folgen (vgl. Abschn. 8.12) lässt sich eine sinnvolle Definition für den Grenzwert einer Funktion $f : D \subset \mathbb{R} \longrightarrow \mathbb{R}$ angeben:

Gilt für alle Folgen $(x_n)_n$ mit

$$\lim_{n \to \infty} x_n = a,$$

dass die entsprechenden Folgen der Funktionswerte $(f(x_n))_n$ allesamt gegen ein und dasselbe $\gamma \in \mathbb{R}$ konvergieren, d.h.

$$\lim_{n \to \infty} f(x_n) = \gamma,$$

dann konvergiert f für $x \longrightarrow a$ gegen γ.

Die Zahl γ nennt man den *Grenzwert* von f für $x \longrightarrow a$, und man schreibt:

$$\boxed{\lim_{x \to a} f(x) = \gamma}$$

Beachte: Die Stelle a bei der Grenzwertdefinition muss nicht unbedingt in D liegen. Es muss nur garantiert werden, dass jede Folge $(x_n)_n$ in D enthalten ist.

Bemerkung 1: Links- und rechtsseitiger Grenzwert: Nähert man sich der Stelle a nur von rechts oder links (symbolisch $x \longrightarrow a+$, $x \longrightarrow a-$) und konvergiert dabei f gegen γ^+ respektive γ^- mit $\gamma^\pm \in \mathbb{R}$, so schreibt man

$$\lim_{x \to a-} f(x) = \gamma^-, \qquad \lim_{x \to a+} f(x) = \gamma^+$$

für den sog. links- bzw. rechtsseitigen Grenzwert von f an der Stelle a.[1]

Stimmen der rechts- und linksseitige Grenzwert überein, d.h. ist $\gamma^- = \gamma^+ = \gamma$, dann konvergiert auch f für $x \longrightarrow a$ gegen γ.

---

[1] Eine exakte Definition gelingt analog zu der Definition des Grenzwerts einer Funktion, wenn man nur Folgen $(x_n)_n$ mit $x_n \leq a$ $(x_n \geq a)$ für fast alle n betrachtet.

Genauer gilt das nützliche **Grenzwertkriterium**:

$$\lim_{x \to a} f(x) = \gamma \iff \lim_{x \to a-} f(x) = \lim_{x \to a+} f(x) = \gamma$$

Bemerkung 2: Man kann auch $a, \gamma \in \{\pm\infty\}$ zulassen, wenn man die Definition in naheliegender Weise analog zu den uneigentlich konvergenten Folgen abändert und Regeln für das Rechnen mit den Größen $\pm\infty$ einführt (vgl. Abschn. 8.12.4).

Bemerkung 3: Alle grundlegenden Grenzwerte von Folgen (vgl. Abschn. 8.12.2), welche sich auf den kontinuierlichen Fall $x \in \mathbb{R}$, $x \longrightarrow \infty$ bei Funktionen übertragen lassen, bleiben gültig. Zum Beispiel gilt für $k \in \mathbb{N}$:

$$\lim_{n \to \infty} \frac{1}{n^k} = 0 \rightsquigarrow \lim_{x \to \infty} \frac{1}{x^k} = 0,\ k \geq 1$$

$$\lim_{n \to \infty} \sqrt[k]{n} = \infty \rightsquigarrow \lim_{x \to \infty} \sqrt[k]{x} = \infty,\ k \in \mathbb{N}$$

13.10.2 Grenzwertsätze für Funktionen

Insbesondere übertragen sich auch die Grenzwertsätze von Folgen sinngemäß auf Grenzwerte von Funktionen (was keine Überraschung ist, da wir den Grenzwert einer Funktion über den Grenzwert von Folgen definiert haben):

Grenzwertsätze für Funktionen

Sind f, g Funktionen mit $\lim\limits_{x \to a} f(x) = \gamma$ und $\lim\limits_{x \to a} g(x) = \delta$, dann gilt:

(i) $\lim\limits_{x \to a} f(x) \pm g(x) = \lim\limits_{x \to a} f(x) \pm \lim\limits_{x \to a} g(x) = \gamma \pm \delta$

(ii) $\lim\limits_{x \to a} f(x) \cdot g(x) = \lim\limits_{x \to a} f(x) \cdot \lim\limits_{x \to a} g(x) = \gamma \cdot \delta$

(iii) $\lim\limits_{x \to a} \dfrac{f(x)}{g(x)} = \lim\limits_{x \to a} f(x) / \lim\limits_{x \to a} g(x) = \dfrac{\gamma}{\delta}, \quad \delta \neq 0$

Viele unbekannte Grenzwerte lassen sich somit analog wie bei den Folgen auf der Basis von bereits bekannten berechnen, ohne dass man auf die etwas unhandliche Definition zurückgreifen muss.

Analog zu Folgen lassen sich die Grenzwertsätze für Funktionen auch für $\gamma, \delta, a \in \mathbb{R} \cup \{\pm\infty\}$ unter Beachtung der Rechenregeln für die Unendlichkeit anwenden. Auch der Sandwichsatz (vgl. Abschn. 8.12.3) überträgt sich sinngemäß.

Bemerkung: Ein wichtiges Hilfsmittel bei der Berechnung von Grenzwerten stellt die Differentialrechnung mit dem Satz von L'Hospital bereit (vgl. Aufg. 15.4 und 15.5 bzw. Abschn. 15.13.4).

13.10.3 Stetigkeit

Funktionen dienen oft zur Beschreibung von Vorgängen in Natur, Wirtschaft und Technik.

Sowohl die Funktionswerte $f(x)$ als auch ihre Argumente x werden häufig durch Messungen gewonnen. Eine für das Problem „passende" Funktion sollte sich deshalb so verhalten, dass ein kleiner Fehler in der Eingabe a auch nur einen kleinen Fehler in der Ausgabe $f(a)$ nach sich zieht.

Eine Funktion mit solch einem Verhalten nennt man *stetig* in a.

Die folgende Definition[2] präzisiert diese intuitive Vorstellung. Insbesondere schließt sie oszillatorisches Verhalten und Sprünge von f an der Stelle a aus:

Stetigkeit

Eine Funktion $f : D \subseteq \mathbb{R} \longrightarrow \mathbb{R}$ ist genau dann stetig im Punkt $a \in D$, falls

$$\boxed{\lim_{x \to a} f(x) = f(a).}$$

Ist f in jedem Punkt aus D stetig, so ist f stetig auf D.

Aus der Definition der Stetigkeit erhalten wir darüber hinaus noch ein weiteres nützliches Hilfsmittel bei der Grenzwertberechnung von Folgen:

Folge der Funktionswerte einer stetigen Funktion

Ist f eine auf $D \subseteq \mathbb{R}$ stetige Funktion und ist $(a_n)_n$ eine konvergente Folge in D, d.h. $\lim_{n \to \infty} a_n = a$ mit $a \in D$, dann gilt:

$$\lim_{n \to \infty} f(a_n) = f(a)$$

---

[2]Die Stetigkeit wird somit indirekt auch über den Grenzwert von Folgen definiert. Eine äquivalente Definition, welche sich auch auf sehr allgemeine Mengen verallgemeinern lässt, arbeitet mit einem geeigneten *Umgebungsbegriff* und spielt in der Mathematik eine wichtige Rolle. Dieser führt in $\mathbb{R}$ auf die sog. ε-δ-Definition der Stetigkeit, welche wir aber hier nicht weiterverfolgen (wer mehr darüber wissen mag, findet dies in jedem an den Grundlagen orientierten Analysisbuch wie z.B. [25], [38], [39], [63]).

Stetigkeit bei einer Funktion im Punkt $a \in D$ bedeutet ja gerade, dass für **jede** gegen a konvergente Folge $\lim_{n \to \infty} f(a_n) = f(a)$ gilt, somit auch für eine beliebige.

13.10.4 Die Landau-Symbole

Mit Hilfe der folgenden von Edmund Landau[3] eingeführten Definitionen und Symbole lässt sich das qualitative Wachstumsverhalten von Funktionen beschreiben.

Das große $\mathcal{O}$ von Landau

Gibt es zu zwei Funktionen f, g eine Konstante $C > 0$, so dass $|f(x)| \leq C|g(x)|$ auf einer Umgebung[4] von a gilt, so sagt man, f ist „in groß $\mathcal{O}$ von g für $x \longrightarrow a$", und schreibt dafür

$$f(x) \in \mathcal{O}(g(x)) \quad \text{für } x \longrightarrow a. \tag{1}$$

Der Fall $a = \pm\infty$ wird analog definiert.

Interpretation: Ist $f \in \mathcal{O}(g)$ für $x \longrightarrow a$, so wächst f in der Nähe von $a \in \mathbb{R}$ maximal so stark bzw. nicht wesentlich schneller als g. Entsprechend sagt man im Fall $a = \pm\infty$, f wächst für große (kleine) x maximal so stark bzw. nicht wesentlich schneller als g.

Um nachzuprüfen, ob (1) gilt, ist folgendes hinreichendes (aber nicht notwendiges) Kriterium nützlich: Existiert der Grenzwert $|f(x)/g(x)|$ für $x \longrightarrow a$, d.h., gibt es eine reelle Zahl $\gamma \in \mathbb{R}$ mit

$$\lim_{x \to a} \frac{|f(x)|}{|g(x)|} = \gamma,$$

dann ist $f \in \mathcal{O}(g)$.

Das kleine o von Landau

Sind f, g zwei Funktionen mit

$$\lim_{x \to a} \frac{|f(x)|}{|g(x)|} = 0,$$

---

[3](1877–1938), deutscher Mathematiker
[4]Präzise ausgedrückt: falls es neben $C > 0$ noch eine Konstante $\delta > 0$ gibt, so dass $|f(x)| \leq C|g(x)|$ für alle $x \in (a-\delta, a+\delta)$ aber $x \neq a$ gilt. Das offene Intervall $(a-\delta, a+\delta)\backslash\{a\}$ nennt man auch eine *punktierte δ-Umgebung* von a.

so sagt man, f ist „in klein $o(g(x))$ von g für $x \longrightarrow a$", und schreibt dafür

$$f(x) \in o(g(x)) \quad \text{für } x \longrightarrow a.$$

Interpretation: Die Funktion f wächst für $x \longrightarrow a$ langsamer als g.

Insbesondere folgt nach dem hinreichenden Kriterium:

$$\boxed{f(x) \in o(g(x)) \implies f \in \mathcal{O}(g(x))}$$

Landau-Symbole bei Folgen und deren Anwendung in der Informatik

Die Landau-Symbole übertragen sich für den Fall $x = n \in \mathbb{N}$ für $n \longrightarrow \infty$ analog auf Folgen und spielen z.B. in der Theoretischen Informatik eine wichtige Rolle bei der Klassifizierung von Algorithmen.

Durch eine Folge $(a_n)_n$ lässt sich z.B. die Laufzeit oder der Speicherplatz eines Algorithmus in Abhängigkeit von der Länge der Eingabeinstanz ($\hat{=} n$, z.B. eine Anzahl von Elementen, die sortiert werden soll) beschreiben.

Da eine Folge nichts anderes als eine auf einer Teilmenge von $\mathbb{N}_0$ definierte reelle Funktion ist, spricht man hier auch von einer *Laufzeit-* oder *Speicherplatzfunktion*.

Zum Beispiel sagt man, ein Algorithmus habe *polynomielle Laufzeit zum Grad* $k \geq 0$, falls

$$a_n \in \mathcal{O}(n^k) \quad \text{für } n \longrightarrow \infty$$

für die zugehörige Laufzeitfunktion a_n gilt. (Die Spezifizierung „für $n \longrightarrow \infty$" lässt man bei Folgen meist weg, da sich dies aus dem Zusammenhang ohnehin ergibt.)

Grundlagen zu diesem spannenden Thema lernt man z.B. in einer Veranstaltung zu Algorithmen und Datenstrukturen/Theoretischen Informatik im Rahmen eines Studiums der Informatik kennen.

Die Wissenschaft, die sich generell mit der Komplexität von berechenbaren Problemen (Algorithmen) beschäftigt, ist die Komplexitätstheorie. Ein interessantes interdisziplinäres Grundlagengebiet, das irgendwo zwischen diskreter Mathematik und Informatik angesiedelt ist und in dem auch das berühmte Milleniumproblem Nr. 4: „$N = P$?" formuliert wird.

14 Differentialrechnung 1 – Die Technik des Differenzierens

Übersicht

© Springer-Verlag GmbH Deutschland, ein Teil von Springer Nature 2021
A. Keller, *Aufgaben und Lösungen zur Mathematik für den Studienstart*,
https://doi.org/10.1007/978-3-662-63628-2_14

14.1   Untersuchung auf Differenzierbarkeit

Untersuchen Sie, für welche $x \in D$ die folgenden Funktionen differenzierbar sind und bestimmen Sie ggf. ihre Ableitung:

$$\text{a)}\ f(x) = 2x^3, \quad D = \mathbb{R} \qquad\qquad \text{b)}\ f(x) = \sqrt{x}, \quad D = [0, \infty)$$

Lösungsskizze

a) Wähle $x_0 \in D = \mathbb{R}$ beliebig, Ansatz Differenzenqoutient*:

$$\lim_{x \to x_0} \frac{f(x) - f(x_0)}{x - x_0} = \lim_{x \to x_0} \frac{2x^3 - 2x_0^3}{x - x_0} = 2 \cdot \lim_{x \to x_0} \frac{x^3 - x_0^3}{x - x_0}$$

Polynomdivision: $(x^3 - x_0^3) : (x - x_0) = (x - x_0)(x^2 + xx_0 + x_0^2) \rightsquigarrow$

$$\begin{aligned}
2 \cdot \lim_{x \to x_0} \frac{x^3 - x_0^3}{x - x_0} &= 2 \cdot \lim_{x \to x_0} \frac{\cancel{(x - x_0)}(x^2 + xx_0 + x_0^2)}{\cancel{x - x_0}} \\
&= 2 \cdot \lim_{x \to x_0} x^2 + xx_0 + x_0^2 \\
&= 2 \cdot (x_0^2 + x_0^2 + x_0^2) = 2 \cdot 3x_0^2 = 6x_0^2
\end{aligned}$$

x_0 war beliebig gewählt $\implies f$ überall differenzierbar mit $f'(x) = 6x^2$.

b) An der Stelle $x_0 = 0$ kann nur der rechtsseitige Grenzwert gebildet werden $\rightsquigarrow$ Fallunterscheidung:

- $x_0 > 0$: $\lim\limits_{x \to x_0} \dfrac{\sqrt{x} - \sqrt{x_0}}{x - x_0}$, Fall „0/0", erweitern und 3. binomische Formel:

$$\begin{aligned}
\lim_{x \to x_0} \frac{\sqrt{x} - \sqrt{x_0}}{x - x_0} &= \lim_{x \to x_0} \frac{\sqrt{x} - \sqrt{x_0}}{x - x_0} \cdot \frac{\sqrt{x} + \sqrt{x_0}}{\sqrt{x} + \sqrt{x_0}} = \lim_{x \to x_0} \frac{\cancel{x - x_0}}{\cancel{(x - x_0)}\sqrt{x} + \sqrt{x_0}} \\
&= \lim_{x \to x_0} \frac{1}{\sqrt{x} + \sqrt{x_0}} = \frac{1}{2\sqrt{x_0}}
\end{aligned}$$

$\implies f$ ist für $x > 0$ differenzierbar mit $f'(x) = \frac{1}{2}x^{-1/2} = \dfrac{1}{2\sqrt{x}}$.

- $x_0 = 0$:

$$\lim_{x \to 0+} \frac{\sqrt{x} - \sqrt{0}}{x - 0} = \lim_{x \to 0+} \frac{\sqrt{x}}{x} = \lim_{x \to 0+} \frac{1}{\sqrt{x}} = „\frac{1}{0+}" = \infty$$

$\implies f$ ist für $x = 0$ nicht differenzierbar.

---

* Alternativer Ansatz mit der h-Methode: Setzt man $x = x_0 + h$, so ist der Grenzprozess $x \to x_0$ gleichwertig zu $h \to 0$ mit

$$\lim_{x \to x_0} \frac{f(x) - f(x_0)}{x - x_0} = \lim_{h \to 0} \frac{f(x_0 + h) - f(x_0)}{\cancel{x_0} + h - \cancel{x_0}} = \lim_{h \to 0} \frac{f(x_0 + h) - f(x_0)}{h}.$$

14.2 Parameter für Differenzierbarkeit bestimmen

Bestimmen Sie die Parameter $a, b \in \mathbb{R}$ so, dass f an der Stelle $x = 0$ differenzierbar ist:

$$f(x) = \begin{cases} 2 + \cos(bx - \pi/4) & \text{für } x \geq 0 \\ a|x - 1| & \text{für } x < 0 \end{cases}$$

Lösungsskizze

f ist außerhalb von 0 für a, b beliebig differenzierbar, da $f(x) = a(-(x-1)) = a(1-x)$ für $x < 0$ und $2 + \cos(bx - \pi/4)$ für $x > 0$ differenzierbar sind*

$\rightsquigarrow$ Hinreichende Bedingung für Differenzierbarkeit an der Stelle $x = 0$**:

- Stetigkeit: $\lim\limits_{x \to 0} f(x) \overset{!}{=} f(0)$

$$f(0) = 2 + \cos(b \cdot 0 - \pi/4) = 2 + \cos(-\pi/4) = 2 + \sqrt{2}/2$$

$$\lim_{x \to 0-} f(x) = \lim_{x \to 0-} a|x - 1| = \lim_{x \to 0-} a - ax = a$$

$$\lim_{x \to 0+} f(x) = \lim_{x \to 0+} 2 + \cos\left(bx - \frac{\pi}{4}\right) = 2 + \underbrace{\cos\left(-\frac{\pi}{4}\right)}_{= \sqrt{2}/2} = 2 + \sqrt{2}/2$$

$$\implies a = 2 + \sqrt{2}/2$$

- $\lim\limits_{x \to 0-} f'(x) \overset{!}{=} \lim\limits_{x \to 0+} f'(x)$

$$\lim_{x \to 0-} f'(x) = \lim_{x \to 0-} (a - ax)' = \lim_{x \to 0-} -a = -a$$

$$\lim_{x \to 0+} f'(x) = \lim_{x \to 0+} \left(2 + \cos\left(bx - \frac{\pi}{4}\right)\right)'$$

$$= \lim_{x \to 0+} -b\sin\left(bx - \frac{\pi}{4}\right) = -b\underbrace{\sin\left(-\frac{\pi}{4}\right)}_{= -\sqrt{2}/2} = b\sqrt{2}/2$$

$$-a \overset{!}{=} b\sqrt{2}/2 \implies b = -2a/\sqrt{2} = \frac{-4 - \sqrt{2}}{\sqrt{2}} = -1 - 2\sqrt{2}$$

$\implies$ f ist für $a = 2 + \sqrt{2}/2$ und $b = -1 - 2\sqrt{2}$ an der Stelle $x = 0$ differenzierbar.

---

* Polynome und trigonometrische Funktionen sind beliebig oft differenzierbar.

** Eigentlich: Untersuchung auf Differenzierbarkeit an einer Stelle $x_0 \in D$ über Grenzwert des Differenzenquotienten: $\lim\limits_{x \to 0} \dfrac{f(x) - f(x_0)}{x - x_0}$. Aus dem *Mittelwertsatz* folgt das oft einfacher anzuwendende Kriterium: Ist f stetig in x_0 und außerhalb von x_0 differenzierbar mit $\lim\limits_{x \to x_0-} f'(x) = \lim\limits_{x \to x_0+} f'(x) = \alpha$, so ist f an der Stelle x_0 differenzierbar mit Ableitung $f'(x_0) = \alpha$.

14.3   Potenz- und Summenregel

Bestimmen Sie mit der Potenz- und Summenregel die erste und zweite Ableitung:

a) $f(x) = x^5 - \dfrac{1}{8}x^4 + \dfrac{2}{3}x^3 - \dfrac{1}{2}x^2 + 1$ b) $f(x) = \dfrac{\sqrt[3]{x^2}}{x^{-2}}$

c) $f(x) = 2\sqrt{x} + \ln\dfrac{x^2}{\sqrt{x}} + x^2$ d) $f(x) = 2\sin x + 3\cos x$

Vereinfachen Sie jeweils so weit wie möglich.

Lösungsskizze

a) Summenregel $\rightsquigarrow$

$$f'(x) = \left(x^5 - \frac{1}{8}x^4 + \frac{2}{3}x^3 - \frac{1}{2}x^2 + 1\right)' = 5x^4 - \frac{1}{2}x^3 + 2x^2 - x$$

$$f''(x) = \left(5x^4 - \frac{1}{2}x^3 + 2x^2 - x\right)' = 20x^3 + \frac{3}{2}x^2 + 4x - 1$$

b) Umformen mit Potenzrechenregeln: $\dfrac{\sqrt[3]{x^2}}{x^{-2}} = x^{\frac{2}{3}-(-2)} = x^{8/3} \rightsquigarrow$

$$f'(x) = \left(x^{8/3}\right)' = \frac{8}{3}x^{8/3-1} = \frac{8}{3}x^{5/3} = \frac{8}{3}\sqrt[3]{x^5}$$

$$\rightsquigarrow f''(x) = \left(\frac{8}{3}x^{5/3}\right)' = \frac{8}{3}\cdot\frac{5}{3}\cdot x^{5/3-1} = \frac{40}{9}x^{2/3} = \frac{40}{9}\sqrt[3]{x^2}$$

c) Logarithmengesetze: $\ln\dfrac{x^2}{\sqrt{x}} = \ln x^2 - \ln x^{1/2} = 2\ln x - \dfrac{1}{2}\ln x = \dfrac{3}{2}\ln x$

$$f'(x) = \left(2x^{1/2} + \frac{3}{2}\ln x + x^2\right)' = 2\cdot\frac{1}{2}x^{1/2-1} + \frac{3}{2x} + 2x = \frac{2\sqrt{x}+4x^2+3}{2x}$$

$$\rightsquigarrow f''(x) = \left(\frac{1}{2}x^{-1/2} + \frac{3}{2}x^{-1} + 4x\right)' = -\frac{1}{2}x^{-3/2} - \frac{3}{2}x^{-2} + 4$$

$$= -\frac{1}{2x^{3/2}} - \frac{3}{2x^2} + 4 = \frac{4x^2 - 3 - \sqrt{x}}{2x^2}$$

d) $f'(x) = 2\cos x - 3\sin x,$

$$f''(x) = (2\cos x - 3\sin x)' = -2\sin x - 3\cos x = -f(x)$$

14.4 Produkt- und Quotientenregel

Bilden Sie mit der Produkt- und Quotientenregel die erste Ableitung:

$$\text{a) } f(x) = (2x + 1) \cdot (3x^2 - x) \qquad \text{b) } f(x) = \frac{2x^3 + 1}{4x^3 + x^2}$$

$$\text{c) } f(x) = e^x \cdot \sin x \cdot \cos x \qquad \text{d) } f(x) = \tan x$$

Lösungsskizze

a) $f'(x) = (2x + 1)' \cdot (3x^2 - x) + (2x + 1) \cdot (3x^2 - x)'$

$$= 2(3x^2 - x) + (2x + 1)(6x - 1) = 6x^2 - 2x + 12x^2 - 2x + 6x - 1$$

$$= 18x^2 + 2x - 1$$

b) $f'(x) = \dfrac{(2x^3 + 1)' \cdot (4x^3 + x^2) - (2x^3 + 1) \cdot (4x^3 + x^2)'}{(4x^3 + x^2)^2}$

$$= \frac{6x^2(4x^3 + x^2) - (2x^3 + 1)(12x^2 + 2x)}{(x^2(4x + 1))^2}$$

$$= \frac{\not{x} \cdot (24x^4 + 6x^3) - \not{x} \cdot (24x^4 + 4x^3 + 12x + 2)}{x^{\not{4}3}(4x + 1)^2}$$

$$= \frac{\cancel{24x^4} - \cancel{24x^4} + 6x^3 - 4x^3 - 12x - 2}{x^3(4x + 1)^2} = \frac{2x^3 - 12x - 2}{x^3(4x + 1)^2}$$

c) $f'(x) = (e^x \cdot (\sin x \cdot \cos x))' = (e^x)' \cdot (\sin x \cdot \cos x) + e^x(\sin x \cdot \cos x)'$

$$= e^x \cdot \big((\sin x \cdot \cos x) + (\sin x \cdot \cos x)'\big)$$

NR: $(\sin x \cdot \cos x)' = (\sin x)' \cos x + \sin x \cdot (\cos x)' = \cos^2 x - \sin^2 x$

Additionstheoreme für Sinus und Kosinus $\rightsquigarrow$

$$\Longrightarrow f'(x) = e^x \left(\overbrace{\sin x \cdot \cos x}^{= \frac{1}{2} \sin 2x} + \overbrace{\cos^2 x - \sin^2 x}^{= \cos 2x} \right) = e^x \left(\frac{\sin 2x}{2} + \cos 2x \right)$$

d) $f'(x) = (\tan x)' = \left(\dfrac{\sin x}{\cos x} \right)' = \dfrac{(\sin x)' \cos x - \sin x \cdot (\cos x)'}{\cos^2 x}$

$$= \frac{\cos^2 x + \sin^2 x}{\cos^2 x} = \begin{cases} \dfrac{1}{\cos^2 x} \\[2mm] 1 + \dfrac{\sin^2 x}{\cos^2 x} = 1 + \left(\dfrac{\sin x}{\cos x} \right)^2 = 1 + \tan^2 x \end{cases}$$

14.5   Kettenregel

Bestimmen Sie mit Hilfe der Kettenregel die erste Ableitung:

$$\text{a) } f(x) = (3x^2 + 2x - 5)^{2021} \qquad \text{b) } f(x) = \frac{3x^2}{(1 - 2x)^4}$$

$$\text{c) } f(x) = \ln\left(\sqrt[3]{(1 + \sin^3 x)^2}\right) \qquad \text{d) } f(x) = x \cdot \arccos\left(\sqrt{1 - x^2}\right)$$

Lösungsskizze

a) $f'(x) = 2021 \cdot (3x^2 + 2x - 5)^{2021-1} \cdot (3x^2 + 2x - 5)'$

$$= 2021 \cdot (3x^2 + 2x - 5)^{2020} \cdot (6x + 2) = 4042 \cdot (3x^2 + 2x - 5)^{2020} \cdot (3x + 1)$$

b) Anwendung von Quotienten- und Kettenregel:

$$f'(x) = \frac{(3x^2)' \cdot (1 - 2x)^4 - 3x^2 \cdot ((1 - 2x)^4)'}{((1 - 2x)^4)^2}$$

$$= \frac{6x \cdot (1 - 2x)^4 - 3x^2 \cdot 4(1 - 2x)^3 \cdot (-2)}{(1 - 2x)^8} = \frac{6x \cdot (1 - 2x)^{\cancel{4}1} + 24x^2 \cdot \cancel{(1 - 2x)^3}}{(1 - 2x)^{\cancel{8}5}}$$

$$= \frac{6x - 12x^2 + 24x^2}{(1 - 2x)^5} = \frac{6x(1 + 2x)}{(1 - 2x)^5}$$

c) Vereinfache: $\ln \sqrt[3]{(1 + \sin^3 x)^2} = \ln\left(1 + \sin^3 x\right)^{2/3} = \frac{2}{3} \cdot \ln(1 + \sin^3 x) \rightsquigarrow$

$$f'(x) = \left(\frac{2}{3} \cdot \ln(1 + \sin^3 x)\right)' = \frac{2}{3} \cdot \frac{1}{1 + \sin^3 x} \cdot (1 + \sin^3 x)'$$

$$= \frac{2}{\cancel{3}} \frac{1}{1 + \sin^3 x} \cdot \cancel{3} \sin^2 x \cdot \cos x = \frac{2 \sin^2 x \cos x}{1 + \sin^3 x}$$

d) Ableitung von Arkuskosinus: $(\arccos x)' = -\dfrac{1}{\sqrt{1 - x^2}} \rightsquigarrow$

$$f'(x) = \left(x \cdot \arccos\left(\sqrt{1 - x^2}\right)\right)' = 1 \cdot \arccos(\sqrt{1 - x^2}) + x\left(\arccos(\sqrt{1 - x^2})\right)'$$

$$= \arccos(\sqrt{1 - x^2}) - x \frac{1}{\sqrt{1 - (\sqrt{1 - x^2})^2}} \cdot (\sqrt{1 - x^2})'$$

$$= \arccos(\sqrt{1 - x^2}) - \frac{x}{\underbrace{\sqrt{1 - 1 + x^2}}_{= \sqrt{x^2} = |x|}} \cdot \frac{1}{\cancel{2}}(1 - x^2)^{-1/2} \cdot (-\cancel{2}x)$$

$$= \arccos(\sqrt{1 - x^2}) + \frac{x^2}{|x|\sqrt{1 - x^2}}$$

14.6 Logarithmisches Ableiten

Bestimmen Sie die erste Ableitung:

$\qquad$ a) $f(x) = 2^x$ $\qquad\qquad\qquad$ b) $f(x) = x^x$

$\qquad$ c) $f(x) = x^{2x^x}$ $\qquad\qquad\qquad$ d) $f(x) = \cos^x(x^2)$

Lösungsskizze

Funktionen der Form $y = f(x) = u(x)^{v(x)}$ lassen sich durch Logarithmieren und anschließende Anwendung der Kettenregel ableiten.*

a) $y = 2^x$, logarithmieren: $\ln y = \ln 2^x = x \ln 2$, ableiten:

$$(\ln y)' = (x \ln 2)' \Longleftrightarrow \frac{y'}{y} = \ln 2 \Longleftrightarrow y' = y \cdot \ln 2$$

$$\Longrightarrow y' = f'(x) = 2^x \cdot \ln 2 = \ln(2) \cdot 2^x \ **$$

b) $y = x^x$, logarithmieren: $\ln y = \ln x^x = x \ln x$, ableiten:

$$(\ln y)' = (x \ln x)' \Longleftrightarrow \frac{y'}{y} = 1 \cdot \ln x + x \cdot \frac{1}{x} \Longleftrightarrow y' = y \cdot (\ln x + 1)$$

$$\Longrightarrow y' = f'(x) = x^x(\ln x + 1)$$

c) $y = x^{2x^x}$, doppelt logarithmieren:

$$\ln y = 2x^x \ln x \Longrightarrow \ln \ln y = \ln(2x^x \ln x) = \ln 2 + x \ln x + \ln \ln x, \text{ ableiten:}$$

$$(\ln \ln y)' = (\ln 2 + x \ln x + \ln \ln x)' \Longleftrightarrow \frac{1}{\ln y} \cdot \frac{1}{y} \cdot y' = 1 + \ln x + \frac{1}{x \ln x}$$

$$\Longrightarrow y' = f'(x) = x^{2x^x} \cdot 2x^x \ln x \left(1 + \ln x + \frac{1}{x \ln x} \right)$$

d) $y = \cos^x(x^2)$ logarithmieren: $\ln y = x \ln \cos(x^2)$, ableiten:

$$(\ln y)' = \left(x \ln \cos(x^2) \right)' \Longleftrightarrow \frac{y'}{y} = 1 \cdot \ln \cos(x^2) + x \frac{1}{\cos x^2} \cdot (-\sin(x^2) \cdot 2x)$$

$$\Longleftrightarrow \frac{y'}{y} = \ln \cos(x^2) - 2x^2 \frac{\sin x^2}{\cos x^2}$$

$$\Longrightarrow y' = f'(x) = \cos^x(x^2) \cdot \left(\ln \cos(x^2) - 2x^2 \tan(x^2) \right)$$

---

* **Alternative:** Exponentialterm durch $x \mapsto \ln x$ und $x \mapsto e^x$ ausdrücken $\rightsquigarrow y = u(x)^{v(x)} = e^{v(x) \ln(u(x))}$ und ebenfalls Kettenregel anwenden.

** Analog erhält man für $a > 0$, $a \neq 1$ die Ableitungsregel $(a^x)' = \ln(a) \cdot a^x$.

14.7 Funktionen mit Parametern ableiten

Bestimmen Sie von den folgenden Funktionen mit reellen Parametern die erste
Ableitung:

$\quad$ a) $\ f(x) = ax^3 + (bx^2 - c)^3 \qquad$ b) $\ x(t) = \alpha\cos(\beta t + \delta) + \gamma$

$\quad$ c) $\ t(y) = e^{y^2/k} \cdot \dfrac{k}{y+1} \qquad\qquad$ d) $\ u(t) = e^{-\delta t}(a\sin\omega t + b\cos\omega t)$

Lösungsskizze

a) $f \mathrel{\widehat{=}}$ Funktion; $x \mathrel{\widehat{=}}$ Variable, $a, b, c \mathrel{\widehat{=}}$ Parameter $\rightsquigarrow$

$$
\begin{aligned}
\frac{df(x)}{dx} &= (ax^3 + (bx^2 - c)^3)' = 3ax^2 + 3(bx^2 - c)^2 \cdot (bx^2 - c)' \\
&= 3ax^2 + 3(b^2x^4 - 2bcx^2 + c^2) \cdot 2bx \\
&= 6b^3x^5 - 12b^2cx^3 + 3ax^2 + 6bc^2x
\end{aligned}
$$

b) $x \mathrel{\widehat{=}}$ Funktion; $t \mathrel{\widehat{=}}$ Variable, $\alpha, \beta, \gamma, \delta \mathrel{\widehat{=}}$ Parameter $\rightsquigarrow$

$$
\frac{dx(t)}{dt} = (\alpha\cos(\beta t + \delta) + \gamma)' = -\alpha\sin(\beta t + \delta) \cdot (\beta t + \delta)' = -\alpha\beta\sin(\beta t + \delta)
$$

c) $t \mathrel{\widehat{=}}$ Funktion; $y \mathrel{\widehat{=}}$ Variable, $k \mathrel{\widehat{=}}$ Parameter $\rightsquigarrow$

$$
\begin{aligned}
\frac{dt(y)}{dy} &= \left(e^{y^2/k} \cdot \frac{ky - k}{y^2 - 1}\right)' = \left(e^{y^2/k} \cdot \frac{k\cancel{(y-1)}}{\cancel{(y-1)}(y+1)}\right)' \\
&= e^{y^2/k} \cdot \left(y^2/k\right)' \cdot \frac{k}{y+1} + e^{y^2/k} \cdot \left(\frac{k}{y+1}\right)' \\
&= e^{y^2/k} \cdot \frac{2y}{\cancel{k}} \cdot \frac{\cancel{k}}{y+1} + e^{y^2/k} \cdot \frac{0 \cdot \cancel{(y+1)} - 1 \cdot k}{(y+1)^2} \\
&= e^{y^2/k} \cdot \left(\frac{2y}{y+1} + \frac{-k}{(y+1)^2}\right) = e^{y^2/k} \cdot \left(\frac{2y^2 + 2y - k}{(y+1)^2}\right)
\end{aligned}
$$

d) $u \mathrel{\widehat{=}}$ Funktion; $t \mathrel{\widehat{=}}$ Variable, $a, b, \delta, \omega \mathrel{\widehat{=}}$ Parameter $\rightsquigarrow$

$$
\begin{aligned}
\frac{du(t)}{dt} &= \left(e^{-\delta t}(a\sin\omega t + b\cos\omega t)\right)' \\
&= (e^{-\delta t})'(a\sin\omega t + b\cos\omega t) + e^{-\delta t}(a\sin\omega t + b\cos\omega t)' \\
&= -\delta e^{-\delta t}(a\sin\omega t + b\cos\omega t) + e^{-\delta t}(a\omega\cos\omega t - b\omega\sin\omega t) \\
&= -e^{-\delta t}(a(\delta\sin\omega t + \omega\cos\omega t) + b(\delta\cos\omega t - \omega\sin\omega t))
\end{aligned}
$$

14.8 Bestimmung der n-ten Ableitung

Bestimmen Sie eine Formel für die n-te Ableitung($n \in \mathbb{N}$) der folgenden Funktionen:

$$\text{a) } f(x) = x^n \qquad\qquad \text{b) } f(x) = \sin 2x$$

Überprüfen Sie Ihre gefundene Formel mit dem Induktionsprinzip.

Lösungsskizze

a) $(x^n)' = nx^{n-1}$, $(x^n)'' = n(n-1)x^{n-2}, ..., (x^n)^n = n(n-1)(n-2) \cdot ...2 \cdot 1 \cdot x^0 = n!$

$\rightsquigarrow$ Formel: $\dfrac{d^n}{d^n x} f(x) = \dfrac{d^n}{d^n x} x^n = (x^n)^{(n)} = n!$

I.B.: $n = 1: (x^1)' = 1 \cdot x^0 = 1 = 1! \checkmark$, **I.A.:** $\dfrac{d^n}{d^n x} x^n = (x^n)^{(n)} = n!$ für ein $n \in \mathbb{N}$

I.S.: $(x^{n+1})^{(n+1)} = \dfrac{d^n}{d^n x} \left(x^{n+1} \right)' = \dfrac{d^n}{d^n x} (n+1) \cdot x^n \mid (n+1) \rightsquigarrow$ Konstantenregel

$$= (n+1) \cdot \underbrace{\dfrac{d^n}{d^n x} x^n}_{\text{I.A.} = n!} = (n+1)n! = (n+1)! \checkmark$$

b) $\begin{aligned} (\sin 2x)' &= 2\cos 2x \\ (\sin 2x)'' &= -4\sin 2x \\ (\sin 2x)''' &= -8\cos 2x \\ (\sin 2x)^{(4)} &= 16\sin 2x \end{aligned}$ $\rightsquigarrow (\sin 2x)^{(n)} = 2^n \cdot \begin{cases} \cos 2x, & n \ (\mathrm{mod}\, 4) \equiv 1 \\ -\sin 2x, & n \ (\mathrm{mod}\, 4) \equiv 2 \\ -\cos 2x, & n \ (\mathrm{mod}\, 4) \equiv 3 \\ \sin 2x, & n \ (\mathrm{mod}\, 4) \equiv 0 \end{cases}$

Verschiebungsformeln $\rightsquigarrow$ Beobachtung:

$\sin(y + \frac{\pi}{2}) = \cos y; \sin(y + 2\frac{\pi}{2}) = -\sin y; \sin(y + 3\frac{\pi}{2}) = -\cos y;$
$\sin(y + 4\frac{\pi}{2}) = \sin(y + 2\pi) = \sin y, y \in \mathbb{R}$

$y = 2x \rightsquigarrow$ Formel: $(\sin 2x)^{(n)} = 2^n \sin(2x + n\frac{\pi}{2}), n \in \mathbb{N}$

Überprüfung per Induktion (vgl. Kap. 7):

I.B.: $n = 1: (\sin 2x)' = 2\cos 2x = 2\sin(2x + \frac{\pi}{2}) \checkmark$

I.A.: $\dfrac{d^n}{d^n x} \sin 2x = 2^n \sin(2x + n\frac{\pi}{2})$ für ein $n \in \mathbb{N}$

I.S.: $\dfrac{d^{n+1}}{d^{n+1} x} \sin 2x = \left(\dfrac{d^n}{d^n x} \sin 2x \right)' \overset{\text{I.A.}}{=} \left(2^n \sin(2x + n\frac{\pi}{2}) \right)'$

$$= 2^{n+1} \cos(2x + n\frac{\pi}{2}) \mid \text{Verschiebungsformel} \rightsquigarrow$$

$$= 2^{n+1} \sin(2x + n\frac{\pi}{2} + \frac{\pi}{2}) = 2^{n+1} \sin(2x + (n+1)\frac{\pi}{2}) \checkmark$$

14.9   Ableitung des Areakosinus hyperbolicus ⋆

Bestimmen Sie mit Hilfe der Differentialrechnung die größtmöglichen Intervalle, auf denen $x \mapsto \cosh x$ umkehrbar ist, und berechnen Sie mit der Formel für die Ableitung der Umkehrfunktion die Ableitung von $x \mapsto \cosh^{-1} x$.

Hinweis: Zeigen Sie vorab: $\boxed{\cosh^2 x - \sinh^2 x = 1,\ x \in \mathbb{R}}$

Lösungsskizze

- Formel: $\cosh^2 x - \sinh^2 x = \frac{1}{4}\left(e^x + e^{-x}\right)^2 - \frac{1}{4}\left(e^x - e^{-x}\right)^2$

$$= \tfrac{1}{4}(e^{2x} + 2\underbrace{e^{2x}e^{-2x}}_{=\,e^0=1} + e^{-2x} - e^{2x} + 2\underbrace{e^{2x}e^{-2x}}_{e^0=1} - e^{-2x}) = 1 \checkmark$$

- Umkehrbarkeit:

$$(\cosh x)' = \left(\frac{1}{2}\left(e^x + e^{-x}\right)\right)' = \frac{1}{2}(e^x - e^{-x}) = \sinh x$$

$\underline{x > 0}$: $e^{-x} < e^x \implies \sinh x > 0 \rightsquigarrow \cosh x$ streng monoton steigend (s.m.s)

$\underline{x < 0}$: $e^{-x} > e^x \implies \sinh x < 0 \rightsquigarrow \cosh x$ streng monoton fallend (s.m.f)

$\underline{x = 0}$: $\sinh 0 = \frac{1}{2}(e^0 - e^0) = 0 \implies \cosh$ umkehrbar für $x \leq 0$ und $x \geq 0$.

- Ableitung der Umkehrfunktionen via Formel: $\sinh x = \pm\sqrt{\cosh^2 x - 1} \rightsquigarrow$

$$(\cosh^{-1} x)' = \frac{1}{\sinh(\cosh^{-1}(x))} = \frac{1}{\pm\sqrt{\cosh^2(\cosh^{-1} x) - 1}}$$

$$= \frac{1}{\pm\sqrt{(\cosh(\cosh^{-1} x))^2 - 1}} = \frac{1}{\pm\sqrt{x^2 - 1}}$$

$\rightsquigarrow$ definiert für $x > 1$ und $x < -1$

$\underline{x < 0}$: $\cosh x$ s.m.f $\implies \cosh^{-1}$ s.m.f $\implies \cosh^{-1} < 0$ ($\rightsquigarrow$ neg. Wurzel)

$\underline{x > 0}$: $\cosh x$ s.m.s $\implies \cosh^{-1}$ s.m.s $\implies \cosh^{-1} > 0$ ($\rightsquigarrow$ pos. Wurzel)

$$\overset{*}{\implies} \left(\cosh^{-1} x\right)' = \begin{cases} -1/\sqrt{x^2 - 1} & \text{für } x < -1 \\[2mm] 1/\sqrt{x^2 - 1} & \text{für } x > 1 \quad (\hat{=} (\operatorname{arcosh} x)') \end{cases}$$

---

* Hinweis: Da sich die Umkehrfunktionen explizit bestimmen lassen (vgl. Aufg. 11.5), erhalten wir das Ergebnis natürlich auch direkt durch Rechnung. Zum Beispiel ist $\cosh^{-1} x = \operatorname{arcosh} x = \ln(x + \sqrt{x^2 - 1})$ für $x > 1 \rightsquigarrow$

$$\frac{d}{dx} \ln(x + \sqrt{x^2 - 1}) = \frac{1}{x + \sqrt{x^2 - 1}} \cdot \left(1 + \frac{x}{\sqrt{x^2 - 1}}\right) = \ldots = \frac{1}{\sqrt{x^2 - 1}} \cdot \checkmark$$

14.10 Ableiten von Potenzreihen

Leiten Sie die angegebenen Potenzreihen einmal nach x ab:

$$\text{a) } \sum_{j=1}^{\infty} \frac{(-1)^{j+1}}{j^2}(x-1)^j \qquad \text{b) } \sum_{k=0}^{\infty}(-1)^k \frac{x^{2k}}{(2k)!}$$

Lösungsskizze

a) Gliedweises Differenzieren:

$$\left(\sum_{j=1}^{\infty} \frac{(-1)^{j+1}}{j^2}(x-1)^j\right)' = \left((x-1)-\frac{1}{4}(x-1)^2+\frac{1}{9}(x-1)^3-\frac{1}{16}(x-1)^4 \pm \ldots\right)'$$

$$= 1 - \frac{2}{4}(x-1) + \frac{3}{9}(x-1)^2 - \frac{4}{16}(x-1)^3 \pm \ldots$$

$$= 1 - \frac{1}{2}(x-1) + \frac{1}{3}(x-1)^2 - \frac{1}{4}(x-1)^3 \pm \ldots$$

$$= \sum_{j=1}^{\infty} \frac{(-1)^{j+1}}{j}(x-1)^{j-1}$$

Alternative: Anwendung Ableitungsformel (konstantes Glied fehlt, somit keine Indexverschiebung):

$$\left(\sum_{j=1}^{\infty} \frac{(-1)^{j+1}}{j^2}(x-1)^j\right)' = \sum_{j=1}^{\infty} \frac{(-1)^{j+1}\,\not{j}}{j^{\not{2}1}}(x-1)^{j-1} = \sum_{j=1}^{\infty} \frac{(-1)^{j+1}}{j}(x-1)^{j-1}$$

b) Gliedweises Differenzieren:

$$\left(\sum_{k=0}^{\infty}(-1)^k \frac{x^{2k}}{(2k)!}\right)' = \left(1 - \frac{x^2}{2!} + \frac{x^4}{4!} - \frac{x^6}{6!} + - \ldots\right)'$$

$$= -\frac{\not{2}}{2!}x + \frac{4}{4!}x^3 - \frac{6}{6!}x^6 + - \ldots$$

$$= -x + \frac{x^3}{3!} - \frac{x^5}{5!} + - \ldots$$

$$= \sum_{k=1}^{\infty}(-1)^k \frac{x^{2k-1}}{(2k-1)!}$$

Alternative: Anwendung Formel (konstantes Glied $\leadsto$ Indexverschiebung):

$$\left(\sum_{k=0}^{\infty}(-1)^k \frac{x^{2k}}{(2k)!}\right)' = \sum_{k=1}^{\infty}(-1)^k \frac{2k}{(2k)!}x^{2k-1} = \sum_{k=1}^{\infty}(-1)^k \frac{\not{2k}}{\not{2k}(2k-1)!}x^{2k-1}$$

$$= \sum_{k=1}^{\infty}(-1)^k \frac{x^{2k-1}}{(2k-1)!}$$

14.11   Checkliste: Differenzierbarkeit und Ableitungsregeln

14.11.1 Differenzenquotient, Differentialquotient und die Ableitung

Anschaulich gesprochen ist eine Funktion f an einer Stelle x_0 ihres Definitionsbereichs differenzierbar, falls man an ihrem Graph G_f eindeutig eine Tangente anlegen kann. Anders interpretiert: f ist dann an der Stelle x_0 *linear-approximierbar*, d.h., wir können f in der Nähe von x_0 durch eine affin-lineare Funktion (Gerade) ersetzen.

Bei der Konstruktion der Tangente startet man z.B. mit der Steigung einer Sekanten (*Differenzenquotient*) von G_f und führt einen Grenzübergang durch. Glückt der Grenzübergang, so erhalten wir als *Grenzlage* der Sekante eine eindeutige Tangente mit dem Grenzwert der Sekantensteigung (*Differentialquotient, Ableitung*) als Steigung.

Die folgende Definition präzisiert dies:

Differenzierbarkeit und Ableitung

(i) Eine Funktion $f : D \subseteq \mathbb{R} \longrightarrow \mathbb{R}$ ist an der Stelle $x_0 \in D$ differenzierbar, falls der Grenzwert des *Differenzenquotienten*

$$\lim_{x \to x_0} \frac{f(x) - f(x_0)}{x - x_0}$$

existiert. Der Grenzwert wird dann als *Ableitung* oder *Differentialquotient* von f an der Stelle x_0 bezeichnet: $f'(x_0)$.

(ii) f heißt *differenzierbar* auf $D' \subseteq D$, wenn f für alle $x \in D'$ differenzierbar ist und $f' : D' \longrightarrow \mathbb{R}$ selbst eine reelle Funktion ist.

■ **Gleichung der Tangente**

Wie eingangs schon anschaulich erwähnt, bedeutet Differenzierbarkeit einer Funktion f an einer Stelle $x_0 \in D$, dass der Graph G_f der Stelle $(x_0, f(x_0))$ eine eindeutig bestimmte Tangente besitzt:

$$t_{f, x_0}(x) = f'(x_0)(x - x_0) + f(x_0)$$

Die Ableitung an der Stelle x_0 entspricht dann der Steigung der Tangenten und kann auch als *lokale Änderungsrate* interpretiert werden.

- **Links- und rechtsseitige Differenzierbarkeit**

Analog zur links- und rechtsseitigen Stetigkeit lässt sich am Rand vom Definitionsbereich einer Funktion die **einseitige Differenzierbarkeit** als die entsprechenden links- und rechtsseitigen Grenzwerte des Differenzenquotienten definieren.

Ebenso können auch uneigentliche Ableitungen mit den Werten $\pm\infty$ auftauchen, welche als Tangenten mit unendlicher Steigung interpretiert werden können.

- **Zusammenhang Stetigkeit und Differenzierbarkeit**

Ist f an der Stelle x_0 differenzierbar, dann ist f auch stetig. Die Umkehrung gilt nicht, wie man an dem Beispiel $x \mapsto |x|$ sehen kann.

- **Leibniz'sche Schreibweise**

Für die Ableitung wird auch die *Leibnizsche Schreibweise*

$$\boxed{\dfrac{df(x)}{dx} \quad \text{lies } \textit{,,df(x) nach dx``}}$$

verwendet[1].

---

[1] $\dfrac{df(x)}{dx}$ ist **kein** Quotient, sondern genauso wie f' nur ein Symbol für die Ableitung. Gerade in den Anwendungen (z.B. Physik, Ingenieurswesen) wird damit praktischerweise aber oft so gerechnet, als ob dies tatsächlich ein Quotient wäre. Auch in der Mathematik kommt das gelegentlich vor (Stichwort: Substitutionsmethode bei der Integralrechnung). Man muss sich dies dann so vorstellen, dass man eigentlich mit dem Differenzenquotienten rechnet und dabei gleichzeitig den Grenzübergang durchführt. Das dies nicht in allen Fällen gut gehen kann liegt auf der Hand. Allerdings ist die Methode sehr praktisch und eine Probe rechtfertigt dann die Mittel.

■ **Höhere Ableitungen**

Ist f mehrmals differenzierbar, so schreibt man f', f'', f''' für die *erste, zweite, dritte Ableitung* usw.. Ab der vierten Ableitung schreibt man zweckmäßiger $f^{(4)}$, $f^{(5)}$, ...

■ *n*-**te Ableitung**

Ist f n-mal differenzierbar ($n \in \mathbb{N}$), so wird die n-te Ableitung *rekursiv* definiert:

$$f^{(n)}(x) := \frac{d}{dx}\left(f^{(n-1)}(x)\right)$$

In Leibniz'scher Schreibweise:

$$\frac{d^n f(x)}{dx^n}$$

14.11.2 Ableitungsregeln

■ **Summen-, Produkt- und Quotientenregel**

Sind f und g in x differenzierbar, dann ist $f(x) + g(x)$, $f(x) \cdot g(x)$ und $f(x)/g(x)$, $g(x) \neq 0$ in x differenzierbar, und es gilt:

(i) $(f(x) + g(x))' = f'(x) + g'(x)$

(ii) $(f(x) \cdot g(x))' = f'(x) \cdot g(x) + f(x) \cdot g'(x)$

(iii) $\left(\dfrac{f(x)}{g(x)}\right)' = \dfrac{f'(x) \cdot g(x) - f(x) \cdot g'(x)}{g^2(x)}$

■ **Kettenregel**

Ist f in $y = g(x)$ und g in x differenzierbar, dann ist die verkettete Funktion $f(g(x))$ in x differenzierbar, und es gilt:

$$(f(g(x)))' = f'(g(x)) \cdot g'(x)$$

- **Logarithmisches Ableiten**

Sind f und g in x differenzierbar, dann auch f^g, und es gilt:

$$\left(f(x)^{g(x)}\right)' = f(x)^{g(x)} \cdot (\ln(f(x)) \cdot g(x))'$$

- **Ableitung der Umkehrfunktion**

Ist f in $x \in D \subseteq \mathbb{R}$ differenzierbar und auf D umkehrbar mit $f'(x) \neq 0$, dann ist f^{-1} in $f(x)$ differenzierbar, und für die Ableitung der Umkehrfunktion gilt:

$$(f^{-1})'(x) = \frac{1}{f'(f^{-1}(x))}$$

14.11.3 Formelsammlung: Erste Ableitung der elementaren Funktionen

Mit ein wenig Aufwand kann man die folgenden Ableitungsregeln herleiten:

(i) $(x^\alpha)' = \alpha x^{\alpha-1}$, für $\alpha \in \mathbb{R}$

(ii) $(\exp x)' = \exp x$ bzw. $(\mathrm{e}^x)' = \mathrm{e}^x$

(iii) $(\ln x)' = \dfrac{1}{x}$

(iv) $(\sin x)' = \cos x$

(v) $(\cos x)' = -\sin x$

(vi) $(\tan x)' = \dfrac{1}{\cos^2 x}$

(vii) $(\arcsin x)' = \dfrac{1}{\sqrt{1 - x^2}}$

(viii) $(\arccos x)' = -\dfrac{1}{\sqrt{1 - x^2}}$

(ix) $(\arctan x)' = \dfrac{1}{1 + x^2}$

14.11.4 Ableitung einer Potenzreihe

Man kann zeigen: Eine Potenzreihen $\sum\limits_{k=0}^{\infty} a_k(x - x_0)^k$ stellt im Inneren ihres Konvergenzintervalls $K_R(x_0)$ eine stetige Funktion f dar, d.h.

$$f(x) = \sum_{k=0}^{\infty} a_k(x - x_0)^k \quad \text{für } x \in K_R(x_0).$$

Darüber hinaus gilt:

Ableitung einer Potenzreihe

f ist auf $K_R(x_0)$ beliebig oft *gliedweise* differenzierbar mit

$$\boxed{f'(x) = \sum_{k=1}^{\infty} ka_k(x - x_0)^{k-1}}.$$

Hierbei überträgt sich der Konvergenzradius von f auf f'.

Bemerkung: Das Konvergenzverhalten in den Randpunkten kann sich ändern.

15 Differentialrechnung 2 – Anwendungen

Übersicht

© Springer-Verlag GmbH Deutschland, ein Teil von Springer Nature 2021
A. Keller, *Aufgaben und Lösungen zur Mathematik für den Studienstart*,
https://doi.org/10.1007/978-3-662-63628-2_15

15.1 Globale Extremwerte eines Polynoms

Bestimmen Sie die globalen Extrema von $f : I \longrightarrow \mathbb{R}$ mit

$$f(x) = \frac{2}{5}x^3 - 3x^2 + 6x - \frac{5}{2}$$

und $I = [1, 4]$ und geben Sie den Wertebereich an.

Lösungsskizze

- Lokale Extrema

  (i) Notwendige Bediningung $\rightsquigarrow$ kritische Stellen:

$$f'(x) = \frac{6}{5}x^2 - 6x + 6 \overset{!}{=} 0 \mid \cdot 5/6 \Longleftrightarrow x^2 - 5x + 5 = 0$$

  Mitternachtsf.: $\rightsquigarrow x_{1,2} = \dfrac{5 \pm \sqrt{25 - 20}}{2} \Longrightarrow \begin{cases} x_1 = \dfrac{5 - \sqrt{5}}{2} \approx 1.382 \\ x_2 = \dfrac{5 + \sqrt{5}}{2} \approx 3.618 \end{cases}$

$\Longrightarrow x_{1,2} \in I$

  (ii) Hinreichende Bedingung* via Vorzeichenuntersuchung von $\text{sgn}(f')$:

$x \in$	$\left[1, \dfrac{5 - \sqrt{5}}{2}\right)$	$\left(\dfrac{5 - \sqrt{5}}{2}, \dfrac{5 + \sqrt{5}}{2}\right)$	$\left(\dfrac{5 + \sqrt{5}}{2}, 4\right]$
$\text{sgn}(f')$	$+1$	-1	$+1$	$\rightsquigarrow$

  x_1: VZW** $+ \longrightarrow - \Longrightarrow f(x_1)$ lokales Maximum
  x_2: VZW $- \longrightarrow + \Longrightarrow f(x_2)$ lokales Minimum

- Globale Extrema: Vergleich lokale Extremwerte mit Randwerten:

  Lokale Extremwerte:

$$f(x_1) = f\left(\frac{5 - \sqrt{5}}{2}\right) \approx 1.118; \quad f(x_2) = f\left(\frac{5 + \sqrt{5}}{2}\right) \approx -1.118$$

  Randwerte:

$$f(1) = 2/5 - 3 - 6 - 5/2 = 9/10; \quad f(4) = \frac{2 \cdot 4^3}{5} - 3 \cdot 16 + 24 - 5/2 = -9/10$$

  Wegen $f(x_1) > f(1) > f(4) > f(x_2)$ sind die lokalen Extrema auch die globalen Extrema $\Longrightarrow W = [f(x_2), f(x_1)]$.

---

* *Alternative via 2. hinreichendem Kriterium mit zweiter Ableitung:* $f''(x) = 12x/5 - 6$; $f''(x_1) \approx -2.68 < 0 \Longrightarrow (x_1, f(x_1))$ lokales Maximum; $f''(x_2) \approx 2.68 > 0 \Longrightarrow (x_2, f(x_2))$ lokales Minimum.

** VZW = Abkürzung für *Vorzeichenwechsel*

15.2 Globale Extrema einer Logarithmusfunktion

Bestimmen Sie von $f(x) = -\ln(x(x-1)(x-2))$ den maximalen Definitionsbereich sowie die globalen Extrema, die Monotoniebereiche und den zugehörigen Wertebereich von $f : D \longrightarrow \mathbb{R}$ für $D = (0,1)$.

Lösungsskizze

(i) Definitionsbereich: Setze $p(x) := x(x-1)(x-2)$.

$f(x)$ ist genau dann definiert, wenn $p(x) > 0 \rightsquigarrow$ Vorzeichenuntersuchung von p*: Nullstellen von p kann man ablesen: $x_1 = 0, x_2 = 1, x_3 = 2$. Es ist $p(x) = x^3 - 3x^2 + 2x \implies \lim\limits_{x \to \pm\infty} p(x) = \lim\limits_{x \to \pm\infty} x^3 = \pm\infty$. Somit ist $p(x) < 0$ für $x \in (-\infty, 0) \cup (1, 2)$ und sonst ist $p(x) > 0$, also

$$D_{\max} = (0,\ 1) \cup (2,\ \infty).$$

(ii) Lokale Extrema und Monotoniebereiche auf $D = (0,\ 1)$:

$$f'(x) = \frac{d}{dx} - \ln(p(x)) = -p'(x)/p(x) \overset{!}{=} 0 \iff p'(x) \overset{!}{=} 0 \iff 3x^2 - 6x + 2 = 0$$

Mitternachtsformel: $x_{1,2} = \dfrac{6 \pm \sqrt{36 - 4 \cdot 3 \cdot 2}}{2} = 1 \pm \sqrt{3}/3$

$\rightsquigarrow$ nur $x_1 = 1 - \sqrt{3}/3 \in D = (0,\ 1)$, Vorzeichenuntersuchung von $f'(x)$:

$x \in$	$(0,\ 1 - \sqrt{3}/3)$	$(1 - \sqrt{3}/3,\ 1)$
$\mathrm{sgn}(f'(x))$	-1	$+1$
Monotonie	$G_f \searrow$	$G_f \nearrow$

VZW von $- \longrightarrow +$
$\implies$ lokales Minimum

(iii) Globale Extrema und Wertebereich auf $D = (0,\ 1)$:

$f(1 - \sqrt{3}/3) \approx 0.9547\ldots$; Vergleich mit Randwerten:

$$\lim\limits_{x \to 0+} - \ln(\overbrace{p(x)}^{\to 0+}) = \text{„}-(-\infty)\text{"} = \infty; \qquad \lim\limits_{x \to 1-} - \ln(\overbrace{p(x)}^{\to 0+}) = \text{„}-(-\infty)\text{"} = \infty$$

Somit ist $x_1 = 1 - \sqrt{3}/3$ globales Minimum und $W = [f(1 - \sqrt{3}/3),\ \infty)$.

---

* Alternative: Punktprobe von $p \rightsquigarrow$ Vorzeichentabelle:

$x \in$	$(-\infty, 0)$	$(0, 1)$	$(1, 2)$	$(2, \infty)$
$\mathrm{sgn}(p(x))$	-1	$+1$	-1	$+1$

$\implies D_{\max} = (0, 1) \cup (2, \infty)$

Oder man bestimmt die Vorzeichen der Linearfaktoren von p und leitet daraus das Vorzeichen für p ab.

15.3   Bestimmung von Wertebereich und Monotoniebereichen

Bestimmen Sie für $f : D \to \mathbb{R}$ mit $f(x) = \dfrac{x^2 + 2x + 2}{x + 1}$ und $D = D_{\max}$ den Wertebereich sowie die größtmöglichen Bereiche aus D, auf denen f streng monoton/umkehrbar ist.

Lösungsskizze

Polynomdivision $\rightsquigarrow f(x) = 1 + x + \dfrac{1}{1+x} \implies D = (-\infty, -1) \cup (-1, \infty)$

(i) Grenzverhalten an den Rändern von D:

$a(x) = x + 1$ ist Asymptote $\rightsquigarrow \lim\limits_{x \to \pm\infty} f(x) = \pm\infty$.

$$\lim_{x \to -1\pm} f(x) = \lim_{x \to -1\pm} 1 + x + \frac{1}{1+x} = \text{„}0 + \frac{1}{0\pm} = 0 \pm \infty\text{“} = \pm\infty$$

(ii) Extrema und Monotonie:

$$f'(x) = \left(1 + x + \frac{1}{1+x}\right)' = 1 + \frac{0 \cdot (1+x) - 1 \cdot 1}{(1+x)^2} = 1 - \frac{1}{(x+1)^2} = \frac{x^2 + 2x}{(x+1)^2}$$

$$f'(x) \overset{!}{=} 0 \iff \frac{x^2 + 2x}{(x+1)^2} = 0 \iff x^2 + 2x = 0 \iff x(x+2) = 0$$

$\implies$ kritische Stellen: $x_1 = -2$, $x_2 = 0$

Vorzeichenuntersuchung: $\operatorname{sgn}(f')$:

$x \in$	$(-\infty, -2)$	$(-2, -1)$	$(-1, 0)$	$(0, \infty)$
$\operatorname{sgn}(x^2 + 2x)$	$+1$	-1	-1	$+1$
$\operatorname{sgn}((x+1)^2)$	$+1$	$+1$	$+1$	$+1$
$\operatorname{sgn}(f')$	$+1$	-1	-1	$+1$

$x_1 = -2$:
VZW $+ \longrightarrow -$
$\rightsquigarrow (-2, f(-2))$
lok. Maximum

$x_2 = 0$:
VZW $- \longrightarrow +$
$\rightsquigarrow (0, f(0))$
lok. Minimum

$f(0) = 2$; $f(-2) = -2$ und (i) $\implies W = (-\infty, -2] \cup [2, \infty)$

Aus Tabelle: $f'(x) > 0$ für $x \in (-\infty, -2) \cup (0, \infty) \implies G_f$ streng monoton steigend auf $(-\infty, -2]$ und $[0, \infty) \implies f$ umkehrbar auf $(-\infty, -2]$ und $[0, \infty)$

$f'(x) > 0$ für $x \in (-2, -1) \cup (-1, 0) \implies G_f$ streng monoton fallend auf $[-2, -1)$ und $(-1, 0] \implies f$ umkehrbar auf $[-2, -1)$ und $(-1, 0]$

15.4 Näherungsweise Bestimmung einer Nullstelle (Newton)

Begründen Sie. Das reelle Polynom $p(x) = x^3 + 3x^2 + 2x - 1$ besitzt im Intervall $I = [0, 1]$ genau eine Nullstelle ξ.

Bestimmen Sie einen sinnvollen Startwert $x_0 \in I$ für das Newton-Verfahren und berechnen Sie damit (fünf Iterationen) einen Näherungswert von ξ auf vier Nachkommastellen.

Lösungsskizze

(i) Existenz genau einer Nullstelle:

$$p(0) \cdot p(1) = -1 \cdot (1 + 3 + 2 - 1) = -5 < 0$$

$\implies$ Vorzeichenwechsel von p an den Intervallenden, p ist Polynom vom Grad 3, d.h. überall stetig $\implies$ es gibt *mindestens* eine Stelle $\xi \in I$ mit $p(\xi) = 0$ (Nullstellensatz).

Monotonieverhalten von G_p auf I: $f'(x) = 3x^2 + 6x + 2 \overset{!}{=} 0$, Mitternachtsformel $\rightsquigarrow$

$$\rightsquigarrow x_{1,2} = \frac{-6 \pm \sqrt{36 - 4 \cdot 3 \cdot 2}}{6} = -1 \pm \frac{\sqrt{3}}{3} \approx \begin{cases} -1.5774 \\ -0.4226 \end{cases}$$

$x_1, x_2 \notin I$, und $G_{p'}$ ist eine nach oben geöffnete Parabel $\implies$ $p'(x) > 0$ für $x \in (-1 + \sqrt{3}/3, \infty)$. Damit ist insbesondere G_p auf I streng monoton steigend $\implies$ ξ ist *einzige* Nullstelle von p im Intervall I.

(ii) Newton-Verfahren:

Krümmungsverhalten von G_p auf I: $p''(x) = 6x + 6 \overset{!}{=} 0 \iff x = -1$

$\implies p''(x) > 0$ für $x > -1 \rightsquigarrow G_p$ auf I linksgekrümmt (streng konvex)

Hinreichende Bedingung für Konvergenz des Newton-Verfahrens: $p'(x) > 0$, $p''(x) > 0 \rightsquigarrow$ Startwert $x_0 \in I$ mit $p(x_0) \geq 0$, z.B. $x_0 = 0.9$; $p(0.9) \approx 3.959 > 0 \rightsquigarrow$ Newton-Folge:

$$x_{n+1} = x_n + \frac{p(x_n)}{p'(x_n)} = x_n + \frac{x^3 + 3x^2 + 2x - 1}{3x^2 + 6x + 2}, \quad 5 \text{ Iterationen:}$$

$$\left.\begin{aligned} x_1 &= 0.9 - p(0.9)/p'(0.9) \approx 0.4973 \\ x_2 &\approx 0.4973 - p(0.4973)/p'(0.4973) \approx 0.3472 \\ x_3 &\approx 0.3472 - p(0.3472)/p'(0.3472) \approx 0.3252 \\ x_4 &\approx 0.3252 - p(0.3252)/p'(0.3252) \approx 0.3247 \\ x_5 &\approx 0.3247 - p(0.3247)/p'(0.3247) \approx 0.3247 \end{aligned}\right\} \implies \xi \approx 0.3247$$

15.5 Grenzwerte mit dem Satz von L'Hospital

Berechnen Sie:

a) $\lim\limits_{x\to -1} \dfrac{2x^3 + 3x^2 - x - 2}{3x^5 + x^2 + 2x + 4}$ b) $\lim\limits_{x\to 0} \dfrac{e^{\pi x} - 1}{x^2 + x}$ c) $\lim\limits_{x\to\infty} \dfrac{4040x + \sqrt{x}}{2x + 2\sqrt{2x - 2}}$

d) $\lim\limits_{x\to\infty} \dfrac{e^{2x}}{x^3 + x^2 + 1}$ e) $\lim\limits_{x\to 0} \dfrac{x(1 - \cos x)}{2(\sin x - x)}$ f) $\lim\limits_{x\to 0+} x\ln x$

Lösungsskizze

a) $\lim\limits_{x\to -1} \dfrac{2x^3 + 3x^2 - x - 2}{3x^5 + x^2 + 2x + 4} \overset{0/0}{\underset{\ell'\mathrm{H}}{=}} \lim\limits_{x\to -1} \dfrac{6x^2 + 6x - 1}{15x^4 + 2x + 2} = \dfrac{6 - 6 - 1}{15 - 2 + 2} = -\dfrac{1}{15}$

b) $\lim\limits_{x\to 0} \dfrac{e^{\pi x} - 1}{x^2 + x} \overset{0/0}{\underset{\ell'\mathrm{H}}{=}} \lim\limits_{x\to 0} \dfrac{\pi\cdot e^{\pi x}}{2x + 1} = \dfrac{\pi\cdot e^0}{0 + 1} = \pi$

c) $\lim\limits_{x\to\infty} \dfrac{4040x + \sqrt{x}}{2x + 2\sqrt{2x - 2}} \overset{\infty/\infty}{\underset{\ell'\mathrm{H}}{=}} \lim\limits_{x\to\infty} \dfrac{4040 + \frac{1}{2\sqrt{x}}}{2 + 2\cdot 1/2\cdot(2x + 1)^{-1/2}\cdot 2}$

$= \lim\limits_{x\to\infty} \dfrac{4040 + \overbrace{1/2\sqrt{x}}^{\to 0}}{2 + \underbrace{2/\sqrt{2x + 1}}_{\to 0}} = \dfrac{4040}{2} = 2020$

d) $\lim\limits_{x\to\infty} \dfrac{e^{2x}}{x^3 + x^2 + 1} \overset{\infty/\infty}{\underset{\ell'\mathrm{H}}{=}} \lim\limits_{x\to\infty} \dfrac{2e^{2x}}{3x^2 + 2x} \overset{\infty/\infty}{\underset{\ell'\mathrm{H}}{=}} \dfrac{4e^{2x}}{6x + 2} \overset{\infty/\infty}{\underset{\ell'\mathrm{H}}{=}} \lim\limits_{x\to\infty} \dfrac{8\,\overbrace{e^{2x}}^{\to\infty}}{6} = \infty^{*}$

e) $\lim\limits_{x\to 0} \dfrac{x(1 - \cos x)}{2(\sin x - x)} \overset{0/0}{\underset{\ell'\mathrm{H}}{=}} \lim\limits_{x\to 0} \dfrac{1 - \cos x + x\sin x}{2\cos x - 2} \overset{0/0}{\underset{\ell'\mathrm{H}}{=}} \lim\limits_{x\to 0} \dfrac{2\sin x + x\cos x}{-2\sin x}$

$\overset{0/0}{\underset{\ell'\mathrm{H}}{=}} \lim\limits_{x\to 0} \dfrac{3\cos x - x\sin x}{-\cos x} = \dfrac{3\cos(0) - 0\sin(0)}{-2\cos(0)} = -\dfrac{3}{2}$

f) Grenzfall nicht von der Form 0/0 oder $\pm\infty/\pm\infty \rightsquigarrow$ Produkt in Quotient via Kehrwertbildung eines Faktors umformen: $x\ln x = \frac{\ln x}{1/x} \rightsquigarrow$ Grenzfall $-\infty/\infty \rightsquigarrow$ L'Hospital anwendbar ✓

$\lim\limits_{x\to 0+} x\ln x = \lim\limits_{x\to 0+} \dfrac{\ln x}{1/x} \overset{-\infty/\infty}{\underset{\ell'\mathrm{H}}{=}} \dfrac{1/x}{-1/x^2} = \lim\limits_{x\to 0+} \dfrac{-x^{\cancel{2}1}}{\cancel{x}} = -\lim\limits_{x\to 0+} x = 0$

---

* Hinweis: Für ein beliebiges Polynom $p(x) = a_n x^n + a_{n-1}x^{n-1} + \ldots + a_1 x + a_0$ mit reellen Koeffizienten $a_i \in \mathbb{R}, i = 0\ldots n, a_n \neq 0$ gilt allgemein (analoge Rechnung): $\lim\limits_{x\to\infty} \dfrac{e^x}{p(x)} = \infty$.

Dies kann man so interpretieren: „Die (bzw. jede) Exponentialfunktion wächst schneller als jedes Polynom" (vgl. Abschn. 15.13.4).

15.6 Noch mehr Grenzwerte mit dem Satz von L'Hospital

Bestimmen Sie mit den Satz von L'Hospital die Grenzwerte:

$$\text{a)} \quad \lim_{x \to 0} \left(1 + x^2 + x^3\right)^{1/x^2} \qquad\qquad \text{b)} \quad \lim_{x \to \frac{\pi}{2}} (\sin x)^{\tan x}$$

Lösungsskizze

a) Ausdruck umformen, so dass Bruch mit Grenzfall $0/0$ oder $\pm\infty/\pm\infty$ entsteht:

1. Schritt: Exponentialausdruck durch die bekannten Funktionen $x \mapsto e^x = \exp(x)$ und $x \mapsto \ln x$ ausdrücken $\rightsquigarrow (1+x^2+x^3)^{1/x^2} = \exp(\ln(1+x^2+x^3)\cdot 1/x^2)$.

2. Schritt: Da $x \mapsto \exp(x)$ überall stetig ist „darf lim in die Exponentialfunktion gezogen werden": $\lim\limits_{x\to 0} \exp(\ldots) = \exp(\lim\limits_{x\to 0} \ldots) \rightsquigarrow$ Nebenrechnung:

$$\lim_{x\to 0} \frac{\ln(1+x^2+x^3)}{x^2} \overset{0/0}{\underset{\ell'\text{H}}{=}} \lim_{x\to 0} \frac{\frac{1}{1+x^2+x^3}\cdot 3x^2 + 2x}{2x} = \lim_{x\to 0} \frac{3x^2+2x}{2x+2x^3+2x^4}$$

$$\overset{0/0}{\underset{\ell'\text{H}}{=}} \lim_{x\to 0} \frac{6x+2}{2+6x^2+8x^3} = 2/2 = 1$$

$$\implies \lim_{x\to 0}(1+x^2+x^3)^{1/x^2} = \lim_{x\to 0} \exp(\ln(1+x^2+x^3)\cdot 1/x^2) = \exp(1) = e$$

b) Analog zu a): $\lim\limits_{x\to\frac{\pi}{2}} (\sin x)^{\tan x} = \lim\limits_{x\to\frac{\pi}{2}} \exp\left(\ln(\sin x)\tan x\right)$

Ausdruck $\ln(\sin x)\tan x$ führt auf Grenzfall $0\cdot\infty$, Produkt zu Quotient umformen via Kehrwertbildung eines Faktors $\rightsquigarrow$ Grenzfall $0/0$:

$$\ln(\sin x)\cdot\tan x = \frac{\ln(\sin x)}{1/\tan x} = \frac{\ln(\sin x)}{\cos x/\sin x}, \text{ da } \tan x = \sin x/\cos x, \text{ NR:}$$

$$\lim_{x\to\frac{\pi}{2}} \overset{\to 0}{\overbrace{\ln(\sin x)}}\,\overset{\to\infty}{\overbrace{\tan x}} = \lim_{x\to\frac{\pi}{2}} \frac{\ln(\sin x)}{\cos x/\sin x} \overset{0/0}{\underset{\ell'\text{H}}{=}} \lim_{x\to\frac{\pi}{2}} \frac{\frac{1}{\sin x}\cdot\cos x}{\frac{-\cos^2 x - \sin^2 x}{\sin^2 x}}$$

$$= \lim_{x\to\frac{\pi}{2}} \frac{\cos x/\sin x}{-1/\sin^2 x} = \lim_{x\to\frac{\pi}{2}} \frac{-\cos x \sin^{\cancel{2}1} x}{\cancel{\sin x}}$$

$$= -\lim_{x\to\frac{\pi}{2}} \cos x \sin x = -\underbrace{\cos(\pi/2)}_{=0}\sin(\pi/2) = 0$$

$$\implies \lim_{x\to\frac{\pi}{2}} (\sin x)^{\tan x} = \lim_{x\to\frac{\pi}{2}} e^{\ln(\sin x)\tan x} = e^0 = 1$$

15.7   Diskussion einer trigonometrischen Funktion

Diskutieren Sie die trigonometrische Funktion:

$$f : x \mapsto \cos x + \frac{\cos 2x}{2}.$$

Lösungsskizze

(i) Definitionsbereich:

f ist für alle $x \in \mathbb{R}$ definiert $\implies D = \mathbb{R}$.

(ii) Periodizität:

$x \mapsto \cos x$ besitzt die minimale Periode 2π; für $x \mapsto \cos(2x)$ mit minimaler Periode π ist auch 2π Periode $\implies \mathcal{P}_f = 2\pi$.

(iii) Symmetrie: $x \mapsto \cos x$ ist gerade Funktion, somit auch f:

$$f(-x) = \cos(-x) + \frac{1}{2}\cos(-2x) = -\cos x - \frac{1}{2}\cos 2x = -f(x), \forall x \in \mathbb{R}$$

(iv) Nullstellen

$$f(x) = 0 \iff \cos x + \frac{1}{2}\cos 2x = \cos x + \cos^2 x - \frac{1}{2} = 0$$

Substitution: $u = \cos x \rightsquigarrow u^2 + u - 1/2 = 0$

$$\text{Mitternachtsformel} \rightsquigarrow u_{1,2} = -\frac{1}{2} \pm \frac{\sqrt{3}}{2} = \begin{cases} \approx 0.37 \\ \approx -1.37 < -1 \, \text{\textchi} \end{cases}$$

$\rightsquigarrow$ Rücksubstitution nur mit u_1. Wegen Periodizität genügt es, z.B. Lösungen in $[0, 2\pi)$ zu bestimmen:

$$\cos x = -\frac{1}{2} + \frac{\sqrt{3}}{2} \iff x = \begin{cases} \arccos\left(-\frac{1}{2} + \frac{\sqrt{3}}{2}\right) & \approx 1.1961 \\ 2\pi - \arccos\left(-\frac{1}{2} + \frac{\sqrt{3}}{2}\right) & \approx 5.0871 \end{cases}$$

(v) Extrema und Monotonie:

$$f'(x) = -\sin x - \sin 2x = \sin x - 2\sin x \cos x = \sin x \cdot (1 - 2\cos x)$$

$f'(x) = 0 \iff \sin x = 0 \lor \cos x = 1/2$; Lösungen in $[0, 2\pi)$:

$$\sin x = 0 \iff x_1 = 0 \lor x_2 = \pi$$
$$\cos x = 1/2 \iff x_3 = \arccos(1/2) = \frac{2\pi}{3} \lor x_4 = 2\pi - \frac{2\pi}{3} = \frac{4\pi}{3}$$

$x \in$	$[0, 2\pi/3)$	$(2\pi/3, \pi)$	$(\pi, 4\pi/3)$	$(4\pi/3, 2\pi)$
$\mathrm{sgn}(f')$	-1	$+1$	-1	$+1$
	$G_f \searrow$	$G_f \nearrow$	$G_f \searrow$	$G_f \nearrow$

VZW $+ \longrightarrow -$ an den Stellen $x_1 = 0$ und $x_2 = \pi \implies f(x_1), f(x_2)$ lokale Maxima

VZW $- \longrightarrow +$ an den Stellen $x_3 = 2\pi/3$ und $x_2 = 4\pi/3 \implies f(x_3), f(x_4)$ lokale Minima

(vi) Wendestellen und Krümmung:

$$f''(x) = -\cos x - 2 \underbrace{\cos 2x}_{=2\cos^2 x - 1} = -(\cos x + 4\cos^2 x - 2) \overset{!}{=} 0$$

Substitution: $u = \cos x \rightsquigarrow 4u^2 - u - 2 = 0$, Mitternachtsformel $\rightsquigarrow u_{1,2} = -1/8 \pm \sqrt{33}/8$;

$$\cos x = u_1 \iff x_5 = \arccos(u_1) \approx 0.9359 \vee x_6 = 2\pi - \arccos(u_1) \approx 5.3473$$
$$\cos x = u_2 \iff x_7 = \arccos(u_2) \approx 2.5738 \vee x_8 = 2\pi - \arccos(u_2) \approx 3.7094$$

$x \in$	$[0, x_5)$	(x_5, x_7)	(x_7, x_8)	(x_8, x_6)	$(x_6, 2\pi)$
$\mathrm{sgn}(f'')$	-1	$+1$	-1	$+1$	-1
G_f	konkav	konvex	konkav	konvex	konkav

$\implies x_5, ..., x_8$ Wendestellen

(vii) Skizze (Hoch-, Tief- und Wendepunkte über $[0, 2\pi)$):

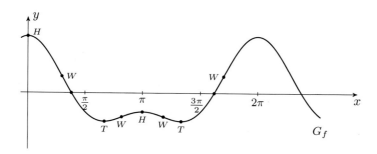

15.8   Diskussion einer Funktionenschar

Diskutieren Sie die Funktion $f_k : x \mapsto \dfrac{x(x^2 - k^2)}{(1-x)^3}$ in Abhängigkeit von $k \geq 0$.

Bestimmen Sie außerdem die Ortskurven $\mathcal{E}, \mathcal{W}$ der Extrem- und Wendepunkte sowie die Einhüllende $\mathcal{H}$ von G_{f_k}. Fertigen Sie eine Skizze an.

Lösungsskizze

(i) Definitionsbereich, Nullstellen und Randverhalten:

$(1 - x)^3 = 0 \Longleftrightarrow x = 1 \implies D = (-\infty, 1) \cup (1, \infty)$

Nst.: $k \neq 1$: $x(x^2 - k^2) = 0 \Longleftrightarrow x = 0 \vee x = \pm k$; $k = 1$: $x = 0 \vee x = -1$

$$\lim_{x \to \pm\infty} f_k(x) = \lim_{x \to \pm\infty} \frac{x(x^2 - k^2)}{(1-x)^3} = \lim_{x \to \pm\infty} \frac{x^3 \overbrace{(1 - k^2/x^2)}^{\to 1}}{\underbrace{x^3(1/x - 1)^3}_{\to -1}} = -1$$

$$\lim_{x \to 1-} f_k(x) = \lim_{x \to 1-} \frac{x(x^2 - k^2)}{(1-x)^3} = \text{„}\frac{1 - k^2}{0+}\text{“} = \begin{cases} \infty & \text{für } k > 1 \\ -\infty & \text{für } 0 < k < 1 \end{cases}$$

$$\lim_{x \to 1+} f_k(x) = \lim_{x \to 1+} \frac{x(x^2 - k^2)}{(1-x)^3} = \text{„}\frac{1 - k^2}{0-}\text{“} = \begin{cases} -\infty & \text{für } k > 1 \\ \infty & \text{für } 0 < k < 1 \end{cases}$$

$$\lim_{x \to 1\pm} f_1(x) = \lim_{x \to 1\pm} \frac{x(x^2 - 1)}{(1-x)^3} \overset{0/0}{\underset{\ell'\mathrm{H}}{=}} \lim_{x \to 1\pm} \frac{(x^2 - 1) + 2x^2}{-3(1-x)^2} = \text{„}\frac{2}{0-}\text{“} = -\infty$$

(ii) Extrema, Monotonie und Ortskurve der Extrema:

$$f_k'(x) = \frac{(3x^2 - k^2)(1-x)^{\cancel{3}1} - x(x^2 - k^2) \cdot 3\cancel{(1-x)^2}(-1)}{(1-x)^{\cancel{6}4}} = \frac{\overbrace{3x^2 - 2k^2 x - k^2}^{=:Q_k(x)}}{(x-1)^4}$$

$$f_k'(x) \overset{!}{=} 0 \Longleftrightarrow Q_k(x) = 0, \quad \text{Mitternachtsformel} \rightsquigarrow x_{1,2} = \frac{k^2}{3} \pm \frac{k\sqrt{k^2 + 3}}{3}$$

$k \neq 0, k \neq 1$, $x \in$	$(-\infty, x_1) \setminus \{1\}$	$(x_1, x_2) \setminus \{1\}$	$(x_2, \infty) \setminus \{1\}$
$\mathrm{sgn}(Q_k)$	$+1$	-1	$+1$
$\mathrm{sgn}(x-1)^4$	$+1$	$+1$	$+1$
$\mathrm{sgn}(f')$	$+1$	-1	$+1$
	$G_{f_k} \nearrow$	$G_{f_k} \searrow$	$G_{f_k} \nearrow$

$\implies$ für $k \neq 0$, $k \neq 1$ lokales Maximum an der Stelle x_1 und lokales Minimum an der Stelle x_2, Randvergleich $\rightsquigarrow f(x_{1,2})$ kein globales Extremum

$k = 0$: $x_1 = x_2$, kein Vorzeichenwechsel (Scheitelpunkt von $Q_k(x)$ liegt auf x-Achse) $\rightsquigarrow$ kein Extremum

$k = 1$: $x_1 = 1/3 - 2/3 = -1/3$; $x_2 = 1 \notin D \implies f_1(-1/3)$ lokales Maximum

<u>Ortskurve der Extrema $\mathcal{E}$:</u> $x = \dfrac{k^2}{3} \pm \dfrac{k\sqrt{k^2+3}}{3}$ nach k auflösen $\rightsquigarrow$

$$x - \frac{k^2}{3} = \pm\frac{k\sqrt{k^2+3}}{3} \iff \frac{3x}{k} - k = \pm\sqrt{k^2+3} \implies \left(\frac{3x}{k} - k\right)^2 = k^2 + 3$$

$$\iff \frac{9x^2}{k^2} - 6x + k^2 = k^2 + 3 \iff \frac{9x^2}{k^2} = 6x + 3$$

$$\iff 1/k^2 = \frac{6x+3}{9x^2} \iff k_{1,2} = \pm\frac{3x}{\sqrt{6x+3}}$$

Probe: $k_{1,2}$ sind Lösungen. $\checkmark$

$$f_{k_{1,2}}(x) = \frac{x\big(x^2 - (\pm 3x/\sqrt{6x+3})^2\big)}{(1-x)^3} = \frac{-2x^3}{(x-1)^3(2x+1)} \implies G_{f_{k_{1,2}}} = \mathcal{E}$$

(iii) Wendestellen, Krümmungsverhalten und Ortskurve der Wendepunkte:

$$f_k''(x) = \frac{(6x-2k^2)(x-1)^{\cancel{4}1} - 4\cancel{(x-1)^3}(3x^2-2k^2-k^2)}{(x-1)^{\cancel{6}5}}$$

$$= \frac{\overbrace{6x^2 - (6k^2-6)x - 6k^2}^{=:Z_k(x)}}{(x-1)^5} \overset{!}{=} 0 \underbrace{\implies x_3 = -1 \,\&\, x_4 = k^2}_{\text{sinnv. Raten od. Formel}}$$

Fallunterscheidung nach k: $G_{Z_k} \,\widehat{=}\,$ nach oben geöffnete Parabel $\rightsquigarrow$

$0 \le k < 1$	$(-\infty, -1)$	$(-1, k^2)$	$(k^2, 1)$	$(1\,\infty)$
$\operatorname{sgn}(Z_k)$	$+1$	-1	$+1$	$+1$
$\operatorname{sgn}(x-1)^5$	-1	-1	-1	$+1$
$\operatorname{sgn}(f'')$	-1	$+1$	-1	$+1$
G_{f_k}	konkav	konvex	konkav	konvex

$k > 1$	$(-\infty, -1)$	$(-1, 1)$	$(1, k^2)$	(k^2, ∞)
$\operatorname{sgn}(Z_k)$	$+1$	-1	-1	$+1$
$\operatorname{sgn}(x-1)^5$	-1	-1	$+1$	$+1$
$\operatorname{sgn}(f'')$	-1	$+1$	-1	$+1$
G_{f_k}	konkav	konvex	konkav	konvex

$\implies x_{3,4}$ für $k \ge 0, k \ne 1$ Wendestellen, analoge Betrachtung für $k = 1 \rightsquigarrow$ nur x_3 Wendestelle für $k = 1$

Ortskurven der Wendepunkte:

$$\mathcal{W}_1 : x = -1; \; x = k^2 \implies k = \sqrt{x} \; (k \geq 0)$$

$$\mathcal{W}_2 \, \hat{=} \, G_{f_{\sqrt{x}}} \text{ mit } f_{\sqrt{x}}(x) = \frac{x(x^2 - (\sqrt{x})^2)}{(1-x)^3} = \frac{-x^2}{(x-1)^2}$$

(iv) Einhüllende $\mathcal{H}$:

Bestimme Wertemenge von $k \mapsto f_k(x)$, $x \neq 1$

$$\frac{df_k(x)}{dk} = \frac{-2xk}{(1-x)^3} \stackrel{!}{=} 0 \iff k = 0$$

$f_k(x)$ quadratisches Polynom in $k \implies$:

$f_0(x)$ für $x \in (-\infty, 0) \cup (1, \infty)$ globales Maximum $\implies W_x = (-\infty, f_0(x)]$

$f_0(x)$ für $x \in (0, 1)$ globales Minimum $\implies W_x = [f_0(x), \infty)$

$$\implies \mathcal{H} = G_{f_0(x)} \quad \text{mit} \quad f_0(x) = \frac{x^3}{(x-1)^2}$$

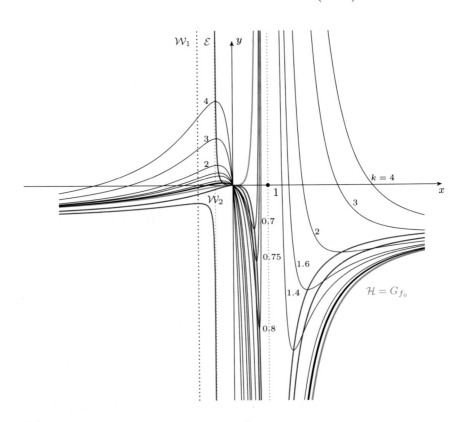

15.9 Die optimale 0.33 l–Getränkedose

Bestimmen Sie die Abmessungen einer zylindrischen Getränkedose aus Aluminium mit einem Fassungsvermögen von 330 ml so, dass am wenigsten Material verbraucht wird.

Lösungsskizze

Getränkedose $\approx$ Oberfläche eines Zylinders mit Radius $r > 0$ und Höhe $h > 0$:
($\widehat{=}$ 2$\times$ Kreisflächen + Mantel):

$$O(r, h) = 2\pi r^2 + 2\pi r h$$

(i) Nebenbedingung: Volumen $V \overset{!}{=} 330$ ml:

$$V = V(r, h) = \pi r^2 h = 330 \, \text{ml} = 330 \, \text{cm}^3$$

(ii) Formulierung als Extremalproblem:

Aus der Oberflächenfunktion lässt sich mit der Nebenbedingung die Variable h eliminieren: $V = \pi r^2 h \Longleftrightarrow h = V/\pi r^2$

Einsetzen in O: $O(r) = O(r, \dfrac{V}{\pi r^2}) = 2\pi r^2 + 2\pi\dfrac{V\!\!\!/}{\pi\!\!\!/ r\!\!\!/^1} = 2\pi r^2 + 2V/r$

Wenigster Materialverbrauch $\widehat{=}$ minimale Oberfläche

(iii) Notwendige Bedingung für Extremum:

$$O'(r) \overset{!}{=} 0 \iff \left(2\pi r^2 + 2V/r\right)' = 0 \iff 4\pi r - 2V/r^2 = 0$$

$$\iff 4\pi r = 2V/r^2 \iff r^3 = V/2\pi$$

$$\implies r^\star = \sqrt[3]{V/2\pi} = \sqrt[3]{330/2\pi} \approx 3.7449 \, (\text{cm})$$

(iv) Hinreichende Bedingung: $O''(r) = 4\pi - \dfrac{0 \cdot r^2 - 2V \cdot 2r}{r^4} = 4\pi + \dfrac{4V}{r^3}$

$$O''\left(\sqrt[3]{\frac{V}{2\pi}}\right) = 4\pi + \frac{4V}{V/2\pi} = 4\pi + 8\pi > 12\pi > 0 \implies r^\star \text{ lok. Minimum}$$

(v) Randvergleich: Sinnvoller Definitionsbereich für das Problem $(0, \infty)$

$$\lim_{x \to 0+} O(r) = \lim_{x \to 0+} 2\pi r^2 + 2V/r = \infty; \; \lim_{x \to \infty} O(r) = \lim_{x \to \infty} 2\pi r^2 + 2V/r = \infty$$

$$\implies r^\star \text{ globales Minimum}$$

(vi) Maße für optimale Getränkedose:

$$r^\star \approx 3.7449 \, \text{cm}; \; h = \frac{330 \, \text{cm}^3}{\pi (r^\star \text{cm})^2} \approx 7.4899 \, \text{cm}$$

15.10   Ist $e^\pi > \pi^e$ oder $e^\pi < \pi^e$?

Finden Sie eine geeignete reelle Funktion, mit der Sie diese Frage ohne Hilfe eines (Taschen-)rechners mit einer Kurvendiskussion (Skizze von G_f!) beantworten können.

Lösungsskizze

Eine von beiden Aussagen muss wahr sein, $x \mapsto \ln x$ ist streng monoton steigend $\rightsquigarrow$ Ordnung bleibt bei Anwendung von $\ln(\cdot)$ erhalten („$>, <$ Zeichen dreht sich nicht um"):

$$e^\pi \overset{>}{\underset{<}{\gtrless}} \pi^e \iff \ln e^\pi \overset{>}{\underset{<}{\gtrless}} \ln \pi^e \iff \pi \cdot \ln e \overset{>}{\underset{<}{\gtrless}} e \cdot \ln \pi \mid \cdot 1/\pi e \iff \frac{\ln e}{e} \overset{>}{\underset{<}{\gtrless}} \frac{\ln \pi}{\pi}$$

$\rightsquigarrow$ diskutiere Monotonieverhalten von $\boxed{f : x \mapsto x^{-1} \cdot \ln x = \dfrac{\ln x}{x}, \ D = (0, \infty).}$

(i) Extrema: $f'(x) = \left(x^{-1} \ln x\right)' = -x^{-2} \ln x + x^{-1} \cdot 1/x = \dfrac{1 - \ln x}{x^2}$

$$f'(x) \overset{!}{=} 0 \iff \frac{1 - \ln x}{x^2} = 0 \iff 1 - \ln x = 0 \iff \ln x = 1$$

$\implies$ einzige kritische Stelle $x = e$

(ii) Monotonie über Vorzeichenuntersuchung von f':

$x \in$	$(-0,\, e)$	$(e,\, \infty)$
$\operatorname{sgn}(1 - \ln x)$	$+1$	-1
$\operatorname{sgn}(x^2)$	$+1$	$+1$
$\operatorname{sgn}(f')$	$+1$	-1
	$G_f \nearrow$	$G_f \searrow$

$\rightsquigarrow G_f$ für $x \geq e$ streng monoton fallend:

$$e < \pi \implies f(e) = \ln e/e > f(\pi) = \frac{\ln \pi}{\pi}$$

$$\implies e^\pi > \pi^e \checkmark$$

Für Skizze:

$x = e$: VZW $+ \longrightarrow -$

$\rightsquigarrow f(e) = 1/e$ lokales Maximum

Randverhalten:

$$\lim_{x \to \infty} \frac{\ln x}{x} \overset{\infty/\infty}{\underset{\ell'\text{H}}{=}} \lim_{x \to \infty} \frac{1/x}{1} = 0$$

$$\lim_{x \to 0+} \tfrac{1}{x} \ln x = \text{„}\infty \cdot (-\infty)\text{"} = -\infty$$

$\implies 1/e$ globales Maximum

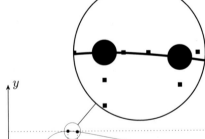

15.11 Nichtlineare Ungleichung ⋆

Bestimmen Sie mit Hilfe der Differentialrechnung alle $x \in \mathbb{R}$, welche die Ungleichung $f(x) < 1/2$ mit der reellen Funktion

$$f(x) = 2x^2|x - 3/2|$$

erfüllen.

Nutzen Sie Ihre Ergebnisse, um eine Skizze vom Graph der Funktion f anzufertigen, und machen Sie die Lösung der Ungleichung kenntlich.

Lösungsskizze

Betrag auflösen ⤳ Fallunterscheidung:

$$2x^2\left(x - \frac{3}{2}\right) < \frac{1}{2} \quad \text{für} \quad x \geq \frac{3}{2} \quad \text{und} \quad 2x^2\left(\frac{3}{2} - x\right) < \frac{1}{2} \quad \text{für} \quad x < \frac{3}{2}$$

$$g(x) := f(x) - 1/2 \implies g(x) = \begin{cases} g_1(x) := -2x^3 + 3x^2 - 1/2 & \text{für } x < 3/2 \\ g_2(x) := 2x^3 - 3x^2 - 1/2 & \text{für } x \geq 3/2 \end{cases}$$

Es ist $f(x) < 1/2 \iff f(x) - 1/2 = g(x) < 0$ ⤳ Vorzeichenuntersuchung von g_1 und g_2:

(i) Nullstellen von g_1: Probieren ⤳ $x_1 = 1/2$, Polynomdivision:

$$
\begin{array}{l}
\left(-2x^3 + 3x^2 \quad\quad - \tfrac{1}{2}\right) \div \left(x - \tfrac{1}{2}\right) = -2x^2 + 2x + 1 \\
\underline{2x^3 \quad - x^2} \\
2x^2 \\
\underline{-2x^2 + x} \\
x - \tfrac{1}{2} \\
\underline{-x + \tfrac{1}{2}} \\
0
\end{array}
$$

Nullstellen von $x^2 - x - 1/2 = 0$ via Mitternachtsformel:

$$⤳ x_2 = \frac{1 - \sqrt{3}}{2} \approx -0.366, \quad x_3 = \frac{1 + \sqrt{3}}{2} \approx 1.366$$

x_1, x_2, x_3 sind einfache Nullstellen

Grenzverhalten: $\lim\limits_{x \to \pm\infty} g_1(x) = \lim\limits_{x \to \pm\infty} -2x^3 = \mp\infty$

$$\implies g_1(x) < 0 \text{ für } x \in \left(\frac{1 - \sqrt{3}}{2}, 1/2\right) \cup \left(\frac{1 + \sqrt{3}}{2}, 3/2\right)$$

(ii) Nullstellen von g_2: Probieren führt nicht zum Ziel $\leadsto$ Nullstelle kann nur näherungsweise bestimmt werden. Vorab beschaffen wir uns weitere Informationen über Anzahl, Lage und Art der Nullstellen:

Lokale Extrema: $g_2'(x) = 6x^2 - 6x \overset{!}{=} 0 \leadsto x = 0$ und $x = 1$ kritische Stellen

2. Hinreichendes Kriterium:

$g_2''(0) = 12 \cdot 0 - 6 < 0 \leadsto$ lokales Maximum in $(0, g_2(0)) = (0, -1/2)$

$g_2''(1) = 12 \cdot 1 - 6 = 6 > 0 \leadsto$ lokales Minimum in $(1, g_2(1)) = (1, -3/2)$

Rand: $\displaystyle\lim_{x \to \pm\infty} g_2(x) = \lim_{x \to \pm\infty} 2x^3 = \pm\infty$

$\implies g_2$ besitzt genau eine Nullstelle $\tilde{x} > 3/2$. Wegen $g_2(3/2) < 0$ und $g_2(2) > 0$ muss $\tilde{x}$ im Intervall $(3/2, 2)$ liegen (Nullstellensatz), somit ist $g_2(x) < 0$ für $x \in (3/2, \tilde{x})$.

(iii) Näherungsweise Bestimmung von $\tilde{x}$ mit Newton-Verfahren: z.B. zwei Iterationsschritte mit Startwert $\tilde{x}_0 = 3/2 \leadsto$

$$\tilde{x}_1 = \frac{3}{2} - \frac{g_2(3/2)}{g_2'(3/2)} = \ldots = \frac{25}{18}; \quad \tilde{x}_2 = \frac{25}{18} - \frac{g_2(25/18)}{g_2'(25/18)} = \ldots \approx 1.598$$

$\implies \tilde{x} \approx 0.1598$

$\implies f(x) < 1/2$ für $x \in \left(\dfrac{1 - \sqrt{3}}{2}, 1/2\right) \cup \left(\dfrac{1 + \sqrt{3}}{2}, 3/2\right) \cup (3/2, \tilde{x})$

Graph G_f:

$f'(x) = -g_2'(x)$ und $f''(x) = -g_2''(x)$
für $x < 3/2$

$(0, f(0)) = (0, 0)$ lokales Min. und
$(1, f(1)) = (1, 1)$ lokales Max.

Lösungsmenge $\hat{=}$ gepunktete Abschnitte
auf der x-Achse

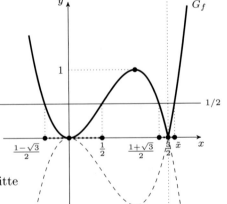

15.12 Diskussion einer gedämpften Schwingung ⋆

Die auf ganz $\mathbb{R}$ definierte Funktion: $f : x \mapsto e^{-\delta x} \sin(\omega x)$ beschreibt eine *harmonische gedämpfte Schwingung*.

Diskutieren Sie f für $x \geq 0$, $\omega > 0$, $\delta > 0$. Skizze für $\delta = 1$, $\omega = 2\pi$.

Lösungsskizze

Für die Extrem- und Wendestellen benötigen wir die 1. und 2. Ableitung:

$$f'(x) = (e^{-\delta x} \sin(\omega x))' = -\delta e^{-\delta x} \sin(\omega x) + \omega e^{-\delta x} \cos(\omega x)$$
$$= e^{-\delta x} (\omega \cos(\omega x) - \delta \sin(\omega x))$$

$$f''(x) = \left(e^{-\delta x} (\omega \cos(\omega x) - \delta \sin(\omega x)) \right)'$$
$$= -\delta e^{-\delta x} (\omega \cos(\omega x) - \delta \sin(\omega x)) + e^{-\delta x} \left(-\omega^2 \sin(\omega x) - \delta\omega \cos(\omega x) \right)$$
$$= e^{-\delta x} \left((\delta^2 - \omega^2) \sin(\omega x) - 2\delta\omega \cos(\omega x) \right)$$

(i) Nullstellen und Berührpunkte:

$$f(x) = 0 \iff e^{-\delta x} \sin(\omega x) = 0 \iff \sin(\omega x) = 0 \iff x = \frac{k\pi}{\omega}, \overbrace{k \in \mathbb{N}_0}^{\text{da } x \geq 0}$$

$\sin(2\pi x) = 1 \iff x_m = 1/4 + m, m \in \mathbb{Z} \implies G_f$ berührt in den Punkten

$B(x_m, f(x_m)), m \geq 0$ abwechselnd die Graphen von $x \mapsto \pm e^{-\delta x}$

(ii) Grenzverhalten: $x \longrightarrow \infty$:

$$|f(x)| = |e^{-\delta x} \cdot \sin(\omega x)| \leq |e^{-\delta x}| \overbrace{|\sin(\omega x)|}^{\leq 1} \leq |e^{-\delta x}|$$

$$\implies -e^{-\delta x} \leq f(x) \leq e^{-\delta x} \rightsquigarrow \text{Einschnürungslemma (Sandwichtheorem):}$$

$$\lim_{x \to \infty} f(x) = 0, \text{ da } \lim_{x \to \infty} e^{-\delta x} = \lim_{x \to \infty} -e^{-\delta x} = 0$$

(iii) Symmetrie und Periodizität:

$$f(-x) = e^{-\delta(-x)} \sin(-\omega x) \overset{(\sin \text{ ungerade})}{=} -e^{\delta x} \sin(\omega x) \neq f(x);$$

$$-f(-x) = e^{\delta x} \sin(\omega x) \neq f(x) \implies G_f \text{ weder gerade noch ungerade}$$

$x \mapsto e^{-\delta x}$ besitzt keine (reelle) Periode $\rightsquigarrow f$ kann nicht periodisch sein.

(iv) Extremstellen und Monotonie:

$$f'(x) \overset{!}{=} 0 \iff e^{-\delta x} (\omega \cos(\omega x) - \delta \sin(\omega x)) = 0$$
$$\iff \omega \cos(\omega x) = \delta \sin(\omega x) \tag{1}$$
$$\iff \tan(\omega x) = \omega/\delta \iff \omega x = \arctan\left(\tfrac{\omega}{\delta}\right) + k\pi, k \in \mathbb{Z}$$
$$\iff x = x_k = \tfrac{1}{\omega}\left(\arctan\left(\tfrac{\omega}{\delta}\right) + k\pi\right), k \in \mathbb{Z}$$

$$x \overset{!}{\geq} 0 \rightsquigarrow \arctan\left(\tfrac{\omega}{\delta}\right) + k\pi \geq 0 \implies k \geq -\arctan\left(\tfrac{\omega}{\delta}\right)/\pi$$

Hinreichende Bedingung: x_k explizit in f'' einsetzen zu umständlich

Besser als Parameter einsetzen und umformen:

$$f''(x_k) = e^{-\delta x_k}\left((1 - \omega^2)\sin(\omega x_k) - 2\delta \underbrace{\omega\cos(\omega x_k)}_{= \delta \sin \omega x_k, \text{vgl. (1)}}\right)$$

$$= -e^{-\delta x_k}(\delta^2 + \omega^2)\sin(\omega x_k)$$

Wegen $\omega/\delta > 0$ ist $0 < \arctan(\omega/\delta) < \pi/2$, d.h. $\omega x_k \in (k\pi, \, k\pi + \pi/2)$

$\implies$ für k gerade (ungerade) ist $\sin(\omega x_k) \overset{(<)}{>} 0 \implies f''(x_k) \overset{(>)}{<} 0 \implies$ lokales Maximum (Minimum)

$\implies$ für $x \in [x_k, \, x_{k+1}]$, k gerade (ungerade) ist G_f streng monoton fallend (steigend).

(v) Wendestellen und Krümmungsverhalten:

$$f''(x) \overset{!}{=} 0 \iff e^{-\delta x}\left((\delta^2 - \omega^2)\sin(\omega x) - 2\delta\omega\cos(\omega x)\right) = 0$$

$$\iff (\delta^2 - \omega^2)\sin(\omega x) = 2\delta\omega\cos(\omega x) \iff \tan(\omega x) = \frac{2\delta\omega}{\delta^2 - \omega^2} \quad (2)$$

$$\iff \omega x = \arctan\left(\frac{2\delta\omega}{\delta^2 - \omega^2}\right) + k\pi, \, k \in \mathbb{Z}$$

$$\iff x = \tilde{x}_k = \frac{1}{\omega}\left(\arctan\left(\frac{2\delta\omega}{\delta^2 - \omega^2}\right) + k\pi\right), \, k \in \mathbb{Z}$$

Tangens streng monoton steigend $\overset{(2)}{\implies}$ Vorzeichenwechsel $G_{f''}$ an Stellen $\tilde{x}_k \hat{=}$ Wendestellen

Liegt zwischen zwei Wendestellen ein lokales Maximum (Minimum) $\implies G_f$ ist dort rechtsgekrümmt/konkav (linksgekrümmt/konvex).

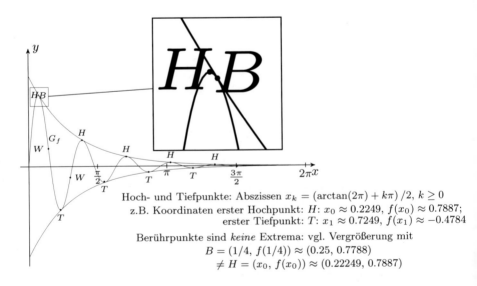

Hoch- und Tiefpunkte: Abszissen $x_k = (\arctan(2\pi) + k\pi)/2, \, k \geq 0$
z.B. Koordinaten erster Hochpunkt: H: $x_0 \approx 0.2249$, $f(x_0) \approx 0.7887$;
erster Tiefpunkt: T: $x_1 \approx 0.7249$, $f(x_1) \approx -0.4784$
Berührpunkte sind *keine* Extrema: vgl. Vergrößerung mit
$B = (1/4, \, f(1/4)) \approx (0.25, \, 0.7788)$
$\neq H = (x_0, \, f(x_0)) \approx (0.22249, \, 0.7887)$

15.13 Checkliste: Anwendung der Differentialrechnung

15.13.1 Bestimmung von Extremwerten

Lokale/globale Extremwerte

Man sagt, die Funktion $f : D \subseteq \mathbb{R} \longrightarrow \mathbb{R}$ besitzt in $x_0 \in D$ ein *lokales* Maximum (Minimum), falls es eine Umgebung U gibt, so dass

$$f(x) \leq f(x_0) \quad (f(x) \geq f(x_0)) \quad \text{für alle } x \in U \cap D.$$

Gilt sogar

$$f(x) \leq f(x_0) \quad (f(x) \geq f(x_0)) \quad \text{für alle } x \in D,$$

so besitzt f in x_0 ein *globales* Maximum (Minimum).

In beiden Fällen ist $(x_0, f(x_0))$ jeweils lokales bzw. globales *Extremum* mit *Extremwert* $y_0 = f(x_0)$.

Notwendige Bedingung für lokale Extrema

Ist $x_0 \in (a, b)$ eine lokale Extremstelle von f so folgt $f'(x_0) = 0$.

Dies ist keine hinreichende Bedingung, wie das Beispiel $x \mapsto x^3$ zeigt.

Kritische Stellen

Die Lösungen der Gleichung $f'(x) = 0$ nennt man die *kritischen Stellen* von f.

Diese sind mögliche Kandidaten für Extremstellen.

Erstes hinreichendes Kriterium für lokale Extremwerte

Ist $x_0 \in (a, b)$ eine kritische Stelle von f und wechselt f' an der Stelle x_0 sein Vorzeichen, so ist x_0 eine Extremstelle von f.

Genauer: Wechselt f' sein Vorzeichen an der Stelle x_0

$$\text{von} + \text{nach} - \quad \Longrightarrow \quad f \text{ besitzt in } x_0 \rightsquigarrow \text{ ein lokales Maximum,}$$

$$\text{von} - \text{nach} + \quad \Longrightarrow \quad f \text{ besitzt in } x_0 \rightsquigarrow \text{ ein lokales Minimum.}$$

Zweites hinreichendes Kriterium für lokale Extremwerte

Ist $x_0 \in (a, b)$ kritische Stelle von f ($f'(x_0) = 0$) und ist f zweimal in x_0 differenzierbar, dann besitzt f in x_0 ein

(i) lokales Minimum, falls $f''(x_0) > 0$,

(ii) lokales Maximum, falls $f''(x_0) < 0$.

Bemerkung: Das 2. hinreichende Kriterium ist zwar sehr beliebt in der Anwendung, ist aber nicht automatisch die einfachere Wahl (versuchen Sie es z.B. bei der Funktion $x \mapsto (\sin x)^{\cos x}$ anzuwenden ...).

Globale Extremwerte

Die Funktion f kann z.B. auch an den Randpunkten ihres Definitionsbereichs oder an Stellen, an denen f nicht differenzierbar ist (sogenannte *Singularitäten*[1]) extrem werden.

Deswegen bestimmt man zunächst die lokalen Extremwerte und vergleicht diese im Anschluss der Größe nach mit den Randwerten (bzw. mit den Funktionswerten an den kritischen Stellen).[2]

15.13.2 Monotonie

Mit Hilfe der ersten Ableitung erhalten wir auch globale Informationen über das Monotonieverhalten einer Funktion:

Monotoniekriterium

Ist f auf einem Intervall $(a, b) \subset \mathbb{R}$ differenzierbar, dann gilt:

$$f'(x) > 0, \forall x \in (a, b) \implies f \text{ streng monoton steigend auf } (a, b)$$
$$f'(x) < 0, \forall x \in (a, b) \implies f \text{ streng monoton fallend auf } (a, b)$$

Ist f in a oder b definiert, dann gilt die Monotonie auch in den Randpunkten.

---

[1]Zum Beispiel besitzt $x \mapsto 1 - |x|$ an der Stelle $x = 0$ ein globales Maximum. Diese Stelle wird aber durch die Bedingung $f'(x) = 0$ nicht gefunden, da die Funktion in $x = 0$ nicht differenzierbar ist.

[2]Hierbei kann es vorkommen, dass die Funktion an den Stellen gar nicht definiert ist. In diesem Fall untersucht man das Grenzverhalten von f, wenn x gegen diese Stellen strebt.

Bemerkung: Bei differenzierbaren Funktionen können wir somit die Monotonie nur mit Hilfe des Vorzeichens der Ableitung sign(f') bestimmen.

Oder anders gesagt: Durch das Lösen der Ungleichung $f'(x) > 0$ können wir den Definitionsbereich D_f in Monotoniebereiche von f zerlegen.

Damit gewinnt man für f auch eine Methode, um Bereiche zu bestimmen, in denen f umkehrbar ist:

Zusammenhang: Vorzeichen der Ableitung – Monotonie – Umkehrbarkeit

$$\begin{matrix} f'(x) > 0 \\ f'(x) < 0 \end{matrix} \quad \text{für } x \in (a,b) \quad \Longrightarrow \quad f \text{ streng monoton auf } (a,b)$$

$$\Longrightarrow \quad f \text{ umkehrbar auf } (a,b)$$

Einfach gesagt: Dort, wo die Ableitung strikt ungleich 0 ist, ist f streng monoton, d.h. injektiv[3] und damit auch umkehrbar.

15.13.3 Krümmung und Wendepunkte/Sattelpunkte

Die zweite Ableitung kann man wie die erste Ableitung geometrisch interpretieren. Sie ist ein Maß für die Änderung (Monotonie) der Tangentensteigung, durch die man die *Krümmung* eines Graphs definieren kann[4]:

(i) f ist auf (a,b) *linksgekrümmt (konvex)* $\Longleftrightarrow f''(x) \geq 0, \forall x \in (a,b)$.

(ii) f ist auf (a,b) *rechtsgekrümmt (konkav)* $\Longleftrightarrow f''(x) \leq 0, \forall x \in (a,b)$.

Gilt $>$ oder $<$, dann spricht man auch von *streng konvex* bzw. *streng konkav*.

---

[3]Strenge Monotonie und Injektivität sind für stetige Funktionen äquivalente Begriffe. Eine bijektive Funktion $f : A \longrightarrow B$ mit $A, B \subseteq \mathbb{R}$ ist umkehrbar. Gilt $B \subseteq f(A)$ ($\widehat{=}$ Wertebereich W), dann genügt die Injektivität, da f dann automatisch surjektiv ist. Falls nicht explizit etwas anderes gesagt wird, so betrachten wir immer: $f : A \longrightarrow f(A)$.

[4]Betrachtet man etwas allgemeiner Kurven, so kann die *mittlere Krümmung* als Änderung des Steigungswinkel der Tangenten in Bezug zur Bogenlänge aufgefasst werden. Mit Hilfe des *2. Mittelwertsatzes* der Differentialrechnung ergibt sich analytisch eine Formel für die Krümmung in jedem Punkt auf der Kurve, die im Fall einer Funktion die folgende Gestalt annimmt: $\kappa(x) = \frac{f''(x)}{(1+[f''(x)]^2)^{3/2}}$.

Ist $x_0 \in (a, b)$ mit $f''(x_0) = 0$ und wechselt f'' dort das Vorzeichen, so markiert x_0 eine Änderung des Krümmungsverhaltens. Den Punkt $(x_0, f(x_0))$ nennen wir einen *Wendepunkt*. Ist zusätzlich noch $f'(x_0) = 0$, hat also f dort eine horizontale Tangente, so ist in x_0 ein *Sattelpunkt*.

Die Voraussetzung

$$f''(x_0) = 0$$

stellt somit wieder nur eine *notwendige* Bedingung für einen Wendepunkt dar.

Hinreichende Kriterien für einen Wendepunkt

Ist $f''(x_0) = 0, x_0 \in (a, b)$, dann besitzt f in x_0 einen Wendepunkt, falls

(i) Ein Vorzeichenwechsel der zweiten Ableitung an der Stelle x_0 stattfindet.

oder

(ii) $f'''(x_0) \neq 0$ ist.

15.13.4 Grenzwertbestimmung mit dem Satz von L'Hospital

Besitzen zwei differenzierbare Funktionen f und g für $x \longrightarrow a$ beide den Grenzwert 0 oder haben beide einen uneigentlichen Grenzwert $\pm\infty$ (Vorzeichen kann jeweils unterschiedlich sein), dann gilt der *Satz von L'Hospital*[5] für den Grenzwert der Quotientenfunktion:

$$\lim_{x \to a} \frac{f(x)}{g(x)} = \lim_{x \to a} \frac{f'(x)}{g'(x)}$$

Hierbei ist auch $a = \pm\infty$ zugelassen.

Mit diesem Satz lassen sich oftmals auf konventionellem Wege sehr schwierig zu bestimmende Grenzwerte relativ einfach durch Differentiation berechnen.

Beispiel 1 (vgl. Aufg. 13.7): $\lim\limits_{x \to 0} \dfrac{\sin x}{x} \overset{0/0}{\underset{\ell'\text{H}}{=}} \lim\limits_{x \to 0} \dfrac{(\sin x)'}{x'} = \lim\limits_{x \to 0} \cos x = \cos(0) = 1$

Beispiel 2: „Jedes Polynom wächst langsamer als die Exponentialfunktion": Betrachte dazu ein Polynom vom Grad n,

---

[5] Guillaume François Antoine, Marquis de L'Hospital (1661–1704), französischer Mathematiker.

$$p(x) = a_n x^n + a_{n-1} x^{n-1} + \ldots + a_2 x^2 + a_1 + a_0$$

und den Quotienten: $p(x)/e^x$.

Da $\lim\limits_{x \to \infty} p^{(k)}(x) = \pm\infty$, für $k < n$ und $p^{(n)}(x) = n! \cdot a_n$ ist, sowie $(e^x)' = e^x$ gilt, können wir den Satz von L'Hospital n-mal hintereinander anwenden:

$$\lim_{x \to \infty} \frac{p(x)}{e^x} \overset{\infty/\infty}{\underset{\ell'\mathrm{H}}{=}} \lim_{x \to \infty} \frac{p'(x)}{(e^x)'} \overset{\infty/\infty}{\underset{\ell'\mathrm{H}}{=}} \lim_{x \to \infty} \frac{p''(x)}{(e^x)''}$$

$$\overset{\infty/\infty}{\underset{\ell'\mathrm{H}}{=}} \ldots \overset{\infty/\infty}{\underset{\ell'\mathrm{H}}{=}} \lim_{x \to \infty} \frac{n! a_n}{e^x}$$

$$= \; \text{,,} \frac{n! a_n}{\infty} \text{''} = 0 \checkmark$$

Der Satz ist aber nicht immer nützlich. In dem folgenden Beispiel drehen wir uns mit L'Hospital im Kreis:

$$\lim_{x \to \infty} \frac{e^x - e^{-x}}{e^x + e^{-x}} \overset{\infty/\infty}{\underset{\ell'\mathrm{H}}{=}} \lim_{x \to \infty} \frac{e^x + e^{-x}}{e^x - e^{-x}} \overset{\infty/\infty}{\underset{\ell'\mathrm{H}}{=}} \lim_{x \to \infty} \frac{e^x - e^{-x}}{e^x + e^{-x}} \overset{\infty/\infty}{\underset{\ell'\mathrm{H}}{=}} \ldots$$

Hier rechnet man geschickter direkt:

$$\lim_{x \to \infty} \frac{e^x - e^{-x}}{e^x + e^{-x}} = \lim_{x \to \infty} \frac{e^x \overbrace{(1 + e^{-2x})}^{\to 0}}{e^x \underbrace{(1 - e^{-2x})}_{\to 0}} = \frac{1 + 0}{1 + 0} = 1$$

15.13.5 Näherungsweise Bestimmung von Nullstellen mit dem Newton[6]-Verfahren

Oftmals lassen sich die Nullstellen einer Funktion nicht direkt berechnen.

Idee: Nähere eine Nullstelle von f sukzessive durch die Nullstellen geeigneter Tangenten an G_f an. Starttangente im Punkt $(x_n, f(x_n))$ mit $f'(x_n) \neq 0$:

$$t_{f,x_n}(x) = f'(x_n)(x - x_n) + f(x_n) = 0$$

Bezeichne die Nullstelle von t_{f,x_n} mit x_{n+1}. Ansatz $t_{f,x_n}(x_{n+1}) \overset{!}{=} 0 \rightsquigarrow$

$$\begin{aligned} f'(x_n)(x_{n+1} - x_n) + f(x_n) &= 0 \\ \Longleftrightarrow \quad -f'(x_n) \cdot x_n + f(x_n) &= -f'(x_n) x_{n+1} \mid \cdot(-1/f'(x_n)) \\ \Longleftrightarrow \quad x_n - \frac{f(x_n)}{f'(x_n)} &= x_{n+1} \end{aligned}$$

---

[6]Sir Isaac Newton (1643-1727), Mathematiker und Universalgenie seiner Zeit.

Ausgehend von dem Startwert x_0, mit $f'(x_0) \neq 0$ erhält man die *Newton-Folge*:

$$\boxed{x_{n+1} = x_n - \frac{f(x_n)}{f'(x_n)}}$$

Gilt $\lim\limits_{n \to \infty} x_n = \xi$, dann ist $f(\xi) = 0$[7], d.h., **falls** die Newton-Folge konvergiert, dann automatisch gegen eine Nullstelle von f.

Die Frage, ob und wie „schnell" die Newton-Folge konvergiert, hängt von der betrachteten Funktion und vom Startwert ab.

Man kann zeigen: Das Newton-Verfahren konvergiert, wenn der Startwert eine „hinreichend" gute Näherung von der gesuchten Lösung ξ ist.

Was man hier unter „hinreichend" versteht, sprich wie weit man von ξ mit dem Startwert entfernt sein darf und in welchem Sinn „schnell" im Falle von Konvergenz gemeint ist, bleibt offen. Diese und weitere spannende Fragestellungen werden in der Numerischen Mathematik (Numerik[8]) genauer untersucht.

Exemplarisch zitieren wir das folgende praktische Ergebnis aus der Numerik:

Hinreichendes Kriterium für Konvergenz der Newton-Folge

Es sei $f : [a, b] \longrightarrow \mathbb{R}$ mit $f(a) \cdot f(b) < 0$, f streng monoton, konvex oder konkav und zweimal differenzierbar mit f' und f'' stetig. Dann gilt:

f hat genau eine Nullstelle $\xi \in (a, b)$, und die Newton-Folge konvergiert für jeden Startwert x_0

mit

- $x_0 \in [a, \xi]$, falls $f(a) > 0$ und f konvex oder falls $f(a) < 0$ und f konkav,

- $x_0 \in [\xi, b]$, falls $f(a) > 0$ und f konkav oder falls $f(a) < 0$ und f konvex
  $f(a) > 0$ und f konkav

gegen ξ.

---

[7]Folgt direkt: $\xi = \xi - \frac{f(\xi)}{f'(\xi)} \Longleftrightarrow 0 = \frac{f(\xi)}{f'(\xi)}\checkmark \Longleftrightarrow f(\xi) = 0$.
[8]Nicht zu verwechseln mit der *Numerologie*.

16 Taylor-Reihen

Übersicht

© Springer-Verlag GmbH Deutschland, ein Teil von Springer Nature 2021
A. Keller, *Aufgaben und Lösungen zur Mathematik für den Studienstart*,
https://doi.org/10.1007/978-3-662-63628-2_16

16.1   Taylor-Reihen von einem Polynom

Bestimmen Sie die Taylor-Reihe von

$$p(x) = \frac{1}{3}x^3 + 2x^2 + x + 1$$

um die Entwicklungspunkte $x_0 = 0$ und $x_0 = 1$.

Verifizieren Sie außerdem: $T_p(x; 0) = T_p(x; 1) = p(x)$.

Lösungsskizze

- Entwicklungspunkt $x_0 = 0$

  Bestimmung der k-ten Ableitung:

  $$\begin{array}{lll}
  & & p(0) && = 1 \\
  p'(x) & = x^2 + 4x + 1 & p'(0) && = 1 \\
  p''(x) & = 2x + 4 & p''(0) && = 4 \\
  p'''(x) & = 2 & p'''(0) && = 2 \\
  p^{(k)}(x) & = 0,\ k \geq 4 \qquad & p^{(k)}(0) && = 0,\ k \geq 4
  \end{array}$$

  $$\rightsquigarrow T_p(x; 0) = \sum_{k=0}^{\infty} \frac{p^{(k)}(0)}{k!}x^k = 1 + x + \frac{4}{2!}x^2 + \frac{2}{3!}x^3 + 0 + \dots$$

  $$= x^3/3 + 2x + x + 1 = p(x)\ \checkmark$$

- Entwicklungspunkt $x_0 = 1$

  $$\begin{array}{ll}
  p(1) = 4 + 1/3 = 13/3, & p'''(1) = 2 \\
  p'(1) = 1 + 5 = 6, & p^{(k)}(1) = 0,\ k \geq 4 \\
  p''(1) = 6 &
  \end{array}$$

  $$T_p(x; 1) = \sum_{k=0}^{\infty} \frac{p^{(k)}(1)}{k!}(x-1)^k = 13/3 + 6(x-1) + \frac{6}{2!}(x-1)^2 + \frac{2}{3!}(x-1)$$

  $$= 13/3 + 6x - 6 + 3(x^2 - 2x + 1) + 1/3\left(x^3 - 3x^2 + 3x - 1\right)$$

  $$= x^3/3 + (3-1)x^2 + (6 - 6 + 1)x + (13/3 - 6 + 3 - 1/3)$$

  $$= x^3/3 + 2x + x + 1 = p(x)\ \checkmark$$

Alternative: p ist Polynom vom Grad 3, d.h., jede Taylor-Reihe von p stimmt schon mit p überein, egal um welchen Entwicklungspunkt entwickelt wird:

$$\implies T_p(x; 0) = T_p(x; 1) = p(x)$$

16.2 Taylor-Formel mit Restglied von Lagrange

Bestimmen Sie von $f : x \mapsto \sin x$ die Taylor-Darstellung zur Ordnung $n = 6$ um den Entwicklungspunkt $x_0 = 0$.

Skizzieren Sie die Taylor-Polynome $T_{f,n}(x; 0)$ für $n = 0, \ldots, 6$.

Lösungsskizze

$(\sin x)' = \cos x;\ (\sin x)'' = -\sin x;\ (\sin x)''' = -\cos x;\ \sin^{(4)} x = \sin x;\ \sin^{(5)} x = \cos x;\ \sin^{(6)} x = -\sin x;\ \sin^{(7)} x = -\cos x \rightsquigarrow$

$$\sin x \overset{*}{=} T_{f,6}(x;0) + R_6(x;0) = \sum_{k=0}^{6} \frac{\sin^{(k)}(0)}{k!} x^k + \frac{\sin^{(7)}(\xi)}{7!} x^7$$

$$= 0 + x + 0 \cdot x^2 - \frac{x^3}{6} + 0 \cdot x^4 + \frac{x^5}{120} + 0 \cdot x^6 + \frac{\sin^{(7)}(\xi)}{7!} x^7$$

$$= x - \frac{x^3}{6} + \frac{x^5}{120} - \frac{\cos(\xi)}{5040} x^7, \ \xi \in (0, x)$$

Taylor-Polynom $T_{f,6}(x; 0)$ hat Ordnung $n = 6$, aber nur Grad 5. Die Ableitung beim Restglied von f wird mit Ordnung $+ 1 = 7$ gebildet.**

Taylor-Polynome bis Ordnung 6, qualitativer Verlauf von $T_{f,n}$, $n = 3, 4, 5, 6$ z.B. via kleiner Kurvendiskussion (ab $n > 6$ besser mit Hilfe eines CAS):

$T_{f,0}(x;0) \equiv 0$

$T_{f,1}(x;0) = T_{f,2}(x;0) = x$

$T_{f,3}(x;0) = T_{f,4}(x;0) = x - \dfrac{x^3}{6};$

$\rightsquigarrow$ Nullst: $x = 0\ \&\ x = \pm\sqrt{6};$

lok. Max.: $x = -\sqrt{2};$ lok. Min.: $x = \sqrt{2}$

$T_{f,5}(x;0) = T_{f,6}(x;0) = x - \dfrac{x^3}{6} + \dfrac{x^5}{120}$

$\rightsquigarrow$ Nullst: $x = 0;$ lok. Max.: $x = \sqrt{6 - 2\sqrt{3}} \vee x = -\sqrt{6 + 2\sqrt{3}}$

lok. Min.: $x = -\sqrt{6 - 2\sqrt{3}} \vee x = \sqrt{6 + 2\sqrt{3}}$

---

* Alternative: $\sin x = \sum_{k=0}^{\infty} (-1)^k \dfrac{x^{2k+1}}{(2k+1)!}$

$$\rightsquigarrow T_{f,6}(x;0) = \sum_{k=0}^{2} (-1)^k \frac{x^{2k+1}}{(2k+1)!} = x - x^3/6 + x^5/120$$

** Zum Beispiel wäre für Ordnung $n = 5$ zwar $T_{f,5}(x;0) = T_{f,6}(x;0)$, aber $R_5(x;0) = \sin^{(6)}(\xi)x^6/6! = -\sin(\xi)x^6/720 \neq R_6(x;0)$ ($\rightsquigarrow \xi = \xi(x)$ von R_5 und R_6 sind i. Allg. voneinander verschieden).

16.3   Taylor-Reihe der Logarithmusfunktion

Bestimmen Sie die Taylor-Reihe von $f : x \mapsto \ln x$ im Entwicklungspunkt $x_0 = 1$.

Für welche $x \in \mathbb{R}$ konvergiert die Reihe?

Lösungsskizze

$$
\begin{aligned}
f(x) &= & \ln x &\implies f^{(0)}(1) = & \ln(1) &= & 0 \\
f^{(1)}(x) &= & 1/x &\implies f^{(1)}(1) = & 1 &= & 0!(-1)^0 \\
f^{(2)}(x) &= & -1/x^2 &\implies f^{(2)}(1) = & -1 &= & 1!(-1)^1 \\
f^{(3)}(x) &= & 2/x^3 &\implies f^{(3)}(1) = & 2 &= & 2!(-1)^2 \\
f^{(4)}(x) &= & -(2\cdot 3)/x^4 &\implies f^{(4)}(1) = & -2\cdot 3 &= & 3!(-1)^3 \\
f^{(5)}(x) &= & (2\cdot 3\cdot 4)/x^5 &\implies f^{(5)}(1) = & 2\cdot 3\cdot 4 &= & 4!(-1)^4 \\
&\vdots
\end{aligned}
$$

$\rightsquigarrow f^{(k)}(x) = (-1)^{k-1}\dfrac{(k-1)!}{x^k}$ (Verifikation z.B. per Induktion; vgl. Abschn. 7.)

$$
\begin{aligned}
\implies T_f(x;1) &= \sum_{k=0}^{\infty}\frac{f^{(k)}(1)}{k!}(x-1)^k = \sum_{k=0}^{\infty}\frac{(-1)^{k-1}(k-1)!}{k!}(x-1)^k \\
&= \sum_{k=0}^{\infty}\frac{(-1)^{k-1}\cancel{(k-1)!}}{k\cancel{(k-1)!}}(x-1)^k = \sum_{k=0}^{\infty}\frac{(-1)^{k-1}}{k}(x-1)^k
\end{aligned}
$$

Konvergenzradius: $a_k = (-1)^{k-1}/k \implies |a_k/a_{k+1}| = (k+1)/k = 1 + 1/k$:

$$\implies \lim_{k\to\infty} 1 + 1/k = 1 \implies R = 1$$

Konvergenzintervall: $|x-1| < 1 \iff 0 < x < 2 \rightsquigarrow K_1(1) = (0,2)$

Randpunkte: $\overbrace{= (-1)^{2k-1} = -1,\, \forall k \in \mathbb{N}}$

- $x = 0$: $\displaystyle\sum_{k=1}^{\infty}\frac{(-1)^{k-1}\cdot(0-1)^k}{k} = -\sum_{k=1}^{\infty}\frac{1}{k} \rightsquigarrow$ divergiert, da die harmonische Reihe divergiert.

- $x = 2$: $\displaystyle\sum_{k=1}^{\infty}\frac{(-1)^{k-1}}{k}\underbrace{(2-1)^k}_{=1} = \sum_{k=1}^{\infty}\frac{(-1)^{k-1}}{k} \rightsquigarrow$ alternierende harmonische
  Reihe, konvergiert nach dem Leibniz-Kriterium

$\implies T_f(x;1)$ konvergiert für $0 < x \le 2$*.

---

* Tatsächlich gilt sogar $\ln x = T_f(x;1)$ für $0 < x \le 2 \rightsquigarrow$ Potenzreihenentwicklung für $x \mapsto \ln x$, $0 < x \le 2$ (vgl. Abschn. 16.11.4).

16.4 Reihenentwicklung zusammengesetzter Funktionen

Bestimmen Sie für f eine Potenzreihenentwicklung um den Entwicklungspunkt $x_0 = 0$ bis zur Ordnung 4:

$$\text{a)}\ f(x) = \mathrm{e}^{-x^2} \cdot \cos(\sqrt{x}) \qquad \text{b)}\ f(x) = \sqrt[3]{2 - \frac{1}{1+x^2}}$$

Nutzen Sie hierfür Potenzreihenentwicklungen elementarer Funktionen.

Lösungsskizze

a) $\mathrm{e}^x = \exp(x) = \displaystyle\sum_{k=0}^{\infty} \frac{x^k}{k!} = 1 + x + \frac{x^2}{2} + \frac{x^3}{6} + \frac{x^4}{24} + \mathcal{O}(x^5)$

Substitution: $x \leftrightarrow -x^2 \rightsquigarrow \mathrm{e}^{-x^2} = 1 - x^2 + \frac{x^4}{2} + \mathcal{O}(x^6)$

$\cos x = \displaystyle\sum_{k=0}^{\infty} (-1)^k \frac{x^{2k}}{(2k)!} = 1 - \frac{x^2}{2} + \frac{x^4}{24} - \frac{x^6}{6!} + \frac{x^8}{8!} + \mathcal{O}(x^{10})$

Substitution: $x \leftrightarrow \sqrt{x} \rightsquigarrow \cos(\sqrt{x}) = 1 - \frac{x}{2} + \frac{x^2}{24} - \frac{x^3}{6!} + \frac{x^4}{8!} + \mathcal{O}(x^5)$

$$\mathrm{e}^{-x^2} \cdot \cos(\sqrt{x}) = \left(1 - x^2 + \frac{x^4}{2} \mp \dots\right) \cdot \left(1 - \frac{x}{2} + \frac{x^2}{24} - \frac{x^3}{6!} + \frac{x^4}{8!} \pm \dots\right)$$

$$= \left(1 - \frac{x}{2} + \frac{x^2}{24} - \frac{x^3}{6!} + \frac{x^4}{8!} \pm \dots\right) + \left(-x^2 + \frac{x^3}{2} - \frac{x^4}{24} \mp \dots\right) + \left(\frac{x^4}{2} \pm \dots\right)$$

$$= 1 - \frac{x}{2} + \left(\frac{1}{24} - 1\right) x^2 + \left(-\frac{1}{6!} + \frac{1}{2!}\right) x^3 + \left(\frac{1}{8!} - \frac{1}{24} + \frac{1}{2}\right) x^4 \pm \dots$$

$$\implies f(x) = 1 - \frac{x}{2} - \frac{23}{24} x^2 + \frac{359}{720} x^3 + \frac{18481}{40320} x^4 + \mathcal{O}(x^5)$$

b) $\dfrac{1}{1+x^2} = \dfrac{1}{1 - (-x^2)} = \displaystyle\sum_{k=0}^{\infty} (-x^2)^k = 1 - x^2 + x^4 + \mathcal{O}(x^6)$ für $|x| < 1$

(geometrische Reihe)

$$\sqrt[3]{2 - \frac{1}{1+x^2}} = \left(1 - \frac{1}{1+x^2} + 1\right)^{1/3} = \left(1 - \left(1 - x^2 + x^4 \pm \dots\right) + 1\right)^{1/3}$$

Binomialr.* mit $\alpha = 1/3$, Subst.: $x \leftrightarrow 1 - \left(1 - x^2 + x^4 \pm \dots\right) = x^2 - x^4 \mp \dots \rightsquigarrow$

$$f(x) = \sum_{k=0}^{2} \binom{1/3}{k} (x^2 - x^4)^k \pm \dots = 1 + \frac{1}{3}(x^2 - x^4) - \frac{1}{9}(x^2 - x^4)^2 \pm \dots$$

$$= 1 + \frac{1}{3} x^2 - \frac{1}{3} x^4 - \frac{1}{9} x^4 + \mathcal{O}(x^6) = 1 + \frac{1}{3} x^2 - \frac{4}{9} x^4 + \mathcal{O}(x^6)$$

---

* Binomialreihe für $\alpha \in \mathbb{R}$ und $k \in \mathbb{N}_0$: $(x+1)^{\alpha} = \displaystyle\sum_{k=0}^{\infty} \binom{\alpha}{k} x^k$ für $|x| < 1$ mit

$\binom{\alpha}{k} = \dfrac{1}{k!}(\alpha \cdot (\alpha - 1) \cdot \dots \cdot \alpha - (k-1)))$ für $k > 0$ und $\binom{\alpha}{0} = 1$

16.5 Bestimmung von Grenzwerten mit Potenzreihen

Nutzen Sie zur Bestimmung der Grenzwerte die Potenzreihenentwicklungen elementarer Funktionen:

$$\text{a) } \lim_{x \to 0} \frac{e^x - 1}{x} \qquad \text{b) } \lim_{x \to 0} \frac{\cos^2 x - 1}{x \cdot \sin x} \qquad \text{c) } \lim_{x \to 0} \frac{\ln(1 - x^2)}{3x^2}$$

Lösungsskizze

a) Entwicklung von e^x bis zum quadratischen Term: $e^x = 1 + x + x^2/2 + \mathcal{O}(x^3)$

$$\lim_{x \to 0} \frac{e^x - 1}{x} = \lim_{x \to 0} \frac{\cancel{1} + x + x^2/2 + \ldots \cancel{-1}}{x} = \lim_{x \to 0} \frac{x + x^2/2 + \ldots}{x}$$

$$= \lim_{x \to 0} \frac{\cancel{x}(1 + x/2 + \ldots)}{\cancel{x}} = \lim_{x \to 0} 1 + \underbrace{x/2 + \ldots}_{\to 0} = 1$$

b) Entwicklung von $\cos x$ bis zum quadr. Term: $\cos x = 1 - x^2/2 + \mathcal{O}(x^4) \rightsquigarrow$

$$\cos^2 x = (1 - x^2/2 \pm \ldots) \cdot (1 - x^2/2 \pm \ldots) = 1 - x^2 + x^4/3 + \mathcal{O}(x^8)$$

Entwicklung von $\sin x$ bis zum Term dritter Ordnung: $\sin x = x - x^3/6 + \mathcal{O}(x^5)$

$$\lim_{x \to 0} \frac{\cos^2 x - 1}{x \cdot \sin x} = \lim_{x \to 0} \frac{\cancel{1} - x^2 + x^4/3 \pm \ldots \cancel{-1}}{x \cdot (x - x^3/6 \pm \ldots)}$$

$$= \lim_{x \to 0} \frac{\cancel{x^2}(-1 + \overbrace{x^2/3 - x^4/24 \pm \ldots}^{\to 0})}{\cancel{x^2} \cdot (1 - \underbrace{x/6 \pm \ldots}_{\to 0})}$$

$$= -1/1 = -1$$

c) Potenzreihenentwicklung bis quadratischer Ordnung von $x \mapsto \ln x$ um Entwicklungspunkt $x_0 = 1$ (vgl. Aufg. 16.3):

$$\ln x = (x - 1) - \tfrac{1}{2}(x - 1)^2 + \mathcal{O}((x - 1)^3) \implies \ln(1 - x^2) = -x^2 - x^4/2 + \mathcal{O}(x^6):$$

$$\lim_{x \to 0} \frac{\ln(1 - x^2)}{3x^2} = \lim_{x \to 0} \frac{-x^2 - x^4/2 \pm \ldots}{3x^2}$$

$$= \lim_{x \to 0} \frac{\cancel{x^2}(-1 + \overbrace{x^2/2 \pm \ldots}^{\to 0})}{3\cancel{x^2}} = -1/3$$

16.6 Direkte Berechnung von Taylor-Polynomen

Bestimmen Sie zu den folgenden Funktionen das Taylor-Polynom um den Entwicklungspunkt x_0 zur Ordnung 2:

a) $f(x) = \dfrac{x^3 - 2}{(x+1)^2}$,   b) $f(x) = \dfrac{1}{\sqrt{x^2+1}}$,   c) $f(x) = \ln(\sin x + x^2)$,

   $x_0 = 0$ $x_0 = 1$ $x_0 = \pi/2$

Lösungsskizze

Taylor-Polynom der Ordnung 2 um Entwicklungspunkt x_0:

$$T_{f,2}(x; x_0) = \sum_{k=0}^{2} \frac{f^{(k)}(x_0)}{k!}(x - x_0)^k = f(x_0) + f'(x_0)(x - x_0) + \frac{f''(x_0)}{2}(x - x_0)^2$$

$\rightsquigarrow$ Bestimmung von f', f'' und Einsetzen von x_0:

a) $f'(x) = \dfrac{3x^2(x+1)^2 - 2(x^3 - 21)(x+1)}{(x+1)^4} = \dfrac{x^3 + 3x^2 + 4}{(x+1)^3}$

   $f''(x) = \dfrac{(3x^2 + 6x)(x+1)^{\cancel{3}1} - 3(x^3 + 3x^2 + 4)\cancel{(x+1)^2}}{(x-1)^{\cancel{6}4}} = \dfrac{6x - 12}{(x+1)^4}$

$\rightsquigarrow f(0) = -2$, $f'(0) = 4$, $f''(0) = -12$

$$\implies T_f(x; 0) = -2/0! + 4x/1! - 12x^2/2! = -2 + 4x - 6x^2$$

b) $f'(x) = \left((x^2+1)^{-1/2}\right)' = -\dfrac{1}{2}(x^2+1)^{-3/2} \cdot 2x = \dfrac{-x}{(x^2+1)^{3/2}}$

$f''(x) = \left(-x \cdot (x^2+1)^{-3/2}\right)' = \dfrac{3x^2}{(x^2+1)^{5/2}} - \dfrac{1}{(x^2+1)^{3/2}} = \dfrac{2x^2 - 1}{(x^2+1)^{5/2}}$ $\rightsquigarrow$

$f(1) = 1/\sqrt{2} = \sqrt{2}/2$, $f'(1) = -1/\sqrt{2^3} = \sqrt{2}/4$, $f''(1) = -1/\sqrt{2^5} = -\sqrt{2}/8$

$$\implies T_f(x; 1) = \frac{\sqrt{2}}{2} - \frac{\sqrt{2}}{4}(x-1) - \frac{\sqrt{2}}{16}(x-1)^2$$

c) $f'(x) = \dfrac{\cos x + 2x}{\sin x + x^2}$, $f''(x) = \dfrac{-\sin x + 2}{\sin x + x^2} - \dfrac{(\cos x + 2x)^2}{(\sin x + x^2)^2}$

$f(\frac{\pi}{2}) = \ln(1 + \frac{\pi^2}{4})$, $f'(\frac{\pi}{2}) = \frac{4\pi}{\pi^2+4}$, $f''(\frac{\pi}{2}) = \frac{-1+2}{1+\pi/2} - \frac{\pi}{(1+\pi^2/4)^2} = \frac{-12\pi^2+16}{(\pi^2+4)}$

$$\implies T_f(x; \pi/2) = \ln\left(1 + \frac{\pi^2}{4}\right) + \frac{4\pi}{\pi^2+4}\left(x - \frac{\pi}{2}\right) + \frac{8 - 6\pi^2}{(\pi^2+4)}\left(x - \frac{\pi}{2}\right)^2$$

16.7 Reihenentwicklung von Funktionen mit Potenzreihen bekannter Funktionen

Geben Sie mit Hilfe bekannter Reihenentwicklungen die Taylor-Reihenentwicklung $T_f(x; x_0)$ der angegebenen Funktionen um den Entwicklungspunkt x_0 an:

$$\text{a) } f(x) = \frac{x}{2 + 3x^2}, \quad \text{b) } f(x) = e^x, \quad \text{c) } f(x) = \cos x,$$
$$x_0 = 0 \qquad\qquad x_0 = 2 \qquad\qquad x_0 = \pi/4$$

Lösungsskizze

a) Nutze geometrische Reihe $\dfrac{1}{1 - y} = \sum_{k=0}^{\infty} y^k$ für $|y| < 1$:

$$f(x) = x \cdot \frac{1}{2 + 3x^2} = x \cdot \frac{1}{2(1 + \frac{3}{2}x^2)}$$

$$= \frac{x}{2} \cdot \frac{1}{(1 - (-3x^2/2))} = x/2 \cdot \sum_{k=0}^{\infty} (-3/2)^k x^{2k}$$

$x/2$ kann als Potenzreihe mit Entwicklungspunkt $x_0 = 0$ und Konvergenzradius $R = \infty$ aufgefasst werden:

$$\sum_{k=0}^{\infty} (-3/2)^k x^{2k} \text{ konvergiert für } |-3x^2/2| < 1 \iff |x|^2 < 2/3 \iff |x| < \sqrt{2/3}$$

Reihenmultiplikationssatz („Das Produkt konvergierender Potenzreihen konvergiert auf dem Schnitt der Konvergenzintervalle") $\rightsquigarrow$

$$f(x) = T_f(x, 0) = x/2 \sum_{k=0}^{\infty} (-3/2)^k x^{2k} = \sum_{k=0}^{\infty} \frac{(-3^k)}{2^{k+1}} x^{2k+1} \text{ für } |x| < \sqrt{2/3}.$$

b) Es ist $e^x = e^{x-2+2} = e^2 \cdot e^{x-2}$; Substitution $x \leftrightarrow x - 2$ in $e^x = \sum_{k=0}^{\infty} \frac{x^k}{k!}$ $\rightsquigarrow$

$$f(x) = e^2 \cdot e^{x-2} = \sum_{k=0}^{\infty} \frac{e^2}{k!} (x - 2)^k = T_f(x; 2), \text{ für } x \in \mathbb{R}$$

c) Ersetze x durch $x + \pi/4 - \pi/4$ und wende Kosinus-Additionstheorem an:

$$\cos(x - \pi/4 + \pi/4) = \cos(x - \pi/4)\cos(\pi/4) - \sin(x - \pi/4)\sin(\pi/4)$$
$$= \sqrt{2}/2 \left(\cos(x - \pi/4) - \sin(x - \pi/4)\right)$$

Substitution $x \leftrightarrow x - \pi/4$ in Potenzreihenentwicklung von $\sin x$ und $\cos x$ und Reihenadditionssatz („Die Summe konvergierender Potenzreihen konvergiert auf dem Schnitt der Konvergenzintervalle") $\rightsquigarrow$ für $x \in \mathbb{R}$:

$$f(x) = T_f(x; \pi/4) = \frac{\sqrt{2}}{2} \left(\sum_{k=0}^{\infty} (-1)^k \frac{(x - \frac{\pi}{4})^{2k}}{(2k)!} - \sum_{k=0}^{\infty} (-1)^k \frac{(x - \frac{\pi}{4})^{2k+1}}{(2k+1)!} \right)$$

16.8   Lineare Näherung der Wurzel

In vielen praktische Anwendungen nutzt man „für kleine x" gerne lineare Näherungen von Funktionen, wie z.B. bei $f(x) = \sqrt{1+x}$.

Wie groß ist der Fehler für $x \in [0, 1/10]$ höchstens, wenn man f durch das Taylor-Polynom $T_{f,1}(x; 0)$ ersetzt?

Lösungsskizze

f ist in $x_0 = 0$ beliebig oft differenzierbar, 1. und 2. Ableitung von f:

$$f'(x) = \frac{1}{2\sqrt{1+x}}, \quad f''(x) = -\frac{1}{4}(1+x)^{-3/2}$$

Taylor-Formel zur Ordnung 1 um den Entwicklungspunkt $x_0 = 0$:

$$f(x) = T_{f,1}(x; 0) + R_{f,1}(x; 0) = f(0)x^0 + f'(0)x^1 + \frac{f''(\xi)}{2}x^2$$
$$= 1 + \frac{1}{2}x - \frac{1}{8}(1+\xi)^{-3/2} x^2 \text{ für } \xi \in (0, x)$$

Abschätzung des Restglieds für $x > 0$ und $\xi \in (0, x)$:

$$|R_{f,1}(x; 0)| = \left| -\frac{1}{8}(1+\xi)^{-3/2} x^2 \right| = \left| (1+\xi)^{-3/2} \right| \cdot \frac{x^2}{8}$$

$g : \xi \mapsto (1+\xi)^{3/2}$ für $\xi \in (0, x)$ streng monoton steigend $\implies$ Kehrwert $(1+\xi)^{-3/2}$ ist streng monoton fallend für $\xi \in (0, x)$.*

Grenzverhalten:

$$\lim_{\xi \to 0} \frac{1}{\underbrace{(1+\xi)^{3/2}}_{\to 1}} = 1 \quad \text{und} \quad \lim_{\xi \to \infty} \frac{1}{\underbrace{(1+\xi)^{3/2}}_{\to \infty}} = „1/\infty" = 0$$

$$\implies \left| \frac{1}{(1+\xi)^{3/2}} \right| < 1, \quad \xi \in (0, x) \text{ und somit } |R_{f,1}(x; 0)| < \frac{x^2}{8}$$

Abschätzung Fehler: $x \in [0, 1/10] \rightsquigarrow$

$$\frac{x^2}{8} \leq \frac{1}{8} \cdot \frac{1}{100} = \frac{1}{800} = 0.00125$$

---

* Mühsame Alternative: Vorzeichenuntersuchung von $\xi \mapsto ((1+\xi)^{-3/2})'$ für $\xi \in (0, x)$.

16.9   Taylor-Reihe und Taylor-Approximation einer Funktion mit Fehlerabschätzung

Es sei $f(x) = \cos(x/2) - 3x^2$ gegeben.

a) Geben Sie die Taylor-Reihe $T_f(x, 0)$ von f an und bestimmen Sie $f^{(2020)}(0)$.

b) Wie groß ist der maximale Fehler, wenn man f auf dem Intervall $[0, \pi/2]$ durch $T_{f,4}(x; 0)$ ersetzt?

Lösungsskizze

a) $\cos x = \sum_{k=0}^{\infty} (-1)^k \frac{x^{2k}}{(2k)!}$; Substitution $x \leftrightarrow x/2 \rightsquigarrow$

$$f(x) = T_f(x, 0) = \sum_{k=0}^{\infty} (-1)^k \frac{(x/2)^{2k}}{(2k)!} - 3x^2 = 1 - \frac{25}{8}x^2 + \sum_{k=2}^{\infty} \frac{(-1)^k}{2^{2k} \cdot (2k)!} x^{2k} \quad (1)$$

$f^{(2020)}(0) : 2k = 2020 \implies k = 1010 \rightsquigarrow$ Ansatz:

$$\frac{f^{(2020)}(0)}{2020!} \overset{!}{=} \frac{(-1)^{1010}}{2^{2020} \cdot 2020!} \implies f^{(2020)}(0) = \frac{\cancel{2020!}}{2^{2020} \cancel{2020!}} = 2^{-2020}$$

b) Taylor-Polynom zur Ordnung 4 z.B. aus (1) für $k = 2$:

$$T_{f,4}(x) = 1 - \frac{25}{8}x^2 + \frac{1}{384}x^4$$

Alternative:

$$f^{(0)}(x) = \cos(x/2) - 3x^2 \implies f^{(0)}(0) = 1$$
$$f^{(1)}(x) = -1/2 \sin(x/2) - 6x \implies f^{(1)}(0) = 0$$
$$f^{(2)}(x) = -1/4 \cos(x/2) - 6 \implies f^{(2)}(0) = -25/4$$
$$f^{(3)}(x) = 1/8 \sin(x/2) \implies f^{(3)}(0) = 0$$
$$f^{(4)}(x) = 1/16 \cos(x/2) \implies f^{(3)}(0) = 1/16$$

$$\rightsquigarrow T_{f,4}(x; 0) = \sum_{k=0}^{4} \frac{f^{(k)}(0)}{k!} x^k = \frac{1}{0!}x^0 + \frac{0}{1!}x^1 - \frac{25}{4 \cdot 2!}x^2 - \frac{0}{3!}x^3 + \frac{1}{16 \cdot 4!}x^4$$

$$= 1 - \frac{25}{8}x^2 + \frac{1}{384}x^4 \checkmark$$

Abschätzung des Fehlers via Restglied von Lagrange: $f^{(5)}(x) = -\frac{1}{32}\sin(x/2)$

$\rightsquigarrow T_{f,4}(x; 0) - f(x) = R_{f,4}(x; 0) = \frac{f^5(\xi)}{5!}x^5$, mit $\xi \in (0, x) \subset [0, \pi/2]$:

$$|R_4(x; 0)| = \left| \frac{f^5(\xi)}{5!}x^5 \right| = \left| -\frac{1}{32 \cdot 5!} \sin(\xi/2)x^5 \right| \overset{*}{\leq} \frac{1}{3840} \sin(\pi/4) \left(\frac{\pi}{2} \right)^5$$

$$= \frac{\sqrt{2} \cdot \pi^5}{2 \cdot 3840 \cdot 2^5} \approx 0.0017609749$$

---

* Folgt, da $x \mapsto \sin x/2$ und $x \mapsto x^5$ auf $[0, \pi/2]$ streng monoton steigend sind.

16.10 Näherungsweise Bestimmung von e ⋆

Welche Ordnung n muss das Taylor-Polynom $T_{f,n}$ mit Entwicklungspunkt $x_0 = 0$ der Exponentialfunktion $f(x) = \exp(x)$ mindestens haben, damit man die Euler'sche Zahl e bis zur fünften Nachkommastelle genau mit $T_{f,n}$ berechnen kann?

Lösungsskizze

Nach dem Satz von Taylor gilt (Taylor-Formel)

$$e^x = \exp(x) = T_{f,n}(x; 0) + R_{f,n}(x; 0)$$

mit dem Lagrange-Restglied

$$R_{f,n}(x; 0) = \frac{(\exp(\xi))^{(n+1)}}{(n+1)!} x^{n+1}, \quad \xi \in (0, x).$$

Insbesondere für $x = 1$ folgt $e = e^1 = \exp(1) = T_n(1; 0) + R_{f,n}(1; 0)$

und damit

$$R_{f,n}(1; 0) = \frac{\exp(\xi)}{(n+1)!} 1^{n+1}, \quad \xi \in (0, 1).$$

Ersetzen wir die Exponentialfunktion durch das Taylor-Polynom vom Grad n, so können wir den Fehler mit dem Restglied abschätzen:

$$
\begin{aligned}
|e - T_{f,n}(1; 0)| &= |R_{f,n}(1; 0)| = \frac{\exp(\xi)}{(n+1)!} 1^{n+1}, \quad \xi \in (0, 1) \\
&\leq \frac{\exp(1)}{(n+1)!} = \frac{e}{(n+1)!} \\
&\leq \frac{2.8}{(n+1)!}
\end{aligned}
$$

Gewünschte Genauigkeit von mindestens fünf Nachkommastellen:

$$\frac{2.8}{(n+1)!} \overset{!}{<} 10^{-6} \implies (n+1)! > 2.8 \cdot 10^6 = 2\,800\,000$$

Wegen

$$10! = 3\,628\,800 > 2.8 \cdot 10^6 > 9! = 362\,880$$

braucht man also mindestens ein Taylor-Polynom mit Ordnung 9 um den Entwicklungspunkt 0, um die gewünschte Genauigkeit zu erreichen.

16.11   Checkliste: Taylor-Reihen

16.11.1 Taylor-Darstellung für ein Polynom

Werten wir das Polynom $p(x) = x^3 - 2x^2 + 5x + 3$ an der Stelle $x = 0$ aus, so folgt $p(0) = 3 = a_0$.

Für die übrigen Koeffizienten a_1, a_2, a_3 beobachten wir die folgenden Beziehungen:

$$p'(x) = 3x^2 - 4x + 5 \implies p'(0) = 5 = a_1$$

$$p''(x) = 6x - 4 \implies p''(0) = -4 \quad \leadsto \quad p''(0)/2 = -2 = a_2$$

$$p'''(x) = 6 \implies p'''(0) = 6 \quad \leadsto \quad p'''(0)/(2 \cdot 3) = 1 = a_3$$

Es gilt also: $p(x) = \dfrac{p'''(0)}{6}x^3 + \dfrac{p''(0)}{2}x^2 + p'(0)x + p(0)$.

Betrachten wir allgemein ein Polynom n-ten Grades, so folgt:

$$p(x) = a_n x^n + a_{n-1}x^{n-1} + \ldots + a_2 x^2 + a_1 x + a_0$$

$$p'(x) = n a_n x^{n-1} + (n-1)a_{n-1}x^{n-2} + \ldots + 2a_2 x + a_1$$

$$p''(x) = n(n-1)a_n x^{n-2} + (n-1)(n-2)a_{n-1}x^{n-3} + \ldots + 2a_2$$

$$\vdots$$

$$p^{(n)}(x) = n(n-1)(n-2) \cdot \ldots \cdot 2 \cdot 1 \cdot a_n = n! a_n$$

$$p^{(m)}(x) = 0, \quad \text{für} \quad m > n$$

Daraus erkennen wir den folgenden Zusammenhang zwischen den Koeffizienten von p und den an der Stelle 0 ausgewerteten Ableitungen von p:

$$a_0 = p(0) = \frac{p^{(0)}(0)}{0!}$$

$$a_1 = \frac{p^{(1)}(0)}{1!}$$

$$a_2 = \frac{p^{(2)}(0)}{2!}$$

$$\vdots$$

$$a_n = \frac{p^{(n)}(0)}{n!}$$

Verschieben wir p in x-Richtung um x_0, so erhalten wir außerdem:

$$\tilde{p}(x) = a_n(x - x_0)^n + a_{n-1}(x - x_0)^{n-1} + \ldots + a_2(x - x_0)^2 + a_1(x - x_0) + a_0$$

Hieraus folgt analog zu p: $a_0 = \dfrac{\tilde{p}^{(0)}(x_0)}{0!}$, $a_1 = \dfrac{\tilde{p}^{(1)}(x_0)}{1!}, \ldots, a_n = \dfrac{\tilde{p}^{(n)}(x_0)}{n!}$

Da man jedes beliebige $p \in \mathbb{P}_n$ immer auf die Form $p(x) = \sum_{k=0}^{n} a_k (x - x_0)^k$ für beliebiges $x_0 \in \mathbb{R}$ bringen kann, haben wir gezeigt:

$$p(x) = \sum_{k=0}^{n} \frac{p^{(k)}(x_0)}{k!}(x - x_0)^k \quad \text{für } p \in \mathbb{P}_n$$

Dies nennt man auch die *Taylor-Darstellung*[1] des Polynoms mit Entwicklungspunkt x_0 und die Koeffizienten *Taylor-Koeffizienten*.

16.11.2 Taylor-Polynom und Taylor-Reihe

Den gefundenen Zusammenhang zwischen den Koeffizienten und den Werten der Ableitung bei Polynomen nimmt man sich nun bei dem folgenden formalen Verfahren zum Vorbild.

Ist nämlich eine beliebige Funktion in einem Punkt $x_0 \in D_f$ mindestens n-mal differenzierbar, so sind wir offenbar in der Lage, das n-te *Taylor-Polynom* für f formal aufzustellen:

Taylor-Polynom einer Funktion

Man nennt

$$T_{f,n}(x; x_0) := \sum_{k=0}^{n} \frac{f^{(k)}(x_0)}{k!}(x - x_0)^k$$

das *Taylor-Polynom* von f zur *Ordnung* n im *Entwicklungspunkt* x_0.

Ist f in x_0 sogar unendlich oft differenzierbar, so können wir formal auch eine unendliche Reihe bilden:

Taylor-Reihe einer Funktion

$$T_f(x; x_0) := \sum_{k=0}^{\infty} \frac{f^{(k)}(x_0)}{k!}(x - x_0)^k$$

---

[1]Nach Brook Taylor (1685–1731), britischer Mathematiker, Mitglied der Royal Society.

Dies ist eine Potenzreihe mit den Koeffizienten $\boxed{a_k := \dfrac{f^{(k)}(x_0)}{k!}}$

und dem Entwicklungspunkt x_0.

16.11.3 Der Satz von Taylor und die Taylor-Formel

In welchem Zusammenhang steht eine Funktion f mit ihrem formal gebildeten Taylor-Polynom bzw. ihrer Taylor-Reihe? Darüber gibt der Satz von Taylor Auskunft:

Satz von Taylor

Eine Funktion f sei in einer Umgebung von $x_0 \in \mathbb{R}$ mindestens $n + 1$-mal differenzierbar. Dann gilt:

$$\boxed{f(x) = T_{f,n}(x; x_0) + R_n(x; x_0)}$$

Hierbei ist $T_{f,n}(x; x_0)$ das Taylor-Polynom zur Ordnung n von f und

$$\boxed{R_n(x; x_0) := \frac{f^{(n+1)}(\xi)}{(n+1)!} \cdot (x - x_0)^{n+1}}$$

das *Lagrange-Restglied* mit *Zwischenstelle* $\xi \in (x_0, x)$.

Bemerkung: Das Restglied $R_n(x; x_0)$ beschreibt den *punktweisen Fehler*, wenn wir f durch das Taylor-Polynom $T_{f,n}(x; x_0)$ ersetzen:

$$\boxed{|f(x) - T_{f,n}(x; x_0)| = |R_n(x; x_0)|}$$

Die Zwischenstelle ξ hängt i. Allg. von x, x_0 und n ab. Von ihr ist nur bekannt, dass sie zwischen x_0 und x liegt[2].

---

[2]Die Herkunft dieser ominösen Zwischenstelle machen wir uns am einfachsten Fall klar: Legt man durch die Endpunkte $(a, f(a))$ und $(b, f(b))$ einer auf $[a, b] \subset \mathbb{R}$ stetigen und auf (a, b) differenzierbaren Funktion eine Sekante s, so muss es am Graph G_f *irgendwo* eine Tangente mit derselben Steigung wie der von s geben (was man z.B. durch Parallelverschiebung von s praktisch bestätigt). Das heißt, es muss eine Zahl ($\hat{=}$ Zwischenstelle) $\xi \in (a, b)$ geben, so dass $f'(\xi) = \dfrac{f(b) - f(a)}{b - a}$ ist (dies ist gerade der Inhalt des *1. Mittelwertsatzes der Differentialrechnung*). Wählt man für $a = x_0$, $b = x$, so folgt der Satz von Taylor im Fall $n = 1$. Der allgemeine Fall $n > 1$ baut auf den *2. Mittelwertsatz* auf, bei dem es auch eine Zwischenstelle gibt.

Mit Hilfe des Satz von Taylor kann man nun zeigen:

Ist f in einer Umgebung von $x_0 \in \mathbb{R}$ unendlich oft differenzierbar und $T_f(x; x_0)$ die zugehörige Taylor-Reihe, dann gilt

$$\boxed{f(x) = T_f(x; x_0)}$$

genau dann, wenn das Restglied verschwindet:

$$\boxed{\lim_{n \to \infty} R_n(x; x_0) = 0}$$

Konvergenzkriterium: Bleiben alle Ableitungen $f^{(n)}(x)$ auf einem Intervall[3] I mit $x_0 \in I$ beschränkt, so verschwindet, wie man zeigen kann, auch das Restglied für $n \to \infty$. Das heißt, es gilt $f(x) = T_f(x, x_0)$ für $x \in I$.

Man kann dann f auf I theoretisch **beliebig genau** approximieren.[4]

16.11.4 Reihendarstellung einiger elementarer Funktionen

Die folgenden elementaren Funktionen lassen sich für alle $x \in \mathbb{R}$ durch ihre Taylor-Reihe darstellen:

$$
\begin{aligned}
\mathrm{e}^x &= \sum_{k=0}^{\infty} \frac{x^k}{k!} \\[2mm]
\sin x &= \sum_{k=0}^{\infty} (-1)^k \frac{x^{2k+1}}{(2k+1)!} \\[2mm]
\cos x &= \sum_{k=0}^{\infty} (-1)^k \frac{x^{2k}}{(2k)!}
\end{aligned}
$$

Der natürliche Logarithmus stimmt dagegen nur für $x \in (0, 2]$ mit seiner formalen Taylor-Reihe mit Entwicklungspunkt $x_0 = 1$ überein:

$$\ln(x) = \sum_{k=0}^{\infty} \frac{(-1)^{k-1}}{k} (x - 1)^k \quad \text{für} \quad x \in (0, 2]$$

---

[3] Das Intervall kann auch unbeschränkt sein, d.h. $I = (-\infty, \infty)$.
[4] Es gibt aber auch Funktionen, bei der die zugehörige Taylor-Reihe nur im Entwicklungspunkt x_0 gegen f konvergiert, wie man z.B. für $x \mapsto \mathrm{e}^{-1/x^2}$ mit $x_0 = 0$ zeigen kann.

17 Integralrechnung 1 – Elementare Integrationsregeln

Übersicht

© Springer-Verlag GmbH Deutschland, ein Teil von Springer Nature 2021
A. Keller, *Aufgaben und Lösungen zur Mathematik für den Studienstart*,
https://doi.org/10.1007/978-3-662-63628-2_17

17.1   Integration mit Riemann'scher Summenfolge

Es sei das reelle Intervall $[a, b]$ mit $b > a > 0$ und $f(x) = x^2$ gegeben. Bilden Sie mit Hilfe einer äquidistanten Zerlegung von $[a, b]$ eine Riemann'sche Summenfolge und zeigen Sie damit:

$$\int_a^b f(x)\, dx = \frac{1}{3}(b^3 - a^3)$$

Lösungsskizze

(i) Riemann'sche Summenfolge:

Äquidistante Zerlegung: Unterteile Intervall $[a, b]$ in n gleich große Intervalle der Länge $\Delta x_k = \Delta x = \frac{b-a}{n}$ mit Zwischenstellen $\xi_k = a + k\Delta x$, $k = 1, ..., n \rightsquigarrow$

$$\sum_{k=1}^{n} f(\xi_k)(x_k - x_{k-1}) = \sum_{k=1}^{n} f(a + k\Delta x)\Delta x.$$

(ii) Grenzübergang $n \longrightarrow \infty$:

Umformen unter Anwendung der beiden Summenformeln (vgl. Aufg. 7.1 und 7.2)

$$\sum_{k=1}^{n} k = \frac{1}{2}n(n+1), \quad \sum_{k=1}^{n} k^2 = \frac{1}{6}n(n+1)(2n+1):$$

$$
\begin{aligned}
\sum_{k=1}^{n} f(\xi_k)\Delta x &= \sum_{k=1}^{n} (a + k\Delta x)^2 \cdot \Delta x = \sum_{k=1}^{n} \left(a^2 + 2ak\Delta x + k^2 \Delta x \right) \Delta x \\
&= n \cdot a^2 \Delta x + 2a\Delta^2 x \sum_{k=0}^{n} k + \Delta^3 x \sum_{k=0}^{n} k^2 \\
&= a^2(b-a) + a(b-a)^2 \cdot \frac{n+1}{n} + (b-a)^3 \cdot \frac{(n+1)\cdot(2n+1)}{6n^2}
\end{aligned}
$$

$$\lim_{n\to\infty} \frac{n+1}{n} = 1 \text{ und } \lim_{n\to\infty} \frac{(n+1)\cdot(2n+1)}{6n^2} = 1/3 \rightsquigarrow$$

$$
\begin{aligned}
\lim_{n\to\infty} \sum_{k=1}^{n} f(\xi_k)\Delta x_k &= a^2(b-a) + a(b-a)^2 + \frac{1}{3}(b-a)^3 \\
&= a^2 b - a^3 + ab^2 - 2a^2 b + a^3 + \frac{1}{3}(b^3 - 3b^2 a + 3ba^2 - a^3) \\
&= \frac{1}{3}(b^3 - a^3)
\end{aligned}
$$

f stetig $\rightsquigarrow$ Grenzwert unabhängig von Zerlegung

$$\implies \int_a^b f(x)dx = \frac{1}{3}(b^3 - a^3)$$

17.2 Stammfunktion verifizieren durch Differenzieren

a) Zeigen Sie: $F(x) = \ln(x^2 + 1) + \sqrt{x e^x}$ ist eine Stammfunktion von

$$f(x) = \frac{2x}{x^2 + 1} + \frac{(1 + x)e^{x/2}}{2\sqrt{x}}.$$

Berechnen Sie damit $\int_1^2 f(x)\,dx$ und interpretieren Sie das Ergebnis.

b) Zeigen Sie: $F(x) = \dfrac{r^2}{2} \arcsin(x/r) + \dfrac{x}{2}\sqrt{r^2 - x^2}$, $r > 0$ ist eine Stammfunktion von $f(x) = \sqrt{r^2 - x^2}$. Bestimmen Sie damit die Fläche eines Kreises mit Radius r.

Lösungsskizze

a) Ob eine gegebene Funktion Stammfunktion ist, kann man i.d.R einfach prüfen: Es muss „nur" abgeleitet werden (ungleich schwerer ist es, eine Stammfunktion einer gegebenen Funktion zu finden).

$$\begin{aligned}
F'(x) &= \frac{2x}{x^2 + 1} + \frac{1}{2\sqrt{x e^x}} \cdot (e^x + x e^x) = \frac{2x}{x^2 + 1} + \frac{(1 + x)e^x}{2\sqrt{x}\,e^{x/2}} \\
&= \underbrace{\frac{2x}{x^2 + 1}}_{>0 \text{ für } x > 0} + \underbrace{\frac{(1 + x)e^{x/2}}{2\sqrt{x}}}_{>0 \text{ für } x > 0} = f(x)\ \checkmark
\end{aligned}$$

$\rightsquigarrow f(x) > 0$ für $x \in [1, 2] \implies \int_1^2 f(x)\,dx \,\hat{=}\,$ Flächeninhalt zwischen G_f und x-Achse:

$$\int_1^2 |f(x)|\,dx = \int_1^2 f(x)\,dx = [F(x)]_1^2 = \ldots = \ln 5/2 + \sqrt{2}\mathrm{e} - \mathrm{e}^{1/2}$$

b) Analog zu a):

$$\begin{aligned}
F'(x) &= \frac{r^2}{2}\frac{1}{\sqrt{1 - (x/r)^2}} \cdot (x/r)' + \frac{1}{2}\sqrt{r^2 - x^2} + \frac{x}{2} \cdot \frac{1}{2}\frac{1}{\sqrt{r^2 - x^2}} \cdot (r^2 - x^2)' \\
&= \frac{r^2}{2} \cdot \frac{1}{\sqrt{(r^2 - x^2)/r^2}} \cdot \frac{1}{r} + \frac{1}{2}\sqrt{r^2 - x^2} + \frac{x}{2} \cdot \frac{1}{2}\frac{1}{\sqrt{r^2 - x^2}} \cdot (-2x) \\
&= \frac{r^2}{2\sqrt{r^2 - x^2}} + \frac{1}{2}\sqrt{r^2 - x^2} - \frac{x^2}{2\sqrt{r^2 - x^2}} = \frac{r^2 - x^2}{2\sqrt{r^2 - x^2}} + \frac{1}{2}\sqrt{r^2 - x^2} \\
&= \frac{1}{2}\sqrt{r^2 - x^2} + \frac{1}{2}\sqrt{r^2 - x^2} = \sqrt{r^2 - x^2}
\end{aligned}$$

$\implies F'(x) = f(x)$ und damit ist F Stammfunktion.

G_f beschreibt oberen Kreisrand (Kreis mit Radius r um Mittelpunkt $(0, 0)$)

$\rightsquigarrow$ Kreisfläche:

$$2\int_{-r}^r f(x)\,dx = 2\,[F(x)]_{-r}^r = r^2 \arcsin(1) - r^2 \arcsin(-1)$$

$$= 2r^2\frac{\pi}{2} = r^2\pi.\ \checkmark$$

17.3   Elementare Bestimmung von Stammfunktionen

Bestimmen Sie die uneigentlichen Integrale:

a) $\displaystyle\int \sqrt[3]{x^2} + \frac{1}{4\sqrt{x^3}}\,dx$ \qquad b) $\displaystyle\int e^{|x|}\,dx$

c) $\displaystyle\int \frac{10x^4 + 12x^2 + 4}{x^5 + 2x^3 + 2x}\,dx$ \qquad d) $\displaystyle\int \cos(3x - 2\pi)\,dx$

Bestimmen Sie bei b) zusätzlich noch alle stetigen Stammfunktionen.

Lösungsskizze

a) $\displaystyle\int \sqrt[3]{x^2} + \frac{1}{4\sqrt{x^3}}\,dx = \int x^{2/3} + \frac{1}{4}x^{-3/2}\,dx$

$$= \left(\frac{2}{3} + 1\right)^{-1} x^{2/3+1} + \frac{1}{4}\cdot\left(-\frac{3}{2} + 1\right)^{-1} x^{-3/2+1} + C$$

$$= \frac{3}{5}x^{5/3} - \frac{1}{2}x^{-1/2} + C = \frac{3}{5}\sqrt[3]{x^5} - \frac{1}{2\sqrt{x}} + C, C \in \mathbb{R}$$

b) Fallunterscheidung nach $|x| \rightsquigarrow$ abschnittsweise Stammfunktionen:

$$\int e^{|x|}\,dx = \begin{cases} \int e^x\,dx & \text{für } x \geq 0 \\ \int e^{-x}\,dx & \text{für } x < 0 \end{cases} = \begin{cases} e^x + C_1 & \text{für } x \geq 0 \\ -e^{-x} + C_2 & \text{für } x < 0 \end{cases}$$

Bedingung für Stetigkeit: $\displaystyle\lim_{x\to 0+} e^x + C_1 \overset{!}{=} \lim_{x\to 0-} -e^{-x} + C_2 \overset{!}{=} e^0 + C_1$

$\implies 1 + C_1 = -1 + C_2$, überbestimmt, wähle $C_1 = t$ beliebig $\implies C_2 = 2 + t$

$\rightsquigarrow$ Menge aller stetigen Stammfunktionen: $\begin{cases} e^x + t & \text{für } x \geq 0 \\ -e^{-x} + 2 + t & \text{für } x < 0 \end{cases}, t \in \mathbb{R}$

c) Beobachtung: $(x^5 + 2x^3 + 2x)' = \frac{1}{2}(10x^4 + 12x^2 + 4) \rightsquigarrow$ Anwendung Formel logarithmisches Ableiten: $\int \frac{f'(x)}{f(x)}\,dx = \ln|f(x)|\,dx + C, C \in \mathbb{R}$

$$\int \frac{10x^4 + 12x^2 + 4}{x^5 + 2x^3 + 2x}\,dx = 2\ln|x^5 + 2x^3 + 2x| + C, C \in \mathbb{R}$$

d) Kettenregel „invers": $a \cdot (\sin(3x - 2\pi))' \overset{!}{=} \cos(3x - 2\pi) \rightsquigarrow 3a\cos(3x - 2\pi) = \cos(3x - 2\pi) \implies a = 1/3$:

$$\int \cos(3x - 2\pi)\,dx = \frac{1}{3}\sin(3x - 2\pi) + C, C \in \mathbb{R}$$

Alternative: (lineare) Substitution (vgl. Aufg. 18.3).

17.4 Elementare Bestimmung bestimmter Integrale

a) $\displaystyle\int_{-1}^{2} 2x^5 - 3x^2 + 1\,dx$

b) $\displaystyle\int_{0}^{1/2} \left(1 - x^2\right)^{-1/2}dx$

c) $\displaystyle\int_{0}^{1} f'(x) + \frac{1}{2-x}\,dx$

mit $f(x) = \log_2 \sqrt[3]{(x+1)^2}$

d) $\displaystyle\int_{0}^{\pi/4} \sin x + \tan x\,dx$

Lösungsskizze

a) $\displaystyle\int_{-1}^{2} 2x^5 - 3x^2 + 1\,dx = \left[\frac{1}{3}x^6 - x^3 + x\right]_{-1}^{2} = \frac{2^6}{3} - 2^3 + 2 - \left(\frac{1}{3} + 1 - 1\right)$

$$= \frac{64-1}{3} - 6 = 21 - 6 = 15$$

b) Grundintegral: $\displaystyle\int \frac{1}{\sqrt{1-x^2}}\,dx = \arcsin x + C,\, C \in \mathbb{R} \rightsquigarrow$

$$\int_{0}^{1/2} \left(1 - x^2\right)^{-1/2}dx = \int_{0}^{1/2} \frac{1}{\sqrt{1-x^2}}\,dx = \arcsin(1/2) - \arcsin(0) = \frac{\pi}{6}$$

c) Hauptsatz der Differential- und Integralrechnung: $\int_{a}^{b} f'(x)\,dx = f(b) - f(a)$

und $(\ln(2-x))' = \frac{1}{2-x} \cdot (2-x)' = -\frac{1}{2-x} \rightsquigarrow \int \frac{1}{2-x}\,dx = -\ln(2-x) + C,\, C \in \mathbb{R}$:

$$\int_{0}^{1} f'(x) + \frac{1}{2-x}\,dx = \int_{0}^{1} f'(x)\,dx + \int_{0}^{1} \frac{1}{2-x}\,dx = [f(x)]_{0}^{1} + [-\ln(2-x)]_{0}^{1}$$

$$= \left[\log_2\left(\sqrt[3]{(x+1)^2}\right)\right]_{0}^{1} - \underbrace{\ln(2-1)}_{=0} + \ln 2$$

$$= \left[\frac{2}{3}\frac{\ln(x+1)}{\ln 2}\right]_{0}^{1} + \ln 2 = \frac{2\ln 2}{3\ln 2} + \underbrace{\frac{2}{3}\frac{\ln 1}{\ln 2}}_{=0} + \ln 2 = \frac{2}{3} + \ln 2$$

d) $\displaystyle\int_{0}^{\frac{\pi}{4}} \sin x\,dx = [-\cos x]_{0}^{\pi/4} = -\cos(\pi/4) + \cos(0) = 1 - \frac{1}{\sqrt{2}} = \frac{2-\sqrt{2}}{2}$

Logarithmische Integration: $\int \frac{f'(x)}{f(x)}\,dx = \ln|f(x)| + C,\, C \in \mathbb{R} \rightsquigarrow$

$$\int_{0}^{\frac{\pi}{4}} \tan x\,dx = \int_{0}^{\frac{\pi}{4}} \frac{\sin x}{\cos x}\,dx = -\int_{0}^{\frac{\pi}{4}} \frac{-\sin x}{\cos x}\,dx = -[\ln|\cos x|]_{0}^{\pi/4}$$

$$= -\ln\frac{1}{\sqrt{2}} + \underbrace{\ln 1}_{=0} = \ln\sqrt{2}$$

$$\Longrightarrow \int_{0}^{\frac{\pi}{4}} \sin x + \tan x\,dx = \frac{2-\sqrt{2}}{2} + \ln\sqrt{2}$$

17.5   Integration durch Umformung des Integranden

Vereinfachen Sie zunächst die Integranden durch Umformung und bestimmen Sie anschließend die Stammfunktionen durch elementare Integration:

a) $\displaystyle\int \frac{2x^4 + 12x^3 + 6x}{4x^2}\,dx$
b) $\displaystyle\int \frac{2x^3 - x^2 - x + 3}{\sqrt[3]{x^2}}\,dx$

c) $\displaystyle\int \frac{\sqrt{\sqrt[3]{x^2}} + \sqrt{x}}{\sqrt{x\sqrt{x}}}\,dx$
d) $\displaystyle\int \frac{\tan x}{\sin 2x}\,dx$

Lösungsskizze

a) $\displaystyle\int \frac{2x^4 + 12x^3 + 6x}{4x^2}\,dx = \int \frac{2x^{\cancel{4}2}}{4x^{\cancel{2}}} + \frac{12x^{\cancel{3}1}}{4x^{\cancel{2}}} + \frac{6\cancel{x}}{4x^{\cancel{2}1}}\,dx = \int \frac{x^2}{2} + 3x + \frac{3}{2x}\,dx$

$\displaystyle\qquad = \frac{x^3}{6} + \frac{3x^2}{2} + \frac{3\ln x}{2} + C, \; C \in \mathbb{R}$

b) $\displaystyle\int \frac{2x^3 - x^2 - x + 3}{\sqrt[3]{x^2}}\,dx = \int \frac{2x^3}{x^{2/3}} - \frac{x^2}{x^{2/3}} - \frac{x}{x^{2/3}} + \frac{3}{x^{2/3}}\,dx$

$\displaystyle\qquad = \int 2x^{3-2/3} - x^{2-2/3} - x^{1-2/3} + 3x^{-2/3}\,dx$

$\displaystyle\qquad = \frac{2 \cdot 3}{10}x^{7/3+1} - \frac{3}{7}x^{4/3+1} - \frac{3}{4}x^{1/3+1} + 3\cdot 3x^{-2/3+1} + C$

$\displaystyle\qquad = \frac{3}{5}\sqrt[3]{x^{10}} - \frac{3}{7}\sqrt[3]{x^7} - \frac{3}{4}\sqrt[4]{x^3} + 9\sqrt[3]{x} + C, \; C \in \mathbb{R}$

c) $\displaystyle\int \frac{\sqrt{\sqrt[3]{x^2}} + \sqrt{x}}{\sqrt{x\sqrt{x}}}\,dx = \int \frac{(x^{2/3})^{1/2} + x^{1/2}}{(x \cdot x^{1/2})^{1/2}}\,dx = \int \frac{x^{1/3}}{x^{3/4}} + \frac{x^{1/2}}{x^{3/4}}\,dx$

$\displaystyle\qquad = \int x^{-5/12} + x^{-1/4}\,dx = \frac{12}{7}x^{7/12} + \frac{4}{3}x^{3/4} + C$

$\displaystyle\qquad = \frac{12}{7}\sqrt[12]{x^7} + \frac{4}{3}\sqrt[4]{x^3} + C, \; C \in \mathbb{R}$

d) $(\tan x)' = 1/\cos^2 x$ (vgl. Aufg. 14.4) und $\sin 2x = 2\sin x \cos x \rightsquigarrow$

$\displaystyle\int \frac{\tan x}{\sin 2x}\,dx = \int \frac{\cancel{\sin x}}{\cos x} \cdot \frac{1}{2\cancel{\sin x}\cos x}\,dx = \frac{1}{2}\int \frac{1}{\cos^2 x}\,dx$

$\displaystyle\qquad = \frac{1}{2}\tan x + C, \; C \in \mathbb{R}$

17.6 Flächenberechnung

Bestimmen Sie die Fläche, die zwischen dem Graph G_f der Funktion

$$f : x \mapsto \sin x \cos x$$

und der x-Achse für $0 \le x \le 2\pi$ eingeschlossen ist. Nutzen Sie dazu Symmetrieeigenschaften von G_f aus.

Lösungsskizze

Additionstheorem $\rightsquigarrow f(x) = \sin x \cos x = \frac{1}{2} \sin 2x$

$\Longrightarrow$ Periode $\mathcal{P}_f = 2\pi/2 = \pi$ und Amplitude $\mathcal{A}_f = 1/2$ ($\rightsquigarrow G_f$ ist in x- und y-Richtung gestauchter Sinusgraph)

$\rightsquigarrow$ Fläche zwischen G_f und x-Achse:

$$
\begin{aligned}
A &= \int_0^{2\pi} |\sin x \cos x| \, dx \\
&= \frac{1}{2} \int_0^{2\pi} |\sin 2x| \, dx
\end{aligned}
$$

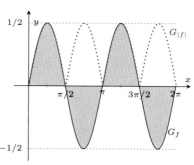

Symmetrie $\rightsquigarrow$ Flächen von $G_{|f|}$ über $[0, \pi/2]$, $[\pi/2, \pi]$, $[\pi, 3\pi/2]$, $[3\pi/2, 2\pi]$ gleich groß und $|\sin 2x| = \sin 2x$ für $x \in [0, \pi/2]$

$$\Longrightarrow \int_0^{2\pi} |f(x)| \, dx = 4 \int_0^{\pi/2} |f(x)| \, dx = 4 \int_0^{\pi/2} f(x) dx$$

Stammfunktion: Kettenregel „rückwärts" und Bestimmung von geeigneter Konstante (Alternative: lineare Substitution; vgl. Aufg. 18.3):

$$a \cdot (\cos 2x)' \overset{!}{=} \sin 2x \iff -2 \sin 2x = \frac{1}{a} \sin 2x \Longrightarrow a = -\frac{1}{2}$$

$$\Longrightarrow \int \sin 2x \, dx = -\frac{1}{2} \cos 2x + C, \, C \in \mathbb{R}$$

$$
\begin{aligned}
\int_0^{2\pi} |f(x)| &= 4 \int_0^{\pi/2} \left| \frac{1}{2} \sin 2x \right| dx = 2 \int_0^{\pi/2} \sin 2x \, dx \\
&= (2 \cdot (-1/2)) \left[\cos 2x \right]_0^{\pi/2} = -(\cos \pi - \cos 0) \\
&= -(-1 - 1) = 2
\end{aligned}
$$

17.7   Diskussion einer Integralfunktion

Diskutieren Sie die zu $f : x \mapsto 2\arctan\left(\dfrac{2x-1}{x^2+1}\right)$ gehörige Integralfunktion

$F : x \mapsto \displaystyle\int_{-1}^{x} f(t)\,dt$ mit $F(6) > 0$.

Lösungsskizze

$F'(x) = \dfrac{d}{dx}\displaystyle\int_{-1}^{x} f(t)\,dt = f(x)$ und $F''(x) = f'(x)$; $(\arctan x)' = \frac{1}{1+x^2}$ $\rightsquigarrow$

$$f'(x) = \frac{1}{1+\left(\frac{2x-1}{x^2-1}\right)^2} \cdot \left(\frac{2x-1}{x^2-1}\right)' = \frac{2\cdot(x^2+1)^2}{(x^4+6x^2-4x+2} \cdot \frac{-2x^2+2x+2}{(x^2+1)^2}$$

$$= \frac{-4x^2+4x+4}{x^4+6x^2-4x+2}$$

■ Extremstellen und Monotonie von F:

$$F'(x) = f(x) \overset{!}{=} 0$$
$$\Longleftrightarrow \frac{2x-1}{x^2+1} = 0 \Longleftrightarrow x = 1/2$$

$x \in$	$(-\infty,\, 1/2)$	$(1/2,\infty)$
sgn(F')	-1	$+1$
G_F	$G_F \searrow$	$G_F \nearrow$

VZW von f bei $x=1/2$ von $- \longrightarrow +$ $\implies$ $F(1/2)$ lokales Minimum

■ Wendestellen und Krümmung von F: $F''(x) = 0 \Longleftrightarrow -4x^2 + 4x + 4 = 0$

Mitternachtsformel: $x_{1,2} = \dfrac{1}{2} \pm \dfrac{\sqrt{1+4}}{2} = \dfrac{1}{2} \pm \dfrac{\sqrt{5}}{2}$

$x^4+2 \geq 2$ und $6x^2-4x = 6(x^2-2x/3) = 6(x-1/3)^2 - 2/3 \geq -2/3\ \forall x \in \mathbb{R}$

$\implies$ Zähler von $F'' > 0 \rightsquigarrow$ sgn(F'') hängt vom Nenner ab ($\hat{=}$ Parabel):

x	$(-\infty,\, 1/2-\sqrt{5}/2)$	$(1/2-\sqrt{5}/2,\, 1/2+\sqrt{5}/2)$	$(1/2+\sqrt{5}/2,\, \infty)$
sgn(F'')	-1	$+1$	-1
G_F	konkav	konvex	konkav

■ Nullstellen von F:

$F(-1) = \displaystyle\int_{-1}^{-1} f(x)\,dx = 0 \implies x = -1$ Nullstelle, $G_F \searrow$ für
$x \in (-\infty, 1/2)$ ($\implies F(1/2) < 0$).

Wegen $F(6) > 0$ (Angabe) und da F stetig ist, muss es innerhalb von $(1/2, 6)$ noch eine weitere Nullstelle geben (Nullstellensatz!).

Mehr als zwei Nullstellen kann es nicht geben, da $G_F \nearrow$ für $x \in (1/2, \infty)$.

17.8 Fläche zwischen zwei Graphen

Berechnen Sie den Inhalt A der zwischen den Graphen der gegebenen Funktionen eingeschlossenen Fläche:

a) $f(x) = x^2 - 6x + 7$ und $g(x) = 3 - x$ mit $g(x) \geq f(x)$

b) $f(x) = e^{|x-1|} - 1$ und $g(x) \equiv 1$ für $x \in [0, 2]$

Lösungsskizze

a) Schnittstellen von G_f und G_g:

$f(x) - g(x) = 0 \iff x^2 - 5x + 4 = 0$; Mitternachtsformel: $\rightsquigarrow x_1 = 1$, $x_2 = 4$

G_f ist eine nach unten geöffnete Parabel $\rightsquigarrow f(x) \leq g(x)$ für $1 \leq x \leq 4$

$$A = \int_1^4 (3 - x) - (x^2 - 6x + 7)\, dx$$

$$= \int_1^4 -x^2 + 5x - 4\, dx$$

$$= \left[-\frac{x^3}{3} + \frac{5}{2}x^2 - 4x \right]_1^4 = \frac{9}{2}$$

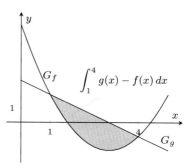

b) G_f ist achsensymmetrisch zu $x = 1$, es genügt somit nur für $x \geq 1$ die Schnittstelle von G_f mit G_g zu bestimmen. $f(x) = e^{x-1}$ für $x \geq 1 \rightsquigarrow$

$$e^{x-1} - 1 = 1 \iff e^{x-1} = 2 \iff x = 1 + \ln 2$$

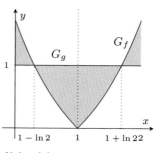

$\rightsquigarrow f(x) \leq g(x)$ für $x \in [1 - \ln 2, 1 + \ln 2]$

Symmetrie $\rightsquigarrow$ Flächen bzgl. $[1 - \ln 2, 1]$ und $[1, 1 + \ln 2]$ sowie $[0, 1 - \ln 2]$ und $[1 + \ln 2, 2]$ sind gleich groß (s. Skizze)

$$\rightsquigarrow A = 2 \int_1^{1+\ln 2} \underbrace{2 - e^{x-1}}_{= g(x) - f(x)}\, dx + 2 \int_{1+\ln 2}^2 \overbrace{e^{x-1} - 2}^{f(x) - g(x)}\, dx$$

$$= 2 \left(\left[2x - e^{x-1} \right]_1^{1+\ln 2} \right) + 2 \left(\left[e^{x-1} - 2x \right]_{1+\ln 2}^2 \right)$$

$$= 2 \left(2(1 + \ln 2) - \underbrace{e^{\ln 2}}_{=2} - (\underbrace{2 - e^0}_{=2-1=1}) \right) + 2 \left(e - 4 - (e^{\ln 2} \cancel{-2} - 2\ln 2) \right)$$

$$= -2 + 4\ln 2 + 2e - 8 + 4\ln 2 = 2e - 10 + 8\ln 2$$

17.9 Fläche zwischen Sinus- und Kosinusgraph

Berechnen Sie für $c = 0$ und $c = -1$ den Inhalt A_c, der zwischen den Graphen von $f(x) = \sin x + c$ und $g(x) = \cos x$ eingeschlossenen Fläche für $x \in [0, 2\pi]$.

Lösungsskizze

(i) Fall $c = 0$:

Schnittstellen von G_f und G_g in $[0, 2\pi]$:

$$\sin x = \cos x \iff \frac{\sin x}{\cos x} = \tan x = 1$$
$$\iff x_k = \frac{\pi}{4} + k\pi, \, k \in \mathbb{Z}$$

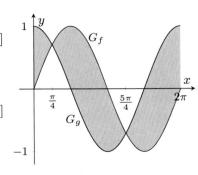

$\leadsto$ Schnittstellen $x_1 = \pi/4$, $x_2 = 5\pi/4$ in $[0, 2\pi]$

$\leadsto \sin(x) \geq \cos(x)$ für $x \in [\pi/4, 5\pi/4]$

Symmetrie $\leadsto$ Flächen bzgl. $[0, \pi/4] \cup [5\pi/4, 2\pi]$
und $[\pi/4, 5\pi/4]$ gleich groß (s. Skizze)

$$\leadsto A_0 = 2 \int_{\pi/4}^{5\pi/4} \sin x - \cos x \, dx = 2 \left([-\cos x - \sin x]_{\pi/4}^{5\pi/4} \right)$$
$$= -2 (\underbrace{\cos(5\pi/4)}_{=-\sqrt{2}/2} + \underbrace{\sin(5\pi/4)}_{=-\sqrt{2}/2} - \underbrace{\cos(\pi/4)}_{=\sqrt{2}/2} - \underbrace{\sin(\pi/4)}_{=\sqrt{2}/2})$$
$$= -2 \cdot (-2\sqrt{2}) = 4\sqrt{2}$$

(ii) Fall $c = -1$:

$$\sin x - 1 = \cos x \iff \cos x - \sin x = -1 \,|\, \cdot \sqrt{2}/2$$
$$\iff \underbrace{\sqrt{2}/2}_{=\sin(\pi/4)} \cos x - \underbrace{\sqrt{2}/2}_{=\cos(\pi/4)} \sin x = -\sqrt{2}/2$$
$$\iff \sin(\pi/4)\cos x - \cos(\pi/4)\sin x = -\sqrt{2}/2$$
$$\iff \cos(x + \pi/4) = -\sqrt{2}/2 \,|\, (\text{Additionstheorem!})$$

$\rightsquigarrow$ Schnittstellen von G_f und G_g in $[0, 2\pi]$*:

$$x_1 = \underbrace{\arccos(-\sqrt{2}/2)}_{=3\pi/4} - \pi/4 = \pi/2,$$

$$x_2 = 2\pi - 3\pi/4 - \pi/4 = \pi$$

Somit ist $\sin x - 1 \geq \cos x$ für $x \in [\pi/2, \pi]$ und $\sin x - 1 \leq \cos x$ für $x \in [0, \pi/2] \cup [\pi, 2\pi]$ (s. Skizze).

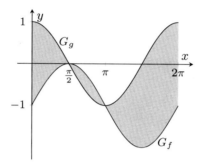

$$A_{-1} = \int_0^{2\pi} |f(x) - g(x)|\, dx$$

$$= \int_0^{\pi/2} g(x) - f(x)\, dx + \int_{\pi/2}^{\pi} f(x) - g(x)\, dx + \int_{\pi}^{2\pi} g(x) - f(x)\, dx$$

$$= \int_0^{\pi/2} \cos x - \sin x + 1\, dx + \int_{\pi/2}^{\pi} \sin x - 1 - \cos x\, dx$$

$$\quad + \int_{\pi}^{2\pi} \cos x - \sin x + 1\, dx$$

$$= \underbrace{\int_0^{\pi/2} 1\, dx - \int_{\pi/2}^{\pi} 1\, dx + \int_{\pi}^{2\pi} 1\, dx}_{=\pi/2 - (\pi - \pi/2) + (2\pi - \pi) = \pi}$$

$$\quad + \underbrace{\left[-\sin x + \cos x\right]_0^{\pi/2}}_{=-1+1=0} + \underbrace{\left[-\cos x - \sin x\right]_{\pi/2}^{\pi}}_{=1-(-1)=2} + \underbrace{\left[-\sin x + \cos x\right]_{\pi}^{2\pi}}_{1-(-1)=2}$$

$$= \pi + 4$$

---

* Alternative: Die Schnittstellen hätte man auch durch „scharfes Hinsehen" leicht aus der Skizze raten und verifizieren können. Durch ein klein wenig Überlegung kann man sich klar machen, dass es für $|c| < \sqrt{2}$ immer genau zwei Schnittstellen innerhalb von $[0, 2\pi]$ geben muss. Diese kann man i. Allg. zwar nicht mehr ablesen, dafür aber analog wie wir im Fall $c = -1$ vorgegangen sind (näherungsweise) berechnen. Vielleicht probieren Sie es für z.B. $c = 1/2$ selbst aus? (Lösung: $x_1 \approx 0.4240$, $x_2 \approx 4.2884$).

17.10 Integration von Potenzreihen

Bestimmen Sie zu den angegebenen Funktionen eine Stammfunktion in Potenzreihendarstellung:

$$\text{a) } f(x) = e^{-2x^2} \qquad \text{b) } f(x) = \sin 2x \qquad \text{c) } f(x) = \frac{1}{1+x^2}$$

Lösungsskizze

a) Substitution $x \leftrightarrow -2x^2$ in $e^x = \sum_{k=0}^{\infty} \frac{x^k}{k!}$ mit Konvergenzradius $R = \infty \rightsquigarrow$

$$f(x) = \sum_{k=0}^{\infty} \frac{(-2x^2)^k}{k!} = \sum_{k=0}^{\infty} \frac{(-2)^k}{k!} x^{2k} = 1 - 2x^2 + 2x^4 - 4x^6/3 + 2x^8/3 \mp \ldots$$

Gliedweise Integration $\rightsquigarrow$ Potenzreihe mit Konvergenzintervall $(-\infty, \infty)$:

$$\int e^{-2x^2}\, dx = \int \sum_{k=0}^{\infty} \frac{(-2)^k}{k!} x^{2k}\, dx = \sum_{k=0}^{\infty} \frac{(-2)^k}{k!(2k+1)} x^{2k+1} + C,\, C \in \mathbb{R}$$

$$\rightsquigarrow F(x) = \frac{(-2)^k}{k!(2k+1)} x^{2k+1} = x - 2x^3/3 + 2x^5/5 - 4x^7/21 + \mathcal{O}(x^9) \text{ für } x \in \mathbb{R}$$

b) Substitution $x \leftrightarrow 2x$ in Potenzreihe für $x \mapsto \sin x \rightsquigarrow$

$$\int \sum_{k=0}^{\infty} (-1)^k \frac{(2x)^{2k+1}}{(2k+1)!}\, dx = \sum_{k=0}^{\infty} \frac{(-1)^k 2^{2k+1}}{(2k+1)!(2k+2)} x^{2k+2} + C,\, C \in \mathbb{R} \,\&\, R = \infty$$

$$\rightsquigarrow F(x) = \sum_{k=0}^{\infty} \frac{(-1)^k 2^{k+1}}{(2k+2)!} x^{2k+2} = x^2 - \frac{1}{3}x^4 + \frac{2}{45}x^6 - \frac{1}{315}x^8 + \mathcal{O}(x^9) \text{ für } x \in \mathbb{R}$$

> **Alternative:** Stammfunktion von f durch lineare Substitution: $F(x) = -\frac{1}{2}\cos(2x)$. Substitution $x \leftrightarrow 2x$ in Potenzreihe für $x \mapsto \cos x \rightsquigarrow F(x) = -\frac{1}{2} \sum_{k=0}^{\infty} (-1)^k (2x)^{2k}/(2k)! = -1/2 + x^2 - x^4/3 + 2x^6/45 - x^8/315 + \mathcal{O}(x^9)$

c) Geom. Reihe $\rightsquigarrow f(x) = \frac{1}{1+x^2} = \frac{1}{1-(-x^2)} = \sum_{k=0}^{\infty} (-1)^k x^{2k}$ für $|x| < 1$

Gliedweise Integration $\rightsquigarrow$ Potenzreihe für Stammfunktion (Konvergenzradius $R = 1$ überträgt sich)

$$\int \frac{1}{1+x^2}\, dx = \int \sum_{k=0}^{\infty} (-1)^k x^{2k}\, dx = \sum_{k=0}^{\infty} \frac{(-1)^k}{2k+1} x^{2k+1} + C,\, C \in \mathbb{R},\, |x| < 1$$

$$\rightsquigarrow F(x) = \sum_{k=0}^{\infty} \frac{(-1)^k}{2k+1} x^{2k+1} = x - \frac{1}{3}x^3 + \frac{1}{5}x^5 - \frac{1}{7}x^7 + \mathcal{O}(x^9),\, |x| < 1$$

> **Bemerkung:** Da $x \mapsto \arctan x$ eine Stammfunktion von f ist, gilt $\arctan x = x - x^3/3 + x^5/5 - x^7/7 \mp \ldots + C$ (zwei Stammfunktionen unterscheiden sich nur durch eine Konstante). $0 = \arctan(0) = 0 - 0 + 0 - 0 \mp \ldots C \implies C = 0 \rightsquigarrow \arctan x = \frac{(-1)^k}{2k+1} x^{2k+1}$ für $|x| < 1$

17.11 Näherungsformel für die Parameter der Einheitsklothoide ⋆

Entwickeln Sie mit geeigneten Potenzreihen eine Näherungsformel für die beiden Integralfunktionen:*

$$x(s) = \int_0^s \cos\left(\frac{u^2}{2}\right) du, \quad y(s) = \int_0^s \sin\left(\frac{u^2}{2}\right) du$$

Lösungsskizze

$$\sin x = \sum_{k=0}^{\infty}(-1)^k \frac{x^{2k+1}}{(2k+1)!}, \quad \cos x = \sum_{k=0}^{\infty}(-1)^k \frac{x^{2k}}{(2k)!}$$

Substituiere jeweils $x \leftrightarrow u^2/2 \rightsquigarrow$

$$\cos\left(\frac{u^2}{2}\right) = \sum_{k=0}^{\infty}(-1)^k \frac{(u^2/2)^{2k}}{(2k)!} = \sum_{k=0}^{\infty} \frac{(-1)^k}{2^{2k}(2k)!} u^{4k}$$

$$\sin\left(\frac{u^2}{2}\right) = \sum_{k=0}^{\infty}(-1)^k \frac{(u^2/2)^{2k+1}}{(2k+1)!} = \sum_{k=0}^{\infty} \frac{(-1)^k}{2^{2k+1}(2k+1)!} u^{4k+2}$$

Abbruch der Summation an geeigneter Stelle** (z.B. nach drei Summanden der Reihe) $\rightsquigarrow$ Approximation der Integranden:

$$\cos(u^2/2) \approx \frac{(-1)^0}{2^0 \cdot 0!} u^0 + \frac{(-1)^1}{2^2 \cdot 2!} u^4 + \frac{(-1)^2}{2^4 \cdot 4!} u^8 = 1 - \frac{u^4}{8} + \frac{u^8}{384}$$

$$\sin(u^2/2) \approx \frac{(-1)^0}{2 \cdot 1} u^2 + \frac{(-1)^1}{2^3 \cdot 3!} u^6 + \frac{(-1)^2}{2^5 \cdot 5!} u^{10} = \frac{u^2}{2} - \frac{u^6}{48} + \frac{u^{10}}{3840}$$

$\rightsquigarrow$ Näherungsformel für die Koordinaten der Einheitsklothoide:

$$x(s) \approx \int_0^s 1 - \frac{u^4}{8} + \frac{u^8}{384} = \left[u - \frac{u^5}{5 \cdot 8} + \frac{u^9}{9 \cdot 384}\right]_0^s = s - \frac{s^5}{40} + \frac{s^9}{3456}$$

$$y(s) \approx \int_0^s \frac{u^2}{2} - \frac{u^6}{48} + \frac{u^{10}}{3840} = \left[\frac{u^3}{3 \cdot 2} - \frac{u^7}{7 \cdot 48} + \frac{u^{11}}{11 \cdot 3840}\right]_0^s$$

$$= \frac{s^3}{6} - \frac{s^7}{336} + \frac{s^{11}}{42240}$$

* Durch $\varphi : [0, \infty] \longrightarrow \mathbb{R}^2$ mit $\varphi(s) := (x(s), y(s))$ wird die sog. *Einheitsklothoide* im $\mathbb{R}^2$ parametrisiert. Die Krümmung der Klothoide nimmt proportional zu ihrer Bogenlänge zu. Sie ermöglicht z.B. einen krümmungsstetigen Übergang von einer Geraden und wird deshalb z.B. als Zwischenstück bei Überkopfelementen (Looping) in Achterbahnen und im Straßenbau zur Beschreibung von Trassenabfahrten verwendet.

** Den Approximationsfehler kann man abschätzen (vgl. Abschn. 16.9) Dies empfiehlt sich eigentlich immer, bevor man mathematische Näherungsverfahren in technischen Anwendungen nutzt.

17.12   Checkliste: Bestimmtes und unbestimmtes Integral

17.12.1 Das Riemann-Integral

Konstruktion: Ist eine beschränkte Funktion auf einem Intervall $[a, b] \subset \mathbb{R}$ gegeben, so teilen wir $[a, b]$ mittels einer *Zerlegung*

$$Z : x_0 = a < x_1 < x_2 < \ldots < x_n = b$$

in n Teilintervalle auf. Für eine Zerlegung schreiben wir im Folgenden kurz auch $Z = (x_0, \ldots, x_n)$.

Anschließend wählen wir aus jedem der Teilintervalle eine *Zwischenstelle*

$$\xi_k \in [x_{k-1}, x_k,], \quad k = 1, \ldots, n,$$

aus und setzen $\xi = (\xi_1, \ldots, \xi_n)$. Daraus bilden wir via

$$\boxed{\mathcal{S}(Z, \xi; f) := \sum_{k=1}^{n} f(\xi_k) \Delta x_k}$$

mit $\Delta x_k := (x_k - x_{k-1})$ eine *Riemann'sche Summe*[1].

Die Größe

$$\boxed{|Z| := \max_{k=1,\ldots,n} |\Delta x_k|}$$

nennt man die *Feinheit* der Zerlegung.

Für $f \geq 0$ lässt sich eine Riemann'sche Summe z.B. als Summe von Rechteckflächen mit Inhalt $f(\xi_k)\Delta x_k$ interpretieren.

Sie stellt in diesem Fall eine Näherung an den Flächeninhalt dar, welcher vom Graph von f und der x-Achse eingeschlossen wird.

Die folgende Skizze illustriert dies. Die Zerlegung wurde in diesem Beispiel *äquidistant* gewählt. Das bedeutet, alle Teilintervalle sind gleich groß, d.h.

$$\Delta x_k = (b - a)/n, k = 1, \ldots, n \quad \text{und} \quad |Z| = (b - a)/n.$$

---

[1]Nach Bernhard Riemann (1826–1866), deutscher Mathematiker. Eine alternative Möglichkeit besteht darin, das Integral über sog. *Ober- und Untersummen* einzuführen.

Als Zwischenstellen wurden die Mittelpunkte $\xi_k = a + (2k + 1)|Z|/2$, $k = 0, \ldots, n-1$ der Intervalle genommen ($n = 10$).

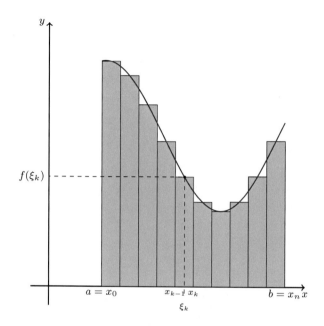

Nun betrachten wir eine Folge $\mathcal{S}(Z_j, \xi^j; f)$ von Riemann'schen Summen mit $\lim\limits_{j \to \infty} |Z_j| = 0$. Eine Folge mit dieser Eigenschaft nennen wir *Riemann'sche Summenfolge*.

Zur Zerlegung $Z_j = (x_0^j, \ldots, x_{n_j}^j)$ beschreibt hierbei $\xi^j = (\xi_1^j, \ldots, \xi_{n_j}^j)$ eine passende Wahl von Zwischenstellen.

Insgesamt führen unsere Überlegungen zu der folgenden Definition:

Riemann-Integrierbarkeit und das bestimmte Integral

Eine Funktion $f : [a, b] \longrightarrow \mathbb{R}$ heißt (Riemann-)integrierbar über $[a, b]$, falls *jede* zugehörige Riemann'sche Summenfolge $\mathcal{S}(Z_j, \xi^j; f)$ gegen den gleichen Grenzwert konvergiert. Den Grenzwert bezeichnet man dann als das *bestimmte Integral* von f über dem Intervall $[a, b]$, in Zeichen:

$$\int_a^b f(x)\, dx$$

Bemerkung 1: Konvergieren zu einer beschränkten Funktion $f : [a, b] \longrightarrow \mathbb{R}$ alle Riemann'schen Summenfolgen, so kann man leicht zeigen, dass alle diese Folgen bereits denselben Grenzwert besitzen müssen.

Bemerkung 2: Ist bekannt, dass f über $[a, b]$ integrierbar ist, so genügt es, *irgendeine* Riemann'sche Summenfolge $\mathcal{S}(Z_j, \xi^j; f)$ zu betrachten, und es gilt:

$$\int_a^b f(x)\, dx = \lim_{j \to \infty} \mathcal{S}(Z_j, \xi^j; f) = \lim_{j \to \infty} \sum_{k=1}^{n_j} f(\xi_k^j) \Delta x_k^j$$

Bemerkung 3: Stetige und stückweise stetige beschränkte Funktionen mit endlich vielen Unstetigkeitsstellen über einem abgeschlossenen Intervall sind integrierbar.[2]

17.12.2 Die Integralfunktion

Zwar müssen wir nach Bemerkung 2 zur Berechnung des Integrals einer integrierbaren Funktion nur *eine* Summenfolge konstruieren, aber selbst das ist oft sehr mühsam (vgl. Aufg. 16.1).

Wir suchen deshalb nach einer einfacheren Methode. Den Schlüssel dazu liefert die *Integralfunktion*:

Integralfunktion

Ist f auf $[a, x]$ integrierbar, so wird durch

$$F_a(x) = \int_a^x f(t)dt$$

eine Funktion mit $F_a(a) = 0$ definiert. Sie wird die *Integralfunktion* von f genannt.

Man kann zeigen, dass F_a stetig ist. Darüber hinaus:

---

[2]Genauer existiert das bestimmte Integral auch für beschränkte Funktionen mit *abzählbar unendlich vielen* Unstetigkeitsstellen.

Ableitung der Integralfunktion

Ist f im Intervall I mit $a \in I$ stetig, dann ist F_a in $x \in I$ differenzierbar und

$$F_a'(x) = \frac{d}{dx} \int_a^x f(t)dt = f(x).$$

Die Ableitung der Integralfunktion F_a einer stetigen Funktion f ist also f selbst.

17.12.3 Stammfunktionen und das unbestimmte Integral

Wollen wir also die Integralfunktion bestimmen, so müssen wir praktisch das Ableiten in gewisser Weise „umkehren" (tatsächlich sind „Differentiation" und „Integration" z.B. nur für bestimmte Funktionen „bis auf eine Konstante" invers zueinander). Dies führt uns auf den Begriff der *Stammfunktion*.

Stammfunktion

Es sei $F, f : I \subseteq \mathbb{R} \longrightarrow \mathbb{R}$ mit F differenzierbar gegeben. Gilt

$$F'(x) = f(x) \quad \text{für alle } x \in I,$$

dann ist F eine Stammfunktion von f.

So ist z.B. $x \mapsto -\sin x + C$ für jedes $C \in \mathbb{R}$ eine Stammfunktion von $x \mapsto \cos x$.

Da eine Konstante abgeleitet immer 0 ergibt, ist zu jeder Stammfunktion F einer Funktion f auch $F + C$ eine Stammfunktion, f besitzt somit unendlich viele Stammfunktionen. Zwei Stammfunktionen von f unterscheiden sich nur durch eine Konstante.

Mit dem Symbol $\int f \, dx$ bezeichnet man die Menge aller Stammfunktionen einer Funktion f und nennt sie das *unbestimmte Integral* von f:

$$\int f \, dx := \{F(x) + C \mid F \text{ ist eine Stammfunktion von } f, C \in \mathbb{R}\}$$

Dafür schreibt man kurz: $\int f \, dx = F(x) + C, C \in \mathbb{R}$.

Bemerkung: Im Unterschied zum bestimmten Integral wird hier zu einer Funktion f kein eindeutiger Wert (= reelle Zahl) zugeordnet, sondern eine Menge von Funktionen.

17.12.4 Bestimmtes Integral und Stammfunktion: Der Hauptsatz der Differential- und Integralrechnung

Für stetiges f ist die Integralfunktion $F_a(x) = \displaystyle\int_a^x f(t)\,dt$ eine Stammfunktion von f mit $F_a(a) = 0$.

Sei dazu F noch eine beliebige andere Stammfunktion von f und setze $\tilde{F}(x) :=$ $F(x) - F_a(x)$.

Offenbar ist $\tilde{F}$ konstant, d.h. $\tilde{F}(x) \equiv C$. Die Konstante können wir einfach bestimmen: Wegen

$$\tilde{F}(a) = F(a) - F_a(a) = F(a)$$

ist $C = F(a)$. Also ist

$$\tilde{F}(b) = F(b) - F_a(b) = F(a),$$

d.h. $F_a(b) = F(b) - F(a)$ und

$$\int_a^b f(t)\,dt = F_a(b) = F(b) - F(a).$$

Zusammengefasst:

Hauptsatz der Differential- und Integralrechnung

Ist f auf $[a, b]$ stetig und ist F eine Stammfunktion von f, so ist

$$\int_a^b f(x)\,dx = F(x)\big|_a^b = F(b) - F(a).$$

Bemerkung: Wie man zeigen kann, bleibt der Hauptsatz auch für auf $[a, b]$ integrierbare Funktionen mit einer Stammfunktion gültig. Es gibt nämlich auch unstetige, aber integrierbare Funktionen, welche eine Stammfunktion besitzen. Auch gibt es Funktionen mit einer Stammfunktion, die aber nicht integrierbar sind, und solche die integrierbar sind, aber ohne Stammfunktion: „Stammfunktion" und „Integralfunktion" sind also i. Allg. verschiedene Begriffe.

Eine Stammfunktion zu finden ist im Allgemeinen eine schwierige Aufgabe; man spricht auch von der *Kunst des Integrierens*. Im Folgenden sehen wir uns aber Möglichkeiten an, bestimmte Integrale mit Hilfe von Stammfunktionen zu berechnen (vgl. Abschn. 18.12).

17.12.5 Einige elementare Stammfunktionen

Durch Differenzieren erhalten wir z.B. für $C \in \mathbb{R}$ folgende Stammfunktionen:

(i) $\displaystyle\int \exp x \, dx = \exp x + C$

(ii) $\displaystyle\int x^\alpha \, dx = \frac{1}{\alpha + 1} x^{\alpha+1} + C,\ \alpha \in \mathbb{R},\ \alpha \neq -1$

(iii) $\displaystyle\int \frac{1}{x} \, dx = \ln|x| + C,\ x \neq 0.$

(iv) $\displaystyle\int \sin x \, dx = -\cos x + C$

(v) $\displaystyle\int \cos x \, dx = \sin x + C$

(vi) $\displaystyle\int \frac{1}{\sqrt{1 - x^2}} \, dx = \arcsin x + C = -\arccos x + \tilde{C}$

(vii) $\displaystyle\int \frac{1}{\cos^2 x} \, dx = \tan x + C$

(viii) $\displaystyle\int \frac{1}{1 + x^2} \, dx = \arctan x + C$

Bemerkung: Beachte bei (vi) $\arcsin x - \pi/2 = -\arccos x,\ x \in [-1, 1]$.

17.12.6 Elementare Integrationsregeln

Wir fassen einige für das praktische Rechnen mit Integralen nützliche Regeln zusammen. Sind f, g auf dem Intervall $[a, b]$ integrierbar, so gilt:

■ **Linearität des Integrals**

(i) $\displaystyle\int_a^b \alpha \cdot f(x) \, dx = \alpha \cdot \int_a^b f(x) \, dx, \quad \alpha \in \mathbb{R}$

(ii) $\displaystyle\int_a^b f(x) + g(x) \, dx = \int_a^b f(x) \, dx + \int_a^b g(x) \, dx$

Dies kann man in einer Regel zusammenfassen:

$$\int_a^b \alpha \cdot f(x) + \beta \cdot g(x)dx = \alpha \cdot \int_a^b f(x)\,dx + \beta \cdot \int_a^b g(x)\,dx$$

■ **Vertauschung der Integrationsgrenzen**

Bei der Vertauschung der Integrationsgrenzen ändert sich das Vorzeichen:

$$\int_a^b f(x)\,dx = -\int_b^a f(x)\,dx$$

Besitzt f eine Stammfunktion F, so folgt dies z.B. direkt mit dem Hauptsatz:

$$\int_b^a f(x)\,dx = F(a) - F(b) = -(F(b) - F(a)) = -\int_a^b f(x)\,dx \checkmark$$

■ **Abschnittsweise Berechnung des Integrals**

Es gilt:

$$\int_a^b f(x)\,dx = \int_a^\xi f(x)\,dx + \int_\xi^b f(x)\,dx, \quad \text{für } \xi \in [a, b]$$

Dies folgt z.B. für eine integrierbare Funktion f mit Stammfunktion F ebenfalls direkt aus dem Hauptsatz: Ist $\xi \in [a, b]$, so gilt:

$$\int_a^\xi f(x)\,dx + \int_\xi^b f(x)\,dx = \cancel{F(\xi)} - F(a) + F(b) - \cancel{F(\xi)}$$

$$= F(b) - F(a) = \int_a^b f(x)\,dx \checkmark$$

■ **Symmetrie**

Oft lässt sich die Berechnung bestimmter Integrale auf symmetrischen Intervallen durch Ausnutzung von Symmetrieeigenschaften der Integranden vereinfachen:

Bestimmte Integrale symmetrischer Funktionen

Ist $\varepsilon > 0$, so gilt auf dem zum Ursprung symmetrischen Intervall $[-\varepsilon, \varepsilon]$:

(i) $\displaystyle\int_{-\varepsilon}^{\varepsilon} f(x)\,dx = 0$ für f ungerade

(ii) $\displaystyle\int_{-\varepsilon}^{\varepsilon} f(x)dx = 2\int_{0}^{\varepsilon} f(x)\,dx$ für f gerade

---

Bemerkung: Ist $x_0 \in \mathbb{R}$, so bleiben die Aussagen auch für Intervalle und entsprechende Funktionen symmetrisch um $(x_0, 0)$ gültig.

17.12.7. Stammfunktion stückweise stetiger Funktionen

Eine stückweise stetige Funktionen ist zwar integrierbar, besitzt aber nach unserer Definition[3] i. Allg. keine Stammfunktion. Diese Einschränkung kann man aber leicht für endlich viele unstetige Stellen aufweichen.

Ist z.B. f auf $[a, b]$ integrierbar und auf $[a, \xi]$ und $[\xi, b]$ jeweils stetig, dann berechnen wir das bestimmte Integral einer stückweise stetigen Funktionen stückweise:

$$\int_{a}^{b} f(x)\,dx := \int_{a}^{\xi} f(x)\,dx + \int_{\xi}^{b} f(x)\,dx$$

Und damit können wir auch stückweise differenzierbare Stammfunktionen[4] zulassen (was die Praktiker beim Rechnen meistens stillschweigend ohnehin einfach machen).

---

[3]Wir hatten eine Stammfunktion als differenzierbar vorausgesetzt
[4]Die auftretenden Konstanten kann man so wählen, dass die beiden differenzierbaren Stammfunktionen auf $[a, \xi]$ und $[\xi, b]$ zu einer auf $[a, b]$ stetigen Funktion verschmelzen.

17.12.8 Integration von Potenzreihen

Potenzreihen lassen sich auf ihrem Konvergenzbereich gliedweise integrieren:

Stammfunktion einer Potenzreihe

Sei f die durch eine Potenzreihe $\sum\limits_{k=0}^{\infty} u_k(x-x_0)^k$ auf ihrem Konvergenzintervall $K_R(x_0)$ dargestellte stetige Funktion. Dann ist

$$F(x) = \sum_{k=0}^{\infty} \frac{a_k}{k+1}(x-x_0)^{k+1}$$

eine Stammfunktion von f auf $K_R(x_0)$.

Bemerkung: Das Konvergenzintervall von f überträgt sich auf F. Die Konvergenzeigenschaften in den Randpunkten des Intervalls können sich aber ändern.

18 Integralrechnung 2 – Integrationsmethoden

Übersicht

© Springer-Verlag GmbH Deutschland, ein Teil von Springer Nature 2021
A. Keller, *Aufgaben und Lösungen zur Mathematik für den Studienstart*,
https://doi.org/10.1007/978-3-662-63628-2_18

18.1   Partielle Integration

Bestimmen Sie die folgenden unbestimmten Integrale mit partieller Integration:

$$\text{a) } \int x \cdot \sin x \, dx \qquad \text{b) } \int e^x \cos x \, dx \qquad \text{c) } \int \sqrt[3]{x^2} \ln x \, dx$$

Lösungsskizze

Partielle Integration bei unbestimmter Integration:

$$\boxed{\int u(x)v'(x)\,dx \;=\; u(x)v(x) - \int u'(x)v(x)\,dx}$$

a) Setze $u(x) = x$, $v'(x) = \sin x \rightsquigarrow v(x) = -\cos x$:

$$\int x \cdot \sin x \, dx = -x \cdot \cos x - \int (x)'(-\cos x)\,dx = -x\cos x + \int \cos x \, dx$$

$$= -x\cos x + \sin x + C, \; C \in \mathbb{R}$$

b) Setze $u(x) = e^x$, $v'(x) = \cos x \rightsquigarrow v(x) = \sin x$:

$$\int e^x \cdot \cos x \, dx = e^x \sin x - \int e^x \sin x \, dx$$

Nochmalige partielle Integration:

$$\tilde{u}(x) = u(x) = e^x, \; \tilde{v}'(x) = \sin x \rightsquigarrow \tilde{v}(x) = -\cos x$$

$$\int e^x \cdot \cos x \, dx = e^x \sin x - \left(-e^x \cos x - \int e^x \cdot (-\cos x)\,dx \right)$$

$$= e^x \sin x + e^x \cos x - \int e^x \cdot \cos x \, dx + \int e^x \cdot \cos x \, dx$$

$$\implies \int e^x \cdot \cos x \, dx = \frac{1}{2}e^x(\sin x + \cos x) + C, \; C \in \mathbb{R}$$

c) Setze $u(x) = \ln x$, $v'(x) = \sqrt[3]{x^2} = x^{2/3} \rightsquigarrow u'(x) = 1/x$; $v(x) = \frac{3}{5}x^{5/3}$:

$$\int \sqrt[3]{x^2} \cdot \ln x \, dx = \frac{3}{5}x^{5/3}\ln x - \int \frac{1}{x}\cdot\frac{3}{5}x^{5/3}\,dx = \frac{3}{5}x^{5/3}\ln x - \frac{3}{5}\int x^{2/3}\,dx$$

$$= \frac{3}{5}x^{5/3}\ln x - \frac{3}{5}\cdot\frac{3}{5}x^{5/3} + C$$

$$= \frac{3(-3 + 5\ln x)}{25}\sqrt[3]{x^5} + C, \; C \in \mathbb{R}$$

18.2 Substitution durch scharfes Hinsehen

Berechnen Sie die folgenden unbestimmten Integrale:

a) $\int (2x^3 + 6x^2 + 1) \cdot e^{x^4/2 + 2x^3 + x} \, dx$ b) $\int 3\cos(2x) \ln(\sin(2x) + 1) \, dx$

Lösungsskizze

Für Integranden der Form $g'(x) \cdot f(g(x))$ gilt mit einer Stammfunktion F von f die Substitutionsregel:

$$\int g'(x) f(g(x)) \, dx = F(g(x)) + C, C \in \mathbb{R}$$

Scharfes Hinsehen: Die Integranden bei a) und b) sind von dieser Form:

a) $g(x) = x^4/2 + 2x^3 + x$; $g'(x) = 2x^3 + 6x^2 + 1$, $F(x) = e^x \rightsquigarrow$

$$\int (2x^3 + 6x^2 + 1) \cdot e^{x^4/2 + 2x^3 + x} \, dx = e^{x^4/2 + 2x^3 + x} + C, C \in \mathbb{R}$$

b) $(\sin(2x) + 1)' = 2\cos(2x) = g'(x) \rightsquigarrow$

$$\int 3\cos(2x) \ln(\sin(2x) + 1) \, dx = \frac{3}{2} \int \underbrace{2\cos(2x)}_{\hat{=}\, g'} \underbrace{\ln}_{\hat{=}\, f} \underbrace{(\sin(2x) + 1)}_{\hat{=}\, g} \, dx$$

Stammfunktion von $f : u \mapsto \ln u$ aus Tabelle oder per partieller Integration mit Trick: $\ln u = 1 \cdot \ln u$:

$$\int \ln u \, du = \int \underbrace{u'}_{=1} \cdot \ln u \, du = u \cdot \ln x - \int \frac{1}{\cancel{u}} \cdot \cancel{u} \, du$$

$$= u \cdot \ln u - u + C, C \in \mathbb{R}$$

$\rightsquigarrow F(u) = u \cdot \ln u - u + C, C \in \mathbb{R}$. Mit $u := g(x)$ folgt

$$F(g(x)) = (\sin(2x) + 1) \ln(\sin(2x) + 1) - \sin(2x) - 1$$

Somit:

$$\int 3\cos(2x) \ln(\sin(2x) + 1) \, dx = 3(\sin(2x) + 1)(\ln(\sin(2x) + 1) - 1)/2 + C, C \in \mathbb{R}$$

Alternative: Formale Substitution via $u := \sin(2x) + 1$ und $du/dx = 2\cos(2x) \rightsquigarrow dx = du/2\cos(2x) \rightsquigarrow$

$$\int 3\cos(2x) \ln(\sin(2x) + 1) \, dx = 3/2 \int \ln u \, du, \quad u = \sin(2x) + 1$$

liefert nach ähnlicher Rechnung das gleiche Ergebnis ($\rightsquigarrow$ analog bei b)).

18.3   Lineare Substitution

Berechnen Sie die Integrale mit linearer Substitution:

a) $\displaystyle\int 3 \cdot \left(\frac{x}{2}+1\right)^{2021} dx$

b) $\displaystyle\int_0^1 4\sin(\pi - 2x)\, dx$

c) $\displaystyle\int \frac{-3}{\sqrt{-9x^2 - 12x - 3}}\, dx$

d) $\displaystyle\int_a^b f(\alpha x + \beta)\, dx$, f stetig, $\alpha \neq 0$

Lösungsskizze

a) Lineare Substitution $u = \frac{x}{2}+1 \rightsquigarrow du/dx = 1/2 \rightsquigarrow dx = 2du$:

$$\int 3 \cdot \left(\frac{x}{2}+1\right)^{2021} dx = 3\int u^{2021} \cdot 2\, du = \frac{6}{2022} u^{2022} + C$$
$$= \frac{1}{337}(x/2 + 1)^{2022} + C, \, C \in \mathbb{R}$$

b) Bestimmung einer Stammfunktin via linearer Substitution $u = \pi - 2x \rightsquigarrow du/dx = -2 \rightsquigarrow dx = -du/2$:

$$\int 4 \cdot \sin(1 - 2\pi x)\, dx = \cancel{2} \cdot 2 \int \sin u \cdot (-du/\cancel{2}) = -2(-\cos u) + C, \, u = \pi - 2x$$
$$= 2\cos(\pi - 2x) + C, \, C \in \mathbb{R}$$

$$\rightsquigarrow \int_0^{\pi/2} 4\sin(\pi - 2x)\, dx = 2\left[\cos(\pi - 2x)\right]_0^{\pi/2} = 2 - 2\cos(\pi) = 4$$

c) Idee: Umformen des Radikanden, so dass nach linearer Substitution das Grundintegral $\int \frac{-1}{\sqrt{1-x^2}}\, dx = \arccos x + C$ anwendbar ist:

$$-9x^2 - 12x - 3 = -9x^2 - 12x - 4 + 1 = 1 - 9x^2 - 12x - 4 = 1 - (3x+2)^2;$$

lineare Substitution $u = 3x + 2 \rightsquigarrow dx = du/3 \rightsquigarrow$

$$\int \frac{-3}{\sqrt{-9x^2 - 12x - 3}}\, dx = 3\int \frac{-1}{\sqrt{1 - (3x+2)^2}} = \cancel{3}\int \frac{-1}{\sqrt{1 - u^2}}\frac{du}{\cancel{3}}$$
$$= \arccos u + C = \arccos(3x + 2) + C, \, C \in \mathbb{R}$$

d) f stetig $\rightsquigarrow$ es existiert Stammfunktion F mit $F' = f$.

Lineare Substitution $u = \alpha x + \beta \rightsquigarrow du/dx = \alpha \rightsquigarrow dx = du/\alpha$, Transformation der Grenzen: $u(a) = \alpha a + \beta$, $u(b) = \alpha b + \beta \rightsquigarrow$

$$\int_a^b f(\alpha x + \beta)\, dx = \int_{\alpha a + \beta}^{\alpha b + \beta} f(u)\, \frac{du}{\alpha} = \frac{1}{\alpha}\left[F(u)\right]_{\alpha a + \beta}^{\alpha b + \beta} = \frac{1}{\alpha}\left(F(\alpha b + \beta) - F(\alpha a + \right.$$

18.4 Integration durch Substitution

Bestimmen Sie von den folgenden Funktionen eine Stammfunktion mittels Substitution und berechnen Sie damit $\int_a^b f(x)\,dx$:

a) $f(x) = \dfrac{12x^2 + 4x}{\sqrt[3]{2x^3 + x^2 + 1}}$; $a = -1, b = 1$ b) $f(x) = \cos(\ln x)$; $a = 1, b = 2$

Lösungsskizze

a) Substitution $u = 2x^3 + x^2 + 1$; $du/dx = 6x^2 + 2x \rightsquigarrow dx = \dfrac{du}{6x^2 + 2x}$:

$$\int \frac{12x^2 + 4x}{\sqrt[3]{2x^3 + x^2 + 1}}\,dx = \int \frac{12x^2 + 4x}{\sqrt[3]{u}}\,\frac{du}{6x^2 + 2x} = 2\int \frac{\cancel{6x^2 + 4x}}{\sqrt[3]{u}}\,\frac{du}{\cancel{6x^2 + 4x}}$$

$$= 2\int \frac{1}{\sqrt[3]{u}}\,du = 2\int u^{-1/3}\,du$$

$$= \cancel{2} \cdot \frac{3}{\cancel{2}} \cdot u^{2/3} + C = 3\sqrt[3]{u^2} + C,\ u = 2x^3 + x^2 + 1$$

$$= 3\sqrt[3]{(2x^3 + x^2 + 1)^2} + C,\ C \in \mathbb{R}$$

$C = 0 \rightsquigarrow$ Stammfunktion $F(x) = 3\sqrt[3]{(2x^3 + x^2 + 1)^2}$, damit bestimmtes Integral:

$$\int_{-1}^{1} f(x)\,dx = F(1) - F(-1) = 3\left[(2x^3 + x^2 + 1)^{2/3}\right]_{-1}^{1}$$

$$= 3\left((2 + 1 + 1)^{2/3} - (\cancel{-2 + 1 + 1})^{2/3}\right) = 3 \cdot \sqrt[3]{4^2} = 6\sqrt[3]{2}$$

b) Substitution $\ln x = u \implies e^u = x$; $du/dx = 1/x \rightsquigarrow x\,du = e^u\,du = dx$:

$$\int \cos(\ln x)\,dx = \int \cos(u) \cdot e^u\,du = \int e^u \cos(u) \cdot du$$

$$= \frac{1}{2} e^u (\sin u + \cos u),\ u = \ln x$$

Rücksubstitution:

$$\int \cos(\ln x)\,dx = \frac{1}{2} x(\sin(\ln x) + \cos(\ln x)) + C,\ C \in \mathbb{R}$$

$C = 0 \rightsquigarrow$ Stammfunktion $F(x) = \dfrac{1}{2} x(\sin(\ln x) + \cos(\ln x)) \rightsquigarrow$

$$\int_{1}^{2} f(x)\,dx = F(2) - F(1) = \frac{1}{2}(2\sin(\ln 2) + 2\cos(\ln 2)) - (\sin(0) + \cos(0))$$

$$= \sin(\ln 2) + \cos(\ln 2) - 1/2$$

18.5 Substitution nach Umformung ⋆

Berechnen Sie das bestimmte Integral:

$$\int_0^\pi \sqrt{1 - \cos x}\, dx$$

Lösungsskizze

Substitution $1 - \cos x = z; dz/dx = \sin x \rightsquigarrow dx = dz/\sin x$:

$$\int \sqrt{1 - \cos x}\, dx = \int \frac{\sqrt{z}}{\sin x}\, dz, \; 1 - \cos x = z$$

Die Substitution führt nicht zum Ziel, da sich $\sin x$ nicht kürzen lässt.

Idee: Anwendung 3. binomische Formel und Potenzgesetze $\rightsquigarrow$ Umformung des Integranden:

$$\sqrt{1 - \cos x} = \sqrt{1 - \cos x} \cdot \frac{\sqrt{1 + \cos x}}{\sqrt{1 + \cos x}} = \frac{\sqrt{1 - \cos^2 x}}{\sqrt{1 + \cos x}}$$

Trigonometrischer Pythagoras:

$$\frac{\sqrt{1 - \cos^2 x}}{\sqrt{1 + \cos x}} = \frac{\sqrt{\sin^2 x}}{\sqrt{1 + \cos x}} = \frac{|\sin x|}{\sqrt{1 + \cos x}}$$

Substitution $z = 1 + \cos x \rightsquigarrow dx = dz/(-\sin x)$.

Transformation der Grenzen für $z \rightsquigarrow 1 + \cos 0 = 2, \; 1 + \cos \pi = 1 - 1 = 0$:

$$\int_0^\pi \sqrt{1 - \cos x}\, dx = \int_2^0 \frac{|\sin x|}{\sqrt{z}} \frac{dz}{-\sin x} \overset{*}{=} -\int_0^2 \frac{|\sin x|}{-\sin x} \cdot z^{-1/2}\, dz$$

$$\overset{**}{=} \cancel{-}\int_0^2 \frac{\cancel{\sin x}}{\cancel{-\sin x}} z^{-1/2}\, dz = \int_0^2 z^{-1/2}\, dz$$

$$= \left[2z^{1/2}\right]_0^2 = 2\sqrt{2} - 2\sqrt{0} = 2\sqrt{2}$$

---

* Beachte: Ist $a < b$, dann gilt z.B. für f stückweise auf $[a, b]$ stetig:

$$\int_a^b f(x)\, dx = -\int_b^a f(x)\, dx$$

** Für $z \in [0, 2]$ ist $x \in [0, \pi]$, d.h. $\sin x \geq 0 \implies |\sin x| = \sin x$.

18.6 Rationale Integranden

Bestimmen Sie die Stammfunktionen:

a) $\int \dfrac{9x^2 - 6x + 1}{9x - 3}\, dx$
b) $\int \dfrac{x + 2}{x^2 + x - 6}\, dx$
c) $\int \dfrac{6}{x^2 + 4}\, dx$

Lösungsskizze

a) Integrand lässt sich elementar umformen:

$9x^2 - 6x + 1 = 9\left(x^2 - 2x/3 + 1/9\right) = 9\left(x - 1/3\right)^2$ und $9x - 3 = 9\left(x - 1/3\right) \rightsquigarrow$

$$\int \frac{9x^2 - 6x + 1}{9x - 3}\, dx = \int \frac{\cancel{9}\,(x - 1/3)^{\cancel{2}}}{\cancel{9(x - 1/3)}}\, dx$$

$$= \int x - 1/3\, dx = x^2/2 - x/3 + C, C \in \mathbb{R}$$

b) Integration durch Partialbruchzerlegung (PBZ):

Bestimmung der Pole (Nullstellen des Nenners):

$$x^2 + x - 6 = 0 \rightsquigarrow x_{1,2} = \frac{1 \pm \sqrt{1 - 4 \cdot (-6)}}{2} = \frac{1}{2} \pm \frac{\sqrt{25}}{2} = \frac{1 \pm 5}{2} = \begin{cases} -3 \\ 2 \end{cases}$$

$\rightsquigarrow$ Linearfaktorzerlegung: $x^2 + x - 6 = (x + 3)(x - 2)$

$$\rightsquigarrow \text{Ansatz PBZ:} \quad \frac{x + 2}{(x + 3)(x - 2)} = \frac{A}{x + 3} + \frac{B}{x - 2}$$

$\rightsquigarrow x + 2 = A(x - 2) + B(x + 3) = (A + B)x - 2A + 3B$

$$\text{Koeffizientenvergleich} \rightsquigarrow \begin{cases} \text{I.} & A + B & = 1 \\ \text{II.} & -2A + 3B & = 2 \end{cases}$$

Aus I.: $A = 1 - B$ in II.: $-2(1 - B) + 3B = 2 \implies B = 4/5; A = 1/5 \rightsquigarrow$

$$\rightsquigarrow \int \frac{2x + 1}{x^2 + x - 6}\, dx = \int \frac{1/5}{x + 3} + \frac{4/5}{x - 2}\, dx$$

$$= \frac{1}{5} \ln|x + 3| + \frac{4}{5} \ln|x - 2| + C, C \in \mathbb{R}$$

c) Integrand umformen: $\dfrac{6}{x^2 + 4} = 6 \cdot \dfrac{1}{4(1 + x^2/4)} = \dfrac{3}{2} \dfrac{1}{1 + (x/2)^2}$

Lineare Substitution: $u = x/2 \rightsquigarrow dx = 2\, du$ und Anwendung des Grundintegrals
$\int \frac{1}{1+x^2}\, dx = \arctan x + C, C \in \mathbb{R}$:

$$\int \frac{6}{4 + x^2}\, dx = \frac{3}{2} \int \frac{1}{1 + (x/2)^2}\, dx = \frac{3}{\cancel{2}} \int \frac{1}{1 + u^2}\, \cancel{2}\, du$$

$$= 3 \arctan u + C = 3 \arctan x/2 + C, C \in \mathbb{R}$$

18.7   Uneigentliches Integral

Existieren die uneigentlichen Integrale? Bestimmen Sie ggf. ihren Wert.

a) $\int_0^1 \dfrac{1}{\sqrt[3]{x^2}}\,dx$ b) $\int_0^\infty x \cdot e^{-x/2}\,dx$ c) $\int_2^\infty \dfrac{1}{x\ln x}\,dx$

Lösungsskizze

a) Integrand in $x = 0$ nicht definiert.

Bestimmung einer Stammfunktion direkt möglich, anschließend Grenzübergang:

$$\int \frac{1}{\sqrt[3]{x^2}}\,dx = \int x^{-2/3}\,dx = \left(\frac{-2}{3}+1\right)^{-1} x^{-2/3+1} + C = 3x^{1/3} + C,\, C \in \mathbb{R}$$

$$\rightsquigarrow \int_0^1 \frac{1}{\sqrt[3]{x^2}}\,dx = \lim_{t \to 0+} 3\left[\sqrt[3]{x}\right]_t^1 = 3 \lim_{t \to 0+} \sqrt[3]{1} - \underbrace{\sqrt[3]{t}}_{\to 0} = 3$$

b) Bestimmung einer Stammfunktion via partieller Integration:

$$\int \underbrace{x}_{=u} \cdot \underbrace{e^{-x/2}}_{=v'}\,dx = -2xe^{-x/2} - \int (-2e^{-x/2})\,dx$$

$$= -(2x+4)e^{-x/2} + C,\, C \in \mathbb{R}$$

$$\rightsquigarrow \int_0^\infty x \cdot e^{-x/2}\,dx = \lim_{t \to \infty} \int_0^t x \cdot e^{-x/2}\,dx$$

$$= \lim_{t \to \infty} \left[-2xe^{-x/2} - 4e^{-x/2}\right]_0^t$$

$$= \lim_{t \to \infty} -\frac{2t}{e^{t/2}} - \frac{4}{e^{t/2}} + 4$$

$$\overset{\infty/\infty}{\underset{\ell'\text{H}}{=}} 4 - \lim_{t \to 1} \underbrace{\frac{2}{\frac{1}{2}e^{t/2}}}_{\to 0} - \underbrace{\frac{4}{e^{t/2}}}_{\to 0} = 4$$

c) Scharfes Hinsehen (logarithmische Integration) $\rightsquigarrow$ Stammfunktion:

$$\int \frac{1}{x\ln x}\,dx = \int \frac{1/x}{\ln x}\,dx = \ln(\ln x) + C,\, C \in \mathbb{R}$$

$$\rightsquigarrow \int_2^\infty \frac{1}{x\ln x}\,dx = \lim_{t \to \infty} \left[\ln(\ln x)\right]_2^t = \lim_{t \to \infty} \overbrace{\ln(\underbrace{\ln t}_{\to \infty})}^{\to \infty} - \ln(\ln 2) = \infty$$

$\Longrightarrow$ uneigentliches Integral existiert nicht.

18.8 Bestimmung eines uneigentlichen Integrals mittels trigonometrischer Substitution

Bestimmen Sie eine Stammfunktion von $x \mapsto \dfrac{x^2}{\sqrt{1-x^2}}$ und berechnen Sie damit den Wert des uneigentlichen Integrals:

$$\int_0^1 \frac{x^2}{\sqrt{1-x^2}}\, dx$$

Lösungsskizze

Integrand definiert für $-1 < x < 1$; Stammfunktion via trigonometrischer Substitution:

$x = \sin u$: $dx/du = \cos u \rightsquigarrow dx = \cos u\, du$; $u = \arcsin x$, $-\pi/2 < u < \pi/2$

$$
\begin{aligned}
\int \frac{x^2}{\sqrt{1-x^2}}\, dx &= \int \frac{\sin^2 u}{\sqrt{1-\sin^2 u}} \cdot \cos u\, du \\
&= \int \frac{\sin^2 u}{|\cos u|} \cdot \cos u\, du \,|\, \cos u > 0 \,\text{wegen} -\pi/2 < u < -\pi/2 \\
&= \int \frac{\sin^2 u}{\cos u} \cdot \cos u\, du = \int \sin^2 u\, du \\
&\overset{*}{=} -\frac{\sin u \cos u}{2} + \frac{u}{2} + C,\ C \in \mathbb{R},\ u = \arcsin x
\end{aligned}
$$

Rücksubstitution $\rightsquigarrow$

$$
\begin{aligned}
\int \frac{x^2}{\sqrt{1-x^2}}\, dx &= -\frac{1}{2}\left(\sin(\arcsin x)\cos(\arcsin x) + \arcsin x\right)|\,(\text{Trig. Pythagoras}) \\
&= -\frac{x}{2}\sqrt{1 - \sin^2(\arcsin x)} + \frac{\arcsin x}{2} \\
&= -\frac{1}{2}\left(x\sqrt{1-x^2} - \arcsin x\right)
\end{aligned}
$$

$$
\begin{aligned}
\int_0^1 \frac{x^2}{\sqrt{1-x^2}}\, dx &= \lim_{t\to 1}\left[-\frac{1}{2}\left(x\sqrt{1-x^2} - \arcsin x\right)\right]_0^t \\
&= -\lim_{t\to 1}\frac{1}{2}\left(\underbrace{t\sqrt{1-t^2}}_{\to 1\cdot 0 = 0} - \underbrace{\arcsin t}_{\to \pi/2}\right) + \frac{1}{2}\underbrace{(0\cdot 1 + 0)}_{} = \frac{\pi}{4}
\end{aligned}
$$

---

* Die Stammfunktionen von $u \mapsto \sin^2 u$ bestimmt man z.B. mit partieller Integration: $\int \sin^2 u\, du = \int(-\cos u)' \sin u\, du = -\cos u \sin u + \int \cos^2 u\, du = -\cos u \sin u + \int 1 - \sin^2 u\, du = -\cos u \sin u + \int 1\, du - \int \sin^2 u\, du \rightsquigarrow 2\int \sin^2 u\, du = -\cos u \sin u + u \rightsquigarrow$

$$\int \sin^2 u\, du = -(\cos u \sin u)/2 + u/2 + C, \quad C \in \mathbb{R}.$$

18.9   Uneigentliches Integral einer rationalen Funktion ⋆

Bestimmen Sie den Wert des uneigentlichen Integrals:

$$\int_3^\infty \frac{8x^2 - 24}{x^4 + 2x^2 - 3} \, dx$$

Lösungsskizze

Nullstellen des Nenners via Substitution $u = x^2 \rightsquigarrow u^2 + 2x^2 - 3 = 0$:

Lösungsformel: $u_{1,2} = \dfrac{-1 \pm \sqrt{4 - 4 \cdot (-3)}}{2} \rightsquigarrow u_1 = -3,\ u_2 = 1$

Rücksubstitution: $x^2 = 1 \implies x_{1,2} = \pm 1$, keine weitere Nullstellen

$\rightsquigarrow$ Linearfaktorzerlegung des Zählers: $x^4 + 2x^2 - 3x = (x + 1)(x - 1)(x^2 + 3)$

Ansatz PBZ: $\dfrac{8x^2 - 24}{(x - 1)(x + 1)(x^2 + 3)} = \dfrac{A}{x - 1} + \dfrac{B}{x + 1} + \dfrac{C + Dx}{x^2 + 3} \rightsquigarrow$

$8x^2 - 24 = A(x + 1)(x^2 + 3) + B(x - 1)(x^2 + 3) + (C + Dx)(x^2 - 1)$

$\quad\quad = (A + B + D)x^3 + (A - B + C)x^2 + (3A + 3B - D)x + (3A - 3B - C)$

Koeffizientenvergleich $\rightsquigarrow$
$\begin{cases} \text{I.} & A + B + C & = 0 \\ \text{II.} & A - B + C & = 8 \\ \text{III.} & 3A + 3B - D & = 0 \\ \text{IV.} & 3A - 3B - C & = -24 \end{cases}$
$\ldots \rightsquigarrow$
$\begin{cases} A = -2,\ B = 2 \\ C = 12,\ D = 0 \end{cases}$

$$\int \frac{8x^2 - 24}{x^4 - 2x^2 - 3} \, dx = \int \frac{-2}{x - 1} \, dx + \int \frac{2}{x + 1} \, dx + \int \overbrace{\frac{12}{x^2 + 3}}^{=4/(1+(x/\sqrt{3})^2)} \, dx$$

$$\overset{*}{=} 2\ln|x+1| - 2\ln|x-1| + 4\sqrt{3}\arctan(x/\sqrt{3}) = 2\ln\left|\frac{x + 1}{x - 1}\right| + 4\sqrt{3}\arctan(x/\sqrt{3})$$

$$\int_3^\infty \frac{8x^2 - 24}{x^4 + 2x^2 - 3} \, dx = \lim_{t \to \infty} \left[2\ln\left|\frac{x + 1}{x - 1}\right| + 4\sqrt{3}\arctan(x/\sqrt{3}) \right]_3^t$$

$$= \left(\lim_{t \to \infty} 2\ln\left|\frac{t + 1}{t - 1}\right| + 4\sqrt{3}\arctan(t/\sqrt{3}) \right) - \left(2\ln 2 + 4\sqrt{3}\arctan\sqrt{3} \right)$$

$$= \underbrace{\lim_{t \to \infty} 2\ln\left|\frac{t + 1}{t - 1}\right|}_{= \ln 1 = 0} + 4\sqrt{3}\underbrace{\lim_{t \to \infty} \arctan(t/\sqrt{3})}_{= \pi/2} - 2\ln 2 - \frac{4\pi\sqrt{3}}{3}$$

$$= 2\pi\sqrt{3} - 2\ln 2 - \frac{4\pi\sqrt{3}}{3} = \frac{2\pi\sqrt{3}}{3} - 2\ln 2 \approx 2.2413\ldots$$

---

* Lineare Substitution: $u = x/\sqrt{3},\ du/dx = 1/\sqrt{3} \rightsquigarrow dx = \sqrt{3}\,du$:

$$4\int \frac{1}{1 + (x/\sqrt{3})^2} \, dx = 4\sqrt{3}\int \frac{1}{1 + u^2} \, du = 4\sqrt{3}\arctan u = 4\sqrt{3}\arctan(x/\sqrt{3}) + C, C \in \mathbb{R}$$

18.10 Näherungsweise Integration mit Potenzreihe

Bestimmen Sie mittels Potenzreihenentwicklung des Integranden einen Näherungswert für das Integral

$$\int_0^1 \frac{\sin x}{x}\, dx.$$

Wie viele Summanden der Reihe sind notwendig, damit die Näherung bis auf 5 Nachkommastellen genau ist?

Lösungsskizze

$\lim\limits_{x \to 0+} \sin x / x = 1$ (vgl. Aufg. 13.7) $\rightsquigarrow$ Integral existiert für stetige Fortsetzung.

- Potenzeihenentwicklung des Integranden:

$$\frac{\sin x}{x} = \frac{1}{x}\left(x - x^3/3! + x^5/5! - x^7/7! + x^9/9! + \mathcal{O}(x^{11})\right)$$
$$= 1 - x^2/6 + x^4/120 - x^6/7! + x^8/9! + \mathcal{O}(x^{10})$$

- Näherungsformel:

$$\int \frac{\sin x}{x}\, dx = \int 1 - \frac{x^2}{6} + \frac{1}{120}x^4 - \frac{1}{7!}x^6 + \frac{1}{9!}x^8 + \mathcal{O}(x^{10})\, dx$$

$$= x - \frac{1}{3 \cdot 6}x^3 + \frac{1}{5 \cdot 5!}x^5 - \frac{1}{7 \cdot 7!}x^7 + \frac{1}{9 \cdot 9!}x^9 + \mathcal{O}(x^{11})$$

$$= x - \frac{1}{18}x^3 + \frac{1}{600}x^5 - \frac{1}{35\,280}x^7 + \frac{1}{3\,265\,920}x^9 + \mathcal{O}(x^{11})$$

$$\rightsquigarrow F(x) = \sum_{k=0}^{\infty} (-1)^k a_k x^{2k+1} \text{ mit } a_k = \frac{1}{(2k+1) \cdot (2k+1)!}$$

$\implies F(0) = 0$, $F(1) = \sum_{k=0}^{\infty}(-1)^k a_k$ alternierende Reihe, mit monoton fallender Nullfolge a_k:

$$\text{Leibniz-Kriterium} \implies \left| \sum_{k=0}^{n}(-1)^k a_k - F(1) \right| < |a_{n+1}|$$

$$|a_{n+1}| = \frac{1}{(2(n+1)+1) \cdot (2(n+1)+1)!} = \frac{1}{(2n+3) \cdot (2n+3)!} \overset{!}{<} 10^{-6}$$

$$\Longleftrightarrow (2n+3) \cdot (2n+3)! > 10^6$$

$\rightsquigarrow n$ durch Probieren: $8 \cdot 8! < 10^6 \text{ \textlightning}$; $9 \cdot 9! > 10^6 \implies n = 3$ ✓

$\rightsquigarrow 4$ Summanden, Näherungswert mit 5 richtigen Nachkommastellen:

$$\int_0^1 \frac{\sin}{x}\, dx \approx \left[x - \frac{1}{18}x^3 + \frac{1}{600}x^5 - \frac{1}{35\,280}x^7 \right]_0^1 = 1 - \frac{1}{18} + \frac{1}{600} - \frac{1}{35\,280}$$

$$= 0.9460827664\ldots \text{ (exakter Wert: } 0.9460830704\ldots)$$

18.11   Länge von Parabelstück ⋆

Berechnen Sie die Länge des Parabelsegments von $p : x \mapsto x^2$, $x \in [0, 1]$. Nutzen Sie bei der Integration eine geeignete hyperbolische Substitution.

Lösungsskizze

$$y = p(x) = x^2;\ p'(x) = 2x,\ a = 0, b = 1 \overset{*}{\leadsto} \ell(G_p) = \int_0^1 \sqrt{1 + 4x^2}\, dx$$

Substitution: $x(u) = 1/2 \cdot \sinh u \implies \dfrac{dx(u)}{du} = 1/2 \cdot \cosh u \implies dx = 1/2 \cdot \cosh u$

$$\int \sqrt{1 + 4x^2}\, dx = \frac{1}{2} \int \sqrt{1 + \sinh^2 u} \cdot \cosh u\, du = \frac{1}{2} \int \sqrt{\cosh^2 u} \cdot \cosh u\, du$$

$$= \frac{1}{2} \int |\cosh u| \cosh u\, du = \frac{1}{2} \int \cosh^2 u\, du$$

Partielle Integration: $(\sinh u)' = \cosh u; (\cosh u)' = \sinh u; \cosh^2 u - \sinh^2 = 1$:

$$\int \cosh^2 u\, du = \int (\sinh u)' \cosh u\, du = \sinh u \cosh u - \int \sinh^2 u\, du$$

$$= \sinh u \cosh u - \int \cosh^2 u - 1\, du = \sinh u \cosh u - \int \cosh^2 u\, du + u$$

$$\implies \frac{1}{2} \int \cosh^2 u\, du = \frac{1}{4} (\sinh u \cosh u + u)$$

Rücksubstitution: $u = \operatorname{arsinh}(2x) \overset{**}{=} \ln(2x + \sqrt{4x^2 + 1}) \leadsto$

$$\int \sqrt{1 + 4x^2}\, dx = (\sinh u \cosh u + u)/4$$

$$= (\sinh(\operatorname{arsinh}(2x)) \cosh(\operatorname{arsinh}(2x)) + \operatorname{arsinh}(2x))/4$$

$$= \left(2x\sqrt{1 + \sinh^2(\operatorname{arsinh}(2x))} + \operatorname{arsinh}(2x)\right)/4$$

$$= \left(2x\sqrt{1 + 4x^2} + \ln(2x + \sqrt{4x^2 + 1})\right)/4$$

$$\implies \int \sqrt{1 + 4x^2}\, dx = x/2 \cdot \sqrt{1 + 4x^2} + \ln(2x + \sqrt{4x^2 + 1})/4 + C, \quad C \in \mathbb{R}$$

$$\ell(G_p) = \int_0^1 \sqrt{1 + 4x^2}\, dx = \left[x/2\sqrt{1 + 4x^2} + \ln(2x + \sqrt{4x^2 + 1})/4\right]_0^1$$

$$= \sqrt{5}/2 + \ln(2 + \sqrt{5})/4 (\approx 1.478942857)$$

---

* Die Länge $\ell(G_f)$ des Graphs einer Funktion $f : [a, b] \longrightarrow \mathbb{R}$ lässt sich mit der Formel

$$\ell(G_f) = \int_a^b \sqrt{1 + [f'(x)]^2}\, dx$$

bestimmen.

** Es gilt (vgl. Aufg. 11.5): $\operatorname{arsinh} x = \ln(x + \sqrt{x^2 + 1})$.

18.12 Checkliste: Die Kunst der Integration

Von einigen elementaren Funktionen kennen wir die dazugehörigen Stammfunktionen. Wie findet man aber z.B. eine Stammfunktion von zusammengesetzten Funktionen, z.B. von

$$x \cdot \ln x, \quad \sqrt{3 + 2x}, \quad \exp\left(\sqrt{x}\right), \quad \frac{\sin x}{x}?$$

In der Differentialrechnung lassen sich z.B. mit den Ableitungsregeln einfach Ableitungen von zusammengesetzten elementaren Funktionen bestimmen.

Bei der Integration gilt eine entsprechende Aussage im Allgemeinen nicht, d.h., es gibt keine allgemeingültigen Regeln, mit denen sich immer eine Stammfunktion bestimmen lässt. Es ist sogar nicht einmal klar, ob eine Stammfunktion überhaupt durch elementare Funktionen geschlossen ausdrückbar ist.[1]

Ein prominentes Beispiel hierfür ist die sog. *Dichte der Normalverteilung*, die in der Wahrscheinlichkeitsrechnung und Statistik eine wichtige Rolle spielt:

$$\varphi(x) = \exp(-x^2/2).$$

Das unbestimmte Integral von φ über einem Intervall existiert auf jeden Fall, da φ auf ganz $\mathbb{R}$ stetig ist. Liouville[2] konnte aber 1833 zeigen, dass die Stammfunktion nicht geschlossen durch elementare Funktionen ausgedrückt werden kann[3].

Im Folgenden sehen wir uns aber zwei Methoden an, mit denen man bei manchen Funktionen doch eine elementare Stammfunktion „per Hand" finden kann. Man spricht an dieser Stelle auch von der *Kunst des Integrierens*.

---

[1]„Kann geschlossen durch elementare Funktionen ausgedrückt werden" bedeutet, dass die Stammfunktion durch eine endliche Kompositionen von elementaren Funktionen alleine beschrieben werden kann. Dieser Begriff ist somit ein wenig schwammig, da z.B. die Sinusfunktion streng genommen auch nicht geschlossen ausgedrückt werden kann, obwohl sie gemeinhin als elementar gilt (Stichwort: Potenzreihendarstellung des Sinus). Es kommt eben darauf an, was als elementare Funktion vereinbart wird. In der Regel werden Polynome (rationale Funktionen), gebrochenrationale Funktionen, Wurzeln, die Exponential- und Logarithmusfunktionen sowie die trigonometrischen Funktionen und Arkusfunktionen als elementar bezeichnet. Genaueres zu der Thematik zeigt Ihnen z.B. Prof. Dr. Edmund Weitz von der HAW Hamburg in seinem YouTube-Video *Warum man manche Funktionen nicht integrieren kann* [64].

[2]Joseph Liouville (1809–1892), französischer Mathematiker.

[3]Die Stammfunktion von φ lässt sich aber z.B. durch eine Potenzreihe darstellen.

18.12.1 Partielle Integration

Für zwei differenzierbare Funktionen f, g gilt nach der Produktregel:

$$(f(x) \cdot g(x))' = f'(x)g(x) + f(x)g'(x)$$

Anders ausgedrückt ist $f \cdot g$ eine Stammfunktion von $f'g + fg'$.

Aus dem Hauptsatz der Differential- und Integralrechnung folgt:

$$\int_a^b f(x)g'(x) + f'(x)g(x)\, dx = [f(x)g(x)]_a^b$$

Zusammengefasst erhalten wir die Regel der *partiellen Integration:*

Partielle Integration

Sind $f, g : [a, b] \longrightarrow \mathbb{R}$ differenzierbare Funktionen mit stetiger Ableitung, dann gilt:

$$\int_a^b f(x)g'(x)\, dx = [f(x)g(x)]_a^b - \int_a^b f'(x)g(x)\, dx$$

Bemerkung 1: Version für unbestimmte Integrale:

$$\int f(x)g'(x)\, dx = f(x)g(x) - \int f'(x)g(x)\, dx$$

Bemerkung 2: Die Partielle Integration ist immer dann sinnvoll, wenn man zu g' eine Stammfunktion angeben kann und das Integral $\int f'(x)g(x)\, dx$ die ursprüngliche Berechnung vereinfacht.

18.12.2 Integration durch Substitution

Praktische Substitution

Die (nicht nur) bei Praktikern beliebte und angewandte Substitutionsmethode erlernt man am besten anhand von vielen Beispielen.

Exemplarisch bestimmen wir damit das unbestimmte Integral $\int \sqrt{3 + 2x}\, dx$.

Dazu substituieren wir den störenden Term $u = u(x) = 3 + 2x$ und berechnen

$$u'(x) = \frac{du(x)}{dx} = 2.$$

Lösen wir formal den Differentialquotienten du/dx nach dx auf, so erhalten wir $dx = du/2$. Eingesetzt ergibt das:

$$\int \sqrt{3+2x}\,dx = \int \sqrt{u}\, \frac{du}{2} = 1/2 \int u^{1/2}\,du = \frac{1}{\cancel{2}} \cdot \frac{\cancel{2}}{3} \cdot u^{3/2} + C$$

$$= \frac{1}{3}\sqrt{(3+2x)^3} + C, \, C \in \mathbb{R}$$

Probe: $\left(\frac{1}{3}\sqrt{(3+2x)^3}\right)' = \frac{1}{\cancel{3}} \cdot \frac{\cancel{3}}{\cancel{2}}(3+2x)^{3/2-1} \cdot \cancel{2} = \sqrt{3+2x}$ ✓

Wo liegt das Problem? Der Differentialquotient du/dx ist kein Bruch, wird aber hier formal wie einer behandelt.

Eine Erklärung, warum dies hier trotzdem funktioniert, liefert z.B. die sog. *Theorie der Differentialformen*. Diese übersteigt an dieser Stelle allerdings ein wenig unsere Möglichkeiten.

Für praktische Rechnungen ist diese Form der Substitution aber auf jeden Fall die Methode der Wahl, die durch eine Probe in gewisser Weise auch gerechtfertigt werden kann.

Im folgenden Abschnitt *Subsitutionsregeln* habe ich noch die eigentlichen Substitutionsregeln, die man aus der Kettenregel der Differentialrechnung gewinnt, mit aufgenommen.

Falls Sie interessiert, wie man ohne das unbegründete Rechnen mit Differentialen korrekt substituiert, schauen Sie doch mal rein.

Substitutionsregeln

Aus der Kettenregel der Differentialrechnung lässt sich eine weitere Methode zur Integration gewinnen. Betrachten wir differenzierbare Funktionen F, g mit $F' = f$, so folgt aus der Kettenregel:

$$\frac{d}{dt}F(g(t)) = f(g(t)) \cdot g'(t)$$

Das heißt, $F(g(t))$ ist eine Stammfunktion von $f(g(t)) \cdot g'(t)$. Mit der Substitution $x = g(t)$ und weil F eine Stammfunktion von f ist, folgt:

Substitutionsregel 1. Version

$$\int f(g(t)) \cdot g'(t)dt = F(x) + C = \int f(x)dx$$

Entsprechend zeigt man

$$\int_{\alpha}^{\beta} f(g(t)) \cdot g'(t)dt = F(g(\beta)) - F(g(\alpha)) = \int_{g(\alpha)}^{g(\beta)} f(x)dx$$

für bestimmte Integrale.

Bemerkung: Diese Regel ist immer praktisch, wenn man schon einen Integranden der Form $f(g(t))g'(t)$ erkennt.

Häufig kommt der Fall vor, dass man einen störenden Term des Integranden substituieren möchte. Ist g aus der 1. Substitutionsregel streng monoton ($\Longrightarrow$ umkehrbar), so setzen wir $g^{-1}(t) = x$ ein und erhalten:

$$\int f(x)\,dx = \int f(g(t))g'(t)\,dt \quad \text{mit } t = g^{-1}(x)$$

Für bestimmte Integrale muss g nicht unbedingt streng monoton sein, dafür muss aber zumindest $a = g(\alpha), b = g(\beta)$ und $g(D_g) \subseteq D_f$ erfüllt sein.

Mit $F' = f$ sind $F(x)$ und $F(g(t))$ Stammfunktionen von f bzw. $f(g)g'$, daraus folgt

$$[F(x)]_a^b = [F(g(t))]_\beta^\alpha \quad \text{bzw.} \quad \int_a^b f(x)\,dx = \int_\alpha^\beta f(g(t))g'(t).$$

Zusammengefasst:

Substitutionsregel 2. Version

Ist $g(t) = x$ differenzierbar und streng monoton, dann ist

$$\boxed{\int f(x)dx = \int f(g(t)) \cdot g'(t)dt \quad \text{mit } t = g^{-1}(x).}$$

Mit $a = g(\alpha)$, $b = g(\beta)$ ist

$$\boxed{\int_a^b f(x)dx = \int_\beta^\alpha f(g(t)) \cdot g'(t)dt}$$

für bestimmte Integrale und g nicht notwendigerweise streng monoton.

---

19 Komplexe Zahlen

Übersicht

© Springer-Verlag GmbH Deutschland, ein Teil von Springer Nature 2021
A. Keller, *Aufgaben und Lösungen zur Mathematik für den Studienstart*,
https://doi.org/10.1007/978-3-662-63628-2_19

19.1   Rechnen mit komplexen Zahlen

Gegeben sind die komplexen Zahlen $z = 1 + 2\mathrm{i}$ und $w = 3 - \mathrm{i}$. Berechnen Sie:

a) $\operatorname{Re}(z + w)$ b) $z \cdot \overline{w}$ c) z^{-1} d) $\dfrac{z}{\overline{w}}$ e) $|z - w|$ f) $z^2 + w^{-2}$

Lösungsskizze

a) $z + w = 1 + 2\mathrm{i} + 3 - \mathrm{i} = 4 + \mathrm{i} \rightsquigarrow \operatorname{Re}(z + w) = 4$

b) $\overline{w} = 3 - (-\mathrm{i}) = 3 + \mathrm{i} \rightsquigarrow$

$$z \cdot \overline{w} = (1 + 2\mathrm{i}) \cdot (3 + \mathrm{i}) = 3 + \mathrm{i} + 6\mathrm{i} + 2 \overbrace{\mathrm{i}^2}^{=-1} = 3 - 2 + (6 + 1)\mathrm{i} = 1 + 7\mathrm{i}$$

c) $\overline{z} = 1 - 2\mathrm{i} \rightsquigarrow z \cdot \overline{z} = (\operatorname{Re} z)^2 + (\operatorname{Im} z)^2 = 1 + 2^2 = 5$

$$z^{-1} = \frac{\overline{z}}{z\overline{z}} = \frac{1 - 2\mathrm{i}}{5} = \frac{1}{5} - \frac{2}{5}\mathrm{i}$$

Probe: $z \cdot z^{-1} = (1 + 2\mathrm{i}) \cdot (1/5 - 2/5\mathrm{i}) = 1/5 - 2/5\mathrm{i} + 2/5\mathrm{i} - 4/5\mathrm{i}^2$

$$= 1/5 + 4/5 = 1 \checkmark$$

d) $\dfrac{z}{\overline{w}} = z \cdot \overline{w}^{-1} \rightsquigarrow$

$$\overline{w}^{-1} = \frac{\overline{\overline{w}}}{\overline{w}\,\overline{\overline{w}}} = \frac{w}{\overline{w}w} = \frac{3 - \mathrm{i}}{(\operatorname{Re} w)^2 + (\operatorname{Im} w)^2} = \frac{3 - \mathrm{i}}{3^2 + 1^2} = (3 - \mathrm{i})/10$$

$$\implies z \cdot w^{-1} = \frac{z \cdot w}{10} = (1 + 2\mathrm{i})(3 - \mathrm{i})/10 = (3 - \mathrm{i} + 6\mathrm{i} - 2\mathrm{i}^2)/10$$

$$= (5 + 5\mathrm{i})/10 = 1/2 + \mathrm{i}/2$$

e) $u := z - w = 1 + 2\mathrm{i} - (3 - \mathrm{i}) = -2 + 3\mathrm{i}$

$$|z - w| = |u| = \sqrt{u\overline{u}} = \sqrt{(\operatorname{Re} u)^2 + (\operatorname{Im} u)^2} = \sqrt{(-2)^2 + 3^2} = \sqrt{13}$$

f) $z^2 = (1 + 2\mathrm{i})^2 = 1 + 2\mathrm{i} + 2\mathrm{i} + 4\mathrm{i}^2 = -3 + 4\mathrm{i}$; $w^{-2} = (w^{-1})^2 \rightsquigarrow$

$$w^{-1} = \frac{\overline{w}}{w\overline{w}} = (3 + \mathrm{i})/10 = (3 + \mathrm{i})/10 \, *$$

Damit: $(w^{-1})^2 = \dfrac{1}{100}(3 + \mathrm{i})^2 = \dfrac{1}{100}(9 + 6\mathrm{i} + \mathrm{i}^2) = \dfrac{1}{100}(8 + 6\mathrm{i}) = \dfrac{2}{25} + \dfrac{3}{50}\mathrm{i}$

$$\implies z^2 + w^{-2} = -3 + 4\mathrm{i} + \frac{2}{25} + \frac{3}{50}\mathrm{i} = \frac{-75 + 2}{25} + \frac{200 + 3}{50} + \frac{3}{50}\mathrm{i} = -\frac{73}{25} + \frac{203}{50}\mathrm{i}$$

$*$ Allgemein gilt für beliebiges $z \in \mathbb{C}: \overline{z}^{-1} = \overline{z^{-1}} \implies \overline{\overline{z}^{-1}} = z^{-1}$.

Mit d) erhalten wir dann alternativ: $w^{-1} = \overline{\overline{w}^{-1}} = \overline{\frac{1}{10}(3 - \mathrm{i})} = \frac{1}{10}(3 + \mathrm{i})$. $\checkmark$

19.2 Real- und Imaginärteil, Argument und Betrag

Bestimmen Sie von folgenden komplexen Zahlen den Realteil, Imaginärteil, das Argument und den Betrag:

a) $z = 3 + 4\mathrm{i}$ b) $z = \sqrt{2} \cdot \mathrm{e}^{\mathrm{i}\pi/3}$ c) $z = \left(\dfrac{1+\mathrm{i}}{1-\mathrm{i}}\right)^{17^{12}+2}$ d) $z = (2+\mathrm{i}) \cdot \mathrm{e}^{\mathrm{i}3\pi/4}$

Lösungsskizze

a) $\operatorname{Re} z = 3$; $\operatorname{Im} z = 4$; $|z| = \sqrt{3^2 + 4^2} = \sqrt{25} = 5$, $\arg z = \arctan(4/3) \approx 0.9273$

b) Polarkoordinatenform $\leadsto$ $|z| = \sqrt{2}$, $\arg z = \pi/3$

Kartesische Form via Euler'scher Formel: $\boxed{\mathrm{e}^{\mathrm{i}x} = \cos x + \mathrm{i}\sin x,\ x \in \mathbb{R}}$

$$\mathrm{e}^{\mathrm{i}\pi/3} = \cos(\pi/3) + \mathrm{i}\sin(\pi/3) = 1/2 + \mathrm{i}\sqrt{3}/2 \leadsto z = \sqrt{2}/2 + \mathrm{i}\sqrt{6}/2$$

$$\implies \operatorname{Re} z = \sqrt{2}/2;\ \operatorname{Im} z = \sqrt{6}/2$$

c) Umformen des Ausdrucks in der Klammer $\leadsto$

$$\frac{1+\mathrm{i}}{1-\mathrm{i}} = (1+\mathrm{i}) \cdot \frac{1}{2}(1+\mathrm{i}) = \frac{1}{2}(1 + \mathrm{i} + \mathrm{i} + \mathrm{i}^2) = \frac{1}{2}(2\mathrm{i}) = \mathrm{i}$$

Es gilt $\boxed{\mathrm{i}^k = \mathrm{i}^{k\,(\mathrm{mod}\,4)},\ k \in \mathbb{Z}}$ $\leadsto$ $17^{12} + 2 \equiv 1^{12} + 2\,(\mathrm{mod}\,4) = 3$ (vgl. Aufg. 3.4)

$\leadsto z = \mathrm{i}^{17^{12}+2} = \mathrm{i}^3 = -\mathrm{i} \implies \operatorname{Re} z = 0$; $\operatorname{Im} z = 1$; $|z| = -1$; $\arg z = 3\pi/2$

d) Umwandlung von $w := 2 + \mathrm{i}$ in Polarkoordinaten (vgl. Aufg. 19.3):

$$|w| = \sqrt{2^2 + 1} = \sqrt{5};\ \varphi := \arg w = \arctan(1/2) \leadsto w = \sqrt{5} \cdot \mathrm{e}^{\mathrm{i}\varphi}$$

$$z = \sqrt{5} \cdot \mathrm{e}^{\mathrm{i}\varphi} \cdot \mathrm{e}^{\mathrm{i}3\pi/4} = \sqrt{5}\mathrm{e}^{\mathrm{i}\varphi + \mathrm{i}3\pi/4} = \sqrt{5}\mathrm{e}^{\mathrm{i}(\varphi + 3\pi/4)}$$

$\leadsto |z| = \sqrt{5}$, $\arg z = \varphi + 3\pi/4 = \arctan(1/2) + 3\pi/4 \approx 2.8198$

$$\implies \operatorname{Re} z = \sqrt{5}\cos(\arg z) \approx -2.1213,\ \operatorname{Im} z = \sqrt{5}\sin(\arg z) \approx 0.7071$$

Alternative: Euler (vgl. b)

$$\mathrm{e}^{\mathrm{i}3\pi/4} = \cos(3\pi/4) + \mathrm{i}\sin(3\pi/4) = -\sqrt{2}/2 + \mathrm{i}\sqrt{2}/2$$

$\leadsto z = \sqrt{2}/2 \cdot (2+\mathrm{i}) \cdot (-1+\mathrm{i}) = \sqrt{2}/2 \cdot (-2 + 2\mathrm{i} - \mathrm{i} + \mathrm{i}^2) = \sqrt{2}/2 \cdot (-3 + \mathrm{i})$

$\implies \operatorname{Re} z = -3\sqrt{2}/2 \approx -2.1213\checkmark$, $\operatorname{Im} z = \sqrt{2}/2 \approx 0.7071\checkmark$

und $|z| = \sqrt{(-3\sqrt{2}/2)^2 + (\sqrt{2}/2)^2} = \sqrt{9/2 + 1/2} = \sqrt{5}\checkmark$

$$\arg z = \arctan(\underbrace{\frac{\sqrt{2}/2}{-3\sqrt{2}/2} + \pi}_{+\pi,\,\mathrm{da\ Re}z<0}) = \underbrace{\arctan(-1/3) + \pi}_{-\arctan(1/3)+\pi} \approx 2.8198\checkmark$$

19.3 Komplexe Zahlen in Polarkoordinatendarstellung

Bestimmen Sie die Polarkoordinatendarstellung von den folgenden komplexen Zahlen:

a) $z = 1 - i$ b) $z = 2i$ c) $z = -\pi$

d) $z = 3 + \sqrt{3}i$ e) $z = \dfrac{1 - 2i}{3 + 4i}$ f) $z = \left(\dfrac{\sqrt{2}}{2} + \dfrac{\sqrt{2}}{2}i \right)^{2021}$

Lösungsskizze

Allgemein: $z = a + ib \in \mathbb{C} \rightsquigarrow$ Polarkoordinatendarstellung $z = |z| \cdot e^{i \cdot \arg z}$

a) $\operatorname{Re} z = 1; \operatorname{Im} z = -1 \rightsquigarrow |z| = \sqrt{1^2 + (-1)^2} = \sqrt{2}$

$$\varphi = \arg z = \arctan(1/-1) = \arctan(-1) = -\pi/4 \rightsquigarrow z = \sqrt{2} \cdot e^{-i\pi/4}$$

b) $\operatorname{Re} z = 0; \operatorname{Im} z = 2 \rightsquigarrow |z| = \sqrt{2^2} = 2$

$$\operatorname{Im} z = 2 > 0 \rightsquigarrow \varphi = \arg z = \pi/2 \rightsquigarrow z = 2 \cdot e^{i\pi/2}$$

c) $\operatorname{Re} z = -\pi; \operatorname{Im} z = 0 \rightsquigarrow |z| = \sqrt{(-\pi)^2} = \pi$

$$\implies \varphi = \arg z = \overbrace{\arctan(0/-\pi) + \pi}^{+\pi, \, \text{da } \operatorname{Re} z < 0, \, \operatorname{Im} z = 0} = 0 + \pi = \pi \rightsquigarrow z = \pi \cdot e^{i\pi}$$

d) $\operatorname{Re} z = 3; \operatorname{Im} z = \sqrt{3} \rightsquigarrow |z| = \sqrt{3^2 + (\sqrt{3})^2} = \sqrt{9 + 3} = \sqrt{4 \cdot 3} = 2\sqrt{3}$

$$\varphi = \arg z = \arctan\left(\sqrt{3}/3\right) = \pi/6 \rightsquigarrow z = 2\sqrt{3} \cdot e^{i\pi/6}$$

e) $z = \dfrac{1 - 2i}{3 + 4i} = \dfrac{1 - 2i}{3 + 4i} \cdot \dfrac{3 - 4i}{3 - 4i} = \dfrac{1}{25}\left(3 - 4i - 6i + 8i^2\right) = \dfrac{-5 - 10i}{25} = -\dfrac{1}{5} - \dfrac{2}{5}i$

$$\implies \operatorname{Re} z = -1/5; \operatorname{Im} z = -2/5 \rightsquigarrow |z| = \sqrt{(1/5)^2 + (2/5)^2} = \sqrt{5/25} = \sqrt{5}/5$$

$$\arg z = \overbrace{\arctan\left(\dfrac{-2/5}{-1/5}\right) - \pi}^{-\pi \, \text{da } \operatorname{Re} z \, \& \, \operatorname{Im} z < 0} = \arctan(2) - \pi \rightsquigarrow z = \sqrt{5}/5 \cdot e^{\overbrace{i\,(\arctan(2) - \pi)}^{\approx -2.034443936}}$$

f) $w := \sqrt{2}/2 + \sqrt{2}i/2 \rightsquigarrow |w| = \sqrt{2(\sqrt{2}/2)^2} = \sqrt{4/4} = 1;$

$$\arg w = \arctan((\sqrt{2}/2)/(\sqrt{2}/2)) = \arctan(1) = \pi/4 \rightsquigarrow$$

$$z = w^{2021} = \left(1 \cdot e^{i\pi/4}\right)^{2021} = 1^{2021} \cdot e^{i2021\pi/4} = e^{i2021\pi/4} = e^{i5\pi/4}$$

19.4 Geraden und Kreise in der komplexen Ebene

Skizzieren Sie in der Gauß'schen Zahlenebene die Menge $\mathcal{M}$ aller $z \in \mathbb{C}$ mit:

a) $(1 - \mathrm{i})z + (1 + \mathrm{i})\overline{z} + 2 = 0$ b) $|z + 1| > 2$ c) $1 < |z - 1 - \mathrm{i}| \leq 2$

Lösungsskizze

> Allgemein: Die Menge $\{(x, y) \in \mathbb{R}^2 \mid (x - x_0)^2 + (y - y_0) = r^2, r \geq 0\}$ beschreibt einen Kreis(rand) mit Mittelpunkt (x_0, y_0) und Radius r im $\mathbb{R}^2$.

a) Setze $z = x + \mathrm{i}y$:

$$
\begin{aligned}
(1 - \mathrm{i})z + (1 + \mathrm{i})\overline{z} &= (1 - \mathrm{i})(x + \mathrm{i}y) + (1 + \mathrm{i})(x - \mathrm{i}y) \\
&= x + \mathrm{i}y - \mathrm{i}x - \mathrm{i}^2 y + x - \mathrm{i}y + \mathrm{i}x - \mathrm{i}^2 y \\
&= 2x + 2y
\end{aligned}
$$

$\rightsquigarrow 2x + 2y + 2 = 0 \Longleftrightarrow y = -x - 1$, lineare Gleichung $\Longrightarrow$

Alle $z \in \mathbb{C}$ mit $(1 - \mathrm{i})z + (1 + \mathrm{i})\overline{z} + 2 = 0$
liegen auf dem Graph von $x \mapsto -x - 1$.*

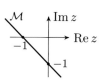

b) $|z + 1| = |x + \mathrm{i}y - 1| = (x - 1)^2 + y^2$

$\mathcal{M} \widehat{=}$ Kreisäußeres vom
Kreis mit Mittelpunkt $(-1, 0)$
und Radius $\sqrt{2}$

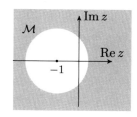

c) $|z - 1 - \mathrm{i}| = |x + \mathrm{i}y - 1 - \mathrm{i}| = |x - 1 + \mathrm{i}(y - 1)| = (x - 1)^2 + (y - 1)^2$

$$\rightsquigarrow 3 < (x - 1)^2 + (y - 1)^2 \leq 5$$

$\mathcal{M} \widehat{=}$ Kreisring mit Radien $\sqrt{3}$ und $\sqrt{5}$
um den Mittelpunkt $(1, 1)$ mit
äußerem aber ohne inneren Rand

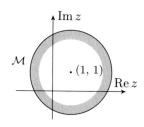

> * Dies gilt auch allgemein: Die Menge
>
> $$\{z \in \mathbb{C} \mid \overline{w}z + w\overline{z} + c = 0, w \in \mathbb{C} \setminus \{0\}, c \in \mathbb{R}\}$$
>
> stellt stets eine Gerade in der Gauß'schen Zahlenebene dar.

19.5   Mengen in der Gauß'schen Zahlenebene

Skizzieren Sie in der Gauß'schen Zahlenebene die Menge $\mathcal{M}$ aller $z \in \mathbb{C}$ mit:

a) $\operatorname{Im} z^2 < 2$ b) $\operatorname{Re} z^{-1} > \dfrac{1}{2}$ c) $\operatorname{Re} z > 2 \operatorname{Im} z$ d) $|z| < 2 + \operatorname{Re} z$

Lösungsskizze

a) $z^2 = (x + iy)^2 = x^2 + 2ixy + (iy)^2 = x^2 - y^2 + i2xy \rightsquigarrow \operatorname{Im} z^2 = 2xy$

$$2xy \overset{!}{<} 2 \iff xy < 1 \iff \begin{cases} y < 1/x & \text{für } x > 0 \\ y > 1/x & \text{für } x < 0 \end{cases} \rightsquigarrow$$

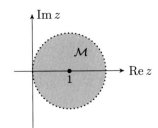

b) $z^{-1} = \dfrac{\overline{z}}{z\overline{z}} = \dfrac{1}{x^2 + y^2}(x - iy) \rightsquigarrow \operatorname{Re} z^{-1} = \dfrac{x}{x^2 + y^2}$

$$\frac{x}{x^2 + y^2} \overset{!}{>} \frac{1}{2} \iff 2x > x^2 + y^2 \iff x^2 - 2x + y^2 < 0$$

$$\iff (x-1)^2 - 1 + y^2 < 0 \mid \text{quadratische Ergänzung}$$

$$\iff (x-1)^2 + y^2 < 1$$

$\mathcal{M} \,\hat{=}\,$ Kreisinneres des Kreises

um $(1,0)$ mit Radius 1

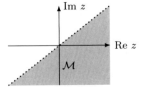

c) $\operatorname{Re} z \overset{!}{>} 2 \operatorname{Im} z \iff x > 2y \iff y < x/2 \rightsquigarrow$

$\mathcal{M} \,\hat{=}\,$ Halbebene unterhalb der Geraden $x \mapsto x/2$

d) $|z| < 2 + \operatorname{Re} z \iff \sqrt{x^2 + y^2} < 2 + x$

$$\iff \cancel{x^2} + y^2 < \cancel{x^2} + 4x + 4$$

$$\iff y^2 - 4 < 4x$$

$$\iff y^2/4 - 1 < x$$

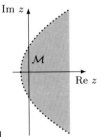

$\mathcal{M} \,\hat{=}\,$ Gebiet zwischen den Parabelästen von $y \mapsto y^2/4 - 1$

19.6 Komplexe Wurzeln

Bestimmen Sie sämtliche Lösungen $z \in \mathbb{C}$ von:

$$\text{a)} \quad z^3 - 2 = 0 \qquad\qquad \text{b)} \quad z^5 + i = 1$$

Skizzieren Sie diese in der Gauß'schen Zahlenebene.

Lösungsskizze

a) $z^3 - 2 = 0 \Longleftrightarrow z^3 = 2 \Longleftrightarrow z = \sqrt[3]{2}$

$\rightsquigarrow$ Lösungen sind die komplexen dritten Wurzeln von $2 = 2 \cdot e^{i \cdot 0}$:

$$z_k = \sqrt[3]{2} \cdot \exp\left(i \frac{k \cdot 2\pi}{3}\right), \quad k = 0,\, 1,\, 2$$

z_0, z_1, z_2 liegen auf
Kreis mit Radius $\sqrt[3]{2}$ $\quad\rightsquigarrow \quad \begin{cases} z_0 = \sqrt[3]{2}, \\ z_1 = \sqrt[3]{2} \cdot e^{i \frac{2\pi}{3}} \\ z_2 = \sqrt[3]{2} \cdot e^{i \frac{4\pi}{3}} \end{cases}$

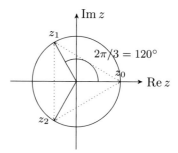

b) $z^5 + i = 1 \Longleftrightarrow z^5 = 1 - i \Longleftrightarrow z = \sqrt[5]{1 - i}$

Lösungen sind die komplexen fünften Wurzeln von $w := 1 - i$:

$\arg w = \arctan(-1) = -\pi/4 \,\widehat{=}\, 7\pi/4$; $|w| = \sqrt{2} \rightsquigarrow w = \sqrt{2} \cdot e^{i7\pi/4} \rightsquigarrow$

$$z_k = \underbrace{\sqrt[5]{\sqrt{2}}}_{=(2^{1/2})^{1/5} = 2^{1/10}} \exp\left(i\left(\frac{7\pi}{20} + \frac{2k\pi}{5}\right)\right) = z_0 \cdot \exp\left(i\frac{2k\pi}{5}\right), \quad k = 0, \ldots, 4$$

mit $z_0 = \sqrt[10]{2} \exp\left(i\frac{7\pi}{20}\right)$.

Alle z_k liegen auf Kreis mit Radius $\sqrt[10]{2}$. Beginnend bei z_0 mit Winkel $\arg(w)/5 = \frac{7\pi}{20}$ $(= 63°)$ erhalten wir alle übrigen Wurzeln z_1, z_2, z_3, z_4 durch sukzessive Drehung ($\widehat{=}$ Addition) um den Winkel $\varphi := \frac{2\pi}{5} = \frac{8\pi}{20}$ $(= 72°)$:

$$\rightsquigarrow \quad \begin{cases} z_1 = \sqrt[10]{2}\, e^{i3\pi/4} \\ z_2 = \sqrt[10]{2}\, e^{i23\pi/20} \\ z_3 = \sqrt[10]{2}\, e^{i31\pi/20} \\ z_4 = \sqrt[10]{2}\, e^{i39\pi/20} \end{cases}$$

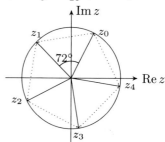

19.7   Quadratische Gleichung im Komplexen

Bestimmen Sie die Lösungen der quadratischen Gleichung

$$z^2 - 2z + 1 - 8\mathrm{i} = 0$$

mit und ohne Verwendung von Polarkoordinaten.

Lösungsskizze

Quadratische Lösungsformel ist auch im Komplexen gültig $\rightsquigarrow$

$$z_{1,2} = \frac{-(-2) \pm \sqrt{(-2)^2 - 4 \cdot 1 \cdot (1 - 8\mathrm{i})}}{2} = 1 \pm \frac{\sqrt{32\mathrm{i}}}{2}.$$

- Komplexe Wurzeln $w_{0,1}$ von $\sqrt{32\mathrm{i}}$ direkt, Ansatz: $\sqrt{32\mathrm{i}} \overset{!}{=} a + \mathrm{i}b$

$$\implies 32\mathrm{i} = (a + \mathrm{i}b)^2 = a^2 - b^2 + \mathrm{i}2ab$$

Vergleich von Real- und Imaginärteil $\rightsquigarrow$ reelles nichtlineares Gleichungssystem:

$$\begin{cases} \text{I.} & a^2 - b^2 = 0 \\ \text{II.} & 2ab = 32 \end{cases} \rightsquigarrow \text{aus II.: } b = 32/2a = 16/a, \text{ in II.: } \rightsquigarrow$$

$$a^2 - 16^2/a^2 = 0 \iff a^4 - 16^2 = 0 \iff a^4 = 16^2$$

$$\implies a_{1,2} = -4, a_{3,4} = 4 \text{ und } b_{1,2} = \pm 4, \text{ also}$$

$$w_0 = 4 + 4\mathrm{i} \text{ und } w_1 = -4 - 4\mathrm{i}$$

- Komplexe Wurzeln $w_{0,1}$ von $\sqrt{32\mathrm{i}}$ mit Polarkoordinaten: $32\mathrm{i} = 32\exp(\mathrm{i}\pi/2)$ $\frown$

$$\begin{aligned} w_0 &= \sqrt{32}\exp(\mathrm{i}\pi/4)\,\sqrt{2 \cdot 16}\,(\cos(\pi/4) + \mathrm{i}\sin(\pi/4)) \\ &= 4\sqrt{2}(\sqrt{2}/2 + \mathrm{i}\sqrt{2}/2) = 4 + 4\mathrm{i} \end{aligned}$$

$$\begin{aligned} w_1 &= \sqrt{32}\exp(\mathrm{i}(\pi/4 + \pi))\,\sqrt{2 \cdot 16}(\cos(5\pi/4) + \mathrm{i}\sin(5\pi/4)) \\ &= 4\sqrt{2}(-\sqrt{2}/2 - \mathrm{i}\sqrt{2}/2) = -4 - 4\mathrm{i} \end{aligned}$$

- Lösungen der quadratischen Gleichung

$$z_{1,2} = 1 \pm \frac{1}{2}w_{0,1} = 1 \pm \frac{1}{2}(\pm(4 + 4\mathrm{i})) = 1 \pm (-2 - 2\mathrm{i}) = \begin{cases} -1 - 2\mathrm{i} \\ 3 + 2\mathrm{i} \end{cases}$$

Probe: $(z + 1 + 2\mathrm{i})(z - 3 - 2\mathrm{i}) = z^2 - 3z - 2\mathrm{i}z + z - 3 - 2\mathrm{i} + 2\mathrm{i}z - 6\mathrm{i} - 4\mathrm{i}^2$
$$= z^2 - 2z + 1 - 8\mathrm{i} \checkmark$$

19.8 Komplexe Nullstellen eines reellen Polynoms

Bestimmen Sie sämtliche (komplexen) Nullstellen von

$$p(x) = -2x^3 - 11x^2 - 14x + 10$$

und geben Sie auch die reelle und komplexe Linearfaktorzerlegung von p an.

Lösungsskizze

p besitzt nur reelle Koeffizienten, ist somit ein reelles Polynom vom Grad 3.

$\rightsquigarrow$ p hat entweder genau drei reelle Nullstellen oder nur eine reelle und zwei zueinander konjugiert komplexe Nullstellen (Fundamentalsatz der Algebra).

Suche reelle Nullstelle durch Probieren (vgl. Abschn. 10.7.3) $\rightsquigarrow p(1/2) = 0.$ ✓

Polynomdivision:
$$\left(-2x^3 - 11x^2 - 14x + 10\right) \div \left(x - \tfrac{1}{2}\right) = -2x^2 - 12x - 20$$
$$\underline{2x^3 \quad - x^2}$$
$$-12x^2 - 14x$$
$$\underline{12x^2 - 6x}$$
$$-20x + 10$$
$$\underline{20x - 10}$$
$$0$$

$$-2x^2 - 12x - 20 = 0 \iff x^2 + 6x + 10 = 0$$

Lösungsformel $\rightsquigarrow x_{2,3} = \dfrac{-6 \pm \sqrt{36 - 4 \cdot 1 \cdot 10}}{2} = -3 \pm \dfrac{\sqrt{-4}}{2}$

$$= -3 \pm \dfrac{\sqrt{\mathrm{i}^2 4}}{2} = -3 \pm \dfrac{\sqrt{\mathrm{i}^2}\sqrt{4}}{2} = -3 \pm \mathrm{i}$$

$\rightsquigarrow -2x^2 - 12x - 20 = -2(x^2 + 6x + 10)$ ist reell nicht weiter zerlegbar $\implies$

- Reelle Linearfaktorzerlegung:

$$p(x) = -2 \cdot (x - 1/2)(x^2 + 6x + 10)$$

- Komplexe Linearfaktorzerlegung:

$$p(x) = -2 \cdot (x - 1/2) \cdot (x + 3 - \mathrm{i}) \cdot (x + 3 + \mathrm{i})$$

19.9   Nullstellen eines komplexen Polynoms

Von dem komplexe Polynom

$$p(z) = z^3 - (1-i)z^2 + (3+6i)z + 5 - i$$

ist die Nullstelle $z_1 = i$ bekannt. Bestimmen Sie die restlichen Nullstellen.

Lösungsskizze

Komplexe Polynomdivision:

$$
\begin{array}{l}
z^3 - (1-2i)z^2 + (3+6i)z + 5 + i \;\div\; (z-i) = z^2 - (1-2i)z + 1 + 5i\\
\underline{-\;(z^3 -\;\;\;\;iz^2\,)}\\
\qquad\quad (1-2i)z^2 \;+\; (3+6i)z\\
\qquad\underline{-\;\;\;((1-2i)z^2 \;+\; (2+i)z\,)}\\
\qquad\qquad\qquad\quad (1+5i)z + \;5 - i\\
\qquad\qquad\quad\underline{-\;\;((1+5i)z + \;5 - i\,)}\\
\qquad\qquad\qquad\qquad\qquad\qquad 0
\end{array}
$$

$z^2 - (1-2i)z + 1 + 5i \overset{!}{=} 0$, Mitternachtsformel $\rightsquigarrow$

$$
\begin{aligned}
z_{2,3} &= \frac{(1-2i) \pm \sqrt{(1-2i)^2 - 4\cdot(1+5i)}}{2} = \frac{1}{2}\left(1 + 2i \pm \sqrt{-3-4i-4-20i}\right)\\
&= \frac{1}{2}\left(1 + 2i \pm \sqrt{-7-24i}\right)
\end{aligned}
$$

Komplexe Wurzeln: $\sqrt{-7-24i}$: $-7-24i \overset{!}{=} a^2 - b^2 + 2iab \rightsquigarrow$ Gleichungssystem:

$$
\left.\begin{array}{ll}
\text{I.} & a^2 - b^2 = -7\\
\text{II.} & 2ab\;\;\;\;\; = -24
\end{array}\right\} \rightsquigarrow \text{ aus II.: } a = -24/2b = -12/b,
$$

in I.: $(-12/b)^2 - b^2 = -7 \Longleftrightarrow -144/b^2 - b^2 = 7 \Longleftrightarrow -b^4 + 7b^2 + 144 = 0$

Substitution: $u := b^2$ und Mitternachtsformel $\rightsquigarrow$

$$
-u^2 + 7u + 144 = 0 \rightsquigarrow u_{1,2} = \frac{-7 \pm \sqrt{7^2 - 4\cdot(-1)\cdot 144}}{-2} = \frac{-7 \pm 25}{-2} = \begin{cases} -9 \\ 16 \end{cases}
$$

Rücksubstitution: $b^2 = -9 \rightsquigarrow$ keine reelle Lösung

$$b^2 = 16 \rightsquigarrow b_{1,2} = \pm 4 \implies a_1 = -12/4 = -3,\; a_2 = -12/(-4) = 3$$

$$\rightsquigarrow \pm(-3+4i) \quad \text{sind die komplexen Wurzeln von} \quad \sqrt{-7-24i}$$

$$\implies z_{2,3} = \tfrac{1}{2}(1 + 2i \pm (-3+4i)) = \tfrac{1}{2}(1 \mp 3 + 2i \pm 4i) = \begin{cases} 2 - 3i \\ -1 + i \end{cases}$$

19.10 Umwandlung in Sinusschwingung ⋆

Stellen Sie die reelle harmonische Schwingungsfunktion

$$f(t) = 2\sin(t/2 - \pi/4) + \cos t/2$$

mit Hilfe komplexer Rechnung durch eine Sinusschwingung $t \mapsto \alpha\sin(\beta t + \gamma) + \delta$
mit $\alpha, \beta, \gamma, \delta \in \mathbb{R}$ dar.

Lösungsskizze

Durch *Komplexifizierung* lassen sich manchmal reelle Probleme einfacher im Komplexen behandeln. Grundlegende Idee: Formuliere reelles Problem als Realteil einer komplexen Größe und führe die Berechnung im Komplexen durch ⤳ der Realteil des komplexen Ergebnis ist reelle Lösung.

Beobachtung: $\alpha\cos(\beta t + \gamma) = \operatorname{Re}\alpha\left(\cos(\beta t + \gamma) + \mathrm{i}\sin(\beta t + \gamma)\right) = \operatorname{Re}\alpha e^{\mathrm{i}(\beta t + \gamma)}$

Darstellung des Sinusanteils als Kosinusschwingung:

$$2 \cdot \sin(t/2 - \pi/4) = 2 \cdot \cos(t/2 - \pi/4 - \pi/2) = 2 \cdot \cos(t/2 - \pi/4)$$

Komplexifizierung ⤳

$$
\begin{aligned}
2 \cdot \cos(t/2 - \pi/4) &= \operatorname{Re} 2\left(\cos(t/2 - \pi/4) + \mathrm{i}\sin(t/2 - \pi/4)\right) \\
&= \operatorname{Re} 2 e^{\mathrm{i}(t/2 - \pi/4)} = \operatorname{Re} 2 e^{-\mathrm{i}\pi/4} \cdot e^{t/2}
\end{aligned}
$$

und $\cos t/2 = \operatorname{Re}\left(\cos t/2 + \mathrm{i}\sin t/2\right) = \operatorname{Re} e^{\mathrm{i}t/2}$

$$
\begin{aligned}
\rightsquigarrow 2\sin(t/2 - \pi/4) + \cos t/2 &= \operatorname{Re} 2 \cdot e^{\mathrm{i}t/2} \cdot e^{-\mathrm{i}\pi/4} + e^{\mathrm{i}t/2} \\
&= \operatorname{Re} \underbrace{2 \cdot (e^{-\mathrm{i}\pi/4} + 1/2)}_{=:a} \cdot e^{\mathrm{i}t/2}
\end{aligned}
\tag{1}
$$

a in Polarkoordinaten: $a = 2\left(\cos(-\pi/4) + \mathrm{i}\sin(-\pi/4) + 1/2\right) = 1 - \sqrt{2} - \mathrm{i}\sqrt{2}$

$\rightsquigarrow a = |a|e^{\mathrm{i}\varphi}$ mit $|a| = \sqrt{(1 - \sqrt{2})^2 + (-\sqrt{2})^2} = \sqrt{5 - 2\sqrt{2}}$,

$$\varphi := \arg a = \arctan\left(\frac{-\sqrt{2}}{1 - \sqrt{2}}\right) - \pi \approx -1.8557$$

$$
\begin{aligned}
\rightsquigarrow \operatorname{Re} a \cdot e^{\mathrm{i}t/2} &= \operatorname{Re}|a|e^{\mathrm{i}\varphi} \cdot e^{\mathrm{i}t/2} = \operatorname{Re}|a|e^{\mathrm{i}(t/2 + \varphi)} \\
&= \operatorname{Re}|a|\left(\cos(t/2 + \varphi) + \mathrm{i}\sin(t/2 + \varphi)\right) = |a|\cos(t/2 + \varphi)
\end{aligned}
$$

$$\stackrel{(1)}{\Longrightarrow} 2\sin(t/2 - \pi/4) - \cos t/2 = |a|\cos(t/2 + \varphi) = \sqrt{5 - 2\sqrt{2}}\sin(t/2 + \varphi + \pi/2)$$

⤳ reine Sinusschwingung mit Amplitude $\alpha = \sqrt{5 - 2\sqrt{2}} \approx 1.4736$, $\beta = 1/2$ ⤳
Periode $2\pi/2 = \pi$, Phasenwinkel $\gamma = \varphi + \pi/2 \approx -0.2849$, $\delta = 0$

$$\Longrightarrow f(t) = \sqrt{5 - 2\sqrt{2}}\sin(t/2 + \varphi + \pi/2)$$

Teil III

Lineare Algebra

20 Vektorräume

Übersicht

© Springer-Verlag GmbH Deutschland, ein Teil von Springer Nature 2021
A. Keller, *Aufgaben und Lösungen zur Mathematik für den Studienstart*,
https://doi.org/10.1007/978-3-662-63628-2_20

20.1 Die Assoziativgesetze des $\mathbb{R}^n$

Überprüfen Sie im $\mathbb{R}^n, n \geq 1$ bzgl. der komponentenweise Addition und der Standard-Skalarmultiplikation die Gültigkeit der folgenden Vektorraumaxiome für alle $x, y, z \in \mathbb{R}^n$ und $\lambda, \mu \in \mathbb{R}$:

a) $(x + y) + z = x + (y + z)$ (*Assoziativgesetz für Vektoren*)

b) $(\lambda \cdot \mu) \cdot x = \lambda \cdot (\mu \cdot x)$ (*Assoziativgesetz für Skalare*)

Lösungsskizze

Setze für $x, y, z \in \mathbb{R}^n$:

$$x = (x_1, x_2, \ldots, x_n)^\top,\, y = (y_1, y_2, \ldots, y_n)^\top,\, z = (z_1, z_2, \cdots, z_n)^\top$$

a) Assoziativgesetz für Vektoren (bzgl. „+"):

$$
(x+y)+z = \left(\begin{pmatrix} x_1 \\ x_2 \\ \vdots \\ x_n \end{pmatrix} + \begin{pmatrix} y_1 \\ y_2 \\ \vdots \\ y_n \end{pmatrix} \right) + \begin{pmatrix} z_1 \\ z_2 \\ \vdots \\ z_n \end{pmatrix} = \begin{pmatrix} x_1 + y_1 \\ x_2 + y_2 \\ \vdots \\ x_n + y_n \end{pmatrix} + \begin{pmatrix} z_1 \\ z_2 \\ \vdots \\ z_n \end{pmatrix}
$$

$$
= \begin{pmatrix} (x_1 + y_1) + z_1 \\ (x_2 + y_2) + z_2 \\ \vdots \\ (x_n + y_n) + z_n \end{pmatrix} \overset{*}{=} \begin{pmatrix} x_1 + (y_1 + z_1) \\ x_2 + (y_2 + z_2) \\ \vdots \\ x_n + (y_n + z_n) \end{pmatrix} = \begin{pmatrix} x_1 \\ x_2 \\ \vdots \\ x_n \end{pmatrix} + \begin{pmatrix} y_1 + z_1 \\ y_2 + z_2 \\ \vdots \\ y_n + z_n \end{pmatrix}
$$

$$
= \begin{pmatrix} x_1 \\ x_2 \\ \vdots \\ x_n \end{pmatrix} + \left(\begin{pmatrix} y_1 \\ y_2 \\ \vdots \\ y_n \end{pmatrix} + \begin{pmatrix} z_1 \\ z_2 \\ \vdots \\ z_n \end{pmatrix} \right) = x + (y + z)\ \checkmark
$$

b) Für $\lambda, \mu \in \mathbb{R}$ folgt das Assoziativgesetz für Skalare (bzgl. „·"):

$$
(\lambda\mu)x = \begin{pmatrix} (\lambda \cdot \mu) \cdot x_1 \\ (\lambda \cdot \mu) \cdot x_2 \\ \vdots \\ (\lambda \cdot \mu) \cdot x_n \end{pmatrix} \overset{*}{=} \begin{pmatrix} \lambda \cdot (\mu \cdot x_1) \\ \lambda \cdot (\mu \cdot x_2) \\ \vdots \\ \lambda \cdot (\mu \cdot x_n) \end{pmatrix} = \lambda \cdot \begin{pmatrix} \mu \cdot x_1 \\ \mu \cdot x_2 \\ \vdots \\ \mu \cdot x_n \end{pmatrix} = \lambda(\mu x)\ \checkmark
$$

---

* In jeder Komponente gelten die bekannten Assoziativgesetze der Addition und Multiplikation für reelle Zahlen.

20.2 Der Vektorraum der reellen $m \times n$-Matrizen: $\mathbb{R}^{m \times n}$

Überprüfen Sie in $\mathbb{R}^{m \times n}$ ($\hat{=}$ Menge der reellen $m \times n$-Matrizen mit m Zeilen, n Spalten) die folgenden Vektorraumaxiome:

a) $\lambda(A + B) = \lambda A + \lambda B$ für alle $A, B \in \mathbb{R}^{m \times n}$, $\lambda \in \mathbb{R}$ (*Distributivgesetz*)

b) Zu $A \in \mathbb{R}^{m \times n}$ gibt es genau eine Matrix $X \in \mathbb{R}^{m \times n}$ mit $A + X = O$ (*inverses Element bzgl. Addition*).

Lösungsskizze

a) Definition der Skalarmultiplikation: Für $\lambda \in \mathbb{R}$ gilt:

$$\lambda \cdot A = \lambda \cdot \begin{pmatrix} a_{11} & a_{12} & \cdots & a_{1n} \\ a_{21} & a_{22} & \cdots & a_{2n} \\ \vdots & \vdots & \vdots & \vdots \\ a_{m1} & a_{m2} & \cdots & a_{mn} \end{pmatrix} = \begin{pmatrix} \lambda a_{11} & \lambda a_{12} & \cdots & \lambda a_{1n} \\ \lambda a_{21} & \lambda a_{22} & \cdots & \lambda a_{2n} \\ \vdots & \vdots & \vdots & \vdots \\ \lambda a_{m1} & \lambda a_{m2} & \cdots & \lambda a_{mn} \end{pmatrix}$$

Oder mit $A = (a_{ij})_{1 \leq i \leq m; 1 \leq j \leq n} = (a_{ij})$ kurz: $\lambda \cdot (a_{ij}) = (\lambda \cdot a_{ij})$

Somit folgt das Distributivgesetz für Matrizen A, B aus dem entsprechenden Distributivgesetz der reellen Zahlen:

$$\begin{aligned} \lambda(A + B) &= \lambda \cdot (a_{ij} + b_{ij}) = (\lambda a_{ij} + \lambda b_{ij}) \\ &= (\lambda a_{ij}) + (\lambda b_{ij}) = \lambda(a_{ij}) + \lambda(b_{ij}) = \lambda A + \lambda B \checkmark \end{aligned}$$

b) Das Nullelement bzgl. Addition ist die **Nullmatrix**:

$$O = \begin{pmatrix} 0 & 0 & 0 & \cdots & 0 \\ \vdots & \vdots & \vdots & \ddots & \vdots \\ 0 & 0 & 0 & \cdots & 0 \end{pmatrix} (m \text{ Zeilen}, n \text{ Spalten})$$

Es gilt $A + O = O + A = A$ für jede Matrix $A \in \mathbb{R}^{m \times n}$.

Sind $A = (a_{ij})$ und O gegeben, dann gilt:

$$\begin{aligned} A + X \overset{!}{=} O &\iff (a_{ij}) + (x_{ij}) = O \iff (a_{ij} + x_{ij}) = O \\ &\iff a_{ij} + x_{ij} = 0, \text{ für } 1 \leq i \leq m; 1 \leq j \leq n \\ &\iff x_{ij} = -a_{ij}, \text{ für } 1 \leq i \leq m; 1 \leq j \leq n \end{aligned}$$

$\implies$ jeder Eintrag von X ist eindeutig bestimmt bzw. die Gleichung $A + X = O$ besitzt die eindeutige Lösung $X = -(a_{ij}) = -A$*. $\checkmark$

---

* Die Matrix $X = -A$ nennt man auch die zu A bzgl. der Matrixaddition inverse Matrix.

20.3   Funktionenräume

Überprüfen Sie, ob die Menge aller über dem Intervall $I = [a, b], a, b \in \mathbb{R}, a < b$

  a) stetigen Funktionen $C[a, b] := \{f \mid f : I \longrightarrow \mathbb{R}, f \text{ stetig}\}$,

  b) integrierbaren Funktionen $\mathcal{R}[a, b] := \{f \mid f : I \longrightarrow \mathbb{R}, f \text{ integrierbar}\}$

ein $\mathbb{R}$-Vektorraum ist.

Lösungsskizze

Die Funktion, die jedem x aus $[a, b]$ den Wert 0 zuordnet: $x \mapsto 0$ ist der „Null-vektor" **0** in beiden Mengen.

a) $C[a, b]$:

Sind f, g auf I stetig und $\lambda \in \mathbb{R}$, dann sind, wie wir aus der Analysis wissen, auch $f + g$ und $\lambda \cdot f$ stetig.

Da $f(x)$ für jede Belegung von $x \in I$ eine reelle Zahl ist, folgen alle Vektorraum-axiome (VR-Axiome) aus den entsprechenden Rechenregeln für reelle Zahlen.

Zum Beispiel ist für $f, g, h \in C[a, b]$ auch $f + g + h \in C[a, b]$, und die Reihenfolge der Addition ist irrelevant:

$$(f(x) + g(x)) + h(x) = f(x) + (g(x) + h(x)) \text{ für } x \in [a, b] \implies (f + g) + h = f + (g + h)$$

$\implies$ Assoziativgesetz bzgl. der Addition in $C[a, b]$. Analog folgen alle anderen VR-Axiome. ✓

b) $\mathcal{R}[a, b]$: Die Vektorraumaxiome folgen sofort aus den entsprechenden Rechen-regeln für Integrale:

Sind $f, g \in \mathcal{R}[a, b]$ und $\lambda, \mu \in \mathbb{R}$, dann gilt ($\leadsto$ Analysis)

$$\int_a^b \lambda f(x) + \mu g(x) \, dx = \int_a^b \lambda f(x) \, dx + \int_a^b \mu g(x) \, dx = \lambda \int_a^b f(x) \, dx + \mu \int_a^b g(x) \, d.$$

Sind z.B. $f, g, h \in \mathcal{R}[a, b]$, dann ist auch $f + g + h \in \mathcal{R}[a, b]$ und

$$\int_a^b (f(x) + g(x)) \, dx + \int_a^b h(x) \, dx = \int_a^b (f(x) + g(x)) + h(x) \, dx$$

$$= \int_a^b f(x) + (g(x) + h(x)) \, dx = \int_a^b f(x) \, dx + \int_a^b (g(x) + h(x)) \, dx.$$

Es gilt also das Assoziativgesetz der Addition $(f + g) + h = f + (g + h)$ in $\mathcal{R}[a, b]$. Die restlichen VR-Axiome folgen analog. ✓

20.4 Rechnen mit Vektoren

Es sei V ein Vektorraum mit $u, v, w \in V$.

Drücken Sie v jeweils durch die übrigen Vektoren aus.

a) $u + (v/3 + 2w) = v - w$

b) $u + 2w = 2(v - u) + 3(w - v)$

c) $v = \frac{1}{2}(u + v) \wedge u - 5v = 2(w - u)$

d) $u(\alpha - 2) + 2v = 2 \cdot (3w) - \alpha v$
   mit $\alpha \in \mathbb{R}$

Lösungsskizze

a) $u - (v/3 - 2w) = v - w$

$$\rightsquigarrow u - v/3 + 2w = v - w \iff -v/3 - v = -2w - w - u$$
$$\iff -4v/3 = -3w - u$$
$$\implies v = -3/4 \cdot (-3w - u) = 1/4 \cdot (9w + 3u)$$

b) $u + 2w = 2v - 2u + 3w - 3v$

$$\implies u + 2w = -v - 2u + 3w \rightsquigarrow v = 3u + w$$

c) $v = u/2 + v/2 \iff v - v/2 = u/2 \rightsquigarrow v/2 = u/2$

Aus der zweiten Gleichung folgt: $u = 2(w - u) + 5v \rightsquigarrow u/2 = w - u + 5v/2$

Eingesetzt in die erste Gleichung $\rightsquigarrow$

$$v/2 - 5v/2 = w - u \implies -2v = w - u \implies v = \frac{u - w}{2}$$

d) $\alpha u - 2u + 2v = 6w - \alpha v \rightsquigarrow (\alpha - 2)u - 6w = -\alpha v - 2v = -(\alpha + 2)v \implies$

$$\frac{-(u(\alpha - 2) - 6w)}{(\alpha + 2)} = v, \quad \text{für} \quad \alpha \neq -2$$

Für $\alpha = -2$ folgt: $-6(u + w) = 0 \cdot v = \mathbf{0}$, d.h., v lässt sich nicht durch u und w ausdrücken, es sei denn, v ist selbst schon der Nullvektor (u und w sind linear abhängig).

20.5   Lineare Unabhängigkeit

Überprüfen Sie die folgenden Vektoren auf lineare Unabhängigkeit:

a) $V = \mathbb{R}^2$, $\begin{pmatrix} 2 \\ 4 \end{pmatrix}$, $\begin{pmatrix} 4 \\ -2 \end{pmatrix}$, $\begin{pmatrix} -6 \\ 8 \end{pmatrix}$ b) $V = \mathbb{R}^3$, $\begin{pmatrix} 4 \\ 3 \\ -1 \end{pmatrix}$, $\begin{pmatrix} -2 \\ 2 \\ 1 \end{pmatrix}$, $\begin{pmatrix} 0 \\ 1 \\ -2 \end{pmatrix}$

c) $V = \mathbb{R}^3$, $\begin{pmatrix} 1 \\ -2 \\ 0 \end{pmatrix}$, $\begin{pmatrix} 2 \\ 0 \\ 3 \end{pmatrix}$, $\mathbf{0}$ d) $u + 3v, v + 2w, w + 2(u + v)$
    mit $u, v, w \in V$, linear unabhängig

Lösungsskizze

a) $\dim \mathbb{R}^2 = 2$, somit sind drei Vektoren immer linear abhängig.

b) Ansatz: $\lambda \begin{pmatrix} 4 \\ 3 \\ -1 \end{pmatrix} + \mu \begin{pmatrix} -2 \\ 2 \\ 1 \end{pmatrix} + \sigma \begin{pmatrix} 0 \\ 1 \\ -2 \end{pmatrix} = \mathbf{0} \rightsquigarrow$

$$\begin{array}{llll} \text{I.} & 4\lambda & - 2\mu & & 0 \\ \text{II.} & 3\lambda & + 2\mu & + \sigma & = 0 \\ \text{III.} & -\lambda & + \mu & - 2\sigma & = 0 \end{array}$$

Aus I.: $\mu = 2\lambda$, in II.: $7\lambda + \sigma = 0 \rightsquigarrow \sigma = -7\lambda$, in II.: $\rightsquigarrow -\lambda + 2\lambda + 14\lambda = 0 \rightsquigarrow$
$15\lambda = 0 \implies \lambda = \mu = \sigma = 0$

$\implies$ Vektoren sind linear unabhängig.

c) Wegen $\lambda \cdot \mathbf{0} = \mathbf{0}$ für $\lambda \in \mathbb{R}$ ist der Nullvektor immer zu sich selbst linear abhängig. Somit ist auch eine Menge von Vektoren, welche den Nullvektor enthält, linear abhängig.

d) Bilde mit Skalaren $\lambda, \mu, \sigma \in \mathbb{R}$ aus den Vektoren eine Linearkombination zum Nullvektor:

$$\lambda(u + 3v) + \mu(v + 2w) + \sigma(w + 2u + 2v) = \mathbf{0}$$

$$\iff (\lambda + 2\sigma)u + (3\lambda + \mu + 2\sigma)v + (2\mu + \sigma)w = \mathbf{0}$$

Da u, v, w nach Voraussetzung linear unabhängig sind, müssen die Koeffizienten 0 sein $\rightsquigarrow$ LGS:

$$\left. \begin{array}{lllll} \text{I.} & \lambda & & + 2\sigma & = 0 & \implies \lambda = -2\sigma \\ \text{II.} & 3\lambda & + \mu & + 2\sigma & = 0 & \\ \text{III.} & & 2\mu & + \sigma & = 0 & \implies \mu = -\sigma/2 \end{array} \right\} \text{in II. einsetzen} \rightsquigarrow$$

$-6\sigma - \sigma/2 + 2\sigma = -9\sigma/2 = 0 \rightsquigarrow \sigma = 0$ und damit $\lambda = \mu = 0$, also $u + 3v$, $v + 2w$, $w + 2(u + v)$ linear unabhängig.

20.6 Untervektorräume

Überprüfen Sie, ob es sich bei den folgenden Teilmengen $U \subset V$ um Untervektorräume von den gegebenen Vektorräumen V handelt:

a) $V = \mathbb{R}^3$, $U = \{(x, y, z) \in \mathbb{R}^3 \,|\, 2y - 2z = 3x + z\}$

b) $V = \mathbb{R}^3$, $U = \{\boldsymbol{x} = (x, y, z)^\top \in \mathbb{R}^3 \,|\, \boldsymbol{n}^\top \boldsymbol{x} = d\}$ mit $d \in \mathbb{R}$ und $\boldsymbol{n} = (n_1, n_2, n_3)^\top \in \mathbb{R}^3$

c) $V = \mathbb{R}^6$, $U = \{(x_1, x_2, x_3, x_4, x_5, x_6) \in \mathbb{R}^6 \,|\, 2x_3 + 4x_5 = 1\}$

d) $V = \mathbb{R}^2$, $U = \{(x, y) \in \mathbb{R}^2 \,|\, x^2 + y^2 = 0\}$

Lösungsskizze

a) Es ist: $2y - 2z = 3x + z \iff 3x - 2y + 3z = 0$. Prüfe Unterraumkriterien nach:

Nullvektor enthalten?

$\boldsymbol{0} = (0, 0, 0) \in U$, da $3 \cdot 0 - 2 \cdot 0 + 3 \cdot 0 = 0 \implies \boldsymbol{0} \in U$ ✓

Setze: $\boldsymbol{x}_1 = (x_1, y_1, z_1)$, $\boldsymbol{x}_2 = (x_2, y_2, z_2)$ und $\boldsymbol{x} = (x, y, z)^\top \in U$

Dann gilt für $\boldsymbol{x}_1 + \boldsymbol{x}_2 = (x_1 + x_2, y_1 + y_2, z_1 + z_2)$:

$$3(x_1 + x_2) - 2(y_1 + y_2) + 3(z_1 + z_2) = \underbrace{3x_1 - 2y_1 + 3z_1}_{=0} + \underbrace{3x_2 - 2y_2 + 3z_2}_{=0}$$

$$= 0 + 0 = 0 \implies \boldsymbol{x}_1 + \boldsymbol{x}_2 \in U \checkmark$$

Für $\alpha \in \mathbb{R}$ ist $\alpha \boldsymbol{x} = \alpha(x, y, z)^\top = (\alpha x, \alpha y, \alpha z)^\top$

$$\rightsquigarrow 3(\alpha x) - 2(\alpha y) + 3(\alpha z) = \alpha(3x - 2y + 3z) = 0 \implies \alpha \boldsymbol{x} \in U \checkmark$$

Somit ist $U \leq V$.

Alternative: Die Gleichung $2y - 2z = 3x + z \implies 3x - 2y + 3z = 0$ beschreibt eine Ebene durch den Ursprung $\implies U \leq V$.

---

b) $\boldsymbol{n}^\top \boldsymbol{x} = d \iff n_1 x_1 + n_2 x_2 + n_3 x_3 = d$ mit $\boldsymbol{x} = (x, y, z)^\top$ und *Normalenvektor* $\boldsymbol{n} = (n_1, n_2, n_3)^\top$ beschreibt eine Ebene in *Normalenform* (vgl. Aufg. 24.4)

$(0, 0, 0)^\top \in U \iff d = 0 \rightsquigarrow$ Ebene geht durch den Ursprung, somit $U \leq V$.

Für $d \neq 0$ ist U ein *affiner Unterraum* von $\mathbb{R}^3$, aber kein Untervektorraum.

c) $2x_3 + 4x_5 = 1$ beschreibt affinen Unterraum (Hyperebene) von $\mathbb{R}^6$. Wegen $2 \cdot 0 + 4 \cdot 0 = 0 \neq 1$ ist $\boldsymbol{0} \notin U \implies U \nleq V$.

d) Die Gleichung $x^2 + y^2 = 0$ kann nur von $\boldsymbol{0} = (0, 0)^\top$ erfüllt werden, d.h. $U = \{\boldsymbol{0}\}$. Wegen $\boldsymbol{0} + \boldsymbol{0} = \boldsymbol{0} \in U$ und $\alpha \boldsymbol{0} = \boldsymbol{0} \in U$ für $\alpha \in \mathbb{R}$ ist $U \leq V$.

20.7 Untervektorräume von Funktionenräumen

Überprüfen Sie, ob die Teilmengen $U \subset C(\mathbb{R})$ Untervektorräume sind:

a) $U = \mathbb{P}_n$ b) $U = \{p \in \mathbb{P}_n \,|\, p(1) = k\}$, $k \in \mathbb{R}$ c) $U = C^1(\mathbb{R})$

Hierbei ist $C(\mathbb{R})$ die Menge aller auf $\mathbb{R}$ stetigen Funktionen, $\mathbb{P}_n = \mathbb{P}_n(\mathbb{R})$ die Menge aller reellen Polynome vom Grad $\leq n$ und $C^1(\mathbb{R})$ die Menge aller auf $\mathbb{R}$ differenzierbaren Funktionen mit stetiger Ableitung.

Lösungsskizze

a) Wähle $f, g \in \mathbb{P}_n$, d.h. $f(x) = \sum_{i=0}^{n} a_i x^i$ und $g(x) = \sum_{i=0}^{n} b_i x^i$:

$$
\begin{aligned}
f(x) + g(x) &= \sum_{i=0}^{n} a_i x^i + \sum_{i=0}^{n} b_i x^i \\
&= a_n x^n + \ldots + a_1 x + a_0 + b_n x^n + \ldots + b_1 x + b_0 \\
&= (a_n + b_n)x^n + \ldots + (a_1 + b_1)x + a_0 + b_0 \\
&= \sum_{i=0}^{n} (a_i + b_i)x^i \in \mathbb{P}_n \; \checkmark
\end{aligned}
$$

Für $\alpha \in \mathbb{R}$ folgt: $\alpha f(x) = \alpha \cdot \sum_{i=0}^{n} a_i x^i = \alpha(a_n x^n + \ldots + a_1 x + a_0)$

$$
= \alpha a_n x^n + \ldots + \alpha a_1 x + \alpha a_0 = \sum_{i=0}^{n} \alpha a_i x^i \in \mathbb{P}_n \; \checkmark
$$

Für die Wahl $a_i = 0, i = 0, \ldots, n$ ist $f(x) \equiv 0$ die Nullfunktion ($\hat{=}$ Nullvektor), d.h. $f(x) = \mathbf{0}(x) = \mathbf{0} \in \mathbb{P}_n \implies \mathbb{P}_n \leq C(\mathbb{R})$. $\checkmark$

b) Wähle $f, g \in U$. Dann ist $f(1) = k$ und $g(1) = k$. Für $f(x) + g(x)$ folgt $f(1) + g(1) = 2k$, d.h. $f + g \in U \iff k = 0 \implies U \not\leq V$ für $k \neq 0$.

Betrachte somit nur noch den Fall $k = 0$: Für $\alpha \in \mathbb{R}$ ist

$$
\alpha f(1) = \alpha \cdot 0 = 0 \implies \alpha f \in U. \checkmark
$$

$\mathbb{P}_n$ als Untervektorraum von $C(\mathbb{R})$ (vgl. a) ist selbst ein Vektorraum, d.h. $\mathbf{0} \in \mathbb{P}_n$. Der Nullvektor ist die Nullfunktion, d.h. $\mathbf{0}(1) = 0$ und damit $\mathbf{0} \in U$ $\checkmark$

$$
\implies U \leq C(\mathbb{R}) \text{ für } k = 0.
$$

c) Sind $f, g \in C^1(\mathbb{R})$, dann gilt ($\leadsto$ Analysis): $(f(x) + g(x))' = f'(x) + g'(x)$

Die Summe stetiger Funktionen ist stetig, somit $f + g \in C^1(\mathbb{R})$. $\checkmark$

Daneben ist $(\alpha f(x))' = \alpha f'(x)$, d.h. $\alpha f \in C^1(\mathbb{R})$. $\checkmark$

Die Ableitung einer konstanten Funktion ergibt die Nullfunktion: $(\text{const})' = 0$, die Nullfunktion selbst ist stetig differenzierbar $\implies C^1(\mathbb{R}) \leq C(\mathbb{R})$. $\checkmark$

20.8 Lineare Unabhängigkeit von Funktionen

Untersuchen Sie die gegebenen Funktionen aus $C(\mathbb{R})$ auf lineare Unabhängigkeit:

a) e^x, $\sin x$, $\cos x$ b) e^x, e^{2x}

Lösungsskizze

a) Ansatz $ae^x + b\sin x + c\cos x = \mathbf{0}$ für alle $x \in \mathbb{R}$

Spezielle Wahl $x = 0$, $x = \pi/2$, $x = \pi \rightsquigarrow$ LGS:

$$
\begin{aligned}
x &= 0 &\rightsquigarrow\ ae^0 &+ b\sin(0) &+ c\cos(0) &= 0 \\
x &= \pi/2 &\rightsquigarrow\ ae^{\pi/2} &+ b\sin(\pi/2) &+ c\cos(\pi/2) &= 0 \rightsquigarrow \\
x &= \pi &\rightsquigarrow\ ae^{\pi} &+ b\sin(\pi) &+ c\cos(\pi) &= 0
\end{aligned}
$$

$$
\left.
\begin{aligned}
\text{I.} & \quad a && + c = 0 \\
\text{II.} & \quad ae^{\pi/2} + b && = 0 \\
\text{III.} & \quad ae^{\pi} && + c = 0
\end{aligned}
\right\}
\text{ aus I.: } c = -a, \text{ in III.: } ae^{\pi} - a = 0 \implies a = 0
$$

In II.: $\rightsquigarrow b = 0$, also $a = b = 0 \implies e^x$, $\sin x$, $\cos x$ linear unabhängig

b) Ansatz $ae^x + be^{2x} = \mathbf{0}$, für $x \in \mathbb{R}$. Wähle $x = 0$ und $x = 1$:

$$
\begin{aligned}
ae^0 &+ be^0 = 0 \\
ae &+ be^2 = 0
\end{aligned}
\ \rightsquigarrow\
\begin{aligned}
\text{I.} & \quad a + b = 0 \rightsquigarrow b = -a \\
\text{II.} & \quad ae + be^2 = 0
\end{aligned}
$$

Eingesetzt in II.:
$$
ae - ae^2 = a(e - e^2) = 0 \implies a = 0
$$

$\rightsquigarrow a = b = 0 \implies e^x$, e^{2x} sind linear unabhängig

---

Alternative: Angenommen, e^x, e^{2x} wären linear abhängig. Dann wäre einer der Vektoren ein Vielfaches vom anderen $\rightsquigarrow$ es gibt eine Konstante $a \neq 0$, so dass

$$
e^x = ae^{2x} \implies \frac{e^x}{e^{2x}} = \frac{1}{e^x} = a\ \lightning
$$

Widerspruch, da a demnach nicht konstant sein kann $\implies e^x$, e^{2x} linear unabhängig.

20.9 Basis und Dimension

Bestimmen Sie $\dim U$ und geben Sie eine Basis von U an:

a) $V = \mathbb{R}^3$, $U = \mathrm{span}\left((1, -2, 1)^\top, (1, -1, 0)^\top, (2, 0, -2)^\top\right)$

b) $V = \mathbb{P}_5$, $U = \mathrm{span}(x^3 + 1, x^3 + x^2 - 1, 2x^3 + x^2 + 1)$

c) $V = \mathbb{R}^3$, $U = \{(x, y, z)^\top \in \mathbb{R}^3 \mid 2x + 3y = z\}$

Lösungsskizze

a) Setze $u = (1, -2, 1)^\top$, $v = (1, -1, 0)^\top$, $w = (2, 0, -2)^\top$ und untersuche auf lineare Unabhängigkeit:

$$\lambda \begin{pmatrix} 1 \\ -2 \\ 1 \end{pmatrix} + \mu \begin{pmatrix} 1 \\ -1 \\ 0 \end{pmatrix} + \sigma \begin{pmatrix} 2 \\ 0 \\ -2 \end{pmatrix} \overset{!}{=} \mathbf{0} \Longleftrightarrow \begin{array}{llll} \text{I.} & \lambda & + \mu & + 2\sigma & = 0 \\ \text{II.} & -2\lambda & - \mu & & = 0 \\ \text{III.} & \lambda & & - 2\mu & = 0 \end{array}$$

Aus II.: $\mu = -2\lambda$; aus III.: $\sigma = \lambda/2$; einsetzen in I.: $\underbrace{\lambda - 2\lambda + 2\lambda/2}_{=(1-2+1)\lambda} = 0\lambda \overset{!}{=} 0$

$\rightsquigarrow$ wird für jedes $\lambda \in \mathbb{R}$ erfüllt, u, v, w sind linear abhängig und somit $\dim U < 3$.

u, v, w sind aber paarweise linear unabhängig: $\begin{pmatrix} 1 \\ -1 \\ 0 \end{pmatrix} \overset{!}{=} \mu \begin{pmatrix} 1 \\ -2 \\ 1 \end{pmatrix} \rightsquigarrow \mu = 1 =$

$1/2 = 0$ ⚡ und analog: $u \overset{!}{=} \mu w \rightsquigarrow \mu = 1/2 = -1/2$ ⚡; $w \overset{!}{=} \mu v \rightsquigarrow \mu = 1/2 = 0$ ⚡

$\implies \dim U = 2$; mögliche Basen z.B. $\{u, v\}$; $\{u, w\}$ und $\{v, w\}$.

b) Setze $p_1(x) = x^3 + 1$, $p_2(x) = x^3 + x^2 - 1$, $p_3(x) = 2x^3 + x^2 + 1$.

Ansatz $\lambda(x^3 + 1) + \mu(x^3 + x^2 - 1) + \sigma(2x^3 + x^2 + 1) = \mathbf{0}$, $x \in \mathbb{R} \rightsquigarrow$

$$\begin{array}{llllll} x = 0 & \rightsquigarrow \text{I.} & \lambda & - \mu & + \sigma & = 0 \\ x = 1 & \rightsquigarrow \text{II.} & 2\lambda & + \mu & + 4\sigma & = 0 \\ x = -1 & \rightsquigarrow \text{III.} & & - \mu & & = 0 \rightsquigarrow \mu = 0, \end{array}$$

in I.: $\rightsquigarrow \lambda = -\sigma$, in II.: $-2\sigma + 4\sigma = 0 \rightsquigarrow \sigma = 0 \implies \lambda = \mu = \sigma = 0$

$\implies p_1, p_2, p_3$ linear unabhängig, $\dim U = 3$ mit Basis $\{p_1, p_2, p_3\}$

c) $2x + 3y - z = 0$ beschreibt eine Ebene E im $\mathbb{R}^3 \implies U$ ist affiner Unterraum der Dimension 2. Da $\mathbf{0} \in U$, ist U Untervektorraum mit $\dim U = 2$.

Umformung Ebenengleichung in Parameterform: Setze z.B. $x = y = 1 \rightsquigarrow z = 5$ und $x = 1, y = -1 \rightsquigarrow z = -1$

$$\rightsquigarrow E: \begin{pmatrix} x \\ y \\ z \end{pmatrix} = \lambda \begin{pmatrix} 1 \\ 1 \\ 5 \end{pmatrix} + \mu \begin{pmatrix} 1 \\ -1 \\ -1 \end{pmatrix}, \quad \lambda, \mu \in \mathbb{R},$$

d.h., $\{(1, 1, 5)^\top, (1, -1, -1)^\top\}$ ist Basis von U (vgl. Abschn. 24).

20.10 Vektorraum mit unendlicher Dimension ⋆

Die *Monome* $1, x, x^2, \ldots, x^n, n \in \mathbb{N}$ aus der Menge aller Polynome über $\mathbb{R}$ mit beliebigen Grad ($= \mathbb{P}(\mathbb{R}) = \mathbb{P}$) sind linear unabhängig.

Überprüfen Sie diese Behauptung mit dem Prinzip der vollständigen Induktion und bestimmen Sie damit $\dim \mathbb{P}$ und $\dim C(\mathbb{R})$.

Lösungsskizze

(i) Lineare Unabhängigkeit von $1, x, \ldots, x^n$ für $n \in \mathbb{N}$:

- **I.B.**: Für $n = 1$ stimmt die Aussage, da $\lambda + \mu x = 0$ nur für $\lambda = \mu = 0$ für alle $x \in \mathbb{R}$ erfüllt sein kann. ✓

- **I.S.**: Wir nehmen an, die Monome $1, x, x^2, \ldots, x^n$ sind für ein $n \in \mathbb{N}$ linear unabhängig (Induktionsannahme **I.A.**).

Bilde mit $\lambda_0, \ldots, \lambda_{n+1} \in \mathbb{R}$ Linearkombination von $1, x, x^2, \ldots, x^n$ und x^{n+1}:

$$\lambda_{n+1} x^{n+1} + \overbrace{\lambda_n x^n + \lambda_{n-1} x^{n-1} + \ldots + \lambda_1 x + \lambda_0}^{=:p(x)} = 0$$

Dann muss aber $\lambda_{n+1} = 0$ sein, denn andernfalls wäre

$$\lambda_{n+1} x^{n+1} = -\left(\lambda_n x^n + \lambda_{n-1} x^{n-1} + \ldots + \lambda_1 x + \lambda_0\right)$$

⇝ unmöglich wegen $\operatorname{grad} \lambda_{n+1} x^{n+1} = n + 1 \neq \operatorname{grad} p(x) = n$

$$\rightsquigarrow \lambda_{n+1} x^{n+1} + p(x) = 0 \Longleftrightarrow p(x) = 0 \underset{\text{nach I.A.:}}{\Longleftrightarrow} \lambda_0 = \ldots = \lambda_n = 0$$

$$\Longrightarrow \lambda_{n+1} = \lambda_n = \ldots = \lambda_0 = 0,$$ also $1, x, x^2, \ldots, x^n, x^{n+1}$ linear unabhängig.

Nach dem Prinzip der vollständigen Induktion sind somit $1, x, \ldots, x^n$ für $n \in \mathbb{N}$ linear unabhängig. ✓

(ii) Angenommen $\dim \mathbb{P} = n$ mit $n \in \mathbb{N}$. Dann wäre nach (i) $B = \{1, x, x^2, \ldots, x^n\}$ eine Basis von $\mathbb{P}$. Nach (i) sind aber auch $1, x, x^2, \ldots, x^n, x^{n+1}$ linear unabhängig ⇝ Widerspruch dazu, dass B Basis von $\mathbb{P}$ ist ↯ $\Longrightarrow \dim \mathbb{P} = \infty$.

(iii) Da $\mathbb{P} \subset C(\mathbb{R})$, ist $\dim C(\mathbb{R}) = \infty$.

21 Betrag, Skalarprodukt und Winkel zwischen Vektoren

Übersicht

© Springer-Verlag GmbH Deutschland, ein Teil von Springer Nature 2021
A. Keller, *Aufgaben und Lösungen zur Mathematik für den Studienstart*,
https://doi.org/10.1007/978-3-662-63628-2_21

21.1   Skalarprodukt und Betrag im $\mathbb{R}^3$

Es sei $u = (-1, 3, 2)^\top$, $v = (4, 0, -2)^\top$, $w = (2, 1, 5)^\top \in \mathbb{R}^3$ gegeben.

Berechnen Sie:

a) $|u - v|^2$ b) $||v/2 - w/3| - |u||$ c) $\langle \frac{v-w}{|v-w|}, \frac{v-u}{|v-w|} \rangle$ d) $|u|^2 + |v|^2 - 2\langle u, v \rangle$

Lösungsskizze

a) $|u - v|^2 = \left(\sqrt{\langle u - v, u - v \rangle} \right)^2 = \langle u - v, u - v \rangle$

$\rightsquigarrow |(-1, 3, 2)^\top - (4, 0, -2)^\top|^2 = \langle (-5, 3, 4)^\top, (-5, 3, 4)^\top \rangle$
$$= (-5)^2 + 3^2 + 4^2 = 50$$

b) $v/2 = 1/2 \cdot (4, 0, -2)^\top = (2, 0, -1)^\top$; $\frac{w}{3} = \frac{1}{3} \cdot (2, 1, 5)^\top = (2/3, 1/3, 5/3)^\top$

$\rightsquigarrow v/2 - w/3 = (2, 0, -1)^\top - (2/3, 1/3, 5/3)^\top = (4/3, -1/3, -8/3)^\top$

$$| |v/2 - w/3| - |u| | = \left| \left| (4/3, -1/3, -8/3)^\top \right| - \left| (-1, 3, 2)^\top \right| \right|$$
$$= |\sqrt{16/9 + 1/9 + 64/9} - \sqrt{1 + 9 + 4}|$$
$$= |\sqrt{81/9} - \sqrt{14}| = \sqrt{14} - 3 \approx 0.7417$$

c) $v - w = (4 - 2, 0 - 1, -2 - 5)^\top = (2, -1, -7)^\top \rightsquigarrow |v - w| = \sqrt{2^2 + 1 + 7^2} = \sqrt{54}$

$$v - u = (4 - (-1), 0 - 3, -2 - 2)^\top = (5, -3, -4)^\top$$

$$\langle \frac{v-w}{|v-w|}, \frac{v-u}{|v-w|} \rangle = \frac{1}{|v-w|^2} \langle v - w, v - u \rangle$$
$$= \frac{1}{54} (2 \cdot 5 + (-1) \cdot (-3) + (-7) \cdot (-4)) = \frac{41}{54}$$

d) $|u|^2 = 1^2 + 3^2 + 2^2 = 14$, $|v|^2 = 4^2 + 2^2 = 20$

$2\langle u, v \rangle = 2 \cdot (-4 - 4) = -16 \rightsquigarrow |u|^2 + |v|^2 - 2\langle u, v \rangle = 14 + 20 + 16 = 50$

Ergebnis ist identisch zu a) $\rightsquigarrow$ ist keine Überraschung, da allgemein in einem Vektorraum mit Skalarprodukt eine verallgemeinerte binomische Formel gilt:

$$|u - v|^2 = |u|^2 + |v|^2 - 2\langle u, v \rangle, \forall u, v \in V$$

21.2 Winkel zwischen Vektoren

Bestimmen Sie den Winkel zwischen $u = \begin{pmatrix} 2 \\ 3 \\ 6 \end{pmatrix}$ und $v = \begin{pmatrix} 1 \\ 2 \\ 2 \end{pmatrix}$ aus $\mathbb{R}^3$.

Wie muss $\lambda \in \mathbb{R}$ gewählt werden, damit $w = (1, 2, 3)^\top$ auf $u + \lambda v$ senkrecht steht?

Lösungsskizze

- Der Winkel φ zwischen zwei Vektoren ist definiert als die eindeutig bestimmte Zahl $0 \leq \varphi \leq \pi/2$, welche die Gleichung

$$\frac{\langle u,\, v \rangle}{|u||v|} = \cos \varphi$$

erfüllt $\rightsquigarrow$ wir berechnen die Beträge von u und v und das Skalarprodukt:

$$|u| = \sqrt{2^2 + 3^2 + 6^2} = \sqrt{4 + 9 + 36} = \sqrt{49} = 7$$

$$|v| = \sqrt{1^2 + 2^2 + 2^2} = \sqrt{1 + 4 + 4} = \sqrt{9} = 3$$

Skalarprodukt von u und v:

$$\langle \begin{pmatrix} 2 \\ 3 \\ 6 \end{pmatrix},\, \begin{pmatrix} 1 \\ 2 \\ 2 \end{pmatrix} \rangle = 2 \cdot 1 + 3 \cdot 2 + 6 \cdot 2 = 2 + 6 + 12 = 20$$

$$\rightsquigarrow \frac{\langle u,\, v \rangle}{|u||v|} = \frac{20}{3 \cdot 7} = 20/21 \implies \varphi = \arccos\left(\frac{20}{21}\right) \approx 0.3099 \,\hat{=}\, 17.76°$$

- Für zwei Vektoren a, b aus einem euklidischen Vektorraum ($\hat{=}$ Vektorraum mit Skalarprodukt) gilt: $a \perp b \iff \langle a,\, b \rangle = 0 \rightsquigarrow$

$$\langle u + \lambda v, w \rangle \overset{!}{=} 0 \iff \langle \begin{pmatrix} 2 \\ 3 \\ 6 \end{pmatrix} + \lambda \begin{pmatrix} 1 \\ 2 \\ 2 \end{pmatrix},\, \begin{pmatrix} 1 \\ 2 \\ 3 \end{pmatrix} \rangle = \langle \begin{pmatrix} 2+\lambda \\ 3+2\lambda \\ 6+2\lambda \end{pmatrix},\, \begin{pmatrix} 1 \\ 2 \\ 2 \end{pmatrix} \rangle = 0$$

$$\iff 2 + \lambda + 2(3 + 2\lambda) + 2(6 + 2\lambda) = 0$$

$$\iff 20 + 9\lambda = 0$$

$$\implies \text{für } \lambda = -20/9 \text{ ist } (u + \lambda v) \perp w$$

21.3 Skalarprodukt für stetige Funktionen

Wir betrachten den Vektorraum der stetigen Funktionen über einem reellen Intervall $C[a, b]$. Prüfen Sie nach, dass durch

$$\langle f, g \rangle_2 := \int_a^b f(x) \cdot g(x)\, dx$$

mit $f, g \in C[a, b]$ ein Skalarprodukt auf $C[a, b]$ definiert ist.

Lösungsskizze
Die Skalarproduktregeln ergeben sich alle aus den entsprechenden Rechenregeln für Integrale:

- Symmetrie:

$$\langle f, g \rangle_2 = \int_a^b f(x) \cdot g(x)\, dx = \int_a^b g(x) \cdot f(x)\, dx = \langle g, f \rangle \checkmark$$

- Linearität:

$$\begin{aligned}
\langle f, g + h \rangle_2 &= \int_a^b f(x) \cdot (g(x) + h(x))\, dx \\
&= \int_a^b f(x)g(x) + f(x)h(x)\, dx \\
&= \int_a^b f(x) \cdot g(x)\, dx + \int_a^b g(x) \cdot h(x)\, dx \\
&= \langle f, g \rangle_2 + \langle g, h \rangle_2 \checkmark
\end{aligned}$$

- Für einen Skalar $k \in \mathbb{R}$ folgt:

$$\begin{aligned}
\langle k \cdot f, g \rangle_2 &= \int_a^b k \cdot f(x) \cdot g(x)\, dx = k \cdot \int_a^b f(x) \cdot g(x)\, dx \\
&= k \cdot \langle f, g \rangle_2 \checkmark
\end{aligned}$$

- Für $f(x) \neq 0$ folgt:

$$\langle f, f \rangle_2 = \int_a^b f(x) \cdot f(x)\, dx = \int_a^b f^2(x)\, dx \overset{*}{>} 0$$

$\implies \langle \cdot, \cdot \rangle_2$ ist *positiv definit.* $\checkmark$

Somit ist $\langle \cdot, \cdot \rangle_2$ ein Skalarprodukt und damit $C[a, b]$ ein sog. *euklidischer* Raum.

$*$ f ist stetig und nicht die Nullfunktion $\implies f^2 > 0$, und das Integral von positiven stetigen Funktionen ist immer größer als null.

21.4 Winkel zwischen zwei Funktionen

Bestimmen Sie die Winkel zwischen den gegebenen Vektoren aus $(C[0,1], \langle \cdot, \cdot \rangle_2)$:

$$\text{a) } f(x) = (1-x)^2, \, g(x) = 2x \qquad \text{b) } f(x) = x^2, \, g(x) = e^x$$

Lösungsskizze

Skalarprodukt und Betrag in $C[0,1]$: $\langle f, g \rangle_2 = \int_0^1 f(x)g(x)\,dx$; $|f|_2 = \sqrt{\langle f, f \rangle_2}$.

$$\text{a) } \frac{\langle f, g \rangle_2}{|g|_2 \cdot |f|_2} = \frac{\int_0^1 (1-x)^2 \cdot 2x\,dx}{\sqrt{\int_0^1 (1-x)^4\,dx} \cdot \sqrt{\int_0^1 4x^2\,dx}} = \frac{\int_0^1 2x^3 - 4x^2 + 2x\,dx}{\sqrt{[-\frac{(1-x)^5}{5}]_0^1} \cdot \sqrt{[\frac{4}{3}x^3]_0^1}}$$

$$= \frac{[\frac{1}{2}x^4 - \frac{4}{3}x^3 + x^2]_0^1}{\sqrt{[-\frac{(1-x)^5}{5}]_0^1} \cdot \sqrt{[\frac{4}{3}x^3]_0^1}} = \frac{1/2 - 4/3 + 1}{\sqrt{1/5} \cdot \sqrt{4/3}}$$

$$= \frac{1/6}{2/\sqrt{15}} = \frac{\sqrt{15}}{12}$$

$$\implies \varphi = \arccos\left(\frac{\sqrt{15}}{12}\right) \approx 1.24 \,\widehat{\approx}\, 71.17°$$

b) Skalarprodukt von $f(x) = x^2$ und $g(x) = e^x \rightsquigarrow$ Stammfunktion von $f(x) \cdot g(x)$ via zweimaliger partieller Integration:

$$\int x^2 e^x\,dx = x^2 e^x - 2\int x e^x\,dx = x^2 e^x - \left(2x e^x - 2\int e^x\,dx\right)$$

$$= (x^2 - 2x)e^x + 2ex + C = (x^2 - 2x + 2)e^x + C, \, C \in \mathbb{R}$$

$$\rightsquigarrow \langle x^2, e^x \rangle = \int_0^1 x^2 \cdot e^x\,dx = \left[(x^2 - 2x + 2)e^x\right]_0^1$$

$$= (1 - 2 + 2)e^1 - (0 - 0 + 2)e^0 = e - 2$$

$$|f|_2^2 = \int_0^1 e^x \cdot e^x\,dx = \int_0^1 e^{2x}\,dx = \left[\frac{1}{2}e^{2x}\right]_0^1 = \frac{1}{2}e^2 - \frac{1}{2}e^0 = e^2/2 - 1/2$$

$$|g|_2^2 = \int_0^1 x^2 \cdot x^2\,dx = \int_0^1 x^4\,dx = \left[\frac{1}{5}x^5\right]_0^1 = \frac{1}{5}$$

$\rightsquigarrow$ Beträge: $|f|_2 = \sqrt{e^2/2 - 1/2}$, $|g|_2 = \sqrt{1/5}$

$$w := \frac{\langle f, g \rangle_2}{|f|_2 \cdot |g|_2} = \frac{e - 2}{\sqrt{e^2/2 - 1/2} \cdot \sqrt{1/5}} = \frac{e - 2}{\sqrt{e^2/10 - 1/10}} \approx 0.8986$$

$$\implies \varphi = \arctan(w) \approx 0.73205 \,\widehat{\approx}\, 41.94°$$

21.5   Anwendung der Skalarprodukt-Rechenregeln

Gegeben ist ein Vektorraum V mit einem Skalarprodukt $\langle \cdot, \cdot \rangle$ sowie Vektoren $u, v \in V$ mit $|u| = 2, |v| = 5$ und $\angle(u, v) = \pi/6$.

Bestimmen Sie aus diesen Angaben $\langle 2v - 3u, v \rangle$ und $|2v - 3u|$.

Lösungsskizze

- $\langle 2v - 3u, v \rangle$:

  Aus der Angabe $\angle(u, v) = \pi/6$ folgt $\cos(\pi/6) = \dfrac{\langle u, v \rangle}{|u||v|}$

  $$\implies \langle u, v \rangle = \cos(\pi/6) \cdot |u| \cdot |v| = \frac{\sqrt{3}}{2} \cdot 2 \cdot 5 = 5\sqrt{3}.$$

  Daneben: $|v| = \sqrt{\langle v, v \rangle} \rightsquigarrow |v|^2 = \langle v, v \rangle \rightsquigarrow$

  $$\langle 2v - 3u, v \rangle = \langle 2v, v \rangle - \langle 3u, v \rangle = 2\langle v, v \rangle - 3\langle u, v \rangle$$

  $$= 2|v|^2 - 3\langle u, v \rangle = 2 \cdot 25 - 3 \cdot 5\sqrt{3} \, (\approx 24.0192)$$

- Berechnung von $|2v - 3u|$ ebenfalls über das Skalarprodukt:

  Skalarprodukt ist linear in jedem Argument $\rightsquigarrow$

  $$|2v - 3u|^2 = \langle 2v - 3u, \, 2v - 3u \rangle = \langle 2v, \, 2v - 3u \rangle - \langle 3u, \, 2v - 3u \rangle$$

  $$= \langle 2v, 2v \rangle - \langle 2v, 3u \rangle - (\langle 3u, 2v \rangle - \langle 3u, 3u \rangle)$$

  $$= \langle 2v, 2v \rangle - \langle 2v, 3u \rangle - \langle 3u, 2v \rangle + \langle 3u, 3u \rangle$$

  $$= 2 \cdot 2 \cdot \langle v, v \rangle + 3 \cdot 3 \cdot \langle u, u \rangle - 3 \cdot 2 \cdot \underbrace{\langle v, u \rangle}_{=\langle u, v \rangle} - 2 \cdot 3 \cdot \langle u, v \rangle$$

  $$= 9\langle u, u \rangle + 4\langle v, v \rangle - 2 \cdot 3 \cdot 2\langle u, v \rangle = 9|u|^2 + 4|v|^2 - 12\langle u, v \rangle *$$

  $\rightsquigarrow |2v-3u|^2 = 9 \cdot 2^2 + 4 \cdot 5^2 - 12 \cdot 5\sqrt{3} \implies |2v-3u| = \sqrt{61 - 60\sqrt{3}} \, (\approx 6.552)$

---

* Alternative: Anwendung der Formel $|a - b|^2 = |a|^2 + |b|^2 - 2\langle a, b \rangle$, $\forall a, b$
für $a = 2v$, $b = 3u$ führt auf:

$$|2v - 3u|^2 = \langle 2v, 2v \rangle + \langle 3u, 3u \rangle - 2\langle 2v, 3u \rangle$$
$$= 4\langle v, v \rangle + 9\langle u, u \rangle - 12\langle v, u \rangle \checkmark$$

$\rightsquigarrow$ mit analoger Rechnung wie oben kann man die benutzte Formel über
herleiten. Probieren Sie es vielleicht doch mal aus?

21.6 Gram-Schmidt'sches Verfahren

Gegeben ist die Basis $\mathcal{B} = \{(-1, 2, 1)^\top, (1, 0, -1)^\top, (0, -1, -1)^\top\}$ des $\mathbb{R}^3$. Transformieren Sie $\mathcal{B}$ in eine Orthonormalbasis.

Lösungsskizze

Gram-Schmidt'sches Verfahren: Ist $\mathcal{B} = \{b_1, \dots, b_n\}$ eine Basis des euklidischen Vektorraums V, so wird via $p_1 := b_1/|b_1|$; $q_k := b_k - \sum_{j=1}^{k-1} \langle b_k, p_j \rangle \cdot p_j$; $p_k := q_k/|q_k|$, $k = 2, \dots, n$ induktiv eine *Orthonormalbasis* ($\hat{=}$ Orthogonalbasis mit normierten Basisvektoren) $\{p_1, \dots, p_n\}$ von V erzeugt ($\rightsquigarrow$ die q_i erzeugen eine *Orthogonalbasis*).

Anwendung von Gram-Schmidt auf $\mathcal{B}$: $p_1 = b_1/|b_1| = \dfrac{b_1}{\sqrt{1+1+4}} = b_1/\sqrt{6}$

$$q_2 = b_2 - \langle b_2, \underbrace{\frac{b_1}{|b_1|}}_{=p_1} \rangle \cdot \frac{b_1}{|b_1|} = b_2 - \underbrace{\frac{1}{|b_1|^2}}_{=1/6} \langle b_2, b_1 \rangle \cdot b_1$$

$$= \begin{pmatrix} 1 \\ 0 \\ -1 \end{pmatrix} - \frac{1}{6} \langle \begin{pmatrix} 1 \\ 0 \\ -1 \end{pmatrix}, \begin{pmatrix} -1 \\ 2 \\ 1 \end{pmatrix} \rangle \begin{pmatrix} -1 \\ 2 \\ 1 \end{pmatrix} = \begin{pmatrix} 2/3 \\ 2/3 \\ -2/3 \end{pmatrix}$$

$\rightsquigarrow p_2 = q_2/|q_2| = \dfrac{q_2}{\sqrt{3 \cdot 4/9}} = \dfrac{q_2}{2\sqrt{3}/3} = (\sqrt{3}/3, \sqrt{3}/3, -\sqrt{3}/3)^\top$

$$q_3 = b_3 - \left(\overbrace{\langle b_3, p_1 \rangle p_1}^{= \frac{1}{6}\langle b_3, b_1 \rangle b_1} + \langle b_3, p_2 \rangle p_2 \right)$$

$$= \begin{pmatrix} 0 \\ -1 \\ -1 \end{pmatrix} - \left[\frac{1}{6} \underbrace{\langle \begin{pmatrix} 0 \\ -1 \\ -1 \end{pmatrix}, \begin{pmatrix} -1 \\ 2 \\ 1 \end{pmatrix} \rangle}_{=-3} \begin{pmatrix} -1 \\ 2 \\ 1 \end{pmatrix} + \langle \begin{pmatrix} 0 \\ -1 \\ -1 \end{pmatrix}, \begin{pmatrix} \sqrt{3}/3 \\ \sqrt{3}/3 \\ -\sqrt{3}/3 \end{pmatrix} \rangle \begin{pmatrix} \sqrt{3}/3 \\ \sqrt{3}/3 \\ -\sqrt{3}/3 \end{pmatrix} \right]$$

$$= \begin{pmatrix} 0 \\ -1 \\ -1 \end{pmatrix} - \left(\begin{pmatrix} 1/2 \\ -1 \\ -1/2 \end{pmatrix} + 3 \cdot \underbrace{\langle \begin{pmatrix} 0 \\ -1 \\ -1 \end{pmatrix}, \begin{pmatrix} 1/3 \\ 1/3 \\ -1/3 \end{pmatrix} \rangle}_{=0} \begin{pmatrix} 1/3 \\ 1/3 \\ -1/3 \end{pmatrix} \right) = \begin{pmatrix} -1/2 \\ 0 \\ -1/2 \end{pmatrix}$$

$\rightsquigarrow p_3 = q_3/|q_3| = q_3/\sqrt{1/4 + 1/4} = q_3/\sqrt{2/4} = \sqrt{2}q_3$

$\rightsquigarrow$ Orthonormalbasis: $\{p_1, p_2, p_3\} = \left\{ \begin{pmatrix} -\sqrt{6}/6 \\ \sqrt{6}/3 \\ \sqrt{6}/6 \end{pmatrix}, \begin{pmatrix} \sqrt{3}/3 \\ \sqrt{3}/3 \\ -\sqrt{3}/3 \end{pmatrix}, \begin{pmatrix} -\sqrt{2}/2 \\ 0 \\ -\sqrt{2}/2 \end{pmatrix} \right\}$

Probe: $\langle p_1, p_2 \rangle = 0$, $\langle p_2, p_3 \rangle = 0$, $\langle p_1, p_3 \rangle = 0$ ✓, $|p_1| = |p_2| = |p_3| = 1$ ✓

21.7   Skalarprodukt für Matrizen ⋆

Zeigen Sie, dass durch $\langle \cdot, \cdot \rangle_F : \mathbb{R}^{m \times n} \times \mathbb{R}^{m \times n} \longrightarrow \mathbb{R}$ mit

$$\langle A, B \rangle_F := \sum_{i=1}^{m} \sum_{j=1}^{n} a_{ij} b_{ij}$$

ein Skalarprodukt* und durch $|A|_F := \sqrt{\langle A\,A \rangle_F}$ eine Norm* auf $\mathbb{R}^{m \times n}$ definiert wird, und bestimmen Sie für

$$A = \begin{pmatrix} 0 & 6 & 8 \\ 1 & -1 & 0 \end{pmatrix} \text{ und } B = \begin{pmatrix} 4 & 2 & 6 \\ 3 & 7 & 4 \end{pmatrix}$$

die Größen $\langle A, B \rangle_F$ und $|A|_F$.

Lösungsskizze

(i) Betrachte $A = (a_{ij})$, $B = (b_{ij})$ und $C = c_{ij}$, $i = 1, ..., m$; $j = 1, ..., n$ (zur Vereinfachung der Schreibweise vereinbaren wir: $\sum_i \,\hat{=}\, \sum_{i=1}^{m}$ und $\sum_j \,\hat{=}\, \sum_{j=1}^{n}$):

- Symmetrie: $\langle A, B \rangle_F = \sum_i \sum_j a_{ij} b_{ij} = \sum_i \sum_j b_{ij} a_{ji} = \langle B, A \rangle_F$ ✓

- Linearität:

$$\langle A, B + C \rangle_F = \sum_i \sum_j a_{ij}(b_{ij} + c_{ij}) = \sum_i \sum_j a_{ij} b_{ij} + a_{ij} c_{ij}$$

$$= \sum_i \sum_j a_{ij} b_{ij} + \sum_i \sum_j a_{ij} c_{ij} = \langle A, B \rangle_F + \langle A, C \rangle_F \text{ ✓}$$

$$\langle \lambda \cdot A, B \rangle_F = \sum_i \sum_j \lambda \cdot a_{ij} b_{ij} = \lambda \cdot \sum_i \sum_j \cdot a_{ij} b_{ij} = \lambda \cdot \langle A, B \rangle_F \text{ ✓}$$

- Positive Definitheit: Für $\lambda \in \mathbb{R}$ gilt:

$$\langle A, A \rangle_F = \sum_i \sum_j a_{ij} a_{ij} = \sum_i \sum_j a_{ij}^2 \geq 0 \Rightarrow \langle A, A \rangle_F = 0 \Leftrightarrow a_{ij} = 0 \text{ ✓}$$

(ii) Ein Skalarprodukt auf einem Vektorraum V induziert durch die Setzung $|\cdot| := \sqrt{\langle \cdot, \cdot \rangle}$ automatisch eine Norm (Betrag) auf V. Somit ist $|\cdot|_F$ eine Norm für Matrizen aus $\mathbb{R}^{m \times n}$.

(iii) $\langle A, B \rangle_F = 0 \cdot 4 + 6 \cdot 2 + 8 \cdot 6 + 1 \cdot 3 + (-1) \cdot 7 + 0 \cdot 4 = 56$

$|A|_F^2 = \langle A, A \rangle_F = \sum_{i=1}^{2} \sum_{j=1}^{3} a_{ij}^2 = 0^2 + 6^2 + 8^2 + 1^2 + 1^2 = 102$

$\Longrightarrow |A|_F = \sqrt{102}$

---

* Das Subskript „F" beim Skalarprodukt $\langle \cdot, \cdot \rangle_F$ steht für den Namen des berühmten Mathematikers Ferdinand Georg Frobenius (1849–1917). Das Frobenius-Skalarprodukt und die Frobenius-Norm $|\cdot|_F$ spielen z.B. in der numerischen Linearen Algebra eine wichtige Rolle.

22 Matrizen und Determinanten

Übersicht

© Springer-Verlag GmbH Deutschland, ein Teil von Springer Nature 2021
A. Keller, *Aufgaben und Lösungen zur Mathematik für den Studienstart*,
https://doi.org/10.1007/978-3-662-63628-2_22

22.1   Matrizenmultiplikation

Gegeben sind die folgenden Matrizen:

$$A = \begin{pmatrix} 1 & -1 & 2 \\ 0 & 1 & 3 \end{pmatrix}, \quad B = \begin{pmatrix} -1 & 2 \\ 4 & 0 \\ 3 & 1 \end{pmatrix}, \quad u = \begin{pmatrix} 1, & 2, & -1 \end{pmatrix}, \quad v = \begin{pmatrix} 2, & 3, & 1 \end{pmatrix}$$

Berechnen Sie, falls möglich: AB, $AB^\top$, $uv^\top$, uv, $A(u^\top v)$, B^2.

Lösungsskizze

(i) AB definiert („$2 \times 3 \cdot 3 \times 2 \rightsquigarrow 2 \times 2$") ✓

$$A \cdot B = \begin{pmatrix} 1 & -1 & 2 \\ 0 & 1 & 3 \end{pmatrix} \cdot \begin{pmatrix} -1 & 2 \\ 4 & 0 \\ 3 & 1 \end{pmatrix} = \begin{pmatrix} -1 - 4 + 6 & 2 + 2 \\ 4 + 9 & 3 \cdot 1 \end{pmatrix} = \begin{pmatrix} 1 & 4 \\ 13 & 3 \end{pmatrix}$$

(ii) $B^\top = \begin{pmatrix} 2 & 0 & 1 \\ -1 & 4 & 3 \end{pmatrix} \rightsquigarrow A \cdot B^\top$, nicht definiert („$2 \times 3 \cdot 2 \times 3$") ↯

(iii) $v^\top = \begin{pmatrix} 2 \\ 3 \\ 1 \end{pmatrix} \rightsquigarrow u \cdot v^\top$ definiert („$1 \times 3 \cdot 3 \times 1 \rightsquigarrow 1 \times 1$") ✓

$$uv^\top = (1, 2, -1) \cdot \begin{pmatrix} 2 \\ 3 \\ 1 \end{pmatrix} = 1 \cdot 2 + 2 \cdot 3 + (-1 \cdot 1) = 7 (= \langle u, v \rangle)$$

(iv) $u \cdot v$ nicht definiert („$1 \times 3 \cdot 1 \times 3$") ↯

(v) $u^\top = \begin{pmatrix} 1 \\ 2 \\ -1 \end{pmatrix} \rightsquigarrow u^\top \cdot v$ definiert („$3 \times 1 \cdot 1 \times 3 \rightsquigarrow 3 \times 3$") ✓

$$u^\top v = \begin{pmatrix} 1 \\ 2 \\ -1 \end{pmatrix} \cdot (2, 3, 1) = \begin{pmatrix} 1 \cdot 2 & 1 \cdot 3 & 1 \cdot 1 \\ 2 \cdot 2 & 2 \cdot 3 & 2 \cdot 1 \\ -1 \cdot 2 & -1 \cdot 3 & -1 \cdot 1 \end{pmatrix} = \begin{pmatrix} 2 & 3 & 1 \\ 4 & 6 & 2 \\ -2 & -3 & -1 \end{pmatrix}$$

$\rightsquigarrow A(u^\top v)$ definiert („$2 \times 3 \cdot 3 \times 3 \rightsquigarrow 2 \times 3$") ✓

$$A(u^\top v) = \begin{pmatrix} 1 & -1 & 2 \\ 0 & 1 & 3 \end{pmatrix} \cdot \begin{pmatrix} 2 & 3 & 1 \\ 4 & 6 & 2 \\ -2 & -3 & -1 \end{pmatrix} = \begin{pmatrix} 2 - 4 - 4 & 3 - 6 - 6 & 1 - 2 - 2 \\ 4 - 6 & 6 - 9 & 2 - 3 \end{pmatrix}$$

$$= -\begin{pmatrix} 6 & 9 & 3 \\ 2 & 3 & 1 \end{pmatrix}$$

(vi) B^2 nicht definiert („$3 \times 2 \cdot 3 \times 2$") ↯

22.2 Rechnen mit Matrizen

Gegeben sind die folgenden Matrizen:

$$A = \begin{pmatrix} -2 & 0 \\ 3 & 4 \end{pmatrix}, \quad B = \begin{pmatrix} 2 & 1 \\ 0 & 2 \end{pmatrix}, \quad C = \begin{pmatrix} 2 & 0 & 0 \\ 0 & 3 & 0 \\ 0 & 0 & 4 \end{pmatrix}, \quad D = \begin{pmatrix} -2 & 1 & 3 \\ 0 & 3 & -1 \end{pmatrix}$$

Berechnen Sie, falls möglich:

a) $A \cdot B$ b) $A + B + C$ c) $D \cdot A$ d) $(A \cdot D) + (D \cdot C)$
e) C^3 f) $A^2 + 2AB + B^2$ g) $(A + B)^2$ h) $(2A + \mu E_3)^2$, $\mu \in \mathbb{R}$

Lösungsskizze

a) $A \cdot B = \begin{pmatrix} -2 & 0 \\ 3 & 4 \end{pmatrix} \cdot \begin{pmatrix} 2 & 1 \\ 0 & 2 \end{pmatrix} = \begin{pmatrix} -4 & -2 \\ 6 & 3+8 \end{pmatrix} = \begin{pmatrix} -4 & -2 \\ 6 & 11 \end{pmatrix}$

b) $A + B + C$ nicht definiert, da $A + B \in \mathbb{R}^{2\times 2}$, aber $C \in \mathbb{R}^{3\times 3}$ ⚡

c) $D \cdot A$ nicht definiert („$2 \times 3 \cdot 2 \times 2$") ⚡

d) $A \cdot D + D \cdot C = \begin{pmatrix} -2 & 0 \\ 3 & 4 \end{pmatrix} \begin{pmatrix} -2 & 1 & 3 \\ 0 & 3 & -1 \end{pmatrix} + \begin{pmatrix} -2 & 1 & 3 \\ 0 & 3 & -1 \end{pmatrix} \begin{pmatrix} 2 & 0 & 0 \\ 0 & 3 & 0 \\ 0 & 0 & 4 \end{pmatrix}$

$$= \begin{pmatrix} 4 & -2 & -6 \\ -6 & 3+12 & 9-4 \end{pmatrix} + \begin{pmatrix} -2\cdot 2 & 1\cdot 3 & 3\cdot 4 \\ 0 & 3\cdot 3 & -1\cdot 4 \end{pmatrix} = - \begin{pmatrix} 0 & 1 & 6 \\ -6 & 24 & 1 \end{pmatrix}$$

e) $C = \mathrm{diag}(2, 3, 4)$

$$\Longrightarrow C^3 = \mathrm{diag}(2^3, 3^3, 4^3) = \mathrm{diag}(8, 27, 64) = \begin{pmatrix} 8 & 0 & 0 \\ 0 & 27 & 0 \\ 0 & 0 & 64 \end{pmatrix}$$

f) $A^2 = \begin{pmatrix} -2 & 0 \\ 3 & 4 \end{pmatrix} \cdot \begin{pmatrix} -2 & 0 \\ 3 & 4 \end{pmatrix} = \begin{pmatrix} 4 & 0 \\ 6 & 16 \end{pmatrix}$; $B^2 = \begin{pmatrix} 2 & 1 \\ 0 & 2 \end{pmatrix} \cdot \begin{pmatrix} 2 & 1 \\ 0 & 2 \end{pmatrix} = \begin{pmatrix} 4 & 4 \\ 0 & 4 \end{pmatrix}$

$\rightsquigarrow A^2 + 2AB + B^2 = \begin{pmatrix} 4 & 0 \\ 6 & 16 \end{pmatrix} + 2 \begin{pmatrix} -4 & -2 \\ 6 & 11 \end{pmatrix} + \begin{pmatrix} 4 & 4 \\ 0 & 4 \end{pmatrix} = \begin{pmatrix} 0 & 0 \\ 18 & 42 \end{pmatrix}$

g) $(A + B)^2 = \left(\begin{pmatrix} -2 & 0 \\ 3 & 4 \end{pmatrix} + \begin{pmatrix} 2 & 1 \\ 0 & 2 \end{pmatrix} \right)^2 = \left(\begin{pmatrix} 0 & 1 \\ 3 & 6 \end{pmatrix} \right)^2 = \begin{pmatrix} 0 & 1 \\ 3 & 6 \end{pmatrix} \cdot \begin{pmatrix} 0 & 1 \\ 3 & 6 \end{pmatrix}$

$$= \begin{pmatrix} 3 & 6 \\ 18 & 39 \end{pmatrix} \overset{f)}{\Longrightarrow} (A+B)^2 \neq A^2 + 2AB + B^2, \text{ d.h. binom. Formel}$$

gilt i. Allg. nicht für Matrizen

h) $(2A + \mu E_2)^2 = \left(2 \begin{pmatrix} -2 & 0 \\ 3 & 4 \end{pmatrix} + \mu \begin{pmatrix} 1 & 0 \\ 0 & 1 \end{pmatrix} \right)^2 = \left(\begin{pmatrix} -4 & 0 \\ 6 & 8 \end{pmatrix} + \begin{pmatrix} \mu & 0 \\ 0 & \mu \end{pmatrix} \right)^2$

$$= \begin{pmatrix} \mu - 4 & 0 \\ 6 & \mu + 8 \end{pmatrix}^2 = \begin{pmatrix} (\mu - 4)^2 & 0 \\ 12\mu + 24 & (\mu + 8)^2 \end{pmatrix} \text{ mit } \mu \in \mathbb{R}$$

22.3   Lineare Unabhängigkeit von Matrizen

Gegeben sind die folgenden Matrizen aus $\mathbb{R}^{2\times 2}$:

$$A = \begin{pmatrix} 2 & 1 \\ 0 & -1 \end{pmatrix}, \quad B = \begin{pmatrix} -1 & 3 \\ 1 & 2 \end{pmatrix}, \quad C = \begin{pmatrix} 0 & -1 \\ -1 & 2 \end{pmatrix}$$

Untersuchen Sie die Matrizen auf lineare Unabhängigkeit:

a) A, B, C b) $A, A + B, B + C$ c) $A, B, C, A + B, B + C$

Lösungsskizze

a) Betrachte Linearkombination von A, B, C zur Nullmatrix $\mathbf{0} \rightsquigarrow$

$$\lambda \begin{pmatrix} 2 & 1 \\ 0 & -1 \end{pmatrix} + \mu \begin{pmatrix} -1 & 3 \\ 1 & 2 \end{pmatrix} + \sigma \begin{pmatrix} 0 & -1 \\ -1 & 2 \end{pmatrix} = \mathbf{0} \iff \begin{pmatrix} 2\lambda - \mu & \lambda + 3\mu - \sigma \\ \mu - \sigma & -\lambda + 2\mu + 2\sigma \end{pmatrix} = \begin{pmatrix} 0 \\ 0 \end{pmatrix}$$

$\rightsquigarrow$ überbestimmtes LGS:

$$\begin{array}{llll} \text{I.} & 2\lambda - \mu & & = 0 \\ \text{II.} & \lambda + 3\mu - \sigma & = 0 \\ \text{III.} & \mu - \sigma & = 0 \\ \text{IV.} & -\lambda + 2\mu + 2\sigma & = 0 \end{array}$$

Aus I.: $\lambda = \mu/2$; aus III.: $\mu = \sigma$ in II.: $\mu/2 + 3\mu - \mu = 0 \rightsquigarrow 5\mu/2 = 0 \rightsquigarrow \mu = 0$, d.h.

$$\lambda = \mu = \sigma = 0$$

$\implies A, B, C$ sind linear unabhängig.

b) Betrachte Linearkombination von $A, A + B, B + C$:

$$\lambda A + \mu(A + B) + \sigma(B + C) \overset{!}{=} \mathbf{0} \iff (\lambda + \mu)A + (\mu + \sigma)B + \sigma C = \mathbf{0}$$

A, B, C sind linear unabhängig $\rightsquigarrow \lambda + \mu = 0$, $\mu + \sigma = 0$ und $\sigma = 0 \implies \lambda = \mu = \sigma = 0$, also sind $A, A + B, B + C$ linear unabhängig.

c) $\dim \mathbb{R}^{2\times 2} = 4 \rightsquigarrow$ fünf beliebige Vektoren aus $\mathbb{R}^{2\times 2}$ sind somit immer linear abhängig $\implies$ auch die Matrizen

$$A, B, C, A + B, B + C$$

sind linear abhängig.

22.4 Berechnung von Determinanten

Gegeben sind die folgenden Matrizen: $A = \begin{pmatrix} -2 & 3 \\ -1 & 1/2 \end{pmatrix}$, $B = \begin{pmatrix} 1 & -1 & 0 \\ 2 & 3 & -1 \end{pmatrix}$

Berechnen Sie, falls möglich, die folgenden Determinanten. Nutzen Sie dabei die Determinantengesetze.

a) $\det(A)$ b) $\det(A^{-1})$ c) $\det(A^\top)$ d) $\det(2 \cdot A^9) - 27$
e) $\det(A \cdot B)$ f) $\det(B) \cdot \det(A)$ g) $\det(B^\top B)$ h) $\det(A^\top A^{-1})$

Lösungsskizze

a) Formel: Determinante für eine 2×2-Matrix: $\boxed{\det \begin{pmatrix} a & b \\ c & d \end{pmatrix} = ad - bc}$

$\rightsquigarrow \det A = -2 \cdot 1/2 - (3 \cdot -1) = -1 + 3 = 2$

b) Es gilt $\boxed{(\det A)^{-1} = \det(A^{-1}), \text{ für } \det A \neq 0} \implies \det A^{-1} = \dfrac{1}{\det A} = 1/2.*$

c) $\det(A) = \det(A^\top) = 2$ (Determinante ändert sich beim Transponieren nicht)

d) $\det(2 \cdot A^9) - 27 = 2^2 \cdot \det(A)^9 - 27 = 4 \cdot 2^9 - 27 = 4 \cdot 2^9 - 27$
$$= 4 \cdot 512 - 27 = 2048 - 27 = 2021$$

e) Produkt $A \cdot B$ definiert („$2 \times 2 \cdot 2 \times 3 \rightsquigarrow 2 \times 3$"), aber Determinanten nur für quadratische Matrizen definiert $\rightsquigarrow \det(AB)$ ↯.

f) $B \in \mathbb{R}^{2 \times 3} \rightsquigarrow \det B$ ↯ (vgl. e)

g) $B^\top B = \begin{pmatrix} 1 & 2 \\ -1 & 3 \\ 0 & -1 \end{pmatrix} \cdot \begin{pmatrix} 1 & -1 & 0 \\ 2 & 3 & -1 \end{pmatrix} = \begin{pmatrix} 5 & 5 & -2 \\ 5 & 10 & -3 \\ -2 & -3 & 1 \end{pmatrix}$

Regel von Sarrus: $\det \begin{pmatrix} a & b & c \\ d & e & f \\ g & h & i \end{pmatrix} = aei + bfg + cdh - ceg - afh - bdi$

$\rightsquigarrow \det(B^\top B) = 5 \cdot 10 + (5 \cdot (-3) \cdot (-2)) + ((-2) \cdot 5 \cdot (-3)) - ((-2) \cdot 10 \cdot (-2))$
$$-(5 \cdot (-3) \cdot (-3)) - (5 \cdot 5) = 50 + 30 + 30 - 40 - 45 - 25 = 0$$

h) $\det(A^\top A^{-1}) = \det(A^\top) \cdot \det(A^{-1}) = 2 \cdot 1/2 = 1$

* Mühsame Alternative: Bestimmung der Inversen via Formel

$\boxed{\det A \neq 0 \implies A^{-1} = \dfrac{1}{\det A} \begin{pmatrix} d & -b \\ -c & a \end{pmatrix}} \rightsquigarrow A^{-1} = 1/2 \begin{pmatrix} 1/2 & -3 \\ 1 & -2 \end{pmatrix}$

$\implies \det A^{-1} = \det \left(1/2 \begin{pmatrix} 1/2 & -3 \\ 1 & -2 \end{pmatrix} \right) = (1/2)^2 \det \begin{pmatrix} 1/2 & -3 \\ 1 & -2 \end{pmatrix} = 2/4 = 1/2$

22.5   Determinante einer 4×4-Matrix

Bestimmen Sie die Determinante der gegebenen 4×4-Matrix:

$$A = \begin{pmatrix} 1 & 3 & 1 & 1 \\ 0 & -2 & -1 & -2 \\ 2 & 2 & 0 & -3 \\ 3 & 0 & -1 & 1 \end{pmatrix}$$

Lösungsskizze

Determinante einer $n \times n$-Matrix über Determinantenentwicklungssatz $\rightsquigarrow$

Entwicklung nach einer Spalte oder Zeile, welche möglichst vielen Nullen enthält.

Bei A z.B. Entwicklung nach erster Spalte:

$$\det A = 1 \cdot \det \underbrace{\begin{pmatrix} -2 & -1 & -2 \\ 2 & 0 & -3 \\ 0 & -1 & 1 \end{pmatrix}}_{=U_{11}} + 2 \cdot \det \underbrace{\begin{pmatrix} 3 & 1 & 1 \\ -2 & -1 & -2 \\ 0 & -1 & 1 \end{pmatrix}}_{=U_{31}} - 3 \cdot \det \underbrace{\begin{pmatrix} 3 & 1 & 1 \\ -2 & -1 & -2 \\ 2 & 0 & -3 \end{pmatrix}}_{=U_{41}}$$

Bestimmung der Determinanten der 3×3-Untermatrizen ebenfalls mit Determinantenentwicklungssatz (alternativ Sarrus-Regel):

U_{11}, Entwicklung nach erster Spalte $\rightsquigarrow$

$$\det U_{11} = -2 \cdot \det \underbrace{\begin{pmatrix} 0 & -3 \\ -1 & 1 \end{pmatrix}}_{=0 \cdot 1 - (-1 \cdot -3)} - 2 \cdot \det \underbrace{\begin{pmatrix} -1 & -2 \\ -1 & 1 \end{pmatrix}}_{=(-1 \cdot 1) - (-1 \cdot -2)} = -2 \cdot (0-3) - 2 \cdot (-1-2) = 12$$

U_{31}, Entwicklung nach erster Spalte $\rightsquigarrow$

$$\det U_{31} = 3 \cdot \det \underbrace{\begin{pmatrix} -1 & -2 \\ -1 & 1 \end{pmatrix}}_{=-3} + 2 \cdot \det \underbrace{\begin{pmatrix} 1 & 1 \\ -1 & 1 \end{pmatrix}}_{=(1 \cdot 1) - (-1 \cdot -1)} = 3 \cdot (-3) + 2 \cdot (-1-1) = -5$$

U_{41}, Entwicklung nach dritter Zeile $\rightsquigarrow$

$$\det U_{41} = 2 \cdot \det \underbrace{\begin{pmatrix} 1 & 1 \\ -1 & -2 \end{pmatrix}}_{=1 \cdot -2 - (1 \cdot -1)} - 3 \cdot \det \underbrace{\begin{pmatrix} 3 & 1 \\ -2 & -1 \end{pmatrix}}_{=(3 \cdot -1) - (-2 \cdot 1)} = 2 \cdot (-2+1) - 3 \cdot (-3+2) = 1$$

$$\rightsquigarrow \det A = 12 + 2 \cdot (-5) - 3 \cdot (1) = 12 - 10 - 3 = -1$$

22.6 Rang einer Matrix

Bestimmen Sie den Rang der folgenden Matrizen:

$$\text{a)}\, A = \begin{pmatrix} 2 & -1 & 1 \\ -2 & 2 & 0 \\ -1 & -1 & -2 \end{pmatrix} \qquad \text{b)}\, B = \begin{pmatrix} 2 & 2 & -3 & -2 \\ 3 & 1 & 2 & 0 \\ -3 & 2 & 1 & -1 \end{pmatrix}$$

Lösungsskizze

Rang einer Matrix = maximale Anzahl an linear unabhängigen Spalten = maximale Anzahl an linear unabhängigen Zeilen (Spaltenrang = Zeilenrang)

a) Determinante von A (Entwicklung nach der letzten Spalte):

$$\det A = \det \begin{pmatrix} -2 & 2 \\ -1 & -1 \end{pmatrix} - 2 \cdot \det \begin{pmatrix} 2 & -1 \\ -2 & 2 \end{pmatrix}$$
$$= 2 + 2 - 2(4 - 2) = 4 - 4 = 0$$

$\rightsquigarrow$ Spalten- und Zeilenvektoren linear abhängig $\implies \operatorname{rg} A < 3$

$$\underbrace{\begin{pmatrix} 2 \\ -2 \\ 1 \end{pmatrix}}_{=a_1} \stackrel{!}{=} \lambda \underbrace{\begin{pmatrix} -1 \\ 2 \\ -1 \end{pmatrix}}_{=a_2} \rightsquigarrow \lambda = -1/2 \wedge \lambda = -1 \, \notsign \text{ somit } a_1, a_2 \text{ linear unabhängig}$$

$$\implies \operatorname{rg} A = 2$$

b) $B \in \mathbb{R}^{3 \times 4} \implies \operatorname{rg} B \leq 3.$

Untersuche Zeilenvektoren auf lineare Unabhängigkeit:

$$\lambda \begin{pmatrix} 2 \\ 2 \\ -3 \\ -2 \end{pmatrix} + \mu \begin{pmatrix} 3 \\ 1 \\ 2 \\ 0 \end{pmatrix} + \sigma \begin{pmatrix} -3 \\ 2 \\ 1 \\ -1 \end{pmatrix} = \mathbf{0} \rightsquigarrow \begin{array}{llll} \text{I.} & 2\lambda + 3\mu - 3\sigma = 0 \\ \text{II.} & 2\lambda + \mu + 2\sigma = 0 \\ \text{III.} & -3\lambda + 2\mu + \sigma = 0 \\ \text{IV.} & -2\lambda - \sigma = 0 \end{array}$$

Aus IV.: $-2\lambda - \sigma = 0 \rightsquigarrow \sigma = -2\lambda$

In III.: $-3\lambda + 2\mu - 2\lambda = 0 \rightsquigarrow -5\lambda + 2\mu = 0 \rightsquigarrow \mu = 5\lambda/2$

In II.: $2\lambda + 5\lambda/2 - 4\lambda = 0 \rightsquigarrow \lambda/2 = 0$

$\implies \lambda = \mu = \sigma = 0 \rightsquigarrow$ die drei Zeilenvektoren sind linear unabhängig

$\implies \operatorname{rg} B = 3.$

22.7   Sarrus-Regel für 4×4-Matrizen?

Archibald behauptet, er habe eine Sarrus-artige Formel für die Determinante einer reellen 4×4-Matrix gefunden:

$$
\sim \det \begin{pmatrix} a & b & c & d \\ e & f & g & h \\ i & j & k & \ell \\ m & n & o & p \end{pmatrix} = afkp + bg\ell m + chin + dejo
$$
$$
-dgjm - ahkn - be\ell o - cfip
$$

Überzeugen Sie Archibald davon, dass seine gefundene Formel nicht richtig sein kann.

Lösungsskizze

Wir überzeugen Archibald durch ein Gegenbeispiel. Betrachte z.B. die Matrix:

$$
A = \begin{pmatrix} 1 & 0 & 0 & 0 \\ 1 & 2 & 2 & -1 \\ 0 & 2 & 1 & -2 \\ 0 & -1 & 3 & 1 \end{pmatrix}
$$

Bestimmung von $\det A$ via Determinantenentwicklungssatz (Entwicklung nach der ersten Zeile):

$$
\det A = 1 \cdot \begin{pmatrix} 2 & 2 & -1 \\ 2 & 1 & -2 \\ -1 & 3 & 1 \end{pmatrix} \quad \text{(Entwicklung nach erster Spalte } \sim)
$$

$$
= 2 \cdot \det \begin{pmatrix} 1 & -2 \\ 3 & 1 \end{pmatrix} - 2 \cdot \det \begin{pmatrix} 2 & -1 \\ 3 & 1 \end{pmatrix} - \det \begin{pmatrix} 2 & -1 \\ 1 & -2 \end{pmatrix}
$$

$$
= 2 \cdot (1 + 6) - 2 \cdot (2 + 3) - (-4 + 1) = 14 - 10 + 3 = 7
$$

Berechnung mit Archibalds Regel vom Sarrus-Typ:

$$
\sim \det A = 2 - 1 = 1
$$

Widerspruch $\lightning$, somit kann Archibalds Formel i. Allg. nicht stimmen.

22.8 Invertierbarkeit

Für welche $\mu \in \mathbb{R}$ ist die Matrix

$$B_\mu = \begin{pmatrix} 2 & 1 & 0 & 1 \\ \mu & 0 & 1 & 2 \\ 1 & 2 & 1 & 0 \\ 1 & 0 & \mu & 2 \end{pmatrix}$$

invertierbar?

Lösungsskizze

Allgemein gilt: $A \in \mathbb{R}^{n \times n}$ invertierbar $\iff \det A \neq 0$

Bestimme $\det B_\mu$ via Entwicklungssatz, z.B. Entwicklung nach erster Zeile $\rightsquigarrow$

$$\det B_\mu = 2 \cdot \underbrace{\det \begin{pmatrix} 0 & 1 & 2 \\ 2 & 1 & 0 \\ 0 & \mu & 2 \end{pmatrix}}_{\text{1. Spalte}} - \underbrace{\det \begin{pmatrix} \mu & 1 & 2 \\ 1 & 1 & 0 \\ 1 & \mu & 2 \end{pmatrix}}_{\text{2. Zeile}} - \underbrace{\det \begin{pmatrix} \mu & 0 & 1 \\ 1 & 2 & 1 \\ 1 & 0 & \mu \end{pmatrix}}_{\text{1. Zeile}}$$

$$= 2 \cdot \left(-2 \det \begin{pmatrix} 1 & 2 \\ \mu & 2 \end{pmatrix} \right) - \left(-\det \begin{pmatrix} 1 & 2 \\ \mu & 2 \end{pmatrix} + \det \begin{pmatrix} \mu & 2 \\ 1 & 2 \end{pmatrix} \right)$$

$$- \left(\mu \det \begin{pmatrix} 2 & 1 \\ 0 & \mu \end{pmatrix} + 2 \det \begin{pmatrix} 1 & 2 \\ 1 & 0 \end{pmatrix} \right)$$

$$= 2 \cdot (-2(2 - 2\mu)) - (-(2 - 2\mu) + 2\mu - 2) - (2\mu^2 - 2)$$

$$= -8 + 8\mu + 2 - 2\mu - 2\mu + 4 - 2\mu^2 + 2$$

$$= -2\mu^2 + 4\mu - 2$$

$$\det B_\mu \overset{!}{=} 0 \iff -2\mu^2 + 4\mu - 2 = 0$$
$$\iff \mu^2 - 2\mu + 1 = 0 \,|\, \text{scharfes Hinsehen} \rightsquigarrow$$
$$\iff (\mu - 1)^2 = 0$$

$$\implies \mu_{1,2} = 1 \text{ (Alternative: Mitternachtsformel)}$$

$\rightsquigarrow B_\mu$ invertierbar $\iff \mu \neq 1$

22.9   Kern und Bild einer Matrix

Bestimmen Sie $\dim \operatorname{Ker} A$ und $\dim \operatorname{Im} A$ von:

$$
\text{a) } A = \begin{pmatrix} 5 & 1 & 5 & 4 \\ 4 & 3 & 2 & 2 \\ 2 & 0 & 1 & 4 \end{pmatrix}
\qquad
\text{b) } A = \begin{pmatrix} 1 & 3 & 0 \\ 2 & 3 & 1 \\ 2 & 6 & 0 \end{pmatrix}
$$

Geben Sie eine Basis von $\operatorname{Ker} A$ und $\operatorname{Im} A$ an.

Lösungsskizze

Auffrischung: Kern und Bild einer Matrix

Jede Matrix $A \in \mathbb{R}^{m \times n}$ kann als lineare Abbildung $A : \mathbb{R}^n \longrightarrow \mathbb{R}^m$ aufgefasst werden.

Es gilt der *Dimensionssatz*:

$$
\boxed{n = \dim \mathbb{R}^n = \dim \operatorname{Ker} A + \dim \operatorname{Im} A}
$$

Hierbei ist

$$
\operatorname{Ker} A := \{ x \in \mathbb{R}^n \mid Ax = \mathbf{0} \}
$$

(*Kern* von A) ein Untervektorraum von $\mathbb{R}^n$ und

$$
\operatorname{Im} A := \{ y \in \mathbb{R}^m \mid \exists x \in \mathbb{R}^n \text{ mit } Ax = y, \}
$$

(*Bild* von A) ein Untervektorraum von $\mathbb{R}^m$. Insbesondere gilt:

$$
\boxed{\dim \operatorname{Im} A = \operatorname{rg} A}
$$

---

a) Bringe $A \in \mathbb{R}^{3 \times 4}$ durch Gauß-Elimination auf Zeilenstufenform:

$$
\begin{pmatrix} 5 & 1 & 5 & 4 \\ 4 & 3 & 2 & 2 \\ 2 & 0 & 1 & 4 \end{pmatrix}
\overset{-4/5 \quad -2/5}{\rightsquigarrow}
\begin{pmatrix} 5 & 1 & 5 & 4 \\ 0 & 11/5 & -2 & 6/5 \\ 0 & -2/5 & -1 & 12/5 \end{pmatrix}
\overset{2/11}{}
$$

$$
\rightsquigarrow
\begin{pmatrix} 5 & 1 & 5 & 4 \\ 0 & 11/5 & -2 & 6/5 \\ 0 & 0 & -15/11 & 24/11 \end{pmatrix}
\begin{matrix} \\ | \cdot 5 \\ | \cdot 11 \end{matrix}
\rightsquigarrow
\begin{pmatrix} 5 & 1 & 5 & 4 \\ 0 & 11 & -10 & 6 \\ 0 & 0 & -15 & 24 \end{pmatrix}
$$

<u>Bestimmung von Ker A</u>: $\rightsquigarrow$ Lösung von LGS $Ax = \mathbf{0}$ mit $(x_1, x_2, x_3, x_4)^\top \in \mathbb{R}^4$

Ergänze Nullzeile zu LGS $\rightsquigarrow$ Systemmatrix:

$$\left(\begin{array}{cccc|c} 5 & 1 & 5 & 4 & 0 \\ 0 & 11 & -10 & 6 & 0 \\ 0 & 0 & -15 & 24 & 0 \\ 0 & 0 & 0 & 0 & 0 \end{array}\right)$$

Wähle $x_4 = \lambda, \lambda \in \mathbb{R}$.

In III.: $-15x_3 + 24\lambda = 0 \rightsquigarrow x_3 = 8\lambda/5$, in II. $11x_2 - 10(8\lambda/5) + 6\lambda = 0 \rightsquigarrow$ $11x_2 + 22\lambda = 0 \rightsquigarrow x_2 = 2\lambda$, in I.: $5x_1 + 2\lambda + 8\lambda + 4\lambda = 0 \rightsquigarrow x_1 = -14\lambda/5$

$\rightsquigarrow \{(-14/5, \, 2, \, 8/5, \, 1)^\top\}$ ist Basis von Ker A und dim Ker $A = 1$.

Dimensionssatz $\rightsquigarrow \dim \operatorname{Im} A = \dim \mathbb{R}^4 - \dim \operatorname{Ker} A = 4 - 1 = 3 \, (= \operatorname{rg} A) \checkmark$

<u>Bild von A</u>: Wegen $\dim \operatorname{Im} A = 3$ und weil $\operatorname{Im} A$ Untervektorraum von $\mathbb{R}^3$ ist, folgt $\operatorname{Im} A = \mathbb{R}^3$. Das heißt, z.B. $\{(1, 0, 0)^\top, (0, 1, 0)^\top, (0, 0, 1)^\top\}$ ist eine Basis von $\operatorname{Im} A$.

b) Analog zu a) transformiere $A \in \mathbb{R}^{3 \times 3}$ auf Zeilenstufenform:

$$\begin{pmatrix} 1 & 3 & 0 \\ 2 & 3 & 1 \\ 2 & 6 & 0 \end{pmatrix} \rightsquigarrow \begin{pmatrix} 1 & 3 & 0 \\ 0 & -3 & 1 \\ 0 & 0 & 0 \end{pmatrix}$$

<u>Lösung des homogenen LGS $Ax = \mathbf{0}$</u>:

Nullzeile $\rightsquigarrow x_2 = \lambda, \lambda \in \mathbb{R}$, in II.: $-3\lambda + x_3 = 0 \rightsquigarrow x_3 = 3\lambda$, in I.: $x_1 + 3\lambda 0 \rightsquigarrow x_1 = -3\lambda$

$\rightsquigarrow \{(-3, 1, 3)^\top\}$ ist eine Basis für Ker $A \rightsquigarrow \dim \operatorname{Ker} A = 1$ und aus dem Dimensionssatz folgt: $\dim \operatorname{Im} A = \dim \mathbb{R}^3 - \dim \operatorname{Ker} A = 3 - 1 = 2 \, (= \operatorname{rg} A \checkmark)$.

Das Bild von A ($\operatorname{Im} A$) wird von den Spaltenvektoren von A aufgespannt.

Wegen

$$\dim \operatorname{Im} = 2$$

bilden zwei linear unabhängige Spaltenvektoren eine Basis, beispielsweise $\{(1, 0, 0)^\top, (3, -3, 0)^\top\}$ oder $\{(1, 0, 0)^\top, (0, 1, 0)^\top\}$.

22.10   Magische Quadrate ⋆

Man sagt, eine Matrix mit ganzzahligen Einträgen $M \in \mathbb{Z}^{n \times n}$ ist ein *magisches Quadrat*, falls es ein $m \in \mathbb{Z}$ gibt ($\hat{=}$ *magische Zahl*), so dass die Summe jeder Spalte, die Summe jeder Zeile und die Summe der Hauptdiagonalen von M immer die magische Zahl m ergeben.

Ist

$$U := \left\{ M \in \mathbb{Z}^{n \times n} \mid M \text{ ist ein magisches Quadrat} \right\}$$

ein Untervektorraum von $\mathbb{R}^{n \times n}$?

Lösungsskizze

Überprüfung der Untervektorraumkriterien:

- Die Nullmatrix ist in U, da diese für $m = 0$ ein magisches Quadrat ist. ✓

- Ist $M \in U$, d.h., ist M zur magischen Zahl m ein magisches Quadrat, dann ist αM zur magischen Zahl αm ein magisches Quadrat $\implies \alpha M \in U$. ✓

- Sind $A = (a_{ij})$, $B = (b_{ij}) \in U$, d.h. zwei magische Quadrate mit magischen Zahlen a und b, dann gilt für $A + B = (a_{ij} + b_{ij})$:

Summe der Hauptdiagonalelemente:

$$\sum_{i=1}^{n} a_{ii} + b_{ii} = \sum_{i=1}^{n} a_{ii} + \sum_{i=1}^{n} b_{ii} = a + b$$

Spaltensummen:

$$\sum_{j=1}^{n} a_{ij} + b_{ij} = \sum_{j=1}^{n} a_{ij} + \sum_{j=1}^{n} b_{ij} = a + b, \quad \text{für} \quad i = 1, 2, 3$$

Zeilensummen:

$$\sum_{i=1}^{n} a_{ij} + b_{ij} = \sum_{i=1}^{n} a_{ij} + \sum_{i=1}^{n} b_{ij} = a + b, \quad \text{für} \quad j = 1, 2, 3$$

$A + B$ ist magisches Quadrat mit magischer Zahl $a + b \Rightarrow A + B \in U$. ✓

$\implies$ Die Menge der magischen Quadrate ist ein Untervektorraum: $U \leq \mathbb{R}^{n \times n}$.

23 Lineare Gleichungssysteme und Gauß-Algorithmus

Übersicht

© Springer-Verlag GmbH Deutschland, ein Teil von Springer Nature 2021
A. Keller, *Aufgaben und Lösungen zur Mathematik für den Studienstart*,
https://doi.org/10.1007/978-3-662-63628-2_23

23.1   Lösungsverhalten von linearen Gleichungssystemen

Bestimmen Sie vorab (ohne direkte Lösung der Systeme) die Anzahl der Lösungen der gegebenen linearen Gleichungssysteme:

$$
\begin{array}{llll}
\text{a)} & x_1 \;-\; x_2 \;=\; 3 & \qquad \text{b)} & 2x_1 \;-\; 3x_2 \;=\; 1 \\
& x_1 \;+\; 2x_2 \;=\; 6 & & \\[2mm]
\text{c)} & 0x_1 \;+\; 0x_2 \;=\; 0 & \qquad \text{d)} & 2x_1 \;+\; x_2 \;=\; 1 \\
& 0x_1 \;+\; 0x_2 \;=\; 0 & & 4x_1 \;+\; 2x_2 \;=\; 4
\end{array}
$$

Berechnen Sie anschließend die Lösungen direkt.

Lösungsskizze

a) Setze $A := \begin{pmatrix} 1 & -1 \\ 1 & 2 \end{pmatrix}$, $y := \begin{pmatrix} 3 \\ 6 \end{pmatrix} \rightsquigarrow \det A = 2 + 1 = 3 \neq 0$, also ist LGS $Ax = y$ eindeutig lösbar.

Lösung: Aus I.: $x_1 = 3 + x_2$, in II.: $3 + x_2 + 2x_2 = 6 \implies x = (x_1,\, x_2)^\top = (4,\, 1)^\top$

b) Unterbestimmtes System (Anzahl Gleichungen < Anzahl der Unbekannten). Lösungsmenge ändert sich nicht, wenn man Gleichung $0x_1 + 0x_2 = 0$ dazunimmt

$$
\rightsquigarrow 2x_1 + 3x_2 = 1 \iff \begin{array}{l} 2x_1 \;-\; 3x_2 \;=\; 1 \\ 0x_1 \;+\; 0x_2 \;=\; 0 \end{array}
$$

$A := \begin{pmatrix} 2 & -3 \\ 0 & 0 \end{pmatrix} \rightsquigarrow \det A = 0$, d.h., das System $Ax = y$ mit $y = (1,\, 0)^\top$ hat entweder keine Lösung oder unendlich viele. Genauer via Rangbetrachtung:

$$
\operatorname{rg} A = \begin{pmatrix} 2 & -3 \\ 0 & 0 \end{pmatrix} = 1;\ \operatorname{rg}(A|y) = \begin{pmatrix} 2 & -3 & 1 \\ 0 & 0 & 0 \end{pmatrix} = 1 \implies \operatorname{rg} A = \operatorname{rg}(A|y) = 1 < 2
$$

$\rightsquigarrow Ax = y$ besitzt unendlich viele Lösungen.

Lösung: System besitzt eine Nullzeile, eine Variable kann bel. gesetzt werden: $x_2 = \lambda, \lambda \in \mathbb{R}$. In I.: $2x_1 - 3\lambda = 1 \rightsquigarrow x_1 = 1/2(1 + 3\lambda)$

$$
\rightsquigarrow (x_1, x_2)^\top = (1/2 + 3\lambda/2,\, \lambda)^\top, \lambda \in \mathbb{R}
$$

c) $A := \begin{pmatrix} 0 & 0 \\ 0 & 0 \end{pmatrix}$, $y = \mathbf{0} \rightsquigarrow \det A = 0$, d.h. keine oder unendlich viele Lösungen.

Rang: $\operatorname{rg} A = 0$ und $\operatorname{rg}(A|\mathbf{0}) = 0 \implies Ax = \mathbf{0}$ hat unendlich viele Lösungen.

Lösung: Zwei Nullzeilen $\rightsquigarrow$ jede Variable kann beliebig gesetzt werden:

$$
\rightsquigarrow (x_1,\, x_2)^\top = (\lambda,\, \mu)^\top, \lambda, \mu \in \mathbb{R}
$$

d) $A := \begin{pmatrix} 2 & 1 \\ 4 & 2 \end{pmatrix} \rightsquigarrow \det A = 2 \cdot 2 - 4 = 0$ und rechte Seite $\neq \mathbf{0} \implies$ LGS unlösbar.

Direkte Rechnung: I.: $2x_1 + x_2 = 1$ und II. $\rightsquigarrow 2x_1 + x_2 = 2 \implies 1 = 2 \, \mbox{\Large\lightning}$

23.2 Lösen eines LGS mit dem Gauß-Algorithmus

Bestimmen Sie mit dem Gauß-Algorithmus die Lösungen der linearen Gleichungssysteme:

a) $3x_1 - 4x_2 + 2x_3 = 1$ b) $\quad x_1 + 2x_2 - x_3 = 1$

$\quad x_1 \qquad\quad + x_3 = 2 \qquad\qquad -x_1/2 - x_2 + x_3 = 0$

$\quad x_1 + 2x_2 + 2x_3 = 1 \qquad\qquad\quad 2x_1 + 4x_2 \qquad\quad = 4$

Lösungsskizze

a) Elementare Zeilenumformungen via erweiterter Systemmatrix:

$$\begin{pmatrix} 3 & -4 & 2 & | & 1 \\ 1 & 0 & 1 & | & 2 \\ 1 & 2 & 2 & | & 1 \end{pmatrix} \rightsquigarrow \begin{pmatrix} 3 & -4 & 2 & | & 1 \\ 0 & 0 & 1/2 & | & -7/2 \\ 0 & 4/3 & 1/3 & | & 5/3 \end{pmatrix}$$

$$\rightsquigarrow \begin{pmatrix} 3 & -4 & 2 & | & 1 \\ 0 & 4/3 & 1/3 & | & 5/3 \\ 0 & 0 & 1/2 & | & -7/2 \end{pmatrix} \begin{matrix} \\ |\cdot 3 \\ |\cdot 2 \end{matrix} \rightsquigarrow \begin{pmatrix} 3 & -4 & 2 & | & 1 \\ 0 & 4 & 1 & | & 5 \\ 0 & 0 & 1 & | & -7 \end{pmatrix}$$

Aus letzter Zeile III: $x_3 = -7$ in II.: $4x_2 - 7 = 5 \rightsquigarrow x_2 = 12/4 = 3$. Beide in I.: $3x_1 - 4\cdot 3 + (2\cdot -7) = 1 \rightsquigarrow 3x_1 = 27 \implies x_1 = 9$

$$\rightsquigarrow (x_1, x_2, x_3)^\top = (9, 3, -7)^\top$$

b) Analog zu a):

$$\begin{pmatrix} 1 & 2 & -1 & | & 1 \\ -1/2 & -1 & 1 & | & 0 \\ 2 & 4 & 0 & | & 4 \end{pmatrix} \begin{matrix} \\ |\cdot -2 \\ \\ \end{matrix} \rightsquigarrow \begin{pmatrix} 1 & 2 & -1 & | & 1 \\ 1 & 2 & -2 & | & 0 \\ 2 & 4 & 0 & | & 4 \end{pmatrix}$$

$$\rightsquigarrow \begin{pmatrix} 1 & 2 & -1 & | & 1 \\ 0 & 0 & -1 & | & -1 \\ 0 & 0 & 2 & | & 2 \end{pmatrix} \rightsquigarrow \begin{pmatrix} 1 & 2 & -1 & | & 1 \\ 0 & 0 & -1 & | & -1 \\ 0 & 0 & 0 & | & 0 \end{pmatrix}$$

Aus II.: $-x_3 = -1 \rightsquigarrow x_3 = 1$

III. ist Nullzeile $\implies$ das LGS besitzt unendlich viele Lösungen, eine der übrigen Variablen kann beliebig gesetzt werden, z.B. $x_2 = \lambda$, $\lambda \in \mathbb{R}$.

Beides in I. $\rightsquigarrow x_1 + 2\lambda - 1 = 1 \rightsquigarrow x_1 = 2 - 2\lambda$

$$\rightsquigarrow (x_1, x_2, x_3)^\top = (2 - 2\lambda, \lambda, 1)^\top, \quad \lambda \in \mathbb{R}$$

23.3   Überbestimmte und unterbestimmte LGS

Bestimmen Sie mit Hilfe einer Rangbetrachtung die Anzahl der Lösungen der linearen Gleichungssysteme $Ax = y$ mit:

$$\text{a) } A = \begin{pmatrix} 3 & 6 \\ 2 & 2 \\ 1 & -4 \end{pmatrix}, \, y = \begin{pmatrix} 3 \\ 6 \\ 3 \end{pmatrix} \qquad \text{b) } A = \begin{pmatrix} 1 & 2 \\ 2 & -1 \\ 1 & -4 \end{pmatrix}, \, y = \begin{pmatrix} 1 \\ -3 \\ -5 \end{pmatrix}$$

$$\text{c) } A = \begin{pmatrix} 2 & 1 & 3 & -1 \\ 4 & -1 & 2 & 3 \\ 2 & 3 & 3 & -4 \end{pmatrix}, \, y = \begin{pmatrix} 4 \\ 6 \\ 2 \end{pmatrix}$$

Bestimmen Sie ggf. die Lösung.

Lösungsskizze

Anwendung des Gauß-Algorithmus auf $(A|y) \rightsquigarrow$ Rang kann abgelesen werden:

$$\text{a) } \left(\begin{array}{cc|c} 3 & 6 & 3 \\ 2 & 2 & 6 \\ 1 & -4 & 3 \end{array} \right) \begin{array}{c} {}^{-2/3} {}^{-1/3} \end{array} \rightsquigarrow \left(\begin{array}{cc|c} 3 & 6 & 3 \\ 0 & -2 & 4 \\ 0 & -6 & 2 \end{array} \right) {}^{6/2} \rightsquigarrow \left(\begin{array}{cc|c} 3 & 6 & 3 \\ 0 & -2 & 4 \\ 0 & 0 & -10 \end{array} \right)$$

$\rightsquigarrow \text{rg}(A) = 2 < \text{rg}(A|y) = 3 \rightsquigarrow$ LGS unlösbar

$$\text{b) } \left(\begin{array}{cc|c} 1 & 2 & 1 \\ 2 & -1 & -3 \\ 1 & -4 & -5 \end{array} \right) \begin{array}{c} {}^{-2} {}^{-1} \end{array} \rightsquigarrow \left(\begin{array}{cc|c} 1 & 2 & 1 \\ 0 & -5 & -5 \\ 0 & -6 & -6 \end{array} \right) {}^{6/5} \rightsquigarrow \left(\begin{array}{cc|c} 1 & 2 & 1 \\ 0 & -5 & -5 \\ 0 & 0 & 0 \end{array} \right)$$

$\rightsquigarrow \text{rg}\,(A) = \text{rg}\,(A|y) = 2$ und $n - \text{rg}(A) = 2 - 2 = 0 \rightsquigarrow$ eindeutige Lösung:

$-5x_2 = -5 \rightsquigarrow x_2 = 1$, in I.: $x_1 + 2 \cdot 1 = 1 \rightsquigarrow x_1 = -1 \implies (x_1, x_2)^\top = (-1, 1)^\top$

$$\text{c) } \left(\begin{array}{cccc|c} 2 & 1 & 3 & -1 & 4 \\ 4 & -1 & 2 & 3 & 6 \\ 2 & 3 & 3 & -4 & 2 \end{array} \right) \begin{array}{c} {}^{-2} {}^{-1} \end{array} \rightsquigarrow \left(\begin{array}{cccc|c} 2 & 1 & 3 & -1 & 4 \\ 0 & -3 & -4 & 5 & -2 \\ 0 & 2 & 0 & -3 & -2 \end{array} \right) {}^{2/3}$$

$$\rightsquigarrow \left(\begin{array}{cccc|c} 2 & 1 & 3 & -1 & 4 \\ 0 & -3 & -4 & 5 & -2 \\ 0 & 0 & -8/3 & 1/3 & -10/3 \end{array} \right) {}_{|\,\cdot\,3} \rightsquigarrow \left(\begin{array}{cccc|c} 2 & 1 & 3 & -1 & 4 \\ 0 & -3 & -4 & 5 & -2 \\ 0 & 0 & -8 & 1 & -10 \end{array} \right)$$

$n = 4$ und $\text{rg}\,(A) = \text{rg}\,(A|y) = 3 \rightsquigarrow$ unendlich viele Lösungen

Wegen $n - \text{rg}\,(A) = 4 - 3 = 1$ lässt sich eine Variable frei wählen, z.B. $x_3 = \mu$.

Aus III.: $-8\mu + x_4 = -10 \rightsquigarrow x_4 = -10 + 8\mu$, in II.: $-3x_2 - 4\mu + 5(-10 + 8\mu) = -2 \rightsquigarrow x_2 = -16 + 12\mu$.

Beides in I.: $2x_1 - 16 + 12\mu + 3\mu + 10 - 8\mu = 4 \rightsquigarrow x_1 = 5 - 7\mu/2$

$$\implies (x_1, x_2, x_3, x_4)^\top = (5 - 7\mu/2, \, -16 + 12\mu, \, \mu, \, -10 + 8\mu)^\top, \quad \mu \in \mathbb{R}$$

23.4 Lösen von homogenen linearen Gleichungssystemen

Untersuchen Sie, ob das homogene lineare Gleichungssystem $Ax = 0$ mit den Systemmatrizen:

$$\text{a) } A = \begin{pmatrix} 1 & -2 \\ -1/2 & 1 \\ -3 & 6 \end{pmatrix} \qquad \text{b) } A = \begin{pmatrix} -4 & -1 & 6 \\ -1 & 2 & 6 \\ -1 & 0 & -1 \end{pmatrix}$$

neben der trivialen Lösung noch weitere Lösungen besitzt, und berechnen Sie diese gegebenenfalls.

Lösungsskizze

Ein homogenes System $Ax = 0$ mit $A \in \mathbb{R}^{m \times n}$, $x \in \mathbb{R}^n$ und $0 \in \mathbb{R}^n$ besitzt immer den Nullvektor $x = 0$ als *triviale* Lösung.

Ist $\operatorname{rg} A < \min\{m, n\}$ oder ist $\det A = 0$ im Fall $n = m$, so gibt es neben der trivialen Lösung noch unendlich viele weitere Lösungen.

a) $A \in \mathbb{R}^{3 \times 2} \rightsquigarrow$ maximal möglicher Rang von A ist $\min\{3, 2\} = 2$.

Scharfes Hinsehen: $-1/2 \cdot (1, -2) = (-1/2, 1)$ und $-3 \cdot (1, -2) = (-3, 6)$

$\rightsquigarrow$ Zeilenvektoren von A sind linear abhängig. Alternative Gauß-Algorithmus:

$$\begin{pmatrix} 1 & -2 & 0 \\ -1/2 & 1 & 0 \\ -3 & 6 & 0 \end{pmatrix} \begin{array}{c} {\scriptstyle -1/2} \\ {\scriptstyle -3} \end{array} \rightsquigarrow \begin{pmatrix} 1 & -2 & 0 \\ 0 & 0 & 0 \\ 0 & 0 & 0 \end{pmatrix}$$

$\rightsquigarrow \operatorname{rg} A = \operatorname{rg}(A|0) = 1 < 2 \rightsquigarrow$ homogenes LGS hat neben der trivialen noch unendlich viele weitere Lösungen.

Wegen $\min\{n, m\} - \operatorname{rg} A = 2 - 1 = 1$ kann eine Variable frei gewählt werden, z.B. $x_2 = \lambda \rightsquigarrow x_1 - 2\lambda = 0 \rightsquigarrow x_1 = 2\lambda$

$$\implies \begin{pmatrix} x_1 \\ x_2 \end{pmatrix} = \lambda \cdot \begin{pmatrix} 2 \\ 1 \end{pmatrix}, \ \lambda \in \mathbb{R}.$$

b) $A \in \mathbb{R}^{3 \times 3}$: Bestimme $\det A$ nach Entwicklungssatz (Entwicklung nach dritter Zeile):

$$\det A = -\det \begin{pmatrix} -1 & 6 \\ 2 & 6 \end{pmatrix} - \det \begin{pmatrix} -4 & -1 \\ -1 & 2 \end{pmatrix} = -(-6 + 12) - (-8 - 1)$$

$$= 18 + 9 = 27 \neq 0$$

$\implies$ homogenes LGS besitzt nur die triviale Lösung $x = 0 = (0, 0, 0)^\top$.

23.5   Von Parametern abhängige LGS

Bestimmen Sie die Lösungen der linearen Gleichungssysteme in Abhängigkeit von den Parametern $a, b \in \mathbb{R}$:

$$
\begin{aligned}
\text{a)} && 3x_1 &+ x_2 &= ax_1 \\
&& -2x_1 &+ ax_2 &= 4x_2
\end{aligned}
\qquad
\begin{aligned}
\text{b)} && x_1 &- x_2 &+ 2x_3 &= 1 \\
&& x_1 &+ bx_2 &+ 3x_3 &= -1 \\
&& -x_1 &+ 3x_2 &+ bx_3 &= 1
\end{aligned}
$$

Lösungsskizze

a)
$$
\begin{aligned}
3x_1 &+ x_2 = ax_1 \\
-2x_1 &+ ax_2 = 4x_2
\end{aligned}
\iff
\begin{aligned}
(3-a)x_1 &+ x_2 = 0 \\
-2x_1 &- (a-4)x_2 = 0
\end{aligned}
$$

$\leadsto$ homogenes LGS $Ax = \mathbf{0}$ mit Systemmatrix $A = \begin{pmatrix} 3-a & 1 \\ -2 & a-4 \end{pmatrix}$

und $\det A = (3-a)(a-4) + 2 = -a^2 + 7a - 10$

$$
\det A \overset{!}{=} 0 \leadsto a_{1,2} = \frac{-7 \pm \sqrt{7^2 - 4 \cdot (-1) \cdot (-10)}}{-2} = \frac{-7 \pm 3}{2} = \begin{cases} 2 \\ 5 \end{cases}
$$

$\leadsto$ für $a \in \mathbb{R} \setminus \{2, 5\}$ gibt es nur die triviale Lösung und für $a = 2 \vee a = 5$ unendlich viele:

<u>a = 2:</u>

$$
\begin{pmatrix} 1 & 1 & | & 0 \\ -2 & -2 & | & 0 \end{pmatrix} \overset{2}{\underset{+}{\rightharpoondown}} \leadsto \begin{pmatrix} 1 & 1 & | & 0 \\ 0 & 0 & | & 0 \end{pmatrix}
$$

Nullzeile $\leadsto$ eine Variable kann frei gewählt werden, z.B. $x_2 = \lambda$, $\lambda \in \mathbb{R}$. In I.: $x_1 + \lambda = 0 \leadsto x_1 = -\lambda$

$$
\leadsto \begin{pmatrix} x_1 \\ x_2 \end{pmatrix} = \lambda \begin{pmatrix} -1 \\ 1 \end{pmatrix}, \lambda \in \mathbb{R}
$$

<u>a = 5:</u>

$$
\begin{pmatrix} -2 & 1 & | & 0 \\ -2 & 1 & | & 0 \end{pmatrix} \overset{-\frac{1}{2}}{\underset{+}{\rightharpoondown}} \leadsto \begin{pmatrix} -2 & 1 & | & 0 \\ 0 & 0 & | & 0 \end{pmatrix}
$$

Nullzeile $\leadsto$ eine Variable kann frei gewählt werden, z.B. $x_1 = \lambda, \lambda \in \mathbb{R}$. In I.: $-2\lambda + x_2 = 0 \leadsto x_2 = 2\lambda$

$$
\leadsto \begin{pmatrix} x_1 \\ x_2 \end{pmatrix} = \lambda \begin{pmatrix} 1 \\ 2 \end{pmatrix}, \lambda \in \mathbb{R}
$$

b) Wende den Gauß-Algorithmus auf erweiterte Systemmatrix an:

$$
\begin{pmatrix} 1 & -1 & 2 & | & 1 \\ 1 & b & 3 & | & -1 \\ -1 & 3 & b & | & 1 \end{pmatrix}
\rightsquigarrow
\begin{pmatrix} 1 & -1 & 2 & | & 1 \\ 0 & b+1 & 1 & | & -2 \\ 0 & 2 & b+2 & | & 2 \end{pmatrix}
\quad {}^{-2/(b+1),\, b \neq -1}
$$

$$
\rightsquigarrow
\begin{pmatrix} 1 & -1 & 2 & | & 1 \\ 0 & b+1 & 1 & | & -2 \\ 0 & 0 & b+2-\frac{2}{b+1} & | & 2+\frac{4}{b+1} \end{pmatrix}
\rightsquigarrow
\begin{pmatrix} 1 & -1 & 2 & | & 1 \\ 0 & b+1 & 1 & | & -2 \\ 0 & 0 & \frac{b(b+3)}{b+1} & | & \frac{2(b+3)}{b+1} \end{pmatrix}
\quad | \cdot (b+1)
$$

$$
\rightsquigarrow
\begin{pmatrix} 1 & -1 & 2 & | & 1 \\ 0 & b+1 & 1 & | & -2 \\ 0 & 0 & b(b+3) & | & 2(b+3) \end{pmatrix}
, \, b \neq -1
$$

Aus III.: $b(b+3) = 2(b+3) \rightsquigarrow$

(i) Fallunterscheidung nach b für $b \neq -1$:

- $\underline{b = -3} \rightsquigarrow$ Nullzeile:

  Setze $x_2 = \lambda, \lambda \in \mathbb{R}$ in II.: $-2\lambda + x_3 = -2 \rightsquigarrow x_3 = -2 + 2\lambda$ in I.:
  $x_1 - \lambda + 4 - 4\lambda = 1 \rightsquigarrow x_1 = 5 - 3\lambda$

  $$\rightsquigarrow (x_1, x_2, x_3)^\top = (5 - 3\lambda, \lambda, -2 + 2\lambda)^\top$$

- $\underline{b = 0} \rightsquigarrow 0 = 6 \, \text{\lightning} \,$ LGS unlösbar

- $\underline{b \neq -3, b \neq 0} \rightsquigarrow$ eindeutig lösbar*:

  Aus III.: $x_3 = 2/b$, in II.: $(b+1)x_2 + 2/b = -2 \rightsquigarrow$

  $x_2 = (-2 - 2/b)/(b+1) = (-2(1 + 1/b))/(b+1) = (-2(b+1)/b)/(b+1) = -2/b$

  In I.: $x_1 + 2/b + 4/b = 1 \rightsquigarrow x_1 = 1 - 6/b = (b-6)/b$

  $$\rightsquigarrow (x_1, x_2, x_3)^\top = \left(\frac{b-6}{b}, -\frac{2}{b}, \frac{2}{b}\right)^\top$$

(ii) Fall $b = -1$:

$$
\ldots \rightsquigarrow
\begin{pmatrix} 1 & -1 & 2 & | & 1 \\ 0 & 0 & 1 & | & -2 \\ 0 & 2 & 1 & | & 2 \end{pmatrix}
\rightsquigarrow
\begin{pmatrix} 1 & -1 & 2 & | & 1 \\ 0 & 2 & 1 & | & 2 \\ 0 & 0 & 1 & | & -2 \end{pmatrix}
\rightsquigarrow \text{aus III.: } x_3 = -2
$$

In II.: $2x_2 - 2 = 2 \rightsquigarrow x_2 = 2$, in I.: $x_1 - 2 - 4 = 1 \rightsquigarrow x_1 = 7 \rightsquigarrow$ dieser Fall wird schon von dem oben betrachteten Fall (*) für $b \in \mathbb{R} \setminus \{-3, 0\}$ mit abgedeckt. ✓

23.6 Bestimmung der Inversen mit dem Gauß-Algorithmus

Die Matrix

$$A = \begin{pmatrix} 1 & -1 & 1 \\ 2 & 1 & -1 \\ 3 & 1 & 2 \end{pmatrix}$$

ist invertierbar. Bestimmen Sie mit dem Gauß-Algorithmus ihre Inverse.

Lösungsskizze

Transformiere A via elementarer Zeilenumformungen zur Einheitsmatrix E. Wende diese Umformungen simultan auf E an $\leadsto A^{-1}$:

$$A = \begin{pmatrix} 1 & -1 & 1 \\ 2 & 1 & -1 \\ 3 & 1 & 2 \end{pmatrix} \qquad \begin{pmatrix} 1 & 0 & 0 \\ 0 & 1 & 0 \\ 0 & 0 & 1 \end{pmatrix} \qquad = E$$

$$\updownarrow \quad \begin{pmatrix} 1 & -1 & 1 \\ 0 & 3 & -3 \\ 0 & 4 & -1 \end{pmatrix} \qquad \begin{pmatrix} 1 & 0 & 0 \\ -2 & 1 & 0 \\ -3 & 0 & 1 \end{pmatrix} \qquad \updownarrow$$

$$\updownarrow \quad \begin{pmatrix} 1 & -1 & 1 \\ 0 & 3 & -3 \\ 0 & 0 & 3 \end{pmatrix} \qquad \begin{pmatrix} 1 & 0 & 0 \\ -2 & 1 & 0 \\ -1/3 & -4/3 & 1 \end{pmatrix} \qquad \updownarrow$$

$$\updownarrow \quad \begin{pmatrix} 1 & -1 & 0 \\ 0 & 3 & 0 \\ 0 & 0 & 3 \end{pmatrix} \qquad \begin{pmatrix} 10/9 & 4/9 & -1/3 \\ -7/3 & -1/3 & 1 \\ -1/3 & -4/3 & 1 \end{pmatrix} \qquad \updownarrow$$

$$\updownarrow \quad \begin{pmatrix} 1 & 0 & 0 \\ 0 & 3 & 0 \\ 0 & 0 & 3 \end{pmatrix} \begin{matrix} \\ | \cdot 1/3 \\ | \cdot 1/3 \end{matrix} \qquad \begin{pmatrix} 1/3 & 1/3 & 0 \\ -7/3 & -1/3 & 1 \\ -1/3 & -4/3 & 1 \end{pmatrix} \begin{matrix} \\ | \cdot 1/3 \\ | \cdot 1/3 \end{matrix} \qquad \updownarrow$$

$$E = \begin{pmatrix} 1 & 0 & 0 \\ 0 & 1 & 0 \\ 0 & 0 & 1 \end{pmatrix} \qquad \begin{pmatrix} 1/3 & 1/3 & 0 \\ -7/9 & -1/9 & 1/3 \\ -1/9 & -4/9 & 1/3 \end{pmatrix} \qquad = A^{-1}$$

Probe:

$$A \cdot A^{-1} = \begin{pmatrix} 1 & -1 & 1 \\ 2 & 1 & -1 \\ 3 & 1 & 2 \end{pmatrix} \cdot \begin{pmatrix} 1/3 & 1/3 & 0 \\ -7/9 & -1/9 & 1/3 \\ -1/9 & -4/9 & 1/3 \end{pmatrix}$$

$$= \begin{pmatrix} 1/3 + 7/9 - 1/9 & 1/3 + 1/9 - 4/9 & -1/3 + 1/3 \\ 2/3 - 7/9 + 1/9 & 2/3 - 1/9 + 4/9 & 1/3 - 1/3 \\ 1 - 7/9 - 2/9 & 1 - 1/9 - 8/9 & 1/3 + 2/3 \end{pmatrix} = \begin{pmatrix} 1 & 0 & 0 \\ 0 & 1 & 0 \\ 0 & 0 & 1 \end{pmatrix} = I$$

23.7 LGS mit komplexen Variablen

Bestimmen Sie die Lösung $(z_1, z_2, z_3)^\top \in \mathbb{C}^3$ des komplexen Gleichungssystems:

$$
\begin{aligned}
(1+\mathrm{i})z_1 + (2-2\mathrm{i})z_2 + 2z_3 &= 1-\mathrm{i} \\
(2-\mathrm{i})z_1 + (1+\mathrm{i})z_2 - \mathrm{i}z_3 &= 0 \\
z_1 - 2\mathrm{i}z_2 + (1+\mathrm{i})z_3 &= 3-2\mathrm{i}
\end{aligned}
$$

Lösungsskizze

Der Gauß-Algorithmus lässt sich auch für LGS in $\mathbb{C}$ anwenden*:

Zeilenfaktor $p_{1,2}$ für erste Spalte via Ansatz $(1+\mathrm{i})p_{1,2} \overset{!}{=} -(2-\mathrm{i})$

$\rightsquigarrow p_{1,2} = \frac{-2+\mathrm{i}}{1+\mathrm{i}} = 1/2 \cdot (-2+\mathrm{i}) \cdot (1-\mathrm{i}) = 1/2(-2+2\mathrm{i}+\mathrm{i}-\mathrm{i}^2) = -1/2+3/2\mathrm{i}$

und Zeilenfaktor $p_{1,3}$ aus $(1+\mathrm{i})z_{1,3} \overset{!}{=} -1$

$\rightsquigarrow p_{1,3} = -1/(1+\mathrm{i}) = (-1-\mathrm{i})^{-1} = 1/2(-1+\mathrm{i}) = -1/2+\mathrm{i}/2$

$$
\begin{pmatrix}
1+\mathrm{i} & 2-2\mathrm{i} & 2 & | & 1-\mathrm{i} \\
2-\mathrm{i} & 1+\mathrm{i} & -\mathrm{i} & | & 0 \\
1 & -2\mathrm{i} & 1+\mathrm{i} & | & 3-2\mathrm{i}
\end{pmatrix}
\overset{-\frac{1}{2}+\frac{3\mathrm{i}}{2}}{\underset{+}{\longleftarrow}}
\overset{-\frac{1}{2}+\frac{\mathrm{i}}{2}}{\underset{+}{\longleftarrow}}
\rightsquigarrow
\begin{pmatrix}
1+\mathrm{i} & 2-2\mathrm{i} & 2 & | & 1-\mathrm{i} \\
0 & 3+5\mathrm{i} & -1+2\mathrm{i} & | & 1+2\mathrm{i} \\
0 & 0 & 2\mathrm{i} & | & 3-\mathrm{i}
\end{pmatrix}
$$

$\rightsquigarrow$ ist schon obere Dreiecksmatrix, keine weitere Umformung mehr nötig. Bestimmung der Lösung durch Rückwärtseinsetzen:

Aus III.: $2\mathrm{i}z_3 = 3-\mathrm{i} \rightsquigarrow z_3 = (3-\mathrm{i}) \cdot (2\mathrm{i})^{-1} = (3-\mathrm{i}) \cdot (-\mathrm{i}/2) = -1/2-3\mathrm{i}/2$

In II.: $(3+5\mathrm{i})z_2 + \underbrace{(-1+2\mathrm{i}) \cdot (-1/2-3\mathrm{i}/2)}_{=7/2+\mathrm{i}/2} = 1+2\mathrm{i}$

$\rightsquigarrow (3+5\mathrm{i})z_2 = \underbrace{1-2\mathrm{i}-7/2-\mathrm{i}/2}_{=-5/2+3\mathrm{i}/2} \rightsquigarrow z_2 = (-5/2+3\mathrm{i}/2)(3+5\mathrm{i})^{-1} = \mathrm{i}/2$

In I.: $(1+\mathrm{i})z_1 + \underbrace{(2-2\mathrm{i}) \cdot (\mathrm{i}/2) + 2(-1/2-3\mathrm{i}/2)}_{=-2\mathrm{i}} = 1-\mathrm{i}$

$\rightsquigarrow (1+\mathrm{i})z_1+ = 1-\mathrm{i}+2\mathrm{i} = 1+\mathrm{i} \rightsquigarrow z_1 = 1$

$$\rightsquigarrow (z_1, z_2, z_3)^\top = (1, \mathrm{i}/2, -1/2-3\mathrm{i}/2)^\top$$

---

* Plausibilitätsbetrachtung: Der Gauß-Algorithmus beruht im Wesentlichen auf den vier reellen Grundrechenarten $+, -, \cdot, \div$, welche sich auf den *Körper* der komplexen Zahlen erweitern lassen. Alle Formeln, welche im Reellen mit $+, -, \cdot, \div$ gebildet werden können, bleiben prinzipiell auch im Komplexen gültig. Zum Beispiel gilt die binomische Formel in $\mathbb{C}$: $(a+b)^2 = a^2 + 2ab + b^2$ für $a, b \in \mathbb{C}$. Gauß überträgt sich nach demselben Prinzip. Noch allgemeiner: Der Gauß-Algorithmus lässt sich in jedem *Körper* ausführen.

23.8 Lineares Gleichungssystem mit mehreren Parametern ⋆

Bestimmen Sie mit Hilfe des Gauß-Algorithmus die Lösung des LGS

$$
\begin{array}{rcrcrcrcl}
x_1 & + & x_2 & & & & & = & 1 \\
-x_1 & + & 2x_2 & + & x_3 & & & = & 2 \\
& & x_2 & + & px_3 & - & x_4 & = & q \\
& & & & x_3 & + & 3x_4 & = & 3
\end{array}
$$

in Abhängigkeit von $p, q \in \mathbb{R}$.

Lösungsskizze

Transformiere (erweiterte) Systemmatrix durch elementare Zeilenumformungen in obere Dreiecksmatrix:

$$
\left(\begin{array}{cccc|c}
1 & 1 & 0 & 0 & 1 \\
-1 & 2 & 1 & 0 & 2 \\
0 & 1 & p & -1 & q \\
0 & & 1 & 3 & 3
\end{array}\right)
\leadsto
\left(\begin{array}{cccc|c}
1 & 1 & 0 & 0 & 1 \\
0 & 3 & 1 & 0 & 3 \\
0 & 1 & p & -1 & q \\
0 & 0 & 1 & 3 & 3
\end{array}\right)
$$

$$
\overset{*}{\leadsto}
\left(\begin{array}{cccc|c}
1 & 1 & 0 & 0 & 1 \\
0 & 3 & 1 & 0 & 3 \\
0 & 0 & p-1/3 & -1 & q-1 \\
0 & 0 & 1 & 3 & 3
\end{array}\right)
\quad , p \neq 1/3
$$

$$
\leadsto
\left(\begin{array}{cccc|c}
1 & 1 & 0 & 0 & 1 \\
0 & 3 & 1 & 0 & 3 \\
0 & 0 & p-1/3 & -1 & q-1 \\
0 & 0 & 0 & \frac{9p}{3p-1} & \frac{9p-3q}{3p-1}
\end{array}\right)
\mid \cdot 3p-1
\leadsto
\left(\begin{array}{cccc|c}
1 & 1 & 0 & 0 & 1 \\
0 & 3 & 1 & 0 & 3 \\
0 & 0 & p-1/3 & -1 & q-1 \\
0 & 0 & 0 & 9p & 9p-3q
\end{array}\right)
$$

- $p = 0,\ q \neq 0$: IV. Zeile: $0x_1 + 0x_2 + 0x_3 + 0x_4 = 3q \neq 0$ ↯ LGS unlösbar

- $p = 0,\ q = 0$:

$$
\leadsto
\left(\begin{array}{cccc|c}
1 & 1 & 0 & 0 & 1 \\
0 & 3 & 1 & 0 & 3 \\
0 & 0 & -1/3 & -1 & -1 \\
0 & 0 & 0 & 0 & 0
\end{array}\right)
$$

⤳ IV. Zeile ist Nullzeile ⤳ LGS hat unendlich viele Lösungen, eine Variable ist beliebig wählbar, z.B. $x_4 = \lambda,\ \lambda \in \mathbb{R}$.

In III.: $-x_3/3 - \lambda = -1 \leadsto x_3 = 3 - 3\lambda$, in II.: $3x_2 + 3 - 3\lambda = 3 \leadsto x_2 = \lambda$, in I.: $x_1 + \lambda = 1 \leadsto x_1 = 1 - \lambda$

$$
\implies (x_1, x_2, x_3, x_4)^\top = (1 - \lambda, \lambda, 3 - 3\lambda, \lambda)^\top, \lambda \in \mathbb{R}
$$

---

* Nebenrechnung: Zeilenfaktor k aus: $p - 1/3 = \frac{3p-1}{3} \leadsto \frac{3p-1}{3} \cdot k \overset{!}{=} -1 \leadsto k = \frac{-3}{3p-1}$;

$(q-1) \cdot \frac{-3}{3p-1} + 3 = \frac{-3(q-1)}{3p-1} + \frac{3(3p-1)}{3p-1} = \frac{-3q+3+9p-3}{3p-1} = \frac{9p-3q}{3p-1}$

- $p \neq 1/3 \wedge p \neq 0$ und $q \in \mathbb{R}^* : \leadsto$ LGS eindeutig lösbar:

Aus IV.: $9px_4 = 9p - 3q \leadsto x_4 = \frac{9p-3q}{9p} = \frac{3p-q}{3p}$;

In III.: $(p - 1/3)x_3 - \frac{3p-q}{3p} = q - 1 \leadsto \frac{3p-1}{3}x_3 = q - 1 + \frac{3p-q}{3p} = \frac{q(3p-1)}{3p}$

$$\leadsto x_3 = \frac{3}{3p-1} \cdot \frac{q(3p-1)}{3p} = q/p$$

In II.: $3x_2 + q/p = 3 \leadsto 3x_2 = 3 - q/p \leadsto x_2 = \frac{3p-q}{3p}$

In I.: $x_1 + \frac{3p-q}{3p} = 1 \leadsto x_1 = 1 - \frac{3p-q}{3p} = \frac{3p-(3p-q)}{3p} = q/3p$

$$\Longrightarrow \begin{pmatrix} x_1 \\ x_2 \\ x_3 \\ x_4 \end{pmatrix} = \begin{pmatrix} q/3p \\ \dfrac{3p-q}{3p} \\ q/p \\ \dfrac{3p-q}{3p} \end{pmatrix}$$

Der Fall $p = 1/3$, $q \in \mathbb{R}$ muss separat untersucht werden. Die ersten beiden elementaren Zeilenumformungen sind analog zum allgemeinen Fall:

$$\begin{pmatrix} 1 & 1 & 0 & 0 & | & 1 \\ -1 & 2 & 1 & 0 & | & 2 \\ 0 & 1 & 1/3 & -1 & | & q \\ 0 & 1 & 3 & & | & 3 \end{pmatrix} \leadsto \begin{pmatrix} 1 & 1 & 0 & 0 & | & 1 \\ 0 & 3 & 1 & 0 & | & 3 \\ 0 & 0 & 0 & -1 & | & q-1 \\ 0 & 0 & 1 & 3 & | & 3 \end{pmatrix}$$

$$\leadsto \begin{pmatrix} 1 & 1 & 0 & 0 & | & 1 \\ 0 & 3 & 1 & 0 & | & 3 \\ 0 & 0 & 1 & 3 & | & 3 \\ 0 & 0 & 0 & -1 & | & q-1 \end{pmatrix}$$

$\leadsto$ aus IV.: $-x_4 = q - 1 \leadsto x_4 = 1 - q$;

In III.: $x_3 + 3(q-1) = 3 \leadsto x_3 = 3 - 3(q-1) = 3q$;

In II.: $3x_2 + 3q = 3 \leadsto x_2 = 1 - q$;

In I.: $x_1 + 1 - q = 1 \leadsto x_1 = q$

$$\Longrightarrow \begin{pmatrix} x_1 \\ x_2 \\ x_3 \\ x_4 \end{pmatrix} = \begin{pmatrix} q \\ 1-q \\ 3q \\ 1-q \end{pmatrix}$$

$\leadsto$ die Lösung für den Fall $p = 1/3$ ist somit tatsächlich schon im Fall* von oben enthalten.

23.9   Magische Quadrate mit Computeralgebra ⋆

Wie viele magische Quadrate[1] $\mathcal{M} \in \mathbb{R}^{3 \times 3}$ gibt es zu vorgegebener magischer Zahl $m \in \mathbb{Z}$?

Holen Sie sich für die Beantwortung dieser Frage und der folgenden Aufgaben die Unterstützung von einem Computeralgebrasystem (z.B. Maple™; s. Abschn. 23.10).

Bestimmen Sie alle Lösungen und berechnen Sie für $m = 6$ ein magisches Quadrat, welches niemals die Zahl 0 oder nur die Zahl 2 enthält.

---

[1] Definition magisches Quadrat/magische Zahl vgl. Aufg. 22.10.

Lösungsskizze

Fasse die Einträge der Matrix $A = \begin{pmatrix} x & y & z \\ a & b & c \\ \alpha & \beta & \gamma \end{pmatrix}$ als die zu bestimmenden Variablen auf, welche die acht Bedingungen für ein magisches Quadrat erfüllen sollen: (Summen der Zeilen, Spalten und Diagonalen der Matrix sollen Zahl m ergeben) $\rightsquigarrow$ LGS in Matrizenform $A\boldsymbol{x} = \boldsymbol{m}$:

$$\underbrace{\begin{pmatrix} 1 & 1 & 1 & 0 & 0 & 0 & 0 & 0 & 0 \\ 1 & 0 & 0 & 0 & 1 & 0 & 0 & 0 & 1 \\ 0 & 0 & 1 & 0 & 1 & 0 & 1 & 0 & 0 \\ 0 & 0 & 1 & 0 & 0 & 1 & 0 & 0 & 1 \\ 0 & 1 & 0 & 0 & 1 & 0 & 0 & 1 & 0 \\ 0 & 0 & 0 & 1 & 1 & 1 & 0 & 0 & 0 \\ 0 & 0 & 0 & 0 & 0 & 0 & 1 & 1 & 1 \\ 1 & 0 & 0 & 1 & 0 & 0 & 1 & 0 & 0 \end{pmatrix}}_{= A} \underbrace{\begin{pmatrix} x \\ y \\ z \\ a \\ b \\ c \\ \alpha \\ \beta \\ \gamma \end{pmatrix}}_{= \boldsymbol{x}} = \underbrace{\begin{pmatrix} m \\ m \\ m \\ m \\ m \\ m \\ m \\ m \\ m \end{pmatrix}}_{= \boldsymbol{m}}$$

Zum Beispiel ergibt das Skalarprodukt des ersten Zeilenvektors von A mit dem Variablenvektor $\boldsymbol{m}$ genau m, d.h. $x + y + z \stackrel{!}{=} m$, was der ersten Zeile I. des LGS entspricht.

Das LGS lösen wir mit dem **LinearAlgebra**-Paket von Maple™. Einbinden des Pakets sowie Festlegung der Matrix und der rechten Seite $\rightsquigarrow$

```
with(LinearAlgebra):
A:=Matrix([[1 1 1 0 0 0 0 0], ... , [1 0 0 1 0 0 1 0 0] ]);
magic:=(m, m, m, m, m, m, m, m, m);
```

Wir bringen mit der Funktion `GaussianElimination` ($\hat{=}$ Anwendung des Gauß-Algorithmus) die erweiterte Systemmatrix $(A|\boldsymbol{m})$ auf obere Dreiecksform $\leadsto$

`GaussianElimination(<A|magic>,'method'='FractionFree');`

$$(A|\boldsymbol{m}) \leadsto \left(\begin{array}{ccccccccc|c} 1 & 1 & 1 & 0 & 0 & 0 & 0 & 0 & 0 & m \\ 0 & -1 & -1 & 0 & 1 & 0 & 0 & 0 & 1 & 0 \\ 0 & 0 & -1 & 0 & -1 & 0 & -1 & 0 & 0 & -m \\ 0 & 0 & 0 & -1 & -1 & -1 & 0 & 0 & 0 & -m \\ 0 & 0 & 0 & 0 & -3 & 0 & -1 & -1 & -1 & -2m \\ 0 & 0 & 0 & 0 & 0 & -3 & 2 & -1 & -4 & -2m \\ 0 & 0 & 0 & 0 & 0 & 0 & -3 & -3 & -3 & -3m \\ 0 & 0 & 0 & 0 & 0 & 0 & 0 & 0 & 0 & 0 \end{array}\right)$$

Daraus lesen wir ab: $\mathrm{rg}(A) = \mathrm{rg}(A|\boldsymbol{m}) = 7$, d.h., das System ist lösbar.

Überprüfung mit **Rank**-Funktion von Maple™: `Rank(A);Rank(<A|magic>);` (liefern beide 7 zurück $\checkmark$)

Wegen $n - \mathrm{rg}(A) = 9 - 7 = 2$ können wir zwei Variable frei wählen, z.B.: $\gamma = k$, $\beta = \ell$, $k, \ell \in \mathbb{R}$. Aus VII.: $-3\alpha - 3k - 3\ell = -3m \leadsto \alpha = m - k - \ell$.

Die restlichen Variablen bestimmt man durch Rückwärtseinsetzen oder überlässt die Arbeit Maple™ via Aufruf von `LinearSolve(A, magic);` $\leadsto$

$$\mathcal{M} = \begin{pmatrix} x & y & z \\ a & b & c \\ \alpha & \beta & \gamma \end{pmatrix} = \begin{pmatrix} 2m/3 - k & 2m/3 - \ell & -m/3 + k + \ell \\ -2m/3 + 2k + \ell & m/3 & 4m/3 - 2k - \ell \\ m - k - \ell & \ell & k \end{pmatrix}$$

Es gibt also zu allen $m \in \mathbb{Z}$ mit $m \pmod 3 \equiv 0$ unendlich viele magische Quadrate.

Für $m = 6$ erhalten wir z.B. für $k = 9$ und $\ell = 5$ das magische Quadrat

$$A = \begin{pmatrix} -5 & -1 & 12 \\ 19 & 2 & -15 \\ -8 & 5 & 9 \end{pmatrix}.$$

23.10　Checkliste: Lösen von linearen Gleichungssystemen mit Maple™

In diesem Abschnitt illustrieren wir anhand von Beispielen, wie man das Lineare Algebra-Softwarepaket `LinearAlgebra` vom Computeralgebrasystem Maple™ zur Lösung von linearen Gleichungssystemen einsetzen kann.

Wichtig: Um die Methoden des `LinearAlgebra`-Softwarepakets nutzen zu können, muss es vorab durch den Befehl `with(LinearAlgebra):` geladen werden (bei Abschluss des Ladebefehls mit „;" anstatt „:" zeigt Maple™ alle im Paket enthaltenen Methoden an).

Wir diskutieren zunächst exemplarisch ein paar praktische Methoden dieses Pakets. Oft ist es möglich, weitere Parameter an die Methoden zu übergeben. Details dazu findet man z.B. in der Maple™-Dokumentation [42] oder speziell für die Gauß-Elimination auf [43].

- `A:=Matrix([[...],...,[...]])` ⤳ Festlegung einer Matrix, (`[...]`) repräsentiert einen Zeilenvektor von A.

  Bsp: `A:=Matrix([[2,-1,0],[0,1,0],[2,3,1]]);` ⤳ $A = \begin{pmatrix} 2 & -1 & 0 \\ 0 & 1 & 0 \\ 2 & 3 & 1 \end{pmatrix}$

- `Rank(A);` ⤳ berechnet den Rang von A.

- `Determinant(A);` ⤳ berechnet die Determinante einer quadratischen Matrix.

- `GaussianElimination(A);` ⤳ ist A regulär, so wird A in eine obere Dreiecksmatrix transformiert. Nichtreguläre Matrizen oder allgemein $m \times n$-Matrizen werden ggf. entsprechend mit Nullzeilen aufgefüllt. Übergibt man als zweiten Parameter z.B. noch `'method' = 'FractionFree'`, so erhält man eine ganzzahlige Matrix, falls möglich.

- `LinearSolve(A,y);` ⤳ berechnet die n Komponenten der Lösung des LGS $Ax = y$ mit $m \times n$-Matrix A und dem $m \times 1$ Vektor y als rechter Seite.

- `R:=RandomMatrix(m,n, generator = a .. b);` ⤳ liefert eine $m \times n$-Matrix, deren Einträge mit ganzzahligen Pseudozufallszahlen $r_{i,j}$ mit $a \leq r_{i,j} \leq b$, $1 \leq i \leq m$, $1 \leq j \leq n$ besetzt sind.

Unabhängig davon ist die folgende Syntax bei der Arbeit mit Matrizen und Vektoren nützlich:

- `v:= <`v_1`,...,`v_n` >;` legt einen Spaltenvektor mit n-Einträgen fest.

- `v:= <`v_1`|...|`v_n` >;` legt einen Zeilenvektor mit n-Einträgen fest.

- `C=:<A|B>;` $\rightsquigarrow$ erweitert eine $m \times n$-Matrix A durch Hinzunahme der Spalten einer $m \times k$-Matrix zu einer $m \times n + k$-Matrix C. Einzelne Spaltenvektoren können natürlich auch hinzugenommen werden, was gerade für das Aufrufen der Maple™ Gauß-Algorithmus-Routine `GaussianElimination(...)` mit einer erweiterten Systemmatrix $(A|y)$ eines LGS $Ax = y$ praktisch ist.

Beispiel 1: Bestimmung der Lösung eines eindeutig lösbaren LGS

Beispiel 2: Bestimmung der Lösung eines unterbestimmten LGS (mit unendlich vielen Lösungen)

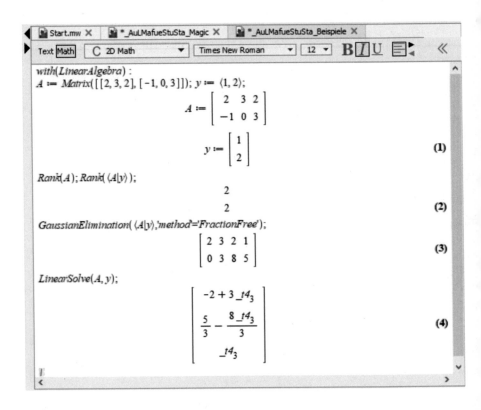

Lösung:

$$\begin{pmatrix} x_1 \\ x_2 \\ x_3 \end{pmatrix} = \begin{pmatrix} -2 + 3\lambda \\ 5/3 - 8\lambda/3 \\ \lambda \end{pmatrix}, \ \lambda \in \mathbb{R}$$

Maple™ gibt nicht selbstdefinierte Variablen/Parameter durch einen Ausdruck der Form $\_t...$ aus. Wie im obigen Beispiel durch $\_t4_3$.

Beispiel 3: Unlösbares LGS

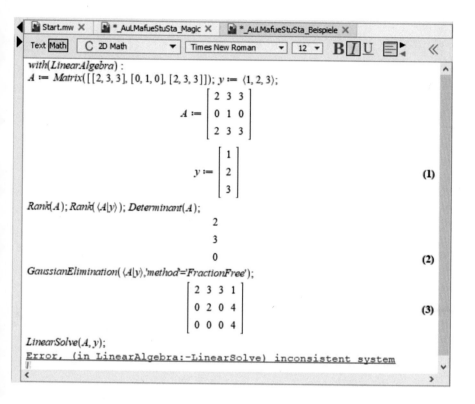

Dass dieses LGS unlösbar ist, erkennt man schon anhand der berechneten Ränge:

$$2 = \mathrm{rg}(A) \neq \mathrm{rg}(A|y) = 3$$

Beispiel 4: LGS mit Parameter

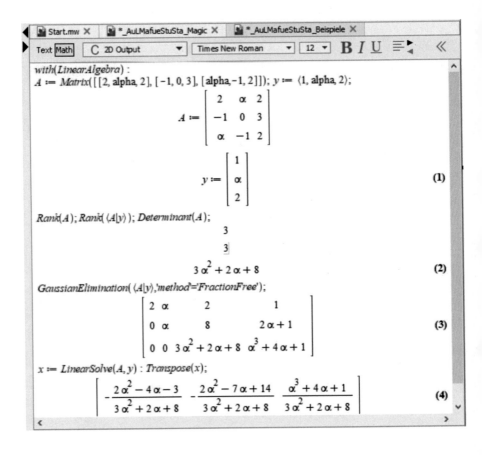

Der hier benutzte Befehl `Transpose(x)` gibt den Lösungsvektor x als Zeilenvektor aus.

Das System hat für

$$3\alpha^2 + 2\alpha + 8 = 0$$

entweder keine oder unendlich viele Lösungen. Für diese α muss das System separat untersucht werden.

24 Auffrischung Analytische Geometrie

Übersicht

© Springer-Verlag GmbH Deutschland, ein Teil von Springer Nature 2021
A. Keller, *Aufgaben und Lösungen zur Mathematik für den Studienstart*,
https://doi.org/10.1007/978-3-662-63628-2_24

24.1 Ebenengleichung in Parameter- und Koordinatenform

Im $\mathbb{R}^3$ betrachten wir die Punkte $A(0, 1, 1)$, $B(2, -1, 0)$ und $C(3, 2, 1)$.

Bestimmen Sie die Gleichung der Ebene E, welche die Punkte A, B, C enthält, in Parameter- und Koordinatenform.

Lösungsskizze

Setze $\vec{a} := \overrightarrow{OA}$, $\vec{b} := \overrightarrow{OB}$, $\vec{c} := \overrightarrow{OC}$ und $\vec{x} = (x,\, y,\, z)^\top$ für geom. Ortsvektoren.

(i) E in Parameterform über „Drei-Punkte-Form":

$$
\begin{aligned}
E : \vec{x} &= \vec{a} + \lambda(\vec{b} - \vec{a}) + \mu(\vec{c} - \vec{a}) \\[2mm]
&= \begin{pmatrix} 0 \\ 1 \\ 1 \end{pmatrix} + \lambda\left(\begin{pmatrix} 2 \\ -1 \\ 0 \end{pmatrix} - \begin{pmatrix} 0 \\ 1 \\ 1 \end{pmatrix} \right) + \mu\left(\begin{pmatrix} 3 \\ 2 \\ 1 \end{pmatrix} - \begin{pmatrix} 0 \\ 1 \\ 1 \end{pmatrix} \right) \\[2mm]
&= \begin{pmatrix} 0 \\ 1 \\ 1 \end{pmatrix} + \lambda \begin{pmatrix} 2 \\ -2 \\ -1 \end{pmatrix} + \mu \begin{pmatrix} 3 \\ 1 \\ 0 \end{pmatrix}
\end{aligned}
$$

(ii) E in Koordinatenform:

- Eliminieren der Parameter: λ und μ lassen sich wegen der linearen Unabhängigkeit von $\vec{b} - \vec{a}$ und $\vec{c} - \vec{a}$ stets eindeutig aus der Parameterform bestimmen $\rightsquigarrow$

$$
\left.
\begin{aligned}
\text{I.} \quad & x = 0 + 2\lambda + 3\mu \\
\text{II.} \quad & y = 1 - 2\lambda + \mu \\
\text{III.} \quad & z = 1 - \lambda
\end{aligned}
\right\} \rightsquigarrow
$$

aus III.: $\lambda = 1 - z$ in II.: $y = 1 - 2(1 - z) + \mu$

$\rightsquigarrow \mu = y - 2z + 1$

in I.: $x = 2(1 - z) + 3(y - 2z + 1)$

$\qquad\qquad = 3y - 8z + 5$

$\Longrightarrow$ Ebene in Koordinatenform: $E : x - 3y + 8z - 5 = 0$

- **Alternative 1:** Parameterform umformen zu überbestimmtem LGS in den Variablen μ und λ $\rightsquigarrow$ erweiterte Systemmatrix und Gauß-Algorithmus:

$$
\underbrace{\begin{pmatrix} 2 & 3 \\ -2 & 1 \\ -1 & 0 \end{pmatrix}\left|\begin{matrix} x \\ y-1 \\ z-1 \end{matrix}\right.}_{=:(A|\vec{v})}
\rightsquigarrow
\begin{pmatrix} 2 & 3 \\ 0 & 4 \\ 0 & \tfrac{3}{2} \end{pmatrix}\left|\begin{matrix} x \\ x+y-1 \\ \tfrac{x}{2}+z-1 \end{matrix}\right.
\rightsquigarrow
\begin{pmatrix} 2 & 3 \\ 0 & 4 \\ 0 & 0 \end{pmatrix}\left|\begin{matrix} x \\ x+y-1 \\ \tfrac{x-3y-5}{8}+z \end{matrix}\right.
$$

Nur für $z - 5/8 + x/8 - 3y/8 = 0 \iff x - 3y + 8z - 5 = 0$ ist $\mathrm{rg}\, A = \mathrm{rg}(A|\vec{v}) = 2$. Das heißt, nur wenn $\vec{x} = (x, y, z)^\top$ auf der Ebene mit Koordinatengleichung $E : x - 3y + 8z - 5 = 0$ liegt, ist das LGS lösbar. ✓

- **Alternative 2:** Bestimmung der Normalenform von E (vgl. Aufg. 24.4).

24.2 Umrechnung von Koordinatenform in Parameterform

Gegeben sind die folgenden Ebenengleichungen:

a) $E : -4x + y - 2z - 3 = 0$ b) $E : -7y + 3z = -2.$

Bestimmen Sie jeweils eine Parameterform der gegebenen Ebenen.

Liegt $P(1, 3, -2) \in \mathbb{R}^3$ auf E?

Lösungsskizze

Fasse Ebenengleichung als LGS in den Variablen x, y und z auf (mit zwei Nullzeilen $\rightsquigarrow$ zwei Variablen dürfen frei gewählt werden) und bestimme Lösung:

a) Setze $x = \lambda$ und $y = \mu$ mit $\lambda, \mu \in \mathbb{R} \rightsquigarrow$

$$-2z = 3 + 4x - y = 3 + 4\lambda - \mu$$

$\rightsquigarrow z = -3/2 - 2\lambda + \mu/2$, woraus eine Paramaterformulierung für E folgt:

$$E : \vec{x} = \begin{pmatrix} x \\ y \\ z \end{pmatrix} = \begin{pmatrix} 0 \\ 0 \\ -3/2 \end{pmatrix} + \lambda \begin{pmatrix} 1 \\ 0 \\ -2 \end{pmatrix} + \mu \begin{pmatrix} 0 \\ 1 \\ 1/2 \end{pmatrix}, \quad \lambda, \mu \in \mathbb{R}$$

Ob $P \in E$ liegt, lässt sich mit der Koordinatendarstellung von E leicht nachprüfen. Für $x = 1, y = 3, z = -2$ ist

$$-4 \cdot 1 + 3 - 2 \cdot (-2) - 3 = -4 + 3 + 4 - 3 = 0 \implies P \in E. \checkmark$$

b) Analog zu a): Setze $x = \lambda$ und $y = \mu$ mit $\lambda, \mu \in \mathbb{R} \rightsquigarrow$

$$3z = -2 + 7y = -2 + 7\mu$$

$\rightsquigarrow z = -2/3 + 7\mu/3 \rightsquigarrow$ Parameterform:

$$E : \vec{x} = \begin{pmatrix} x \\ y \\ z \end{pmatrix} = \begin{pmatrix} 0 \\ 0 \\ -2/3 \end{pmatrix} + \lambda \begin{pmatrix} 1 \\ 0 \\ 0 \end{pmatrix} + \mu \begin{pmatrix} 0 \\ 1 \\ 7/3 \end{pmatrix}, \quad \lambda, \mu \in \mathbb{R}$$

$P \notin E$, da $-7 \cdot 3 + 3 \cdot (-2) = -27 \neq -2$

24.3 Kreuzprodukt im $\mathbb{R}^3$

Zeigen Sie, dass für $\vec{u} = (u_1, u_2, u_3)^\top$, $\vec{v} = (v_1, v_2, v_3)^\top \in \mathbb{R}^3$ mit den Einheitsvektoren $e_1 = (1, 0, 0)^\top$, $e_2 = (0, 1, 0)^\top$ $e_3 = (0, 0, 1)^\top$ für das Kreuzprodukt gilt:

$$\vec{u} \times \vec{v} = e_1 \det \begin{pmatrix} u_2 & v_2 \\ u_3 & v_3 \end{pmatrix} - e_2 \det \begin{pmatrix} u_1 & v_1 \\ u_3 & v_3 \end{pmatrix} + e_3 \det \begin{pmatrix} u_1 & v_1 \\ u_2 & v_2 \end{pmatrix}$$

Verifizieren Sie außerdem $\vec{u} \times \vec{v} \perp \vec{u}$, $\vec{u} \times \vec{v} \perp \vec{v}$ und $\vec{u} \times \vec{v} = -\vec{v} \times \vec{u}$.

Lösungsskizze

(i) Definition des Kreuzprodukts zweier Vektoren $\vec{u} = (u_1, u_2, u_3)^\top$, $\vec{v} = (v_1, v_2, v_3)^\top \in \mathbb{R}^3$:

$$\vec{u} \times \vec{v} = \begin{pmatrix} u_1 \\ u_2 \\ u_3 \end{pmatrix} \times \begin{pmatrix} v_1 \\ v_2 \\ v_3 \end{pmatrix} = \begin{pmatrix} u_2 v_3 - u_3 v_2 \\ u_3 v_1 - u_1 v_3 \\ u_1 v_2 - u_2 v_1 \end{pmatrix}$$

$$\rightsquigarrow \vec{u} \times \vec{v} = \begin{pmatrix} 1 \\ 0 \\ 0 \end{pmatrix} (u_2 v_3 - u_3 v_2) + \begin{pmatrix} 0 \\ 1 \\ 0 \end{pmatrix} (u_3 v_1 - u_1 v_3) + \begin{pmatrix} 0 \\ 0 \\ 1 \end{pmatrix} (u_1 v_2 - u_2 v_1)$$

$$= e_1 \det \begin{pmatrix} u_2 & v_2 \\ u_3 & v_3 \end{pmatrix} - e_2 \det \begin{pmatrix} u_1 & v_1 \\ u_3 & v_3 \end{pmatrix} + e_3 \det \begin{pmatrix} u_1 & v_1 \\ u_2 & v_2 \end{pmatrix} \checkmark$$

(ii) $\vec{u} \times \vec{v} \perp \vec{u} \Longleftrightarrow \langle \vec{u}, \vec{u} \times \vec{v} \rangle = 0 \rightsquigarrow$ Ansatz:

$$\langle \vec{u}, \vec{u} \times \vec{v} \rangle = \langle \begin{pmatrix} u_1 \\ u_2 \\ u_3 \end{pmatrix}, \begin{pmatrix} u_2 v_3 - u_3 v_2 \\ u_3 v_1 - u_1 v_3 \\ u_1 v_2 - u_2 v_1 \end{pmatrix} \rangle$$

$$= u_1(u_2 v_3 - u_3 v_2) + u_2(u_3 v_1 - u_1 v_3) + u_3(u_1 v_2 - u_2 v_1)$$

$$= u_1 u_2 v_3 - u_1 u_3 v_2 + u_2 u_3 v_1 - u_1 u_2 v_3 + u_1 u_3 v_2 - u_2 u_3 v_1$$

$$= \underline{u_1 u_2 v_3} - \underline{u_1 u_2 v_3} + \underline{u_2 u_3 v_1} - \underline{u_2 u_3 v_1} + \underline{u_1 u_3 v_2} - \underline{u_1 u_3 v_2} = 0 \checkmark$$

Analog: $\langle \vec{v}, \vec{u} \times \vec{v} \rangle = 0 \rightsquigarrow \vec{v} \perp \vec{u} \times \vec{v}$

(iii) $\vec{u} \times \vec{v} = -\vec{v} \times \vec{u}$: Folgt aus direkter Rechnung:

$$-\vec{v} \times \vec{u} = - \begin{pmatrix} v_2 u_3 - v_3 u_2 \\ v_3 u_1 - v_1 u_3 \\ v_1 u_2 - v_2 u_1 \end{pmatrix} = \begin{pmatrix} v_3 u_2 - v_2 u_3 \\ v_1 u_3 - v_3 u_1 \\ v_2 u_1 - v_1 u_2 \end{pmatrix} = \begin{pmatrix} u_2 v_3 - u_3 v_2 \\ u_3 v_1 - u_1 v_3 \\ u_1 v_2 - u_2 v_1 \end{pmatrix} = \vec{u} \times \vec{v} \checkmark$$

24.4 Normalenform und Achsenabschnittsform

Im $\mathbb{R}^3$ betrachten wir die Ebene E in Parameterform:

$$E : \vec{x} = \begin{pmatrix} 1 \\ 0 \\ 1 \end{pmatrix} + \lambda \begin{pmatrix} 1 \\ -2 \\ 1 \end{pmatrix} + \mu \begin{pmatrix} 1 \\ 1 \\ -1 \end{pmatrix}, \quad \lambda, \mu \in \mathbb{R}$$

Bestimmen Sie eine Normalenform und Achsenabschnittsform von E.

Lösungsskizze

> Eine Ebene wird durch einen *Normalenvektor*, d.h. einen Vektor $\vec{n}$, der senkrecht auf E steht, und einen Punkt $A \in E$ via Standard-Skalarprodukt durch die *Normalenform*
>
> $$E : \langle \vec{n}, \vec{x} - \vec{a} \rangle = 0 \quad \text{bzw.} \quad E : \langle \vec{n}, \vec{x} \rangle - \langle \vec{n}, \vec{a} \rangle = 0$$
>
> mit Ortsvektor $\vec{a} = \overrightarrow{OA}$ festgelegt.

(i) Normalenform von E lässt sich aus Parameterform bestimmen:

E wird von den Vektoren $\vec{u} := (1, -2, 1)^\top$ und $\vec{v} := (-1, -1, 1)^\top$ aufgespannt.

Vektorprodukt von $\vec{u}, \vec{v} \rightsquigarrow$ Normalenvektor $\vec{n}$ zu E:

$$\vec{n} = \vec{u} \times \vec{v} = \begin{pmatrix} 1 \\ -2 \\ 1 \end{pmatrix} \times \begin{pmatrix} 1 \\ 1 \\ -1 \end{pmatrix} = \begin{pmatrix} -2 \cdot 1 - 1 \cdot 1 \\ 1 \cdot 1 - 1 \cdot (-1) \\ 1 \cdot 1 - (-2) \cdot 1 \end{pmatrix} = \begin{pmatrix} 1 \\ 2 \\ 3 \end{pmatrix}$$

$\vec{a} := (1, 0, -1)^\top \in E \ (\lambda = \mu = 0) \rightsquigarrow$ Normalenform: $E : \langle \underbrace{\begin{pmatrix} 1 \\ 2 \\ 3 \end{pmatrix}}_{=\vec{n}}, \underbrace{\begin{pmatrix} x - 1 \\ y \\ z + 1 \end{pmatrix}}_{=\vec{x}-\vec{a}} \rangle = 0$

(ii) Achsenabschnittsform:

Normalenform $\rightsquigarrow$ Koordinatenform:

$$\langle \begin{pmatrix} 1 \\ 2 \\ 3 \end{pmatrix}, \begin{pmatrix} x - 1 \\ y \\ z + 1 \end{pmatrix} \rangle = 0 \iff x - 1 + 2y + 3(z + 1) = 0$$
$$\iff x + 2y + 3z + 2 = 0$$

Koordinatenform $\rightsquigarrow$ Achsenabschnittsform:

$$x + 2y + 3z + 2 = 0 \iff -x/2 - y - 3z/2 = 1$$

$\rightsquigarrow E$ schneidet die Achsen in den Punkten $X(-2, 0, 0)$, $Y(0, -1, 0)$ und $Z(0, 0, -2/3)$.

24.5   Hessesche Normalform einer Ebene

Bestimmen Sie von den folgenden Ebenen die Hessesche Normalform:

a) $E : \vec{x} = \begin{pmatrix} 2 \\ -1 \\ 0 \end{pmatrix} + \lambda \begin{pmatrix} 1 \\ 1 \\ 2 \end{pmatrix} + \mu \begin{pmatrix} 3 \\ 2 \\ -1 \end{pmatrix}, \ \lambda, \mu \in \mathbb{R}$ b) $E : -3x - 2y + 6z - 1 = 0$

Lösungsskizze

Ist $\vec{n}_H$ *Normaleneinheitsvektor* von E, d.h. $\vec{n}_H \perp E$ mit $|\vec{n}_H| = 1$, sowie ein Punkt $A \in E$ gegeben, dann nennt man $E : \langle \vec{n}_H, \vec{x} \rangle - d = 0$ mit $d = \langle \vec{n}_H, \vec{a} \rangle > 0$ und $\vec{a} = \overrightarrow{OA}$ *Hessesche Normalform* (bzw. *Hesseform*) von E.

a) Normalenvektor von E: Setze $\vec{u} := (1, 1, 2)^\top$, $\vec{v} := (3, 2, -1)^\top$

$$\rightsquigarrow \vec{n} = \vec{u} \times \vec{v} = \begin{pmatrix} 1 \cdot (-1) - 2 \cdot 2 \\ 2 \cdot 3 - 1 \cdot (-1) \\ 1 \cdot 2 - 1 \cdot 3 \end{pmatrix} = \begin{pmatrix} -5 \\ 7 \\ -1 \end{pmatrix}.$$

Normieren von $\vec{n} \rightsquigarrow$ Normaleneinheitsvektor:

$$\vec{n}_H = \frac{\vec{n}}{\pm |\vec{n}|} = \frac{(-5, 7, -1)^\top}{\pm \underbrace{\sqrt{25 + 49 + 1}}_{=\sqrt{75}=5\sqrt{3}}} = \frac{(-5, 7, -1)^\top}{\pm 5\sqrt{3}}$$

Das Vorzeichen wird so gewählt, dass $d = \langle \vec{n}_H, \vec{a} \rangle > 0$ (dann zeigt $\vec{n}_H$ in den Halbraum, in dem der Ursprung *nicht* liegt). Mit $\vec{a} = (2, -1, 0)^\top \in E$ folgt:

$$\langle \frac{(-5, 7, -1)^\top}{5\sqrt{3}}, \vec{a} \rangle = \frac{1}{5\sqrt{3}}((-5) \cdot 2 + 7 \cdot (-1)) = -17/5\sqrt{3}$$

$$\rightsquigarrow \vec{n}_H = -\frac{(-5, 7, -1)^\top}{5\sqrt{3}} \rightsquigarrow \text{Hesseform } E : \frac{1}{5\sqrt{3}} \langle \begin{pmatrix} 5 \\ -7 \\ 1 \end{pmatrix}, \begin{pmatrix} x \\ y \\ z \end{pmatrix} \rangle - 17/5\sqrt{3} = 0$$

b) Koordinatenform entspricht einer Normalenform $\rightsquigarrow \vec{n}$ lässt sich leicht ablesen:

$$-3x - 2y + 6z - 1 = 0 \iff \langle (-3, -2, 6)^\top, (x, y, z)^\top \rangle - 1 = 0 \rightsquigarrow \vec{n} = (-3, 2, 6)^\top$$

$$\rightsquigarrow |\vec{n}| = \sqrt{(-3)^2 + (-2)^2 + 6^2} = \sqrt{49} = 7 \text{ und } \vec{n}_H = \pm 1/7(-3, -2, 6)^\top$$

Für $A \in E$ mit $\vec{a} = \overrightarrow{OA}$ gilt $\langle \vec{n}, \vec{a} \rangle = 1 \rightsquigarrow$ positives Vorzeichen für $\vec{n}_H$

$$\rightsquigarrow \text{Hesseform} : E : \langle (-3/7, -2/7, 6/7)^\top, (x, y, z)^\top \rangle - 1/7 = 0$$

24.6 Durchstoßpunkt von Gerade und Ebene

Durch die Punkte $A(-1, 4, -2)$ und $B(-2, 3, 1)$ verläuft die Gerade g. Bestimmen Sie den Durchstoßpunkt D von g mit der Ebene

$$E : \vec{x} = \begin{pmatrix} 2 \\ 0 \\ -1 \end{pmatrix} + \lambda \begin{pmatrix} 1 \\ -2 \\ 1 \end{pmatrix} + \mu \begin{pmatrix} 2 \\ 0 \\ -3 \end{pmatrix}, \quad \lambda, \mu \in \mathbb{R}.$$

Lösungsskizze

Setze $\vec{a} = \overrightarrow{OA}, \vec{b} = \overrightarrow{OB} \rightsquigarrow$ Parameterform von g:

$$g : \vec{x} = \vec{a} + \sigma(\vec{b} - \vec{a}) = \begin{pmatrix} -1 \\ 4 \\ -2 \end{pmatrix} + \sigma \left(\begin{pmatrix} -2 \\ 3 \\ 1 \end{pmatrix} - \begin{pmatrix} -1 \\ 4 \\ -2 \end{pmatrix} \right) = \begin{pmatrix} -1 \\ 4 \\ -2 \end{pmatrix} + \sigma \begin{pmatrix} -1 \\ -1 \\ 3 \end{pmatrix}$$

$g \cap E \rightsquigarrow$ gleichsetzen der Parameterformen $\rightsquigarrow$ LGS in den Variablen λ, μ, σ:

$$\begin{pmatrix} -1 \\ 4 \\ -2 \end{pmatrix} + \sigma \begin{pmatrix} -1 \\ -1 \\ 3 \end{pmatrix} \stackrel{!}{=} \begin{pmatrix} 2 \\ 0 \\ -1 \end{pmatrix} + \lambda \begin{pmatrix} 1 \\ -2 \\ 1 \end{pmatrix} + \mu \begin{pmatrix} 2 \\ 0 \\ -3 \end{pmatrix}$$

$$\implies \lambda \begin{pmatrix} 1 \\ -2 \\ 1 \end{pmatrix} + \mu \begin{pmatrix} 2 \\ 0 \\ -3 \end{pmatrix} + \sigma \begin{pmatrix} 1 \\ 1 \\ -3 \end{pmatrix} = \begin{pmatrix} -3 \\ 4 \\ -1 \end{pmatrix} \rightsquigarrow \begin{array}{ll} \text{I.} & \lambda + 2\mu + \sigma = -3 \\ \text{II.} & -2\lambda + \sigma = 4 \\ \text{III.} & \lambda - 3\mu - 3\sigma = -1 \end{array}$$

Aus II.: $-2\lambda + \sigma = 4 \rightsquigarrow \sigma = 4 + 2\lambda$, in I.: $\lambda + 2\mu + 4 + 2\lambda = -3 \rightsquigarrow \mu = -7/2 - 3\lambda/2$, in III.: $\lambda - 3(-7/2 - 3\lambda/2) - 3(4 + 2\lambda) = -1 \rightsquigarrow -\lambda/2 - 3/2 = -1$

$$\implies \lambda = -1, \mu = -2, \sigma = 2 \checkmark$$

Alternative: Über Normalenform der Ebene

$$\vec{n} = \begin{pmatrix} 1 \\ -2 \\ 1 \end{pmatrix} \times \begin{pmatrix} 2 \\ 0 \\ -3 \end{pmatrix} = \begin{pmatrix} -2 \cdot 1 & - & 1 \cdot 1 \\ 1 \cdot 1 & - & 1 \cdot (-1) \\ 1 \cdot 1 & - & (-2) \cdot 1 \end{pmatrix} = \begin{pmatrix} 6 \\ 5 \\ 4 \end{pmatrix}$$

$\langle \vec{n}, (x - 2, y, z + 1) \rangle = 6(x - 2) + 5y - 4(z + 1) = 6x + 5y + 4z - 8$

$$\rightsquigarrow \text{Normalenform } E : 6x + 5y + 4z - 8 = 0$$

$g \cap E$: Einsetzen von $x = -1 - \sigma$, $y = 4 - \sigma$, $z = -2 + 3\sigma$ von g in $E \rightsquigarrow$ lineare Gleichung

$$6(-1 - \sigma) + 5(4 - \sigma) + 4(-2 + 3\sigma) - 8 \stackrel{!}{=} 0 \implies -2 + \sigma = 0 \rightsquigarrow \sigma = 2 \checkmark$$

$\sigma = 2$ einsetzen in Geradengleichung $\rightsquigarrow D = (-3, 2, 4)^\top$

24.7   Schnitt zweier Ebenen und Winkel zwischen Ebenen

Gegeben sind die Ebenen $E_1 : x + 2y - z - 1 = 0$ und

$$E_2 : \vec{x} = \begin{pmatrix} 1 \\ 0 \\ 2 \end{pmatrix} + \lambda \begin{pmatrix} 1 \\ 2 \\ -1 \end{pmatrix} + \mu \begin{pmatrix} -2 \\ 1 \\ 0 \end{pmatrix}, \quad \lambda, \mu \in \mathbb{R}.$$

Bestimmen Sie $E_1 \cap E_2$ und den Winkel zwischen E_1 und E_2.

Lösungsskizze

(i) Bestimme die Normalenform von E_2:

$$\vec{n}_2 = \begin{pmatrix} 1 \\ 2 \\ -1 \end{pmatrix} \times \begin{pmatrix} -2 \\ 1 \\ 0 \end{pmatrix} = \begin{pmatrix} 1 \\ 2 \\ 5 \end{pmatrix}$$

$\langle \vec{n}_2, (1, 0, 2)^\top \rangle = 1 + 10 = 11 \rightsquigarrow E_2 : x + 2y + 5z + 11 = 0$

(ii) Schnitt von E_1 und E_2:

Normalengleichungen von E_1 und $E_2 \rightsquigarrow$ unterbestimmtes LGS:

$$\begin{aligned} \text{I.} \quad & x + 2y + 5z = -11 \\ \text{II.} \quad & x + 2y - z = 1 \end{aligned} \quad \overset{\sim}{\text{Gauß}} \quad \begin{pmatrix} 1 & 2 & 5 & | & -11 \\ 1 & 2 & -1 & | & 1 \\ 0 & 0 & 0 & | & 0 \end{pmatrix} \overset{-1}{\underset{+}{\rceil}}$$

$$\rightsquigarrow \begin{pmatrix} 1 & 2 & 5 & | & -11 \\ 0 & 0 & -6 & | & 12 \\ 0 & 0 & 0 & | & 0 \end{pmatrix} \quad \text{aus II.:} \; -6z = 12 \rightsquigarrow z = -2$$

Wegen der Nullzeile kann eine der übrigen Variablen beliebig gewählt werden, z.B. $y = \sigma, \sigma \in \mathbb{R}$. In I.: $x + 2\sigma - 10 = -11 \rightsquigarrow x = -1 - 2\sigma \rightsquigarrow$ Schnittgerade:

$$E_1 \cap E_2 : \vec{x} = \begin{pmatrix} x \\ y \\ z \end{pmatrix} = \begin{pmatrix} -1 \\ 0 \\ -2 \end{pmatrix} + \sigma \begin{pmatrix} -2 \\ 1 \\ 0 \end{pmatrix}$$

(iii) Winkel φ zwischen zwei Ebenen: ($\hat{=}$ Winkel zwischen entsprechenden Normalenvektoren):

$$\cos \varphi = \frac{\langle \vec{n}_1, \vec{n}_2 \rangle}{|\vec{n}_1||\vec{n}_2|} = \frac{\langle (1, 2, -1)^\top, (1, 2, 5)^\top \rangle}{\sqrt{1+4+1}\sqrt{1+4+25}} = \frac{1+4-5}{6\sqrt{5}} = 0$$

$\Longrightarrow \vec{n}_1 \perp \vec{n}_2 \rightsquigarrow \varphi = \pi/2 \hat{=} 90°$, d.h., die Ebenen stehen senkrecht aufeinander: $E_1 \perp E_2$ (kann man durch scharfes Hinsehen sogar schon an den Koordinaten von $\vec{n}_{1,2}$ ablesen).

24.8 Kürzester Abstand: Punkt von Gerade und Ebene

Bestimmen Sie den kürzesten Abstand des Punktes $P(-1, 3, 2)$ von der Ebene

$E: 2x - y + 2z + 3 = 0$ und der Geraden $g: \vec{x} = \begin{pmatrix} -1 \\ 0 \\ 1 \end{pmatrix} + \sigma \begin{pmatrix} 3 \\ -1 \\ 1 \end{pmatrix}, \quad \sigma \in \mathbb{R}.$

Lösungsskizze

- $d(g; P)$ (kürzester Abstand Punkt–Gerade):

  Lot von P auf $g \rightsquigarrow$ Lotfußpunkt $Q \in g$, bestimme Ortsvektor $\vec{q} = \overrightarrow{OQ}$ via
  $\vec{a} = (-2, 0\, 1)^\top, \vec{p} = (-1, 3, 2)^\top$ und $\vec{u} = (3, -1, 1)^\top$ mit Formel:

$$\vec{q} = \vec{a} + \frac{\langle \vec{p} - \vec{a}, \vec{u} \rangle}{\langle \vec{a}, \vec{a} \rangle} \cdot \vec{u} = \begin{pmatrix} -1 \\ 0 \\ 1 \end{pmatrix} + \frac{\left\langle \begin{pmatrix} -1 \\ 3 \\ 2 \end{pmatrix} - \begin{pmatrix} -1 \\ 0 \\ 1 \end{pmatrix}, \begin{pmatrix} 3 \\ -1 \\ 1 \end{pmatrix} \right\rangle}{\left\langle \begin{pmatrix} -1 \\ 0 \\ 1 \end{pmatrix}, \begin{pmatrix} -1 \\ 0 \\ 1 \end{pmatrix} \right\rangle} \cdot \begin{pmatrix} 3 \\ -1 \\ 1 \end{pmatrix}$$

$$= \begin{pmatrix} -1 \\ 0 \\ 1 \end{pmatrix} + \underbrace{\frac{(-1+1) \cdot 3 + (3-0) \cdot (-1) + (2-1) \cdot 1}{1+1}}_{= -1} \begin{pmatrix} 3 \\ -1 \\ 1 \end{pmatrix} = \begin{pmatrix} -4 \\ 1 \\ 0 \end{pmatrix}$$

$\rightsquigarrow$ Abstand von P zu Q: $d(P; Q) = |p - q| \cong$ Abstand von g zu P:

$|p - q| = |(-1, 3, 2)^\top - (-4, 1, 0)^\top| = |(3, 2, 2)^\top| = \sqrt{9 + 8} = \sqrt{17} \approx 4.1231$

- Abstand $d(E; P)$ über Hessesche Normalform von E:

> Ist die Hesseform einer Ebene bekannt, $E: \langle \vec{n}_H, \vec{x} \rangle - \vec{n}_H, \vec{m} \rangle$ ($M \in E$, $\vec{m} = \overrightarrow{OM}$),
> so ist $d(E; P) = |\langle \vec{n}_H, \vec{p} \rangle - \vec{n}_H, \vec{m} \rangle|$.

Hesse-Form von E: Normieren des Normalenvektors $\vec{n} = (2, -1, 2)^\top$ von E:

$$|\vec{n}| = \sqrt{4 + 1 + 4} = 3 \rightsquigarrow \vec{n}_H = \frac{1}{3}(2, -1, 2)^\top$$

$\rightsquigarrow$ Hessesche Normalform $E: -\frac{1}{3}\langle (2, -1, 2)^\top, (x, y, z)^\top \rangle - 1 = 0$

Abstand $d(E; P)$ via Einsetzen des Ortsvektors von P in die linke Seite der Hesseform:

$$d(E; P) = \left| -\frac{1}{3}\langle (2, -1, 2)^\top, (-1, 3, 2)^\top \rangle - 1 \right| = |-2/3| = 2/3$$

24.9 Lage von Punkten und Teilverhältnis einer Strecke

Zeigen Sie: Die Punkte $A(1, 3, 4)$ und $B(-1, 2, -4)$ liegen bzgl. der Ebene

$$E : -4x - y + 8z - 3 = 0$$

in unterschiedlichen Halbräumen von $\mathbb{R}^3$. In welchem Verhältnis teilt E die Strecke $\overline{AB}$?

Lösungsskizze

(i) Lage von A und B im Verhältnis zu E:

Normalenvektor von E: $\vec{n} = (-4, -1, 8)^\top$, Normierung $\rightsquigarrow$

$$\vec{n}_H = \frac{(-4, -1, 8)^\top}{\sqrt{4^2 + 1 + 8^2}} = \frac{1}{9}(-4, -1, 8)^\top = \frac{\vec{n}}{9}$$

$\rightsquigarrow$ Hessesche Normalform von $E : 1/9(\langle (-4, -1, 8)^\top, (x, y, z)^\top \rangle) - 1/3 = 0$

Den kürzesten Abstand (mit Vorzeichen) zwischen A, E und B, E erhalten wir via einsetzen der Ortsvektoren $\vec{a} = \overrightarrow{OA}$, $\vec{b} = \overrightarrow{OB}$ in die Hesseform von E:

$$1/9 \cdot (\langle \vec{n}, \vec{a} \rangle - 3) = 1/9((-4 - 3 + 32) - 3) = 22/9 = d_A$$
$$1/9 \cdot \left(\langle \vec{n}, \vec{b} \rangle - 3 \right) = 1/9((4 - 2 - 32) - 3) = -43/9 = d_B$$

$d_A > 0 \implies A$ und O liegen in verschiedenen Halbräumen, $d_B < 0 \implies B$ und O liegen in demselben Halbraum bzgl. E, $\implies A$ und B liegen in unterschiedlichen Halbräumen. $\checkmark$

(ii) Bestimme Durchstoßpunkt T von Gerade g durch A und B mit E:

$$\vec{b} - \vec{a} = (-1 - 1, 2 - 3, -4 - 4)^\top = (-2, -1, -8)^\top$$

$\rightsquigarrow$ Parameterform von $g : \vec{x} = \vec{a} + \sigma(\vec{b} - \vec{a}) = (1, 3, 4)^\top - \sigma(2, 1, 8)^\top$, $\sigma \in \mathbb{R}$

$E \cap g$: $x = 1 - 2\sigma$, $y = 3 - \sigma$, $z = 4 - 8\sigma$ einsetzen in Normalenform $\rightsquigarrow$

$$-4(1 - 2\sigma) - (3 - \sigma) + 8(4 - 8\sigma) - 3 = 0 \rightsquigarrow 22 - 55\sigma = 0 \implies \sigma = 2/5$$

einsetzen in $g \rightsquigarrow T = 1/5(1, 13, 4)^\top$ mit Ortsvektor $\vec{t} = \overrightarrow{OT}$.

(iii) Teilverhältnis: Strecke $\overline{AB}$ wird von $T \in \overline{AB}$ geteilt

$\rightsquigarrow \vec{t} - \vec{a} = \tau(\vec{b} - \vec{t})$ mit Teilverhältnis τ in $\mathbb{R}$.

Gleichung gilt in jeder Komponente $\rightsquigarrow \tau = \dfrac{b_1 - t_1}{t_1 - a_1} = \dfrac{-1 - 1/5}{1/5 - 1} = 2/3$.

Probe: $(t_2 - a_2)/(b_2 - t_2) = (13/5 - 3)/(2 - 13/5) = (-2/5)/(-3/5) = 2/3 \checkmark$
$(t_3 - a_3)/(b_3 - t_3) = (4/5 - 4)/(-4 - 4/5) = (-16/5)/(-24/5) = 2/3 \checkmark$

24.10 Rund um den Schnitt von Kugel mit Ebene ⋆

Bestimmen Sie den Umfang des Schnittkreises S von der Kugel

$$K : (x - 2)^2 + (y + 1)^2 + (z - 1)^2 = 16$$

mit der Ebene $E : -2x - y + 3z - 7 = 0$ und geben Sie eine Parameterdarstellung von S an.

Lösungsskizze

(i) Mittelpunkt M_S von S:

Mittelpunkt von S entspricht dem Lotfußpunkt L vom Mittelpunkt der Kugel $M_K(2, -1, 1)$ mit Ortsvektor $\vec{m}_k = \overrightarrow{OM_k}$ auf die Ebene E mit Normalenvektor $\vec{n} = (-2, -1, 3)^\top$

$\leadsto M_S \,\hat{=}\, L \,\hat{=}\,$ Durchstoßpunkt der Geraden $\ell : \vec{m}_k + \sigma\vec{n}$, $\sigma \in \mathbb{R}$ mit E :

$$\ell : \vec{x} = \begin{pmatrix} 2 \\ -1 \\ 1 \end{pmatrix} + \sigma \begin{pmatrix} -2 \\ -1 \\ 3 \end{pmatrix}$$

Einsetzen von $x = 2 - 2\sigma$, $y = -1 - \sigma$ und $z = 1 + 3\sigma$ in E:

$$-2(2 - 2\sigma) - (-1 - \sigma) + 3(1 + 3\sigma) - 7 = 0 \implies -7 + 14\sigma = 0 \implies \sigma = 1/2$$

$$\implies M_S = (2 - 1, -1 - 1/2, 1 + 3/2)^\top$$
$$= (1, -3/2, 5/2)^\top$$

(ii) Radius r_S über Pythagoras: ($\leadsto$ Skizze ist hilfreich)

$$r_K^2 = |\vec{m}_S - \vec{m}_K|^2 + r_S^2 \leadsto r_S = \sqrt{r_K^2 - |\vec{m}_S - \vec{m}_K|^2}$$

$$|\vec{m}_S - \vec{m}_K|^2 = \left|(1, -3/2, 5/2)^\top - (2, -1, 1)^\top\right|^2$$
$$= \left|(-1, -1/2, 3/2)^\top\right|^2$$
$$= 1 + 1/4 + 9/4 = 7/2$$

$r_K = 4$ (Radius von Kugel) $\implies r_S = \sqrt{16 - 7/2} = \sqrt{25/2} = \dfrac{5\sqrt{2}}{2}$

$$\implies \text{Umfang: } u_S = 2\pi r_S = 5\pi\sqrt{2}$$

(iii) Parameterdarstellung von $\mathcal{S}$:

Bestimme via $\vec{n} = (-2, -1, 3)^\top$ Orthonormalvektoren $\vec{e}_1$ und $\vec{e}_2$, welche an $M_{\mathcal{S}}$ angeheftet E aufspannen:

$$\vec{n} \perp \vec{e}_1 \iff \langle \vec{n}, \vec{e}_1 \rangle \overset{!}{=} 0 \rightsquigarrow -2x - y + 3z \overset{!}{=} 0$$

Zum Beispiel $x = y = 1 \rightsquigarrow z = 1$, Normierung $\rightsquigarrow$

$$\vec{e}_1 = \frac{1}{\sqrt{3}} (1, 1, 1)^\top = \frac{\sqrt{3}}{3} (1, 1, 1)^\top$$

Bedingung: $\vec{e}_2 \perp \vec{e}_1 \wedge \vec{e}_2 \perp \vec{n} \wedge |\vec{e}_2| = 1 \rightsquigarrow \vec{e}_2 = \dfrac{\vec{e}_1 \times \vec{n}}{|\vec{e}_1 \times \vec{n}|}$

Hierbei ist

$$\vec{e}_1 \times \vec{n} = \frac{\sqrt{3}}{3} \begin{pmatrix} 1 \\ 1 \\ 1 \end{pmatrix} \times \begin{pmatrix} -2 \\ -1 \\ 3 \end{pmatrix} = \begin{pmatrix} 3 - (-1) \\ -2 - (-3) \\ -1 - (-2) \end{pmatrix} = \frac{\sqrt{3}}{3} \begin{pmatrix} 4 \\ -5 \\ 1 \end{pmatrix}$$

und

$$\begin{aligned} |\vec{e}_1 \times \vec{n}| &= \sqrt{(4\sqrt{3}/3)^2 + (-5\sqrt{3}/3)^2 + (\sqrt{3}/3)^2} = \sqrt{3/9 \cdot (16 + 25 + 1)} \\ &= \sqrt{42 \cdot 3/9} = \sqrt{14}. \end{aligned}$$

Somit: $\vec{e}_2 = \dfrac{\sqrt{3}}{3\sqrt{14}} (4, -5, 1)^\top$

Parameterdarstellung Kreis im $\mathbb{R}^3$:

$$\mathcal{S} : \vec{x} = \vec{m}_{\mathcal{S}} + r_{\mathcal{S}} \cos \varphi \, \vec{e}_1 + r_{\mathcal{S}} \cos \varphi \, \vec{e}_2, \quad \varphi \in [0, 2\pi)$$

$$\rightsquigarrow \mathcal{S} : \vec{x} = \begin{pmatrix} 1 \\ -3/2 \\ 5/2 \end{pmatrix} + \frac{5\sqrt{2}}{2} \cdot \frac{\sqrt{3}}{3} \cos \varphi \begin{pmatrix} 1 \\ 1 \\ 1 \end{pmatrix} + \frac{5\sqrt{2}}{2} \cdot \frac{\sqrt{3}}{3\sqrt{14}} \sin \varphi \begin{pmatrix} 4 \\ -5 \\ 1 \end{pmatrix}$$

$$= \begin{pmatrix} 1 \\ -3/2 \\ 5/2 \end{pmatrix} + \frac{5\sqrt{6}}{6} \cos \varphi \begin{pmatrix} 1 \\ 1 \\ 1 \end{pmatrix} + \frac{5\sqrt{6/14}}{6} \sin \varphi \begin{pmatrix} 4 \\ -5 \\ 1 \end{pmatrix}, \quad \varphi \in [0, 2\pi)$$

25 Eigenwerte und Eigenvektoren

Übersicht

© Springer-Verlag GmbH Deutschland, ein Teil von Springer Nature 2021
A. Keller, *Aufgaben und Lösungen zur Mathematik für den Studienstart*,
https://doi.org/10.1007/978-3-662-63628-2_25

25.1 Bestimmung von Eigenwerten

Bestimmen Sie die Eigenwerte der gegebenen Matrizen:

$$A = \begin{pmatrix} -1 & 0 \\ 2 & 1 \end{pmatrix}, \qquad B = \begin{pmatrix} 1 & -2 \\ 1 & 1 \end{pmatrix}, \qquad C = \begin{pmatrix} 1 & 2 & 1 \\ 0 & -3 & 0 \\ 1 & 2 & 0 \end{pmatrix}$$

Lösungsskizze

Die Eigenwerte einer Matrix $A \in \mathbb{R}^{n \times n}$ sind die Nullstellen des *charakteristischen Polynoms* $\chi(\lambda) := \det(A - \lambda E_n)$. χ ist ein Polynom vom Grad n in der Variablen $\lambda \rightsquigarrow$ reelle Matrizen können auch komplexe Eigenwerte haben.

(i) $A - \lambda E_2 = \begin{pmatrix} -1 & 0 \\ 2 & 1 \end{pmatrix} - \lambda \begin{pmatrix} 1 & 0 \\ 0 & 1 \end{pmatrix} = \begin{pmatrix} -1 - \lambda & 0 \\ 2 & 1 - \lambda \end{pmatrix}$

$\chi(\lambda) = \rightsquigarrow \det(A - \lambda E_2) = \det \begin{pmatrix} -1 - \lambda & 0 \\ 2 & 1 - \lambda \end{pmatrix} = -(1+\lambda)(1-\lambda) \overset{!}{=} 0 \rightsquigarrow \lambda_{1,2} = $

(ii) $B - \lambda E_2 = \begin{pmatrix} 1 & -2 \\ 1 & 1 \end{pmatrix} - \lambda \begin{pmatrix} 1 & 0 \\ 0 & 1 \end{pmatrix} = \begin{pmatrix} 1 - \lambda & -2 \\ 1 & 1 - \lambda \end{pmatrix}$

$\chi(\lambda) = \det(B - \lambda E_2) = (1 - \lambda)^2 + 2 = \lambda^2 - 2\lambda + 3 \overset{!}{=} 0$

Mitternachtsformel $\rightsquigarrow \lambda_{1,2} = \dfrac{2 \pm \sqrt{-8}}{2} = \dfrac{2 \pm \sqrt{i^2 \cdot 4 \cdot 2}}{2} = \dfrac{\cancel{2} \pm i \cdot \cancel{2} \cdot \sqrt{2}}{\cancel{2}} = 1 \pm i\sqrt{2}$

(iii) $C - \lambda E_3 = \begin{pmatrix} 1 & 2 & 1 \\ 0 & -3 & 0 \\ 1 & 2 & 0 \end{pmatrix} - \lambda \begin{pmatrix} 1 & 0 & 0 \\ 0 & 1 & 0 \\ 0 & 0 & 1 \end{pmatrix} = \begin{pmatrix} 1 - \lambda & 2 & 1 \\ 0 & -3 - \lambda & 0 \\ 1 & 2 & -\lambda \end{pmatrix}$

$\chi(\lambda) = \det(C - \lambda E) \overset{\text{Entw. n. 2. Zeile}}{=} -(-3 - \lambda) \det \begin{pmatrix} 1 - \lambda & 1 \\ 1 & -\lambda \end{pmatrix}$

$\qquad = (3 + \lambda) \cdot (\lambda(2 - \lambda) + 1)$

$\qquad = -\lambda^3 - 2\lambda^2 + 4\lambda + 3 \overset{!}{=} 0$

Sinnvolles Probieren $\rightsquigarrow p(-3) = 0 \rightsquigarrow \lambda_1 = -3$

Polynomdivision: $p(\lambda) \div (\lambda + 3) = \ldots = -\lambda^2 + \lambda + 1$

Mitternachtsformel $\rightsquigarrow \lambda_{2,3} = \dfrac{-1 \pm \sqrt{1 - (-4)}}{2} = -1/2 \pm \sqrt{5}/2$

25.2 Bestimmung von Eigenvektoren

Untersuchen Sie, ob $u = (2, -1)^\top$ und $w = (1/2, -1/3)^\top$ Eigenvektoren von

$$A = \begin{pmatrix} 0 & 3 \\ 2 & 1 \end{pmatrix}$$

sind. Bestimmen Sie alle Eigenvektoren zum kleinsten Eigenwert von A.

Lösungsskizze

Angenommen, u ist Eigenvektor von A, dann gibt es ein $\lambda \in \mathbb{R}, \lambda \neq 0$, s.d. $Au = \lambda u \rightsquigarrow$ Ansatz:

$$Au \stackrel{!}{=} \lambda u \implies \begin{pmatrix} 0 & 3 \\ 2 & 1 \end{pmatrix} \begin{pmatrix} 2 \\ -1 \end{pmatrix} = \lambda \begin{pmatrix} 2 \\ -1 \end{pmatrix} \implies \begin{pmatrix} -3 \\ 3 \end{pmatrix} = \lambda \begin{pmatrix} 2 \\ -1 \end{pmatrix}$$

Aus I.: $\lambda = -2/3$, und aus II.: $\lambda = -1/3 \rightsquigarrow$ Widerspruch $\lightning$ u kann somit kein Eigenvektor von A sein.

Analog für w:

$$Aw \stackrel{!}{=} \lambda w \implies \begin{pmatrix} 0 & 3 \\ 2 & 1 \end{pmatrix} \begin{pmatrix} 1/2 \\ -1/3 \end{pmatrix} = \lambda \begin{pmatrix} 1/2 \\ -1/3 \end{pmatrix} \implies \begin{pmatrix} -1 \\ 2/3 \end{pmatrix} = -2 \begin{pmatrix} 1/2 \\ -1/3 \end{pmatrix}$$

$\rightsquigarrow w$ ist Eigenvektor von A zum Eigenwert -2.

(i) Eigenwerte von A via charakteristischem Polynom:

$$\chi_A(\lambda) = \det(A - \lambda E_2) = \det \begin{pmatrix} -\lambda & 3 \\ 2 & 1 - \lambda \end{pmatrix} = \ldots = \lambda^2 - \lambda - 6 \stackrel{!}{=} 0$$

Mitternachtsformel $\rightsquigarrow \lambda_1 = -2, \lambda_2 = 3$

(ii) Eigenvektoren $v = (x_1, x_2)^\top$ zu $\lambda_1 = -2$ (kleinster Eigenwert):

$\rightsquigarrow$ homogenes LGS: $Av \stackrel{!}{=} -2v \Longleftrightarrow (A + 2E_2)v = \mathbf{0}$

$$\rightsquigarrow \left(\begin{array}{cc|c} 2 & 3 & 0 \\ 2 & 3 & 0 \end{array} \right) \begin{array}{c} \\ {}^{-1} \\ {}_{+} \end{array} \rightsquigarrow \left(\begin{array}{cc|c} 2 & 3 & 0 \\ 0 & 0 & 0 \end{array} \right)$$

II. ist Nullzeile $\rightsquigarrow$ eine Variable beliebig wählbar, z.B. $x_2 = \sigma, \sigma \in \mathbb{R}$, in I. $2x_1 + 3\sigma = 0 \rightsquigarrow x_1 = -3\sigma/2$

$\rightsquigarrow$ Eigenvektoren von A zum Eigenwert -2: $v = \sigma \cdot \begin{pmatrix} -3/2 \\ 1 \end{pmatrix}, \sigma \in \mathbb{R}$

25.3 Bestimmung eines Eigenraums

Bestimmen Sie zum kleinsten Eigenwert $\lambda_{\min}$ von

$$A - \begin{pmatrix} -2 & 0 & 1 & 0 \\ 0 & -2 & 3 & 1 \\ 0 & 0 & 5 & 8 \\ 0 & 0 & 0 & 3 \end{pmatrix}$$

den zugehörigen Eigenraum $\mathrm{Eig}_{\lambda_{\min}}$ und dessen Dimension.

Lösungsskizze

Determinante einer oberen/unteren Dreiecksmatrix: Für eine obere/untere Dreiecksmatrix $A = (a_{ij}) \in \mathbb{R}^{n \times n}$ gilt allgemein: $\det A = a_{11} \cdot \ldots \cdot a_{nn}$

$$\implies \det(A - \lambda E_n) = (a_{11} - \lambda) \cdot \ldots \cdot (a_{nn} - \lambda),$$

d.h., die Diagonaleinträge sind die Eigenwerte.

(i) Bestimmung der Eigenwerte:

$$\det(A - \lambda E) = \det \begin{pmatrix} -2-\lambda & 0 & 1 & 0 \\ 0 & -2-\lambda & 3 & 1 \\ 0 & 0 & 5-\lambda & 8 \\ 0 & 0 & 0 & 3-\lambda \end{pmatrix} = (\lambda+2)^2(\lambda-5)(\lambda-3)$$

$$\implies \lambda_{1,2} = -2,\ \lambda_3 = 3,\ \lambda_4 = 5 \rightsquigarrow \lambda_{\min} = \lambda_{1,2} = -2$$

(ii) Eigenraum von A zu $\lambda_{\min} = -2$:

Nach Definition: Ist λ EW zu $A \in \mathbb{R}^{n \times n}$, dann ist $\mathrm{Eig}_\lambda(A) := \mathrm{Ker}(A - \lambda E_n)$.

$$\lambda = -2 \rightsquigarrow \mathrm{Ker}(A + 2E_4) \rightsquigarrow \text{homogenes LGS} \begin{pmatrix} 0 & 0 & 1 & 0 \\ 0 & 0 & 3 & 1 \\ 0 & 0 & 7 & 8 \\ 0 & 0 & 0 & 5 \end{pmatrix} \begin{pmatrix} x_1 \\ x_2 \\ x_3 \\ x_4 \end{pmatrix} = \begin{pmatrix} 0 \\ 0 \\ 0 \\ 0 \end{pmatrix}$$

Aus I.: $x_3 = 0$, und aus IV.: $5x_4 = 0 \rightsquigarrow x_4 = 0$. Da $n = 4 - \mathrm{rg}(A+2E_4) = 4-2 = 2$ (bzw. direkt aus dem LGS abgelesen), können die übrigen zwei Variablen frei gewählt werden, z.B. $x_1 = \sigma$ und $x_2 = \tau$ mit $\sigma, \tau \in \mathbb{R}$ (Alternative: Gauß-Algorithmus).

$$\rightsquigarrow \mathrm{Eig}_{-2}(A) = \mathrm{Ker}(A + 2E_4) = \left\{ v \in \mathbb{R}^4 \mid v = \sigma \begin{pmatrix} 1 \\ 0 \\ 0 \\ 0 \end{pmatrix} + \tau \begin{pmatrix} 0 \\ 1 \\ 0 \\ 0 \end{pmatrix}, \sigma, \tau \in \mathbb{R} \right\}$$

$$= \mathrm{span}(e_1, e_2)$$

$$\implies \dim \mathrm{Eig}_{-2}(A) = 2$$

25.4 Überprüfung auf Diagonalisierbarkeit

Untersuchen Sie die folgenden Matrizen auf Diagonalisierbarkeit:

$$A = \begin{pmatrix} 1 & -4 & 8 & -6 \\ -4 & 2 & 5 & 7 \\ 8 & 5 & 3 & 0 \\ -6 & 7 & 0 & 4 \end{pmatrix}, \quad B = \begin{pmatrix} 1 & 1 \\ 0 & 2 \end{pmatrix}, \quad C = \begin{pmatrix} 1 & 0 & 0 \\ 0 & 1 & 0 \\ 2 & 3 & 1 \end{pmatrix}$$

Lösungsskizze

> $A \in \mathbb{R}^{n \times n}$ diagonalisierbar $\Longleftrightarrow$ geometrische Vielfachheit $g(A; \lambda) \cong$ algebraische Vielfachheit $a(A; \lambda)$ für jeden Eigenwert λ von A.
>
> $a(A; \lambda) \cong$ Vielfachheit der Nullstelle λ des charakteristischen Polynoms $\chi_A(\lambda) = \det(A - \lambda E_n)$ und $g(A; \lambda) = \dim \text{Eig}_\lambda(A)$. Insbesondere:
>
> $$\boxed{a(A; \lambda) \leq g(A; \lambda)}$$
>
> Besitzt χ_A genau n paarweise verschiedene Nullstellen ($\cong \chi_A$ zerfällt vollständig in n verschiedene Linearfaktoren), dann ist A diagonalisierbar.
>
> Reelle symmetrische Matrizen A besitzen n paarweise verschiedene reelle Eigenwerte, sind also immer reell diagonalisierbar.

(i) $A = A^\top \implies A$ symmetrisch, also A diagonalisierbar $\checkmark$

(ii) B ist obere Dreiecksmatrix $\rightsquigarrow \chi_B(\lambda) = \det(B - \lambda E_2) = (\lambda - 1)(\lambda - 2)$

$\rightsquigarrow \chi_B$ zerfällt in paarweise verschiedene Linearfaktoren $\rightsquigarrow B$ diagonalisierbar.

(iii) C ist untere Dreiecksmatrix $\rightsquigarrow \chi_C(\lambda) = (1 - \lambda)^3 \rightsquigarrow \lambda_1 = 1$ mit $a(\lambda_1; C) = 3$

Eigenraum $\text{Eig}_1(C) = \text{Ker}(C - E_3)$: via Lösung des LGS $(C - E_3)x = \mathbf{0}$

$$\rightsquigarrow \begin{pmatrix} 0 & 0 & 0 \\ 0 & 0 & 0 \\ 2 & 3 & 0 \end{pmatrix} \begin{pmatrix} x_1 \\ x_2 \\ x_3 \end{pmatrix} = \begin{pmatrix} 0 \\ 0 \\ 0 \end{pmatrix}; \text{zwei Nullzeilen} \rightsquigarrow \text{zwei Variablen beliebig wählbar,}$$

z.B. $x_2 = \sigma$, $x_3 = \tau$, $\sigma, \tau \in \mathbb{R}$. In III.: $2x_1 + 3\sigma = 0 \rightsquigarrow x_1 = -3\sigma/2$

$$\rightsquigarrow \text{jeder Vektor der Form } v = \sigma \overset{= v_1}{\begin{pmatrix} -3/2 \\ 1 \\ 0 \end{pmatrix}} + \tau \overset{= v_2}{\begin{pmatrix} 0 \\ 0 \\ 1 \end{pmatrix}} \text{ ist Eigenvektor von}$$

C zu $\lambda_1 = 1 \rightsquigarrow \text{Eig}_1(C) = \text{span}(v_1, v_2)$ und $\dim \text{Eig}_1(C) = 2$

$\implies g(C; 1) = 2 < a(C; 1) = 3 \implies C$ nicht diagonalisierbar.

25.5 Eigenwerte und Eigenvektoren einer Drehmatrix

Bestimmen Sie in Abhängigkeit von $\varphi \in [0, 2\pi)$ sämtliche reelle Eigenwerte und Eigenvektoren der Drehmatrix

$$A_\varphi = \begin{pmatrix} \cos\varphi & -\sin\varphi \\ \sin\varphi & \cos\varphi \end{pmatrix}.$$

Lösungsskizze

(i) Reelle Eigenwerte:

$$\chi_{A_\varphi}(\lambda) = \det(A_\varphi - \lambda E_2) = \det A_\varphi = \begin{pmatrix} \cos\varphi - \lambda & -\sin\varphi \\ \sin\varphi & \cos\varphi - \lambda \end{pmatrix}$$

$$= (\cos\varphi - \lambda)^2 + \sin^2\varphi \overset{!}{=} 0$$

Eine Summe von Quadratzahlen ist genau dann 0, wenn jeder Summand 0 ist:

$$(\cos\varphi - \lambda)^2 + \sin^2\varphi = 0 \iff (\cos\varphi - \lambda)^2 = 0 \wedge \sin^2\varphi = 0$$

$\rightsquigarrow \sin^2\varphi \overset{!}{=} 0 \rightsquigarrow$ nur für $\varphi = 0 \vee \varphi = \pi$ gibt es Eigenwerte.

(ii) Eigenwerte und Eigenvektoren für $\varphi = 0; \varphi = \pi$:

$$\chi_{A_{0,\pi}}(\lambda) = (\pm 1 - \lambda)^2 = 0 \rightsquigarrow \lambda = \pm 1 \rightsquigarrow \text{homogenes LGS } (A_{0,\pi} \pm E_2)v = \mathbf{0}$$

$$\varphi = 0, \lambda = 1 \rightsquigarrow A_0 - E_2 = E_2 - E_2 = \mathbf{O} (= \text{Nullmatrix})$$

$$\text{und } \varphi = \pi, \lambda = -1 \rightsquigarrow A_\varphi + E_2 = -E_2 + E_2 = \mathbf{O}$$

$$\implies \text{Eig}_1(A_0) = \text{Eig}_{-1}(A_\varphi) = \mathbb{R}^2, \text{ d.h., alle } v \in \mathbb{R}^2 \text{ sind Eigenvektoren.}$$

Die Skizze visualisiert dies: Die Abbildung $v \mapsto A_\varphi v$ kann geometrisch als Drehung eines Vektors v um den Ursprung mit dem Winkel φ interpretiert werden.

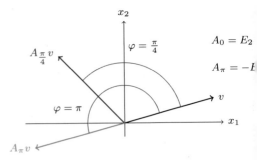

Für $\varphi = 0$ wird jedes $v \in \mathbb{R}^2$ mit $0°$ gedreht, d.h. auf sich selbst abgebildet – v ist also ein Eigenvektor zum Eigenwert 1. Für $\varphi = \pi$ wird jeder Vektor v mit $180°$ gedreht: $A_\pi v = -E_2 v = -v$, d.h., v ist dann Eigenvektor zu $\lambda = -1$.

25.6 Diagonalisierung einer 3×3-Matrix

Zeigen Sie:

$$A = \begin{pmatrix} 4 & 0 & 3 \\ 0 & 1 & 0 \\ -2 & 0 & -1 \end{pmatrix}$$

ist diagonalisierbar. Geben Sie eine zu A ähnliche Diagonalmatrix D an und bestimmen Sie außerdem eine Matrix U mit $U^{-1}AU = D$.

Lösungsskizze

Eine Matrix $A \in \mathbb{R}^{n \times n}$ heißt *diagonalisierbar*, falls sie zu einer Diagonalmatrix $D = \mathrm{diag}(d_{11}, ..., d_{nn})$ ähnlich ist: $A \sim D$. Zwei Matrizen $A, B \in \mathbb{R}^{n \times n}$ sind *ähnlich* ($A \sim B$), falls es eine invertierbare Matrix U gibt (*Transformationsmatrix*), s.d. $A = UBU^{-1}$. Ähnlichkeit unter Matrizen ist eine Äquivalenzrelation. Kriterien zur Diagonalisierbarkeit (vgl. Checkbox in Aufg. 25.4).

(i) Eigenwerte von A:

$$\det(A - \lambda E_3) = \det \begin{pmatrix} 4 - \lambda & 0 & 3 \\ 0 & 1 - \lambda & 0 \\ -2 & 0 & -1 - \lambda \end{pmatrix} = -(1 - \lambda)\det \begin{pmatrix} 4 - \lambda & 3 \\ -2 & -1 - \lambda \end{pmatrix}$$

$$= -(1 - \lambda) \cdot ((4 - \lambda)(-1 - \lambda) + 6)$$

$$\implies \chi_A(\lambda) = -\lambda^3 + 4\lambda^2 - 5\lambda + 2$$

Sinnvolles Probieren (vgl. Abschn. 10.7.3): $\rightsquigarrow \chi_A(2) = 0 \rightsquigarrow \lambda_1 = 2$

Polynomdivison: $\chi_A(\lambda) \div (\lambda - 2) = \ldots = -\lambda^2 + 2\lambda - 1 = -(\lambda - 1)^2 \rightsquigarrow \lambda_{2,3} = 1$

$$\implies a(A; \lambda_1 = 2) = 1; \quad a(A; \lambda_{2,3} = 1) = 2$$

(ii) Eigenraum zu $\lambda_1 = 2$:

$$(A - 2E_3)x = \mathbf{0} \rightsquigarrow \left(\begin{array}{ccc|c} 2 & 0 & 3 & 0 \\ 0 & -1 & 0 & 0 \\ -2 & 0 & -3 & 0 \end{array} \right) \rightsquigarrow \left(\begin{array}{ccc|c} 2 & 0 & 3 & 0 \\ 0 & -1 & 0 & 0 \\ 0 & 0 & 0 & 0 \end{array} \right) \quad ; \text{ aus II.: } x_2 = 0;$$

aus III.: z.B. $x_3 = \sigma$, $\sigma \in \mathbb{R}$, in I.: $2x_1 + 3\sigma = 0 \rightsquigarrow x_1 = -3\sigma/2$

$$\rightsquigarrow \mathrm{Eig}_2(A) = \left\{ v \in \mathbb{R}^3 \mid v = \sigma \begin{pmatrix} -3/2 \\ 0 \\ 1 \end{pmatrix}, \sigma \in \mathbb{R} \right\}$$

$$\implies g(A; 2) = \dim \mathrm{Eig}_2(A) = 1 = a(2; A) \checkmark$$

(iii) Eigenraum zu $\lambda_{2,3} = 1$:

$$(A - E_3)x = \mathbf{0} \rightsquigarrow \begin{pmatrix} 3 & 0 & 3 & | & 0 \\ 0 & 0 & 0 & | & 0 \\ -2 & 0 & -2 & | & 0 \end{pmatrix} \overset{2/3}{\underset{+}{\rceil \; \lfloor}} \rightsquigarrow \begin{pmatrix} 3 & 0 & 3 & | & 0 \\ 0 & 0 & 0 & | & 0 \\ 0 & 0 & 0 & | & 0 \end{pmatrix}$$

Aus II. und III.: $x_3 = \sigma$, $x_2 = \tau$, mit $\sigma, \tau \in \mathbb{R}$, in I.: $3x_1 + 3\sigma = 0 \rightsquigarrow x_1 = -\sigma$

$$\rightsquigarrow \operatorname{Eig}_1(A) = \left\{ v \in \mathbb{R}^3 \mid v = \sigma \begin{pmatrix} 0 \\ 1 \\ 0 \end{pmatrix} + \tau \begin{pmatrix} -1 \\ 0 \\ 1 \end{pmatrix}, \, \sigma, \tau \in \mathbb{R} \right\}$$

$$\implies g(A; 1) = \dim \operatorname{Eig}_1(A) = 2 = a(1; A) \checkmark$$

$\rightsquigarrow$ algebraische und geometrische Vielfachheit beider Eigenwerte stimmen überein $\implies A$ diagonalisierbar.

(iv) Zu A ähnliche Diagonalmatrix:

A diagonalisierbar $\rightsquigarrow A$ ist zu einer Diagonalmatrix mit Eigenwerten von A als Einträgen auf der Hauptdiagonalen ähnlich: $A = UDU^{-1}$.

Bis auf die Reihenfolge der Einträge ist die Darstellung eindeutig*. So gilt z.B.

$$A \sim \begin{pmatrix} 2 & 0 & 0 \\ 0 & 1 & 0 \\ 0 & 0 & 1 \end{pmatrix}, \quad A \sim \begin{pmatrix} 1 & 0 & 0 \\ 0 & 2 & 0 \\ 0 & 0 & 1 \end{pmatrix}, \quad A \sim \begin{pmatrix} 1 & 0 & 0 \\ 0 & 1 & 0 \\ 0 & 0 & 2 \end{pmatrix}$$

(v) Bestimmung von U und U^{-2}:

Basisvektoren der Eigenräume $\rightsquigarrow U \overset{*}{=} \begin{pmatrix} -3/2 & -1 & 0 \\ 0 & 0 & 1 \\ 1 & 1 & 0 \end{pmatrix}$

Invertieren (z.B. mit Gauß; vgl. Kap. 23) $\rightsquigarrow U^{-1} = \begin{pmatrix} -2 & 0 & -2 \\ 2 & 0 & 3 \\ 0 & 1 & 0 \end{pmatrix}$

$$\rightsquigarrow D = U^{-1}AU = \begin{pmatrix} -2 & 0 & -2 \\ 2 & 0 & 3 \\ 0 & 1 & 0 \end{pmatrix} \begin{pmatrix} 4 & 0 & 3 \\ 0 & 1 & 0 \\ -2 & 0 & -1 \end{pmatrix} \begin{pmatrix} -3/2 & -1 & 0 \\ 0 & 0 & 1 \\ 1 & 1 & 0 \end{pmatrix} = \begin{pmatrix} 2 & 0 & 0 \\ 0 & 1 & 0 \\ 0 & 0 & 1 \end{pmatrix} \checkmark$$

---

* Befüllt man U mit einer anderen Reihenfolge der Basiseigenvektoren, so führt dies auch auf D, nur mit permutierten Eigenwerten auf der Diagonalen. Die Reihenfolge ist in diesem Sinn also irrelevant.

25.7 Diagonalmatrix einer symmetrischen 4×4-Matrix

Bestimmen Sie zu

$$A = \begin{pmatrix} 0 & -1 & 0 & 1 \\ -1 & 1 & 0 & 2 \\ 0 & 0 & 3 & 0 \\ 1 & 2 & 0 & 1 \end{pmatrix}$$

eine invertierbare Matrix U, so dass $U^{-1}AU = D$ mit einer Diagonalmatrix D ist.

Lösungsskizze

B ist symmetrisch $\rightsquigarrow B$ reell diagonalisierbar.

(i) Eigenwerte von A:

$$\det(B - \lambda E_4) = \det \begin{pmatrix} -s & -1 & 0 & 1 \\ -1 & 1-s & 0 & 2 \\ 0 & 0 & 3-s & 0 \\ 1 & 2 & 0 & 1-s \end{pmatrix} \overset{\text{3. Zeile}}{=} (3-s) \det \begin{pmatrix} -s & -1 & 1 \\ -1 & 1-s & 2 \\ 1 & 2 & 1-s \end{pmatrix}$$

$$\overset{\text{1. Spalte}}{=} (3-s) \left((-s) \cdot \det \begin{pmatrix} 1-s & 2 \\ 2 & 1-s \end{pmatrix} + \det \begin{pmatrix} -1 & 1 \\ 2 & 1-s \end{pmatrix} + \det \begin{pmatrix} -1 & 1 \\ 1-s & 2 \end{pmatrix} \right)$$

$$= (3-s)\left((-s)(s^2 - 2s - 3) + 2s - 6 \right) = (3-s)(-s^3 + 2s^2 + 5s - 6))$$

$$\rightsquigarrow \chi_B(\lambda) = (3-s)(-s^3 + 2s^2 + 5s - 6) \overset{!}{=} 0 \implies s_1 = 3$$

Für den zweiten Faktor erraten wir $s_2 = 3$ ebenfalls als Nullstelle. Polynomdivision: $(-s^3 + 2s^2 + 5s - 6) \div (s - 3) = -s^2 - s + 2$. Scharfes Hinsehen, Probieren oder Mitternachtsformel: $\rightsquigarrow s_3 = 1; s_4 = -2$

(ii) Eigenvektorbasis zu $\lambda_1 = \lambda_2 = 3$: $\rightsquigarrow$ Bestimme $\mathrm{Ker}(B - 3E_4)$:

$$\begin{pmatrix} -3 & -1 & 0 & 1 & | & 0 \\ -1 & -2 & 0 & 2 & | & 0 \\ 0 & 0 & 0 & 0 & | & 0 \\ 1 & 2 & 0 & -2 & | & 0 \end{pmatrix} \rightsquigarrow \begin{pmatrix} -3 & -1 & 0 & | & 1 \\ 0 & -5/3 & 0 & | & 5/3 \\ 0 & 0 & 0 & | & 0 \\ 0 & 0 & 0 & | & 0 \end{pmatrix}$$

Zwei Nullzeilen $\rightsquigarrow x_3 = t; x_4 = s$ mit $s, t \in \mathbb{R}$ aus II.: $x_2 = s$, in I.: $-3x_1 - s + s = 0 \rightsquigarrow x_1 = 0$. Somit ist $x = (0, s, t, s)^\top$ Lösung

$$\implies \mathrm{Ker}(B - 3E_4) = \mathrm{span}((0, 0, 1, 0)^\top, (0, 1, 0, 1)^\top).$$

(iii) Eigenvektorbasis zu $\lambda_3 = 1$: $\rightsquigarrow$ Bestimme $\text{Ker}(B - E_4)$:

$$
\left(\begin{array}{cccc|c}
-1 & -1 & 0 & 1 & 0 \\
-1 & 0 & 0 & 2 & 0 \\
0 & 0 & 2 & 0 & 0 \\
1 & 2 & 0 & 0 & 0
\end{array}\right)
\begin{array}{c}\rule{0pt}{1em}\end{array}
\rightsquigarrow
\left(\begin{array}{cccc|c}
-1 & -1 & 0 & 1 & 0 \\
0 & 1 & 0 & 1 & 0 \\
0 & 0 & 2 & 0 & 0 \\
0 & 1 & 0 & 1 & 0
\end{array}\right)
\rightsquigarrow
\left(\begin{array}{cccc|c}
-1 & -1 & 0 & 1 & 0 \\
0 & 1 & 0 & 1 & 0 \\
0 & 0 & 2 & 0 & 0 \\
0 & 0 & 0 & 0 & 0
\end{array}\right)
$$

Nullzeile $\rightsquigarrow x_4 = s$, $s \in \mathbb{R}$, aus III.: $x_3 = 0$, aus II.: $x_2 = -s$ in I.: $-x_1 + s + s = 0 \rightsquigarrow x_1 = 2s$. Somit ist $x = (2s, -s, 0, s)^\top$ Lösung

$$\implies \text{Ker}(B - E_4) = \text{span}((2, -1, 0, 1)^\top).$$

(iv) Eigenvektorbasis zu $\lambda_4 = -2$: $\rightsquigarrow$ Bestimme $\text{Ker}(B + 2E_4)$:

$$
\left(\begin{array}{cccc|c}
2 & -1 & 0 & 1 & 0 \\
-1 & 3 & 0 & 2 & 0 \\
0 & 0 & 5 & 0 & 0 \\
1 & 2 & 0 & 3 & 0
\end{array}\right)
\rightsquigarrow
\left(\begin{array}{cccc|c}
2 & -1 & 0 & 1 & 0 \\
0 & 5/2 & 0 & 5/2 & 0 \\
0 & 0 & 5 & 0 & 0 \\
0 & 5/2 & 0 & 5/2 & 0
\end{array}\right)
\rightsquigarrow
\left(\begin{array}{cccc|c}
2 & -1 & 0 & 1 & 0 \\
0 & 5/2 & 0 & 5/2 & 0 \\
0 & 0 & 5 & 0 & 0 \\
0 & 0 & 0 & 0 & 0
\end{array}\right)
$$

Nullzeile $\rightsquigarrow x_4 = s$, $s \in \mathbb{R}$, in II.: $x_2 = -s$, in I.: $2x_1 + s + s = 0 \rightsquigarrow x_1 = -s$, aus III.: $x_3 = 0$. Somit ist $x = (-s, -s, 0, s)^\top$ Lösung

$$\implies \text{Ker}(B + 2E_4) = \text{span}((-1, -1, 0, 1)^\top).$$

(v) Bestimmung von U, U^{-1} und D:

Die Basisvektoren der Eigenräume bilden die Spalten von U. Da A symmetrisch ist, gilt speziell $U^{-1} = U^\top$. Probe:

$$
U \cdot U^\top =
\begin{pmatrix}
0 & 0 & 2 & -1 \\
0 & 1 & -1 & -1 \\
1 & 0 & 0 & 0 \\
0 & 1 & 1 & 1
\end{pmatrix}
\cdot
\begin{pmatrix}
0 & 0 & 1 & 0 \\
0 & 1 & 0 & 1 \\
2 & -1 & 0 & 1 \\
-1 & -1 & 0 & 1
\end{pmatrix}
=
\begin{pmatrix}
1 & 0 & 0 & 0 \\
0 & 1 & 0 & 0 \\
0 & 0 & 1 & 0 \\
0 & 0 & 0 & 1
\end{pmatrix} \checkmark
$$

$U^\top B U$ muss somit die Diagonalmatrix $D = \text{diag}(3, 3, 1, -2)$ ergeben:

$$
U^\top B U =
\begin{pmatrix}
0 & 0 & 1 & 0 \\
0 & 1 & 0 & 1 \\
2 & -1 & 0 & 1 \\
-11 & -1 & 0 & 1
\end{pmatrix}
\cdot
\begin{pmatrix}
0 & -1 & 0 & 1 \\
-1 & 1 & 0 & 2 \\
0 & 0 & 3 & 0 \\
1 & 2 & 0 & 1
\end{pmatrix}
\cdot
\begin{pmatrix}
0 & 0 & 2 & -1 \\
0 & 1 & -1 & -1 \\
1 & 0 & 0 & 0 \\
0 & 1 & 1 & 1
\end{pmatrix}
=
\begin{pmatrix}
3 & 0 & 0 & 0 \\
0 & 3 & 0 & 0 \\
0 & 0 & 1 & 0 \\
0 & 0 & 0 & -2
\end{pmatrix}
$$

In Abhängigkeit von der Reihenfolge, in welcher man die Matrix U mit Eigenvektoren befüllt, erscheinen auch die Eigenwerte in der Diagonalmatrix D. Die Diagonalmatrix ist somit bis auf Permutation der Diagonaleinträge eindeutig bestimmt.

25.8 Singulärwertzerlegung

Bestimmen Sie eine Singulärwertzerlegung von $A = \begin{pmatrix} -1 & 0 \\ 0 & 1 \\ 2 & 2 \end{pmatrix}$.

Lösungsskizze

Singulärwertzerlegung: $A = U\Sigma V^\top$ mit $A \in \mathbb{R}^{m \times n}$, U und V quadratische Orthogonalmatrizen $U \in O(m)$, $V \in O(n)$ sowie der Singulärwertmatrix $\Sigma \in \mathbb{R}^{m \times n}$.

(i) Bestimmung der Singulärwerte und der Singulärwertmatrix Σ:

Singulärwerte von A sind die Wurzeln der Eigenwerte von $A^\top A \in \mathbb{R}^{2 \times 2}$:

$$A^\top A = \begin{pmatrix} -1 & 0 & 2 \\ 0 & 1 & 2 \end{pmatrix} \cdot \begin{pmatrix} -1 & 0 \\ 0 & 1 \\ 2 & 2 \end{pmatrix} = \begin{pmatrix} 5 & 4 \\ 4 & 5 \end{pmatrix}$$

$$\rightsquigarrow \chi_{A^\top A}(\lambda) = \det(A^\top A - \lambda E_2) = \det \begin{pmatrix} 5 - \lambda & 4 \\ 4 & 5 - \lambda \end{pmatrix}$$

$$= (5 - \lambda)^2 - 16 = \lambda^2 - 10\lambda + 9 \overset{!}{=} 0$$

Scharfes Hinsehen (oder Mitternachtsformel) $\rightsquigarrow \lambda_1 = 9$, $\lambda_2 = 1$

$\rightsquigarrow$ Singulärwerte $\sigma_1 = \sqrt{9} = 3$, $\sigma_2 = 1$ mit Singulärwertmatrix $\Sigma = \begin{pmatrix} 3 & 0 \\ 0 & 1 \\ 0 & 0 \end{pmatrix}$

(ii) V: Die Spalten von V bestehen aus der orthonormierten Basis von Eigenvektoren der Matrix $A^\top A$:

- Eigenvektoren zu $\lambda_1 = 9$ via LGS $(A^\top A - 9E_2)v = \mathbf{0}$:

$$\rightsquigarrow \left(\begin{array}{cc|c} -4 & 4 & 0 \\ 4 & -4 & 0 \end{array} \right) \begin{array}{c} \\ \end{array} \rightsquigarrow \left(\begin{array}{cc|c} -4 & 4 & 0 \\ 0 & 0 & 0 \end{array} \right) \quad ; \text{ aus II.: } x_2 = \tau,\ \tau \in \mathbb{R},$$

in I.: $x_1 = \tau \rightsquigarrow x = (\tau, \tau)^\top \implies v = (1, 1)^\top$ spannt $\text{Eig}_9(A^\top A)$ auf. Normierung $\rightsquigarrow v_1 = (1/\sqrt{2},\, 1/\sqrt{2})^\top$

- Eigenvektoren zu $\lambda_2 = 1$ via LGS $(A^\top A - E_2)v = \mathbf{0}$:

$$\rightsquigarrow \left(\begin{array}{cc|c} 4 & 4 & 0 \\ 4 & 4 & 0 \end{array} \right) \begin{array}{c} \\ \end{array} \rightsquigarrow \left(\begin{array}{cc|c} 4 & 4 & 0 \\ 0 & 0 & 0 \end{array} \right) \quad ; \text{ aus II.: } x_2 = \tau,\ \tau \in \mathbb{R};$$

In I.: $x_1 = -\tau \rightsquigarrow x = (-\tau, -\tau)^\top$ Lösung $\implies v = (-1, 1)^\top$ spannt
$\mathrm{Eig}_1(A^\top A)$ auf. Normierung $\rightsquigarrow v_2 = (-1/\sqrt{2}, 1/\sqrt{2})^\top$

$$\rightsquigarrow V = \begin{pmatrix} 1/\sqrt{2} & -1/\sqrt{2} \\ 1/\sqrt{2} & 1/\sqrt{2} \end{pmatrix} = \frac{\sqrt{2}}{2} \cdot \begin{pmatrix} 1 & -1 \\ 1 & 1 \end{pmatrix}$$

(iii) U: Matrix U besteht aus einer orthonormierten Basis des $\mathbb{R}^3$ von Eigenvektoren der symmetrischen Matrix $AA^\top \in \mathbb{R}^{3 \times 3}$.

Einfacher sind die Basisvektoren über die Beziehung $\tilde{u}_i = \dfrac{1}{\sigma_i} A v_i$, $i = 1, 2$ zu berechnen $\rightsquigarrow$

$$\tilde{u}_1 = \frac{1}{3} \cdot \begin{pmatrix} -1 & 0 \\ 0 & 1 \\ 2 & 2 \end{pmatrix} \cdot \begin{pmatrix} 1 \\ 1 \end{pmatrix} = \begin{pmatrix} -1/3 \\ 1/3 \\ 4/3 \end{pmatrix} ; \quad \tilde{u}_2 = 1 \cdot \begin{pmatrix} -1 & 0 \\ 0 & 1 \\ 2 & 2 \end{pmatrix} \cdot \begin{pmatrix} -1 \\ 1 \end{pmatrix} = \begin{pmatrix} 1 \\ 1 \\ 0 \end{pmatrix}$$

$\rightsquigarrow \tilde{u}_1$, $\tilde{u}_2$ sind zwei orthogonale Vektoren aus $\mathbb{R}^3$. Ergänze zu einer Basis des $\mathbb{R}^3$, z.B. mit $\tilde{u}_3 = (0, 0, 1)^\top$.

Transformiere $\{\tilde{u}_1, \tilde{u}_2, \tilde{u}_3\}$ zu einer Orthonormalbasis (z.B. via Gram-Schmidt-Verfahren; vgl. Aufg. 21.6):

$$\rightsquigarrow u_1 = \sqrt{2} \begin{pmatrix} -1/6 \\ 1/6 \\ 2/3 \end{pmatrix}, \quad u_2 = \sqrt{2} \begin{pmatrix} 1/2 \\ 1/2 \\ 0 \end{pmatrix}, \quad u_3 = \begin{pmatrix} 2/3 \\ -2/3 \\ 1/3 \end{pmatrix}$$

$$\implies U = \begin{pmatrix} -\sqrt{2}/6 & \sqrt{2}/2 & 2/3 \\ \sqrt{2}/6 & \sqrt{2}/2 & -2/3 \\ 2\sqrt{2}/3 & 0 & 1/3 \end{pmatrix}$$

Probe:

$$U \Sigma V^\top = \begin{pmatrix} -\sqrt{2}/6 & \sqrt{2}/2 & 2/3 \\ \sqrt{2}/6 & \sqrt{2}/2 & -2/3 \\ 2\sqrt{2}/3 & 0 & 1/3 \end{pmatrix} \cdot \begin{pmatrix} 3 & 0 \\ 0 & 1 \\ 0 & 0 \end{pmatrix} \cdot \begin{pmatrix} \sqrt{2}/2 & \sqrt{2}/2 \\ -\sqrt{2}/2 & \sqrt{2}/2 \end{pmatrix}$$

$$= \begin{pmatrix} \sqrt{2}/2 & \sqrt{2}/2 \\ \sqrt{2}/2 & \sqrt{2}/2 \\ 2\sqrt{2} & 0 \end{pmatrix} \cdot \begin{pmatrix} \sqrt{2}/2 & \sqrt{2}/2 \\ -\sqrt{2}/2 & \sqrt{2}/2 \end{pmatrix} = \begin{pmatrix} -1 & 0 \\ 0 & 1 \\ 2 & 2 \end{pmatrix} = A \checkmark$$

25.9 MATLAB®-Computerpraktikum SVD ⋆

In diesem Praktikum berechnen wir mit Matlab® die *Singular Value Decomposition* (**SVD**; Singulärwertzerlegung) einer (Bilddaten-)Matrix und führen eine Datenkompression durch.

a) Notieren Sie stichpunktartig grundlegende Eigenschaften der Singulärwertzerlegung $A = U\Sigma V^\top$ einer Matrix $A \in \mathbb{R}^{m \times n}$.

b) Ist $A = U\Sigma V^\top$ mit rg $A = p$, so ist

$$A = \sum_{i=1}^{p} \sigma_i u_i v_i^\top$$

(mit Spaltenvektoren u_i, v_i aus U und V und den Singulärwerten $\sigma_1 \geq \sigma_2 \geq \dots \geq \sigma_p > 0$).

Wie könnte man diese Gleichung für eine Näherung an die Matrix A nutzen?

c) Lesen Sie Clive Molers Artikel „Professor SVD" [50] sowie den Eintrag zu Gene H. Golub auf Wikipedia [65].

d) Machen Sie sich mit Hilfe eines Tutorials mit MATLAB® vertraut, z.B. [44].

e) Mit der Funktion `imread` lassen sich in MATLAB® Bilddaten einlesen. Die Bilddaten werden als RGB-Werte in einer dreidimensionalen RGB-Matrix gespeichert. Lesen Sie ein Testbild ein und transfromieren Sie es zur Vereinfachung mit der MATLAB®-Funktion `rgb2gray` in eine Grauwertmatrix A. Lassen Sie sich anschließend von MATLAB® mit der Funktion `svd` die **SVD** von A berechnen.

f) Bestimmen Sie für verschiedene Werte von $1 \leq k \leq p$ die Approximationsmatrizen $A_k = \sum_{i=1}^{k} \sigma_i u_i v_i^\top$ und lassen Sie sich die in A_k gespeicherten Bilddaten z.B. via `image` anzeigen. Interpretieren Sie das Ergebnis.

Lösungsskizze

a) Für eine beliebige Matrix $A \in \mathbb{R}^{m \times n}$ ist $A^\top A$ und $AA^\top$ immer symmetrisch.

Diesen Umstand nutzt man aus und kann zeigen:

Zu $A \in \mathbb{R}^{m \times n}$ mit rg$(A) = p \leq \min\{m, n\}$ existiert immer eine *Singulärwertzerlegung*:

$$\boxed{A = U\Sigma V^\top = \sum_{i=1}^{p} \sigma_i u_i v_i^\top}$$

Hierbei sind:

- $\sigma_1 \geq \sigma_2 \geq \ldots \geq \sigma_p > 0, \sigma_{p+1} = \ldots = \sigma_{\min\{m,n\}} = 0$ Singulärwerte

  Diese sind die Wurzeln der Eigenwerte von $A^\top A \in \mathbb{R}^{n \times n}$.

- $\Sigma = \begin{pmatrix} \mathrm{diag}(\sigma_1, \ldots, \sigma_n) \\ O^\top \end{pmatrix}$ für $n > m$ und $\Sigma = (\mathrm{diag}(\sigma_1, \ldots, \sigma_n) \,|\, O)$ für $n < m$

  mit Nullmatrix $O \in \mathbb{R}^{|m-n| \times n}$ ist die *Singulärwertmatrix* aus $\mathbb{R}^{m \times n}$.

- Singulärvektoren $u_i, i = 1 \ldots m$ und $v_j, j = 1, \ldots, n$

  Diese sind Eigenvektoren von $A^\top A \in \mathbb{R}^{n \times n}$ bzw. $AA^\top \in \mathbb{R}^{m \times m}$ und bilden jeweils eine Orthonormalbasis von $\mathbb{R}^m$ bzw. $\mathbb{R}^n$

- Die Matrizen U, V werden mit Hilfe der Singulärvektoren erzeugt:

$$U = (u_1 \,|\, \ldots \,|\, u_m) \in \mathbb{R}^{m \times m}$$

$$V = (v_1 \,|\, \ldots \,|\, v_n) \in \mathbb{R}^{n \times n}$$

b) Durch Weglassen von $p - k$ $(k \leq p)$ Singulärwerten erhalten wir die Matrix

$$A_k := \sum_{i=1}^{k} \sigma_i u_i v_i^\top \approx A, \, k \leq p.$$

Für $k < p$ stellt dies eine Art Näherung an A dar ($\rightsquigarrow$ *Niedrigrangapproximation*).

c) ✓

d) ✓

e) + f) SVD mit MATLAB®-Routinen und berechne für $k \leq p$ die Singulärwertapproximation A_k (z.B. hier für $k = 5$).

```matlab
%#######################################
%### 1. Einlesen der Bilddaten und SVD ###
%#######################################

clear; % Speicherplatz freigeben
B = imread('bild.jpg'); % Bild einlesen -> RGB-Array
A = rgb2gray(B); % Transformieren Grauwertmatrix
[U,S,V]=svd(double(A)); % SVD berechnen

%#######################################
%### 2. Niedrigrangapproximation an A ###
%#######################################

k= 5; % Anzahl Summanden für Approximation
A_k=U(:,1:k)*S(1:k,1:k)*V(:,1:k)'; % Summe
```

⤳ Vergleich von Originalbild mit Singulärwertapproximation

```matlab
%#######################################
%### 3. Anzeigen des Bilds ############
%#######################################

figure;
subplot(1,2,1);
colormap(gray(256));
image(A);                    % Anzeigen Originalbild
axis off
subplot(1,2,2);
image(A_k);                  % Niedrigrangapproximation
axis off
```

Niedrigrangapproximation an Beispielbild[1]; $A \in \mathbb{R}^{222 \times 221}$, $\mathrm{rg}(A) = 221$

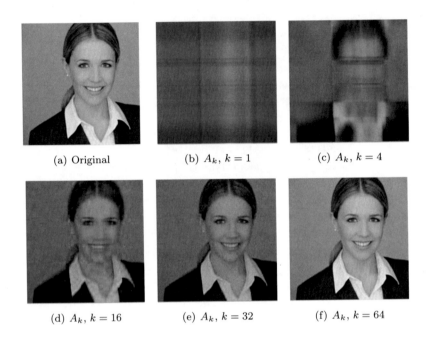

(a) Original   (b) A_k, $k = 1$ (c) A_k, $k = 4$

(d) A_k, $k = 16$ (e) A_k, $k = 32$ (f) A_k, $k = 64$

Interpretation (und Ausblick):

Schon bei relativ kleinem k lässt sich das Bild gut erkennen. In unserem Beispiel sind z.B. sogar schon für $k = 16$ wesentliche Merkmale ersichtlich, für $k = 64$ ist praktisch fast kein Unterschied zum Original erkennbar.

In den Singulärvektoren zu den vom Betrag her größten Singulärwerten ist wohl am „meisten Information des Bilds" ($\hat{=}$ der Matrix) gespeichert.

Dies kann man genauer spezifizieren und ist tatsächlich der Fall, weshalb die **SVD** in Wissenschaft und Praxis z.B. zur (verlustbehafteten) Datenkompression eingesetzt wird.

Eng verwandt ist die **SVD** zu dem statistischen Verfahren der Hauptkomponentenanalyse (*Principial Component Analysis*, **PCA**), welche z.B. in Algorithmen zur Künstlichen Intelligenz (Datenreduktion, Muster- und Gesichtserkennung) Verwendung gefunden hat.

---

[1] Mit freundlicher Genehmigung von T.W. Klein.

26 Lineare Abbildungen, Transformationen und Projektionen

Übersicht

© Springer-Verlag GmbH Deutschland, ein Teil von Springer Nature 2021
A. Keller, *Aufgaben und Lösungen zur Mathematik für den Studienstart*,
https://doi.org/10.1007/978-3-662-63628-2_26

26.1 Untersuchung auf Linearität

Untersuchen Sie, ob die folgenden Abbildungen linear sind, und geben Sie ggf. die Standard-Darstellungsmatrix Φ an:

a) $\varphi : \mathbb{R}^3 \to \mathbb{R}^2$,   b) $\varphi : \mathbb{R}^2 \to \mathbb{R}^2$,   c) $\varphi : \mathbb{R}^2 \to \mathbb{R}^3$,

   $\varphi(x, y, z) = (x, y)$ $\varphi(x, y) = (x + y, y + 2)$ $\varphi(x, y) = (x^2, 2xy, y^2)$

Lösungsskizze

a) Diese Abbildung kann man geometrisch als Orthogonalprojektion auf die xy-Ebene interpretieren. Wähle $\boldsymbol{x} = (x_1, x_2, x_2)$, $\boldsymbol{y} = (y_1, y_2, y_3)$:

$$\begin{aligned} \varphi(\boldsymbol{x} + \boldsymbol{y}) &= \varphi((x_1,\, x_2,\, x_3) + (y_1,\, y_2,\, y_3)) = \varphi(x_1 + y_1,\, x_2 + y_2,\, x_3 + y_3) \\ &= (x_1 + y_1,\, x_2 + y_2) = (x_1,\, x_2) + (y_1,\, y_2) \\ &= \varphi(x_1,\, x_2,\, x_3) + \varphi(y_1,\, y_2,\, y_3) \\ &= \varphi(\boldsymbol{x}) + \varphi(\boldsymbol{y}) \checkmark \end{aligned}$$

$$\begin{aligned} \varphi(\alpha \boldsymbol{x}) &= \varphi(\alpha(x_1,\, x_2,\, x_3)) = \varphi(\alpha \cdot x_1,\, \alpha \cdot x_2,\, \alpha \cdot x_3) = (\alpha \cdot x_1,\, \alpha \cdot x_2) \\ &= \alpha(x_1,\, x_2) = \alpha \varphi(x_1,\, x_2,\, x_3) = \alpha \varphi(\boldsymbol{x}),\ \alpha \in \mathbb{R} \checkmark \end{aligned}$$

$\Longrightarrow \varphi$ ist linear mit Darstellungsmatrix.

$$\Phi = (\varphi(e_1) \mid \varphi(e_2) \mid \varphi(e_3)) = (\varphi(1,\, 0,\, 0) \mid \varphi(0,\, 1,\, 0) \mid \varphi(0,\, 0,\, 1)) = \begin{pmatrix} 1 & 0 & 0 \\ 0 & 1 & 0 \end{pmatrix}$$

b) Wähle $\boldsymbol{x} = (x_1,\, x_2)$, $\boldsymbol{y} = (y_1,\, y_2)$:

$$\begin{aligned} \varphi(\boldsymbol{x} + \boldsymbol{y}) &= \varphi((x_1,\, x_2) + (y_1,\, y_2)) = \varphi(x_1 + y_1,\, x_2 + y_2) \\ &= (x_1 + y_1 + x_2 + y_2,\, x_2 + y_2 + 2) \end{aligned}$$

$$\begin{aligned} \varphi(\boldsymbol{x}) + \varphi(\boldsymbol{y}) &= \varphi(x_1,\, x_2) + \varphi(y_1,\, y_2) = (x_1 + x_2,\, x_2 + 2) + (y_1 + y_2,\, y_2 + 2) \\ &= (x_1 + x_2 + y_1 + y_2,\, x_2 + y_2 + 4) \end{aligned}$$

$\Longrightarrow \varphi(\boldsymbol{x} + \boldsymbol{y}) \neq \varphi(\boldsymbol{x}) + \varphi(\boldsymbol{y})$, also ist φ nicht linear.

c) φ kann wegen dem Quadrieren nicht linear sein: Betrachte vereinfacht die Abbildung $\varphi_1 : \mathbb{R} \longrightarrow \mathbb{R}$, mit $\varphi_1(x) = x^2 \rightsquigarrow$

$$\varphi_1(x_1 + x_2) = (x_1 + x_2)^2 = x_1^2 + 2x_1 x_2 + x_2^2$$

$$\text{und } \varphi_1(x_1) + \varphi_1(x_2) = x_1^2 + x_2^2$$

$$\Longrightarrow \varphi_1(x_1 + x_2) \neq \varphi_1(x_1) + \varphi_1(x_2)$$

φ_1 beschreibt erste Komponente von $\varphi \Longrightarrow \varphi$ ist nicht linear.

26.2 Drehung als lineare Abbildung

Untersuchen Sie die Abbildung $\varphi : \mathbb{R}^2 \longrightarrow \mathbb{R}^2$ mit

$$\varphi(x,y) := (x \cos \alpha - y \sin \alpha, \, x \sin \alpha + y \cos \alpha)$$

mit $\alpha \in \mathbb{R}$ auf Linearität und geben Sie ggf. die Standard-Darstellungsmatrix an.

Lösungsskizze

Offenbar ist

$$\begin{pmatrix} \cos \alpha & -\sin \alpha \\ \sin \alpha & \cos \alpha \end{pmatrix} \begin{pmatrix} x \\ y \end{pmatrix} = \varphi(x,y).$$

Da jede Matrix $A : \mathbb{R}^n \longrightarrow \mathbb{R}^n$ durch $\varphi(x,y) := A \cdot (x,y)^\top$ eine lineare Abbildung definiert, ist φ somit automatisch linear und $A = \Phi.$ ✓

Mühsame Alternative: Direkte Rechnung. Wähle $\boldsymbol{x} = (x_1, x_2)$ und $\boldsymbol{y} = (y_1, y_2) \rightsquigarrow$

$$\begin{aligned}
\varphi(\boldsymbol{x} + \boldsymbol{y}) &= \varphi(x_1 + y_1, x_2 + y_2) \\
&= ((x_1 + y_1) \cos \alpha - (x_2 + y_2) \sin \alpha, \, (x_1 + y_1) \sin \alpha + (x_2 + y_2) \cos \alpha) \\
&= (x_1 \cos \alpha - x_2 \sin \alpha + y_1 \cos \alpha - y_2 \sin \alpha, \\
&\qquad x_1 \sin \alpha + x_2 \cos \alpha + y_1 \sin \alpha + y_2 \cos \alpha) \\
&= (x_1 \cos \alpha - x_2 \sin \alpha, \, x_1 \sin \alpha + x_2 \cos \alpha) \\
&\quad + (y_1 \cos \alpha - y_2 \sin \alpha, \, y_1 \sin \alpha + y_2 \cos \alpha) \\
&= \varphi(x_1, x_2) + \varphi(y_1, y_2) = \varphi(\boldsymbol{x}) + \varphi(\boldsymbol{y}) \checkmark
\end{aligned}$$

$$\begin{aligned}
\varphi(\lambda \boldsymbol{x}) &= \varphi(\lambda(x_1, x_2)) = \varphi(\lambda x_1, \lambda x_2) \\
&= (\lambda x_1 \cos \alpha - \lambda x_2 \sin \alpha, \, \lambda x_1 \sin \alpha + \lambda x_2 \cos \alpha) \\
&= (\lambda(x_1 \cos \alpha - x_2 \sin \alpha), \, \lambda(x_1 \sin \alpha + x_2 \cos \alpha)) \\
&= \lambda(x_1 \cos \alpha - x_2 \sin \alpha, \, x_1 \sin \alpha + x_2 \cos \alpha) \\
&= \lambda \varphi(x_1 \, x_2) = \lambda \varphi(\boldsymbol{x}), \, \lambda \in \mathbb{R} \checkmark
\end{aligned}$$

Wegen $\varphi(e_1) = \varphi(1,0) = (\cos \alpha, \sin \alpha)$, und $\varphi(e_2) = (-\sin \alpha, \cos \alpha)$ ist

$$\Phi = (\varphi(e_1)^\top \mid \varphi(e_2)^\top) = \begin{pmatrix} \cos \alpha & -\sin \alpha \\ -\sin \alpha & \cos \alpha \end{pmatrix}$$

die Standard-Darstellungsmatrix von φ. Die lineare Abbildung beschreibt somit eine Drehung mit Winkel α um den Ursprung.

26.3   Isomorphe Vektorräume mit endlicher Dimension

Sind die Vektoren

$$p_1(x) = x^2 + 1, \ p_2(x) = 2x^2 + x - 1 \text{ und } p_3(x) = 4x + 2$$

aus $\mathbb{P}_2$ linear unabhängig? Untersuchen Sie dies direkt und unter Ausnutzung von Isomorphie.

Lösungsskizze

Auffrischung *Isomorphie*: Vektorräume U, V mit $\dim U = \dim V = n < \infty$ sind *isomorph*: $U \simeq V$.

Das heißt, es gibt eine bijektive (lineare) Abbildung $\varphi \ : \ U \longrightarrow \ V$, so dass gilt: $u_1, u_2, \dots u_m, u_j \ \in \ U, j \ = \ 1, \dots, m$ linear unabhängig $\Longleftrightarrow$ $\varphi(u_1), \varphi(p_2), \dots, \varphi(u_m)$ linear unabhängig.

(i) Direkter Ansatz über Linearkombination: $\lambda p_1(x) + \mu p_2(x) + \sigma p_3(x) = \mathbf{0}$.

Einsetzen von z.B. $x = \pm 1$ und $x = 0 \rightsquigarrow$ LGS:

$$x = -1 \ \rightsquigarrow \ \text{I.} \quad 2\lambda \qquad\quad - \ 2\sigma \ = \ 0$$
$$x = 0 \ \ \rightsquigarrow \ \text{II.} \quad \lambda \ - \ \mu \ + \ 2\sigma \ = \ 0$$
$$x = 1 \ \ \rightsquigarrow \ \text{III.} \ 2\lambda \ + \ \mu \ + \ 6\sigma \ = \ 0$$

Aus I.: $\lambda = \sigma$; in II.: $\lambda - \mu + 2\lambda = 0 \rightsquigarrow 3\lambda = \mu$; in III.: $2\lambda + 3\lambda + 6\lambda = 0 \rightsquigarrow$ $12\lambda = 0 \implies \lambda = \mu = \sigma = 0$. Somit sind p_1, p_2, p_3 linear unabhängig.

(ii) $\dim \mathbb{R}^3 = \dim \mathbb{P}_2 = 3 \rightsquigarrow \mathbb{R}^3 \simeq \mathbb{P}_2$

Die Abbildung $p \mapsto \varphi(p) := (a, b, c)$ mit $p(x) = ax^2 + bx + c$ ist linear $\rightsquigarrow$ untersuche entsprechende Koordinatenvektoren

$$v_1 = \varphi(p_1)^\top = \begin{pmatrix} 1 \\ 0 \\ 1 \end{pmatrix}, \quad v_2 = \varphi(p_2)^\top = \begin{pmatrix} 2 \\ 1 \\ -1 \end{pmatrix}, \quad v_3 = \varphi(p_3)^\top = \begin{pmatrix} 0 \\ 4 \\ 2 \end{pmatrix}$$

auf lineare Unabhängigkeit $\rightsquigarrow$ Ansatz

$$\lambda \begin{pmatrix} 1 \\ 0 \\ 1 \end{pmatrix} + \mu \begin{pmatrix} 2 \\ 1 \\ -1 \end{pmatrix} + \sigma \begin{pmatrix} 0 \\ 4 \\ 2 \end{pmatrix} = \begin{pmatrix} 0 \\ 0 \\ 0 \end{pmatrix} \Longleftrightarrow \begin{cases} \text{I.} & \lambda \ + \ 2\mu & = 0 \\ \text{II.} & \mu \ + \ 4\sigma & = 0 \\ \text{III.} & \lambda \ - \ \mu \ + \ 2\sigma & = 0 \end{cases}$$

Aus I.: $\mu = -\lambda/2$, in II.: $\sigma = -\mu/4 = \lambda/8$. Beides in III.: $\lambda + \lambda/2 + \lambda/4 =$ $7\lambda/4 = 0$

$\implies \lambda = \mu = \sigma = 0$, also sind v_1, v_2, v_3 linear unabhängig und damit wegen Isomorphie auch p_1, p_2, p_3.

26.4 Lineare Abbildung zwischen Funktionenräumen

Überprüfen Sie die durch $\varphi : C^1[0, 1] \longrightarrow C[0, 1]$ mit[1]

$$f \mapsto f'(x) + 2 \int_0^x f(t)\, dt,\ 0 \le x \le 1$$

definierte Abbildung auf Linearität und bestimmen Sie die Bilder von $f(x) = \sin x$, $g(x) = x^2$ und $h(x) = e^x$.

[1] $C^1[0, 1]$ ist der Vektorraum der stetig differenzierbaren und $C[0, 1]$ ist der Vektorraum der stetigen Funktionen mit Definitionsbereich $[0, 1]$.

Lösungsskizze

- φ ist linear, denn aus den Rechenregeln für die Ableitung (Summen- und Konstantenregel) und für Integrale ($\rightsquigarrow$ Linearität des Riemann-Integrals) folgt:

$$\varphi(f + g) = (f(x) + g(x))' + 2 \int_0^x f(t) + g(t)\, dt$$
$$= f'(x) + g'(x) + 2 \int_0^x f(t)\, dt + 2 \int_0^x g(t)\, dt$$
$$= f'(x) + 2 \int_0^x f(t)\, dt + g(x)' + 2 \int_0^x g(t)\, dt$$
$$= \varphi(f) + \varphi(g)\ \checkmark$$

Für einen Skalar $\lambda \in \mathbb{R}$ folgt:

$$\varphi(\lambda f) = (\lambda f(x))' + 2 \int_0^x \lambda f(t)\, dt = \lambda f'(x) + 2\lambda \int_0^x f(t)\, dt$$
$$= \lambda \left(f'(x) + 2 \int_0^x f(t)\, dt \right) = \lambda \varphi(f)\ \checkmark$$

- Die Bilder erhalten wir durch Einsetzen via Differentiation und Integration:

$$\varphi(f) = \varphi(\sin x) = (\sin x)' + 2 \int_0^x \sin t\, dt = \cos x + 2[-\cos t]_0^x$$
$$= \cos x - 2\cos x + 2\cos 0 = -\cos x + 2$$

$$\varphi(g) = \varphi(x^2) = (x^2)' + 2 \int_0^x t^2\, dt = 2x + 2 \left[t^3/3 \right]_0^x = 2x^3/3 + 2x$$

$$\varphi(h) = \varphi(e^x) = (e^x)' + 2 \int_0^x e^t\, dt = e^x + 2 \left[e^t \right]_0^x = 3e^x - 2$$

26.5   Koordinatentransformation

Geben Sie die Koordinaten von $v \in V$ bzgl. der Basen $\mathcal{A}$ und $\mathcal{B}$ an:

a) $V = \mathbb{R}^2$, $v = (2, 3)^\top$

$\mathcal{A} = \{(-1, 0)^\top, (1, 1)^\top\}$,

$\mathcal{B} = \{(-2, 1)^\top, (1, -1)^\top\}$

b) $V = \mathbb{P}_2(\mathbb{R})$, $v = p(x) = 2x^2 - 3$,

$\mathcal{A} = \{x^2, x, 1\}$,

$\mathcal{B} = \{x^2 - 1, x^2 - 2, 2x\}$

Lösungsskizze

a) Setze $A = \begin{pmatrix} -1 & 1 \\ 0 & 1 \end{pmatrix}$ und $B = \begin{pmatrix} -2 & 1 \\ 1 & -1 \end{pmatrix}$

Koordinaten bzgl. $\mathcal{A}$ via A^{-1}: $K_{\mathcal{A}}^{-1}(v) = B^{-1}v$, analog für $\mathcal{B}$.

$$A^{-1} = \underbrace{\frac{1}{\det A}}_{-1} \begin{pmatrix} 1 & -1 \\ 0 & -1 \end{pmatrix} = A \text{ (Zufall)} \text{ und } B^{-1} = \underbrace{\frac{1}{\det B}}_{=1} \begin{pmatrix} -1 & -1 \\ -1 & -2 \end{pmatrix} \rightsquigarrow$$

$$v_{\mathcal{A}} = A^{-1}v = \begin{pmatrix} -1 & 1 \\ 0 & 1 \end{pmatrix} \begin{pmatrix} 2 \\ 3 \end{pmatrix} = \begin{pmatrix} 1 \\ 3 \end{pmatrix}; \ v_{\mathcal{B}} = B^{-1}v = \begin{pmatrix} -1 & -1 \\ -1 & -2 \end{pmatrix} \begin{pmatrix} 2 \\ 3 \end{pmatrix} = \begin{pmatrix} -5 \\ -8 \end{pmatrix}$$

b) $\mathcal{A}$ ist die Standardbasis für $\mathbb{P}_2$, d.h. $v_{\mathcal{A}} = (2, 0, -3)^\top$. ✓

$\mathcal{B}$: Bilde die Basisvektoren aus $\mathcal{B}$ via kanonischem Isomorphismus auf ihre entsprechende Basis in $\mathbb{R}^3$ ab: $b_1 = (1, 0, -1)^\top$, $b_2 = (1, 0, -2)^\top$, $b_3 = (0, 2, 0)^\top$.

Bestimme Koordinaten bzgl. der inversen Matrix von $B = (b_1|b_2|b_3)$:

$$B = \begin{pmatrix} 1 & 1 & 0 \\ 0 & 0 & 2 \\ -1 & -2 & 0 \end{pmatrix} \overset{\text{z.B. mit Gauß}}{\rightsquigarrow} B^{-1} = \begin{pmatrix} 2 & 0 & 1 \\ -1 & 0 & -1 \\ 0 & 1/2 & 0 \end{pmatrix}$$

Somit: $v_{\mathcal{B}} = B^{-1}(2, 0, -3)^\top = (1, 1, 0)^\top$

Probe: $1 \cdot (x^2 - 1) + 1 \cdot (x^2 - 2) + 0 \cdot 2x = 2x^2 - 3 = p(x)$ ✓

Alternative: Mit Standardansatz: $2x^2 - 3 \overset{!}{=} x_1(x^2-1) + x_2(x^2-2) + x_3(2x)$. Sortierung der Potenzen und Koeffizientenvergleich $\rightsquigarrow$ LGS $x_1 + x_2 = 2$; $-x_1 - 2x_2 = -3$; $2x_3 = 0$. Hieraus errechnet man: $x_3 = 0, x_2 = 1; x_1 = 1 \rightsquigarrow v_{\mathcal{B}} = (1, 1, 0)^\top$. Der alternative Ansatz geht hier sogar leichter, da man sich das Invertieren der 3×3-Matrix B spart.

26.6 Darstellungsmatrizen zu verschiedenen Basen

Wir betrachten die lineare Abbildung $\varphi : \mathbb{R}^2 \longrightarrow \mathbb{R}^2$ mit

$$\varphi(x, y) = (2x + y, x + 2y).$$

Bestimmen Sie zu den Basen $\mathcal{E} = \{e_1, e_2\}$, $\mathcal{A} = \{a_1 = (1, 1)^\top, a_2 = (-1, 2)^\top\}$ und $\mathcal{B} = \{b_1 = (-1, 0)^\top, b_2 = (2, -1)^\top\}$ die Darstellungsmatrizen $\varphi_{\mathcal{B},\mathcal{B}}$, $\varphi_{\mathcal{E},\mathcal{B}}$ und $\varphi_{\mathcal{B},\mathcal{A}}$ und drücken Sie damit φ aus.

Lösungsskizze

Berechne vorab die Inversen der Basismatrizen und benötigte Vektoren:

$$A = \begin{pmatrix} 1 & -1 \\ 1 & 2 \end{pmatrix}, \quad B = \begin{pmatrix} -1 & 2 \\ 0 & -1 \end{pmatrix} \rightsquigarrow A^{-1} = \frac{1}{3}\begin{pmatrix} 2 & 1 \\ -1 & 1 \end{pmatrix}, \quad B^{-1} = \begin{pmatrix} -1 & -2 \\ 0 & -1 \end{pmatrix}$$

Daneben ist

$$\varphi(b_1) = \varphi(-1, 0) = (-2, -1); \quad \varphi(b_2) = \varphi(2, -1) = (3, 0)$$

und

$$\varphi(e_1) = \varphi(1, 0) = (2, 1), \quad \varphi(e_2) = \varphi(0, 1) = (1, 2).$$

- $\varphi_{\mathcal{B}, \mathcal{B}}$: Die Spalten der Darstellungsmatrix $\Phi_{,\mathcal{B},\mathcal{B}}$ bestehen aus den Koordinaten von $\varphi(b_i)$, $i = 1, 2$ bzgl. $\mathcal{B}$:

$$B^{-1}\varphi(b_1) = \begin{pmatrix} -1 & -2 \\ 0 & -1 \end{pmatrix}\begin{pmatrix} -2 \\ -1 \end{pmatrix} = \begin{pmatrix} 4 \\ 1 \end{pmatrix}$$

$$B^{-1}\varphi(b_2) = \begin{pmatrix} -1 & -2 \\ 0 & -1 \end{pmatrix}\begin{pmatrix} 3 \\ 0 \end{pmatrix} = \begin{pmatrix} -3 \\ 0 \end{pmatrix}$$

Somit ist $\varphi(b_1)_{\mathcal{B}} = (4, 1)^\top$, $\varphi(b_2)_{\mathcal{B}} = (-3, 0)^\top$ und $\Phi_{\mathcal{B},\mathcal{B}} = \begin{pmatrix} 4 & -3 \\ 1 & 0 \end{pmatrix}$

$$\rightsquigarrow \varphi_{\mathcal{B},\mathcal{B}} = B \cdot \Phi_{\mathcal{B},\mathcal{B}} \cdot B^{-1}.$$

Probe:

$$B \cdot \Phi_{\mathcal{B},\mathcal{B}} \cdot B^{-1} = \begin{pmatrix} -1 & 2 \\ 0 & -1 \end{pmatrix}\begin{pmatrix} 4 & -3 \\ 1 & 0 \end{pmatrix}\begin{pmatrix} -1 & -2 \\ 0 & -1 \end{pmatrix} = \begin{pmatrix} 2 & 1 \\ 1 & 2 \end{pmatrix} \checkmark$$

- $\varphi_{\mathcal{E},\mathcal{B}}$: Die Spalten der Darstellungsmatrix $\Phi_{,\mathcal{E},\mathcal{B}}$ bestehen aus den Koordinaten von $\varphi(e_i)$, $i = 1, 2$ bzgl. $\mathcal{B}$, insbesondere ist $E^{-1} = E$:

$$B^{-1}\varphi(e_1) = \begin{pmatrix} -1 & -2 \\ 0 & -1 \end{pmatrix} \begin{pmatrix} 2 \\ 1 \end{pmatrix} = \begin{pmatrix} -4 \\ -1 \end{pmatrix}$$

$$B^{-1}\varphi(e_2) = \begin{pmatrix} -1 & -2 \\ 0 & -1 \end{pmatrix} \begin{pmatrix} 1 \\ 2 \end{pmatrix} = \begin{pmatrix} -5 \\ -2 \end{pmatrix}$$

$$\rightsquigarrow \varphi(e_1)_{\mathcal{B}} = (-4, -1)^{\top}, \; \varphi(e_2)_{\mathcal{B}} = (-5, -2)^{\top} \text{ und } \Phi_{\mathcal{E},\mathcal{B}} = \begin{pmatrix} -4 & -1 \\ -5 & -2 \end{pmatrix}$$

$$\rightsquigarrow \varphi_{\mathcal{E},\mathcal{B}} = B \cdot \Phi_{\mathcal{E},\mathcal{B}} \cdot E^{-1} = B \cdot \Phi_{\mathcal{E},\mathcal{B}}$$

Probe:

$$B \cdot \Phi_{\mathcal{E},\mathcal{B}} = \begin{pmatrix} -1 & 2 \\ 0 & -1 \end{pmatrix} \begin{pmatrix} -4 & -1 \\ -5 & -2 \end{pmatrix} = \begin{pmatrix} 2 & 1 \\ 1 & 2 \end{pmatrix} \checkmark$$

- $\varphi_{\mathcal{B},\mathcal{A}}$: Die Spalten der Darstellungsmatrix $\Phi_{\mathcal{E},\mathcal{B}}$ bestehen aus den Koordinaten von $\varphi(b_i)$, $i = 1, 2$ bzgl. $\mathcal{A}$:

$$A^{-1}\varphi(b_1) = \frac{1}{3} \begin{pmatrix} 2 & 1 \\ -1 & 1 \end{pmatrix} \begin{pmatrix} -2 \\ -1 \end{pmatrix} = \frac{1}{3} \begin{pmatrix} -5 \\ 1 \end{pmatrix}$$

$$A^{-1}\varphi(b_2) = \frac{1}{3} \begin{pmatrix} 2 & 1 \\ -1 & 1 \end{pmatrix} \begin{pmatrix} 3 \\ 0 \end{pmatrix} = \begin{pmatrix} 2 \\ -1 \end{pmatrix}$$

$$\rightsquigarrow \varphi(b_1)_{\mathcal{A}} = (-5/3, 1/3)^{\top}, \; \varphi(b_2)_{\mathcal{A}} = (2, -1)^{\top} \text{ und } \Phi_{\mathcal{B},\mathcal{A}} = \begin{pmatrix} -5/3 & 2 \\ 1/3 & -1 \end{pmatrix}$$

$$\rightsquigarrow \varphi_{\mathcal{B},\mathcal{A}} = A \cdot \Phi_{\mathcal{B},\mathcal{A}} \cdot B^{-1}$$

Probe:

$$A \cdot \Phi_{\mathcal{B},\mathcal{A}} \cdot B^{-1} = \begin{pmatrix} 1 & -1 \\ 1 & 2 \end{pmatrix} \begin{pmatrix} -5/3 & 2 \\ 1/3 & -1 \end{pmatrix} \begin{pmatrix} -1 & -2 \\ 0 & -1 \end{pmatrix} = \begin{pmatrix} 2 & 1 \\ 1 & 2 \end{pmatrix} \checkmark$$

26.7 Darstellungsmatrix einer Abbildung zwischen Funktionenräumen

Bestimmen Sie die Darstellungsmatrix von $\varphi : \mathbb{P}_2 \to \mathbb{P}_3$,

$$f \mapsto \int_0^x f(t)\, dt,$$

bzgl. der Standardbasen $\mathcal{E}_3 = \{x^2, x, 1\}$ und $\mathcal{E}_4 = \{x^3, x^2, x, 1\}$.

Testen Sie Ihr Ergebnis mit dem Vektor $p(x) = 5x^2 + 2x - 1$.

Lösungsskizze

Die Darstellungsmatrix besteht aus den Koordinatenvektoren von $\varphi(1), \varphi(x), \varphi(x^2)$ bzgl. der Basis $\mathcal{E}_4$:

$$\varphi(x^2)_{\mathcal{E}_4} = \left(\int_0^x t^2\, dt \right)_{\mathcal{E}_4} = (x^3/3)_{\mathcal{E}_4} = (1/3, 0, 0, 0)^\top$$

$$\varphi(x)_{\mathcal{E}_4} = \left(\int_0^x t\, dt \right)_{\mathcal{E}_4} = (x^2/2)_{\mathcal{E}_4} = (0, 1/2, 0, 0)^\top$$

$$\varphi(1)_{\mathcal{E}_4} = \left(\int_0^x 1\, dt \right)_{\mathcal{E}_4} = (x)_{\mathcal{E}_4} = (0, 0, 1, 0)^\top$$

Somit ist $\Phi_{\mathcal{E}_3, \mathcal{E}_4} = \begin{pmatrix} 1/3 & 0 & 0 \\ 0 & 1/2 & 0 \\ 0 & 0 & 1 \\ 0 & 0 & 0 \end{pmatrix}$ und $\varphi(f) = K_{\mathcal{E}_4}\left(\Phi_{\mathcal{E}_3, \mathcal{E}_4} K_{\mathcal{E}_3}^{-1}(f) \right)$.

Probe mit $p(x) = 5x^2 + 2x - 1$. Es ist $K_{\mathcal{E}_3}^{-1}(p) = (5, 2, -1)^\top \rightsquigarrow$

$$\underbrace{K_{\mathcal{E}_4}}_{=E_4}\left(\Phi_{\mathcal{E}_3, \mathcal{E}_4} K_{\mathcal{E}_3}^{-1}(5x^2 + 2x + 1) \right) = K_{\mathcal{E}_4}\left(\left(\begin{pmatrix} 1/3 & 0 & 0 \\ 0 & 1/2 & 0 \\ 0 & 0 & 1 \\ 0 & 0 & 0 \end{pmatrix}_{E_4} \begin{pmatrix} 5 \\ 2 \\ -1 \end{pmatrix} \right)^\top \right)$$

$$= (5/3, 1, -1, 0)^\top$$

$$= \frac{5}{3}x^3 + x^2 - x$$

$$\varphi(p) = \varphi(5x^2 + 2x - 1) = \int_0^x 5t^2 + 2t - 1\, dt = \left[\frac{5}{3}t^3 + 2\frac{1}{2}t^2 - t \right]_0^x$$

$$= \frac{5}{3}x^3 + x^2 - x \checkmark$$

26.8 Spiegelung, Rotation, Skalierung und Verschiebung

Geben Sie zu den folgenden Transformationen die entsprechenden Transfomationsmatrizen an und berechnen Sie das Bild von ΔABC, mit $A = (1,\,1)^\top, B = (3,\,4)^\top, C = (4,\,2)^\top$:

a) Spiegelung an der y-Achse
b) Rotation um $90°$
c) Skalierung um $3/4$ in x-Richtung und um $1/2$ in y-Richtung
d) Verschiebung um $\boldsymbol{v} = (-2, -2)^\top$

Lösungsskizze

a) Die y-Achse schließt mit der x-Achse einen Winkel von $\alpha/2 = 90°$ ein $\rightsquigarrow \alpha = 180° \,\widehat{=}\, \pi \rightsquigarrow$ Spiegelungsmatrix: $\mathcal{M}_\pi = \begin{pmatrix} \cos\pi & \sin\pi \\ \sin\pi & -\cos\pi \end{pmatrix} = \begin{pmatrix} -1 & 0 \\ 0 & 1 \end{pmatrix}$

$$A' = \begin{pmatrix} -1 & 0 \\ 0 & 1 \end{pmatrix}\begin{pmatrix} 1 \\ 1 \end{pmatrix} = \begin{pmatrix} -1 \\ 1 \end{pmatrix}, \quad B' = \begin{pmatrix} -1 & 0 \\ 0 & 1 \end{pmatrix}\begin{pmatrix} 3 \\ 4 \end{pmatrix} = \begin{pmatrix} -3 \\ 4 \end{pmatrix}$$

$$C' = \begin{pmatrix} -1 & 0 \\ 0 & 1 \end{pmatrix}\begin{pmatrix} 4 \\ 2 \end{pmatrix} = \begin{pmatrix} -4 \\ 2 \end{pmatrix}$$

b) Rotation um $\alpha = 90° \rightsquigarrow$ Drehmatrix

$$\mathcal{R}_{\pi/2} = \begin{pmatrix} \cos\pi/2 & -\sin\pi/2 \\ \sin\pi/2 & \cos\pi/2 \end{pmatrix} = \begin{pmatrix} 0 & -1 \\ 1 & 0 \end{pmatrix}$$

Daraus folgt:

$$A' = \begin{pmatrix} 0 & -1 \\ 1 & 0 \end{pmatrix}\begin{pmatrix} 1 \\ 1 \end{pmatrix} = \begin{pmatrix} -1 \\ 1 \end{pmatrix}, \quad B' = \begin{pmatrix} 0 & -1 \\ 1 & 0 \end{pmatrix}\begin{pmatrix} 3 \\ 4 \end{pmatrix} = \begin{pmatrix} -4 \\ 3 \end{pmatrix}$$

$$C' = \begin{pmatrix} 0 & -1 \\ 1 & 0 \end{pmatrix}\begin{pmatrix} 4 \\ 2 \end{pmatrix} = \begin{pmatrix} -2 \\ 4 \end{pmatrix}$$

c) Skalierung in x-Richtung um $3/4 \rightsquigarrow s_1 = 3/4$ und um $1/2$ in y-Richtung $\rightsquigarrow s_2 = 1/2$, d.h. $\mathcal{S} = \begin{pmatrix} s_1 & 0 \\ 0 & s_2 \end{pmatrix} = \begin{pmatrix} 3/4 & 0 \\ 0 & 1/2 \end{pmatrix}$

Daraus folgt:

$$A' = \begin{pmatrix} 3/4 & 0 \\ 0 & 1/2 \end{pmatrix}\begin{pmatrix} 1 \\ 1 \end{pmatrix} = \begin{pmatrix} 3/4 \\ 1/2 \end{pmatrix}, \quad B' = \begin{pmatrix} 3/4 & 0 \\ 0 & 1/2 \end{pmatrix}\begin{pmatrix} 3 \\ 4 \end{pmatrix} = \begin{pmatrix} 9/4 \\ 2 \end{pmatrix}$$

$$C' = \begin{pmatrix} 3/4 & 0 \\ 0 & 1/2 \end{pmatrix} \begin{pmatrix} 4 \\ 2 \end{pmatrix} = \begin{pmatrix} 3 \\ 1 \end{pmatrix}$$

d) Eine Verschiebung ist keine lineare Abbildung $\rightsquigarrow$ es gibt keine Transformationsmatrix aus $\mathbb{R}^{2 \times 2}$.

Nutze *homogene Koordinaten* $\rightsquigarrow$ Verschiebungsmatrix aus $\mathbb{R}^{3 \times 3}$:

$$V_{(-2,-2)^\top} = \begin{pmatrix} 1 & 0 & -2 \\ 0 & 1 & -2 \\ 0 & 0 & 1 \end{pmatrix}$$

$\rightsquigarrow$ bilde Eckpunkte A, B, C in homogenen Koordinaten ab, ignoriere z-Komponente des resultierenden Bildvektors:

$$\begin{pmatrix} 1 & 0 & -2 \\ 0 & 1 & -2 \\ 0 & 0 & 1 \end{pmatrix} \begin{pmatrix} 1 \\ 1 \\ 1 \end{pmatrix} = \begin{pmatrix} -1 \\ -1 \\ 1 \end{pmatrix} \rightsquigarrow A' = (-1,-1)^\top$$

$$\begin{pmatrix} 1 & 0 & -2 \\ 0 & 1 & -2 \\ 0 & 0 & 1 \end{pmatrix} \begin{pmatrix} 3 \\ 4 \\ 1 \end{pmatrix} = \begin{pmatrix} 1 \\ 2 \\ 1 \end{pmatrix} \rightsquigarrow B' = (1,2)^\top$$

$$\begin{pmatrix} 1 & 0 & -2 \\ 0 & 1 & -2 \\ 0 & 0 & 1 \end{pmatrix} \begin{pmatrix} 4 \\ 2 \\ 1 \end{pmatrix} = \begin{pmatrix} 1 \\ 2 \\ 1 \end{pmatrix} \rightsquigarrow C' = (2,0)^\top$$

26.9   Transformationsmatrix einer Drehstreckung

Geben Sie die Transformationsmatrizen $T_{\alpha,\lambda}$ der folgenden Drehstreckungen in homogenen Koordinaten an und bestimmen Sie das Bild von $X = (1, 2)^\top$:

$$\text{a) } \alpha = \pi/6, \ \lambda = 2 \qquad\qquad \text{b) } \alpha = \pi/4, \ \lambda = \sqrt{2}$$

Lösungsskizze

Transformationsmatrix einer allgemeinen Drehstreckung (Drehung um Ursprung mit Winkel α mit Streckungsfaktor λ) in homogenen Koordinaten:

$$T_{\alpha,\lambda} = \begin{pmatrix} \lambda & 0 & 0 \\ 0 & \lambda & 0 \\ 0 & 0 & 1 \end{pmatrix} \begin{pmatrix} \cos\alpha & -\sin\alpha & 0 \\ \sin\alpha & \cos\alpha & 0 \\ 0 & 0 & 1 \end{pmatrix} = \begin{pmatrix} \lambda\cos\alpha & -\lambda\sin\alpha & 0 \\ \lambda\sin\alpha & \lambda\cos\alpha & 0 \\ 0 & 0 & 1 \end{pmatrix}$$

a) $\alpha = \pi/6$, $\lambda = 2$, $X_h = (1, 2, 1)^\top \leadsto$

$$T_{\pi/6,2} = \begin{pmatrix} 2\cos\frac{\pi}{6} & -2\sin\frac{\pi}{6} & 0 \\ 2\sin\frac{\pi}{6} & 2\cos\frac{\pi}{6} & 0 \\ 0 & 0 & 1 \end{pmatrix} = \begin{pmatrix} 2\cdot\frac{\sqrt{3}}{2} & -2\cdot\frac{1}{2} & 0 \\ 2\cdot\frac{1}{2} & 2\cdot\frac{\sqrt{3}}{2} & 0 \\ 0 & 0 & 1 \end{pmatrix} = \begin{pmatrix} \sqrt{3} & -1 & 0 \\ 1 & \sqrt{3} & 0 \\ 0 & 0 & 1 \end{pmatrix}$$

$$T_{\pi/6,2}X_h = \begin{pmatrix} \sqrt{3} & -1 & 0 \\ 1 & \sqrt{3} & 0 \\ 0 & 0 & 1 \end{pmatrix} \begin{pmatrix} 1 \\ 2 \\ 1 \end{pmatrix} = \begin{pmatrix} \sqrt{3}-2 \\ 1+2\sqrt{3} \\ 1 \end{pmatrix} \implies X' = \begin{pmatrix} \sqrt{3}-2 \\ 1+2\sqrt{3} \end{pmatrix}$$

b) $\alpha = \pi/4$, $\lambda = \sqrt{2}$, $X_h = (1, 2, 1)^\top \leadsto$

$$T_{\pi/4,\sqrt{2}} = \begin{pmatrix} \sqrt{2}\cos\frac{\pi}{4} & -\sqrt{2}\sin\frac{\pi}{4} & 0 \\ \sqrt{2}\sin\frac{\pi}{4} & \sqrt{2}\cos\frac{\pi}{4} & 0 \\ 0 & 0 & 1 \end{pmatrix} = \begin{pmatrix} \sqrt{2}\cdot\frac{\sqrt{2}}{2} & -\sqrt{2}\cdot\frac{\sqrt{2}}{2} & 0 \\ \sqrt{2}\cdot\frac{\sqrt{2}}{2} & \sqrt{2}\cdot\frac{\sqrt{2}}{2} & 0 \\ 0 & 0 & 1 \end{pmatrix} = \begin{pmatrix} 1 & -1 & 0 \\ 1 & 1 & 0 \\ 0 & 0 & 1 \end{pmatrix}$$

$$T_{\pi/4,\sqrt{2}}X_h = \begin{pmatrix} 1 & -1 & 0 \\ 1 & 1 & 0 \\ 0 & 0 & 1 \end{pmatrix} \begin{pmatrix} 1 \\ 2 \\ 1 \end{pmatrix} = \begin{pmatrix} -1 \\ 3 \\ 1 \end{pmatrix} \implies X' = \begin{pmatrix} -1 \\ 3 \end{pmatrix}$$

26.10 Spiegelung an Geraden und Rotation um einen Punkt

Es sei das Dreieck $\triangle ABC$ mit $A = (1,1)^\top, B = (3,4)^\top, C = (4,2)^\top$ gegeben. Bestimmen Sie zu den folgenden Transformationen die Transformationsmatrix sowie das Bild $\triangle A'B'C'$:

a) Spiegelung an der Geraden $y = \frac{\sqrt{3}}{3}x$
b) Rotation um $Z = (4,-5)$ mit $90°$

Lösungsskizze

a) $m = \frac{\sqrt{3}}{3}$ Steigung von $g \rightsquigarrow$ Winkel zwischen g und x-Achse: $\tan \alpha/2 = \sqrt{3}/3 = \pi/6 \rightsquigarrow$ Winkel für Spiegelungsmatrix $\alpha = \pi/3$:

$$\mathcal{R}_{\pi/3} = \begin{pmatrix} \cos\pi/3 & \sin\pi/3 \\ \sin\pi/3 & -\cos\pi/3 \end{pmatrix} = \begin{pmatrix} 1/2 & \sqrt{3}/2 \\ \sqrt{3}/2 & -1/2 \end{pmatrix}$$

Daraus folgt: $A' = \mathcal{R}_{\pi/3} \begin{pmatrix} 1 \\ 1 \end{pmatrix} = \begin{pmatrix} \sqrt{3}/2 + 1/2 \\ \sqrt{3}/2 - 1/2 \end{pmatrix}$,

$B' = \mathcal{R}_{\pi/3} \begin{pmatrix} 3 \\ 4 \end{pmatrix} = \begin{pmatrix} 3/2 + 2\sqrt{3} \\ 3\sqrt{3}/2 - 2 \end{pmatrix}$, $C' = \mathcal{R}_{\pi/3} \begin{pmatrix} 4 \\ 2 \end{pmatrix} = \begin{pmatrix} 2 + \sqrt{3} \\ 2\sqrt{3} - 1 \end{pmatrix}$

b) Zusammengesetzte Transformation: Mit homogenen Koordinaten folgt:

$$T = T_{Z,90°} = \overbrace{\underbrace{\begin{pmatrix} 1 & 0 & 4 \\ 0 & 1 & -5 \\ 0 & 0 & 1 \end{pmatrix}}_{\widehat{=}\,\text{Versch. nach } (4,-5)^\top} \underbrace{\begin{pmatrix} \cos\pi/2 & -\sin\pi/2 & 0 \\ \sin\pi/2 & \cos\pi/2 & 0 \\ 0 & 0 & 1 \end{pmatrix}}^{\widehat{=}\,\text{Drehung um } \pi/2} \underbrace{\begin{pmatrix} 1 & 0 & -4 \\ 0 & 1 & 5 \\ 0 & 0 & 1 \end{pmatrix}}_{\widehat{=}\,\text{Versch. nach } (0,0)^\top}}$$

$$= \begin{pmatrix} 1 & 0 & 4 \\ 0 & 1 & -5 \\ 0 & 0 & 1 \end{pmatrix} \begin{pmatrix} 0 & -1 & 0 \\ 1 & 0 & 0 \\ 0 & 0 & 1 \end{pmatrix} \begin{pmatrix} 1 & 0 & -4 \\ 0 & 1 & 5 \\ 0 & 0 & 1 \end{pmatrix} = \begin{pmatrix} 0 & -1 & -1 \\ 1 & 0 & -9 \\ 0 & 0 & 1 \end{pmatrix}$$

Und daraus:

$$T \begin{pmatrix} 1 \\ 1 \\ 1 \end{pmatrix} = \begin{pmatrix} -2 \\ -8 \\ 1 \end{pmatrix} \implies A' = (-2,-8)^\top, \quad T \begin{pmatrix} 3 \\ 4 \\ 1 \end{pmatrix} = \begin{pmatrix} -5 \\ -6 \\ 1 \end{pmatrix} \implies B' = (-5,-6)^\top,$$

$$T \begin{pmatrix} 4 \\ 2 \\ 1 \end{pmatrix} = \begin{pmatrix} -3 \\ -5 \\ 1 \end{pmatrix} \implies C' = (-3,-5)^\top$$

26.11   Hintereinanderausführung von Transformationen

Bestimmen Sie die Transformationsmatrix der folgenden hintereinander aus-
geführten Transformationen im $\mathbb{R}^3$:

a) Rotation mit $90°$ um die z-Achse,   b) Verschiebung um $v = (1,\,-2,\,1)^\top$,
    Verkleinerung um die Hälfte   Rotation mit $45°$ um die y-Achse

---

Lösungsskizze

a) Rotation mit $90°$ um die z-Achse $\rightsquigarrow$ Drehmatrix mit Drehwinkel π um $e_3 = (0,0,1)$, Verkleinerung um die Hälfte $\rightsquigarrow$ Skalierungsfaktor $\lambda_{1,2,3} = 1/2$ in jeder Koordinatenrichtung der Skalierungsmatrix $\mathcal{S}_{\lambda_1,\lambda_2,\lambda_3}$:

$$T = \mathcal{S}_{1/2,1/2,1/2} \cdot \mathcal{R}_{\pi/2,e_3}$$

$$= \begin{pmatrix} 1/2 & 0 & 0 \\ 0 & 1/2 & 0 \\ 0 & 0 & 1/2 \end{pmatrix} \cdot \begin{pmatrix} \cos\frac{\pi}{2} & -\sin\frac{\pi}{2} & 0 \\ \sin\frac{\pi}{2} & \cos\frac{\pi}{2} & 0 \\ 0 & 0 & 1 \end{pmatrix} = \begin{pmatrix} 0 & -1/2 & 0 \\ 1/2 & 0 & 0 \\ 0 & 0 & 1/2 \end{pmatrix}$$

$$= \frac{1}{2} \mathcal{R}_{\pi/2,e_3}$$

b) Verschiebung um $v = (1,-2,1)^\top$ ist im $\mathbb{R}^3$ nicht linear $\rightsquigarrow$ homogene Koordinaten im $\mathbb{R}^4$; anschließende Rotation mit Drehwinkel $\pi/4$ um $e_2 = (0,1,0)$ ebenfalls via entsprechender Drehmatrix in homogenen Koordinaten:

$$T = \mathcal{R}_{\pi/4,e_2} \cdot \mathcal{V}_{(1,-2,1)^\top}$$

$$= \begin{pmatrix} \cos\frac{\pi}{4} & 0 & \sin\frac{\pi}{4} & 0 \\ 0 & 1 & 0 & 0 \\ -\sin\frac{\pi}{4} & 0 & \cos\frac{\pi}{4} & 0 \\ 0 & 0 & 0 & 1 \end{pmatrix} \begin{pmatrix} 1 & 0 & 0 & 1 \\ 0 & 1 & 0 & -2 \\ 0 & 0 & 1 & 2 \\ 0 & 0 & 0 & 1 \end{pmatrix} = \begin{pmatrix} \frac{\sqrt{2}}{2} & 0 & \frac{\sqrt{2}}{2} & 0 \\ 0 & 1 & 0 & 0 \\ -\frac{\sqrt{2}}{2} & 0 & \frac{\sqrt{2}}{2} & 0 \\ 0 & 0 & 0 & 1 \end{pmatrix} \cdot \begin{pmatrix} 1 & 0 & 0 & 1 \\ 0 & 1 & 0 & -2 \\ 0 & 0 & 1 & 2 \\ 0 & 0 & 0 & 1 \end{pmatrix}$$

$$= \begin{pmatrix} \frac{\sqrt{2}}{2} & 0 & \frac{\sqrt{2}}{2} & \frac{3\sqrt{2}}{2} \\ 0 & 1 & 0 & -2 \\ -\frac{\sqrt{2}}{2} & 0 & \frac{\sqrt{2}}{2} & \frac{\sqrt{2}}{2} \\ 0 & 0 & 0 & 1 \end{pmatrix}$$

26.12 Orthogonalität von Rotation/Spiegelung

Weisen Sie nach: $\mathcal{R}_\alpha = \begin{pmatrix} \cos\alpha & -\sin\alpha \\ \sin\alpha & \cos\alpha \end{pmatrix}$ (Drehung/Rotation) und $\mathcal{M}_\alpha = \begin{pmatrix} \cos\alpha & \sin\alpha \\ \sin\alpha & -\cos\alpha \end{pmatrix}$ (Spiegelung) mit $\alpha \in \mathbb{R}$ aus $\mathbb{R}^{2\times2}$ sind Orthogonalmatrizen.

Lösungsskizze

(i) Rotationsmatrix: $\mathcal{R}_\alpha = \begin{pmatrix} \cos\alpha & -\sin\alpha \\ \sin\alpha & \cos\alpha \end{pmatrix}$

$$\mathcal{R}_\alpha \cdot \mathcal{R}_\alpha^\top = \begin{pmatrix} \cos\alpha & -\sin\alpha \\ \sin\alpha & \cos\alpha \end{pmatrix} \cdot \begin{pmatrix} \cos\alpha & \sin\alpha \\ -\sin\alpha & \cos\alpha \end{pmatrix}$$

$$= \begin{pmatrix} \cos^2\alpha + \sin^2\alpha & \cos\alpha\sin\alpha - \sin\alpha\cos\alpha \\ \sin\alpha\cos\alpha - \cos\alpha\sin\alpha & \sin^2\alpha + \cos^2\alpha \end{pmatrix}$$

$$= \begin{pmatrix} 1 & 0 \\ 0 & 1 \end{pmatrix} = E_2$$

$\Longrightarrow \mathcal{R}_\alpha$ ist Orthogonalmatrix. ✓

(ii) Spiegelungsmatrix: $\mathcal{M}_\alpha = \begin{pmatrix} \cos\alpha & \sin\alpha \\ \sin\alpha & -\cos\alpha \end{pmatrix} = \mathcal{M}_\alpha^\top$:

$$\mathcal{M}_\alpha \cdot \mathcal{M}_\alpha^\top = \mathcal{M}_\alpha^2$$

$$= \begin{pmatrix} \cos^2\alpha + \sin^2\alpha & \cos\alpha\sin\alpha - \sin\alpha\cos\alpha \\ \cos\alpha\sin\alpha - \sin\alpha\cos\alpha & \sin^2\alpha + \cos^2\alpha \end{pmatrix}$$

$$= \begin{pmatrix} 1 & 0 \\ 0 & 1 \end{pmatrix} = E_2$$

$\Longrightarrow \mathcal{M}_\alpha$ ist Orthogonalmatrix. ✓

Wegen

$$\mathcal{M}_\alpha = \mathcal{M}_\alpha^\top = \mathcal{M}_\alpha^{-1}$$

ist die Spiegelungsmatrix außerdem zu sich selbst invers.

26.13   Orthogonal- und Zentralprojektion ⋆

Es sei ΔABC ein im $\mathbb{R}^3$ gelegenes Dreieck mit den Eckpunkten $A = (-1, 2, 1)$; $B = (3, 5, 3)$; $C = (2, 3, 1)$.

Bestimmen Sie von ΔABC die Orthogonalprojektion auf die xy-Ebene $(\hat{=}\,\Pi_1)$ und die Zentralprojektion mit Projektionszentrum $Z = (5, 5, 7)^\top$ auf die yz-Ebene $(\hat{=}\,\Pi_2)$.

Sind die dazugehörigen Transformationen linear?

Lösungsskizze

(i) Orthogonalprojektion von ΔABC auf Π_1:

> **Orthogonalprojektion:** Ist eine *Projektionsebene* $\Pi : \vec{n}^\top \vec{x} = d$ mit Normalenvektor $\vec{n} \in \mathbb{R}^3$, $d \in \mathbb{R}$ gegeben, dann wird durch die Abbildung $P_\perp : \mathbb{R}^3 \longrightarrow \mathbb{R}^2$ mit
>
> $$P_\perp(\vec{x}) = (E_3 - \vec{n}\vec{n}^\top)\vec{x}$$
>
> eine *Orthogonalprojektion* von $\vec{x} = (x, y, z)^\top$ auf Π beschrieben.

Koordinatengleichung: $\Pi_1 : z = 0 \rightsquigarrow \vec{n} = (0, 0, 1)^\top$, $d = 0$. Damit erhalten wir die Matrix

$$\vec{n}\vec{n}^\top = \begin{pmatrix} 0 \\ 0 \\ 1 \end{pmatrix} \cdot \begin{pmatrix} 0 & 0 & 1 \end{pmatrix} = \begin{pmatrix} 0 & 0 & 0 \\ 0 & 0 & 0 \\ 0 & 0 & 1 \end{pmatrix}.$$

Und für die Orthogonalprojektion folgt:

$$P_\perp(x, y, z) = \left(E_3 - \vec{n}\vec{n}^\top\right) \begin{pmatrix} x \\ y \\ z \end{pmatrix} = \left(\begin{pmatrix} 1 & 0 & 0 \\ 0 & 1 & 0 \\ 0 & 0 & 1 \end{pmatrix} - \begin{pmatrix} 0 & 0 & 0 \\ 0 & 0 & 0 \\ 0 & 0 & 1 \end{pmatrix} \right) \begin{pmatrix} x \\ y \\ z \end{pmatrix}$$

$$= \begin{pmatrix} 1 & 0 & 0 \\ 0 & 1 & 0 \\ 0 & 0 & 0 \end{pmatrix} \begin{pmatrix} x \\ y \\ z \end{pmatrix} = \begin{pmatrix} x \\ y \end{pmatrix}$$

Dies ist keine Überraschung, da man bei der Orthogonalprojektion auf die xy-Ebene eines Punktes aus dem $\mathbb{R}^3$ nur die dritte Komponente weglassen muss:

$$A' = P_\perp(-1, 2, 1) = \begin{pmatrix} 1 & 0 & 0 \\ 0 & 1 & 0 \\ 0 & 0 & 0 \end{pmatrix} \begin{pmatrix} -1 \\ 2 \\ 1 \end{pmatrix} = \begin{pmatrix} -1 \\ 2 \end{pmatrix}; \text{ analog} \rightsquigarrow B' = \begin{pmatrix} 3 \\ 5 \end{pmatrix}, C' = \begin{pmatrix} 2 \\ 3 \end{pmatrix}$$

Die Abbildung wird durch eine Matrix dargestellt, somit ist sie linear.

b) Zentralprojektion mit Zentrum $z = (5, 5, 7)^\top$ auf Π_2:

Zentralprojektion: Ist eine Projektionsebene $\Pi : \vec{n}^\top \vec{x} = d$ mit Normalenvektor $\vec{n} \in \mathbb{R}^3$, $d \in \mathbb{R}$ und ein *Projektionszentrum Z* gegeben, dann wird durch die Abbildung $P_Z : \mathbb{R}^3 \longrightarrow \mathbb{R}^2$ mit $z = \overrightarrow{OZ} = (z_1, z_2, z_3)^\top$ und

$$P_z(\vec{x}) = \frac{1}{\vec{n}^\top z - \vec{n}^\top \vec{x}} \cdot \left((\vec{n}^\top z - d)\vec{x} - (\vec{n}^\top \vec{x} - d)z \right)$$

eine *Zentralprojektion* mit Zentrum Z von $\vec{x} = (x, y, z)^\top$ auf Π beschrieben.

Die Π_2-Ebene kann mit dem Normaleneinheitsvektor $\vec{n} = (1, 0, 0)^\top$ durch die Gleichung $\vec{n}^\top \vec{x} = x = 0$ beschrieben werden.

Somit ist $d = 0$, $\vec{n}^\top \vec{x} = x$, $\vec{n}^\top z = 5$ und $\langle \vec{n}, z \rangle = \langle (1, 0, 0)^\top, (5, 5, 7)^\top \rangle = 5$.

Dies sind alle Zutaten, die wir für die allgemeine Formel für die Zentralprojektion benötigen:

$$
\begin{aligned}
P_z(x, y, z) &= \frac{1}{\vec{n}^\top z - \vec{n}^\top \vec{x}} \cdot \left((\vec{n}^\top z - d)\vec{x} - (\vec{n}^\top \vec{x} - d)z \right) \\
&= \frac{1}{5 - x} \left(5 \cdot \begin{pmatrix} x \\ y \\ z \end{pmatrix} - x \begin{pmatrix} 5 \\ 5 \\ 7 \end{pmatrix} \right)
\end{aligned}
$$

Diese Abbildung ist wegen des Bruches $\dfrac{1}{5 - x}$ nicht linear. Für die Bildpunkte ergibt sich:

$$
A' = P_z(-1, 2, 1) = \frac{1}{5 - (-1)} \left(5 \cdot \begin{pmatrix} -1 \\ 2 \\ 1 \end{pmatrix} + 1 \cdot \begin{pmatrix} 5 \\ 5 \\ 7 \end{pmatrix} \right) = \begin{pmatrix} 0 \\ 5/2 \\ 2 \end{pmatrix}
$$

$$
B' = P_z(3, 5, 3) = \frac{1}{5 - 3} \left(5 \cdot \begin{pmatrix} 3 \\ 5 \\ 3 \end{pmatrix} - 3 \cdot \begin{pmatrix} 5 \\ 5 \\ 7 \end{pmatrix} \right) = \begin{pmatrix} 0 \\ 5 \\ -3 \end{pmatrix}
$$

$$
C' = P_z(2, 3, 1) = \frac{1}{5 - 2} \left(5 \cdot \begin{pmatrix} 2 \\ 3 \\ 1 \end{pmatrix} - 2 \cdot \begin{pmatrix} 5 \\ 5 \\ 7 \end{pmatrix} \right) = \frac{1}{3} \begin{pmatrix} 0 \\ 5 \\ -9 \end{pmatrix}
$$

Literaturverzeichnis

[1] A. Aigner: *Zahlentheorie*, Walter de Gruyter, 1. Auflage, 1974.

[2] H.-W. Alten et. al.: *4000 Jahre Algebra*, Springer-Spektrum, 2. Auflage, 2013.

[3] R. Ansorge, H. J. Oberle, K. Rothe, T. Sonar: *Mathematik in den Ingenieur- und Naturwissenschaften 1*, Wiley-VCH, 5. Auflage, 2020.

[4] T. Arens, F. Hettlich, C. Karpfinger, U. Kockelkorn, K. Lichtenegger, H. Stachel: *Mathematik*, Springer Spektrum, 4. Auflage, 2018.

[5] G. Bärwolff: *Höhere Mathematik für Naturwissenschaftler und Ingenieure*, 3. Auflage, 2017.

[6] F. Barth, R. Schmid: *Analytische Geometrie Leistungskurs*, Franz Ehrenwirth Verlag, 1. Auflage, 1980.

[7] A. Bartholomé, J. Rung, H. Kern: *Zahlentheorie für Einsteiger*, Vieweg und Teubner Verlag, 7. Auflage, 2010.

[8] J. Bewersdorff: *Algebra für Einsteiger*, Springer-Spektrum, 6. Auflage, 2019.

[9] I. Bronstein, K. A. Semendjajew, G. Musiol, H. Mühlig: *Taschenbuch der Mathematik*, Europa-Lehrmittel, 9 Auflage, 2013.

[10] P. Bundschuh: *Einführung in die Zahlentheorie*, Springer, 6. Auflage, 2008.

[11] K. Burg, H. Haf, A. Meister, F. Wille: *Höhere Mathematik für Ingenieure Bd. I*, Springer-Vieweg, 10. Auflage, 2013.

[12] K. Burg, H. Haf, A. Meister, F. Wille: *Höhere Mathematik für Ingenieure Bd. II*, Springer-Vieweg, 7. Auflage, 2012.

[13] M. Baierlein, F. Barth, U. Greifenegger, G. Krumbacher: *Anschauliche Analysis 1*, Franz Erenwirth Verlag, 8. Auflage, 1983.

[14] M. Baierlein, F. Barth, U. Greifenegger, G. Krumbacher: *Anschauliche Analysis 2*, Franz Ehrenwirth Verlag, 3. Auflage, 1983.

[15] H. Ernst, J. Schmidt, G. Beneken: *Grundkurs Informatik*. Springer-Vieweg, 16. Auflage, 2016.

[16] A. Fetzer, H. Fränkel: *Mathematik 1*, Springer, 11. Auflage, 2012.

[17] A. Fetzer, H. Fränkel: *Mathematik 2*, Springer, 7. Auflage, 2012.

[18] K. Graf Finck von Finckenstein, J. Lehn, H. Schellhaas, H. Wegmann: *Arbeitsbuch Mathematik für Ingenieure Band I*, Vieweg und Teubner, 4. Auflage, 2006.

[19] G. Fischer: *Lineare Algebra*. Vieweg, 12. Auflage, 2000.

[20] G. Fischer: *Analytische Geometrie*. Vieweg und Teubner, 7. Auflage, 2001.

[21] K. Fritzsche: *Grundkurs Analysis 1*, Elsevier-Spektrum, 1. Auflage, 2005.

[22] G. Glatz, H.Grieb, E. Hohloch, H. Kümmerer: *Brücken zur Mathematik Band 4 - Differential- und Integralrechnung 1*, Cornelsen, 1. Auflage, 1994.

[23] G. Glatz, H.Grieb, E. Hohloch, H. Kümmerer: *Brücken zur Mathematik Band 5 - Differential- und Integralrechnung 2*, Cornelsen, 1. Auflage, 1993.

© Springer-Verlag GmbH Deutschland, ein Teil von Springer Nature 2021
A. Keller, *Aufgaben und Lösungen zur Mathematik für den Studienstart*,
https://doi.org/10.1007/978-3-662-63628-2

[24] G. Glatz, H.Grieb, E. Hohloch, H. Kümmerer, R. Mohr: *Brücken zur Mathematik Band 6 - Komplexe Arithmetik und Gewöhnliche Differentialgleichungen*, Cornelsen, 1. Auflage, 1994.

[25] H. Heuser: *Lehrbuch der Analysis 1*, Vieweg und Teubner, 17. Auflage, 2009.

[26] K. Höllig, J. Hörner: *Aufgaben und Lösungen zur Höheren Mathematik*, Springer-Spektrum, 1. Auflage, 2017.

[27] K. Höllig, J. Hörner: *Aufgaben und Lösungen zur Höheren Mathematik 1*, Springer-Spektrum, 2. Auflage, 2019.

[28] K. Höllig, J. Hörner: *Aufgaben und Lösungen zur Höheren Mathematik 2*, Springer-Spektrum, 2. Auflage, 2019.

[29] K. Höllig, J. Hörner: *Aufgaben und Lösungen zur Höheren Mathematik 3*, Springer-Spektrum, 2. Auflage, 2019.

[30] G. Hoever: *Höhere Mathematik kompakt*, Springer-Spektrum, 2. Auflage, 2014.

[31] G. Hoever: *Arbeitsbuch Höhere Mathematik*, Springer-Spektrum, 2. Auflage, 2015.

[32] E. Hohloch, H. Kümmerer, G. Kurz: *Brücken zur Mathematik Band 1 - Grundlagen*, Cornelsen, 4. Auflage, 2006.

[33] E. Hohloch, H. Kümmerer, J. Gilg: *Brücken zur Mathematik Band 2 - Lineare Algebra*, Cornelsen, 3. Auflage, 2009.

[34] E. Hohloch, H. Kümmerer, J. Gilg: *Brücken zur Mathematik Band 3 - Vektorrechnung*, Cornelsen, 3. Auflage, 2009.

[35] A. Kemnitz: *Mathematik zum Studienbeginn*, Springer-Spektrum, 11. Auflage, 2013.

[36] K. Knopp: *Theorie und Anwendung der unendlichen Reihen*, Springer, 6. Auflage, 1996.

[37] J. Koch, M. Stämpfle: *Mathematik für das Ingenieurstudium*, Carl Hanser Verlag, 1. Auflage, 2010.

[38] G. Köhler: *Analysis*, Heldermann Verlag, 1. Auflage, 2006.

[39] K. Königsberger: *Analysis 1*, Springer, 6. Auflage, 2004.

[40] H-J. Kowalsky, G. O. Michler: *Lineare Algebra*, Walter de Gruyter, 11. Auflage, 1998.

[41] W. Leupold et. al.: *Mathematik - ein Studienbuch für Ingenieure: Band 1*, Carl Hanser Verlag, 2. Auflage, 2003.

[42] Maplesoft: *Maple*™ *Documentation*, https://de.maplesoft.com/documentation_center/maple2020/UserManual.pdf, 30.01.2021.

[43] Maplesoft: *Maple*™ *Linear Algebra Maple Programming Help*, https://de.maplesoft.com/support/help/maple/view.aspx?path=LinearAlgebra/GaussianElimination, 30.01.2021.

[44] MathWorks: *MATLAB*® *Documentation*, https://ch.mathworks.com/help/matlab/, 30.01.2021.

[45] G. Merziger, G. Mühlbach, D. Wille: *Formeln und Hilfen zur Höheren Mathematik*, Binomi, 7. Auflage, 2013.

[46] G. Merziger, T. Wirth: Repititorium der Höheren Mathematik, Binomi, 6. Auflage, 2010.

[47] K. Meyberg, P. Vachenauer: *Höhere Mathematik 1*, Springer, 6. Auflage, 2001.

[48] V. P. Minorski: *Aufgabensammlung der höheren Mathematik*, Carl Hanser Verlag, 14. Auflage, 2001.

[49] R. Mohr: *Mathematische Formeln für das Studium an Fachhochschulen*, Carl Hanser Verlag, 1. Auflage 2011.

[50] C. Moler: *Professor SVD*, https://ch.mathworks.com/de/company/newsletters/articles/professor-svd.html, 30.01.2021.

[51] C. Moler: *Numerical Computing with Matlab*, SIAM, OT87, 2004.

[52] L. Papula: *Mathematik für Ingenieure und Naturwissenschaftler Band 1*, Springer-Vieweg, 14. Auflage, 2014.

[53] L. Papula: *Mathematik für Ingenieure und Naturwissenschaftler Band 2*, Springer-Vieweg, 14. Auflage, 2015.

[54] L. Papula: *Mathematik für Ingenieure und Naturwissenschaftler - Klausur und Übungsaufgaben*, Vieweg und Teubner, 4. Auflage, 2010.

[55] L. Papula: *Mathematische Formelsammlung*, Springer-Vieweg, 11. Auflage, 2014.

[56] M. Penn: *OVERKILL|My favorite equation*, https://www.youtube.com/watch?v=6Vn077wrVc8, 20.06.2020.

[57] J. Pommersheim, T. Marks, E. Flapan: *Number Theory: A Lively Introduction with Proofs, Applications, and Stories*, Wiley, 1. Auflage, 2010.

[58] L. Rade, B. Westergren: *Springers Mathematische Formeln*, Springer, 3. Auflage, 2000.

[59] P. Stingl: *Mathematik für Fachhochschulen - Technik und Informatik*, Carl Hanser Verlag, 8. Auflage, 2009.

[60] G. Teschl, S. Teschl: *Mathematik für Informatiker 1*, Springer-Vieweg, 4. Auflage, 2013.

[61] G. Teschl, S. Teschl: *Mathematik für Informatiker 2*, Springer-Vieweg, 3. Auflage, 2014.

[62] H. Trinkhaus: *Probleme? Höhere Mathematik!*, Springer, 2. Auflage, 1993.

[63] W. Walter: *Analysis 1*, Springer, 6. Auflage 2001.

[64] E. Weitz: *Warum man manche Funktionen nicht integrieren kann*, https://www.youtube.com/watch?v=16w868U8C-M&t=32s, 26.08.2018.

[65] Wikipedia: *Gene H. Golub*, https://de.wikipedia.org/wiki/Gene_H._Golub, 30.01.2021.

[66] K. Woerle, J. Kratz, K-A. Keil: *Infinitesimalrechnung*, Bayerischer Schulbuch-Verlag, 13. Auflage 1980.

Printed in the United States
by Baker & Taylor Publisher Services